Rüdiger Vogt
Gegenkulturelle Schreibweisen über Sexualität

Rüdiger Vogt

Gegenkulturelle Schreibweisen über Sexualität

Textstrukturen und soziale Praxis in Leserbriefen

DUV Springer Fachmedien Wiesbaden GmbH

CIP-Titelaufnahme der Deutschen Bibliothek

Vogt, Rüdiger:
Gegenkulturelle Schreibweisen über Sexualität : Textstrukturen und soziale Praxis in Leserbriefen / Rüdiger Vogt. – Wiesbaden : Dt. Univ.-Verl., 1989
(DUV : Sprachwissenschaft)
Zugl.: Oldenburg, Univ., Diss., 1988
ISBN 978-3-8244-4035-1 ISBN 978-3-663-14618-6 (eBook)
DOI 10.1007/978-3-663-14618-6

Inhalt

1. Einleitung

Wissenschaftliche Arbeiten fallen nicht vom Himmel, sie sind vielmehr Produkte einer zeitabhängigen wissenschaftsinternen Diskussion. Gleichwohl erfordert der wissenschaftliche Diskurs ein Zurücktreten des Subjekts, das nur mehr die zur Entfaltung des Themas notwendige Präsentation von Argumenten zu leisten hat, als gesellschaftliches Wesen jedoch nicht in Erscheinung tritt. So entsteht die Fiktion einer eigenständigen, nur auf einem Wahrheitsanspruch oder der Triftigkeit von Argumenten beruhenden Entwicklung von Ideen, die ihre Abhängigkeit von gesellschaftlichen Strukturen und Prozessen leugnet. Eine wesentliche Aufgabe des sich diesem Diskurs artikulierenden Subjekts besteht darin, den Standort seiner Arbeit innerhalb des Fachgebiets zu bestimmen und die Relevanz seiner Untersuchungen für den Fortgang der internen Diskussion nachzuweisen. Dies geschieht zweckmäßigerweise in der Einleitung einer Arbeit, die darüber hinaus noch die Aufgabe hat, dem potentiellen Rezipienten auch einen Überblick über die vorgetragenen Thesen und deren Begündungen zu geben. Ich werde mich diesem Ritual unterziehen, allerdings nicht ohne es für meine Zwecke zu modifizieren: Die Wahl des Gegenstands dieser Arbeit und die Strategien seiner Bearbeitung hängen auch mit meiner Biographie zusammen, also meinen in einer spezifischen gesellschaftlichen Konstellation organisierten Erfahrungen. Nun wird angesichts des gewählten Gegenstands niemand diesen Bezug in Frage stellen; verallgemeinernd behaupte ich, daß die von Wissenschaftlern gewählten Forschungsschwerpunkte immer auch einen biographischen Hintergrund haben - mit jeweils unterschiedlichem Stellenwert für deren Arbeit.

Worum, so wird sich der Leser fragen, geht es also in dieser Arbeit mit dem Titel "Gegenkulturelle Schreibweisen über Sexualität", welches ist ihr Gegenstand? Der Anknüpfungspunkt zu der hier bearbeiteten Thematik liegt schon einige Jahre zurück: Als Leser der links-alternativen "tageszeitung" (TAZ) nahm ich vor allem in den ersten Jahren ihres Bestehens lebhaften Anteil sowohl an den Problemen eines alternativen Projekts als auch an den in der Zeitung geführten thematischen Diskussionen. Es schien damals, als würde hier ein neues, besseres Öffentlichkeitsmodell als in den traditionellen, bürgerlichen Zeitungen entwickelt. Dies betraf auch das Partizipationsangebot, das die TAZ ihren Lesern machte: Für die Artikulation unserer Meinung hatte das TAZ-Kollektiv die wichtige dritte Seite der Zeitung reserviert; und wir Leser nutzten dieses Angebot. Die berühmte Seite 3 der TAZ war auch Schauplatz einer Leserbriefdebatte im Herbst 1980, in der es vordergründig um die Zulässigkeit von männlichen Sexualphantasien, tatsächlich um eher eine Auseinandersetzung zwischen der Frauenbewegung und der undogmatischen Linken über Normen in der links-alternativen Gegenkultur ging. Diese als "Sexismus-Debatte" in den Annalen der TAZ verzeichnete Auseinandersetzung führte schließlich zu einer Krise innerhalb der TAZ, die nach einem Streik der im Projekt arbeitenden Frauen mit der meines Wissens ersten institutionalisierten Festschreibung der Absicht endete, Stellen paritätisch nach Geschlechtszugehörigkeit zu besetzen. Die Faszination, die von der Debatte ausging, lag vor allem in der Vehemenz, mit der die Leserbriefschreiber ihre Standpunkte vortrugen; zudem ging die Auseinandersetzung über den von der Zeitung gesteckten Rahmen deutlich hinaus: Die TAZ-Leser und andere diskutierten in den Einrichtungen und Treffpunkten der links-alternativen Kultur engagiert die Frage, ob männliche Sexualphantasien "frauenfeindlich" sein dürfen oder nicht.

In den vergangenen Jahren hat die Diskussion um den Komplex "Gewalt und Sexualität" die Grenzen der links-alternativen Kultur überschritten und ist - auch durch den Einzug der Partei der Grünen in den Bundestag im Jahre 1983 - zu einem in größeren Teilen der Öffentlichkeit akzeptierten Thema geworden. Auch ein anderer Aspekt der Debatte, nämlich die Lösung des TAZ-internen Konflikts mit dem schon erwähnten Paritätsbeschluß, ist nun ein gesellschaftlich akzeptiertes Thema, über das mittlerweile in allen politischen Parteien gestritten wird. Diese beiden Gründe sind es vor allem, die ein Interesse an der "Sexismus-Debatte" in der TAZ auch heute noch rechtfertigen. Darüber hinaus ist sie Dokument einer Diskussion in der links-alternativen Kultur und verweist auf längere Entwicklungen im politischen Spektrum in der Bundesrepublik. Als einem sich dieser Kultur verbunden fühlenden Zeitgenossen geht es mir auch darum, ein Stück der eigenen Geschichte aufzuarbeiten, sie kritisch zu sichten.

Was macht diesen Gegenstand nun zu einem sprachwissenschaftlichen Sujet? Zugegeben: Die erste Charakterisierung legt eher eine Zuordnung zu Disziplinen wie der Soziologie oder der Politologie nahe; wenn jedoch die Sprachwissenschaft als Teil der Gesellschaftswissenschaften verstanden wird, erweist sich diese Gegenüberstellung als obsolet: Die sprachlichen Verhältnisse, die sich in den symbolisch gebundenen Formen sozialen Handelns ausdrücken, sind ein wichtiger Bestandteil gesellschaftlicher Prozesse. Aus dieser Perspektive wird die "Sexismus-Debatte" zu einem Dokument der sprachlichen Verhältnisse in der links-alternativen Kultur zu Beginn der 80er Jahre. In den sprachlichen Formen der Leserbriefe sind die damals gängigen Deutungen der sozialen und politischen Welt der Schreiber und Schreiberinnen aufbewahrt, und die Analyse dieser Formen kann und soll den sozialen Zusammenhang aufweisen, der in ihnen einen Ausdruck findet. Insofern ist die Sprachanalyse nicht als isolierte aufzufassen, sondern sie muß auf die Ergebnisse anderer Gesellschaftswissenschaften zurückgreifen, muß interdisziplinär sein.

Doch bevor allzu viele Postulate formuliert werden, ziehe ich es vor, nach den sprachlichen Aspekten einer solchen Debatte zu fragen. Immerhin wird mittels einer Textform Leserbrief in einer Zeitung, die ein bestimmtes, soziologisch charakterisierbares Publikum erreicht, zu einem gegebenen Zeitpunkt über das

Thema Sexualität gestritten. Eine solche Bestimmung verweist auf Fragestellungen, die in Teilbereichen der Sprachwissenschaft behandelt worden sind; nämlich:
- Was ist ein Leserbrief?
- Wie sprechen Menschen, die zur Alternativbewegung zu zählen sind?
- Wie wird über Sexualität gesprochen oder geschrieben?

Während die erste Frage textlinguistische Forschungen zur Form des Briefes im allgemeinen und des Leserbriefs im besonderen in den Blick rückt, erfaßt die zweite Probleme, die im Rahmen der Variationsforschung behandelt werden; die Einordnung der dritten Frage ist schon komplizierter, da weder fach- noch sondersprachliche Bereiche in Frage kommen, geht es doch um die sprachliche Bearbeitung von menschlichem Triebverhalten. Diese kurzen Bemerkungen zeigen, daß der Zugang zum Gegenstand komplex ist, will man ihm gerecht werden und sich nicht allzu schnell spezialisieren. Aus diesem Grund werde ich bei der Präsentation von Forschungsansätzen und -ergebnissen in diesen Bereichen problemorientiert und exemplarisch vorgehen; mein Interesse besteht darin, den Zusammenhang von theoretischem Ansatz und empirischer Fundierung zu rekonstruieren.

In der sprachwissenschaftlichen Briefforschung sind Leserbriefe kaum beachtet worden, obwohl sie sich wegen ihrer Kürze gut für textlinguistische Untersuchungen eignen. Auch in der Arbeit Ermerts über Briefsorten (1979) werden Leserbriefe nicht behandelt, es geht vielmehr um eine allgemeine Klassifikation von Brieftexten. Ermert wählt - wie andere Autoren von in den letzten Jahren erschienenen textlinguistischen Arbeiten auch - einen handlungstheoretischen Ansatz zur Beschreibung verschiedener Arten von Briefen. Die empirische Basis seiner Arbeit ist jedoch nicht unproblematisch: Zwar dürften Briefsteller hinreichend Material für eine Untersuchung standardisierter Formen schriftlicher Kommunikation liefern, ob sie aber eine konkrete sprachliche Praxis erfassen, ist zu bezweifeln. In diesem Zusammenhang ist auch die Beschäftigung mit Geschäftsbriefen auf den Kolloquien zum Thema "Sprache und Pragmatik" hinzuweisen, die in den von Inger Rosengren herausgegebenen Bänden (1981, 1983) dokumentiert sind. Besonderes Augenmerk verdient dabei das Analysemodell, das Koch et al. (1981) vorgestellt haben: Hier wird für empirische vorfindbare Texte ein Untersuchungsverfahren entwickelt, das den Text als ganzen erfaßt. Dagegen konzentrieren sich Brandt et al. 1983 auf die Frage nach dem Zusammenhang von sprachlichen Formen und strategischen Interessen der Schreiber. In einer anderen Tradition, nämlich der der empirischen Rezeptionsforschung, stehen die Untersuchungen von Huth/Krzeminski (1981) bzw. Huth (1981). Huth/Krzeminski behandeln in ihrer Arbeit Schreiben, die an Fernsehanstalten als Reaktion auf bestimmte Sendungen gerichtet wurden. Sie führten ihre Untersuchung im Auftrag des Zweiten Deutschen Fernsehens durch und konnten auf Material zurückgreifen, das ihnen direkt von der angeschriebenen

Institution zugänglich gemacht worden war. Zuschauerpost wird jedoch in der Regel nicht wieder veröffentlicht. Die Autoren richten ihr Interesse auf die Bearbeitung der Frage, wie die Schreibenden in den massenmedialen Kommunikationszusammenhang eingebunden sind, in welcher Form also sie Sendungen im Fernsehen rezipieren. Von diesem Interesse ist auch ihr inhaltsanalytisches Vorgehen bestimmt, und ihre theoretische Folie stellt den Nutzen solcher Reaktionen für den Schreiber in den Mittelpunkt. In einem linguistisch orientierten Aufsatz behandelt Huth (1981) das Bild vom Adressaten in der Zuschauerpost, indem er die Briefe in Hinblick auf den darin ausgedrückten interaktiven Rahmen (Anrede, Betreff, Gruß) zunächst quantitativ, dann qualitativ in der Annahme untersucht, daß in den sprachlichen Formen eine bestimmte Situationsauffassung zum Ausdruck komme. Dabei sieht der Autor einen Widerspruch zwischen linguistischer Pragmatik und Inhaltsanalyse, wenn er eine auch quantitativen Aspekten sich öffnende Pragmatik fordert, die in der Lage sein müsse, gesellschaftlich wichtige Probleme kompetent zu bearbeiten.

Leserbriefe im engeren Sinne sind bis vor kurzem auch nicht in linguistischen Arbeiten zur Pressesprache berücksichtigt worden. Lüger (1983) behandelt zwar die in der Presse vorkommenden Textsorten, unter Einschluß von Leseranfragen, spart jedoch unverständlicherweise den Leserbrief aus. Auch in Burger (1984) wird diese Textform nicht untersucht. So blieb es Bucher (1986) vorbehalten, Aspekte von Leserbriefkommunikation in linguistischer Sicht als erster zu thematisieren. Er behandelt diese Form im Rahmen einer auf das Berichten reduzierten Pressekommunikation, indem er nach den besonderen Äußerungsmöglichkeiten von Lesern einer Zeitung bzw. nach exemplarischen dialogischen Strukturen in diesem Zusammenhang fragt. Seine Textrekonstruktion erfolgt nach handlungstheoretischen Vorstellungen als eine Beschreibung der für einen Text konstitutiven Akte, die in eine einfache Darstellung der Grundstruktur von Leserbriefkommunikation einmündet (165). Der zentrale Einwand gegen Bucher ist die mangelnde empirische Fundierung seiner Analyse von Leserbriefkommunikation: Er zieht lediglich Beispiele heran, deren Auswahl er mit einem gewissen Überblick über texttheoretisch relevante Fragen begründet. Indem er so die interessegeleitete Auswahl von Beispielen postuliert, verbleibt er im Rahmen einer sich nicht der Empirie aussetzenden Theorie, die ihr Material nur dazu nutzt, um ihre eigenen Voraussetzungen immer wieder zu bestätigen. Bucher geht nur andeutungsweise auf eine Variation von Leserbriefen in verschiedenen Zeitungen ein, eine spezifische soziale Zuordnung wird von ihm nicht vorgenommen.

Es bleibt zu resümieren, daß die linguistische Untersuchung von Leserbriefen nur in der Arbeit von Bucher (1986) geleistet wird; die Analyse von Briefformen war im wesentlichen handlungstheoretisch orientiert; wurde das empirische Material breiter in die Untersuchungen miteinbezogen, hatte dies eine weitergehende Differenzierung auch des theoretischen Ansatzes zur Folge (so bei Huth/Krzeminski 1981), während abhängig vom theoretischen Interesse herangezogenes Material nur die Grundlage für die Bestätigung der Prämissen abgab (so bei Bucher 1986).

Bei Analysen gegenkultureller sprachlicher Variation lassen sich zwei Strömungen unterscheiden. Zum einen wird behauptet, die jeweils untersuchten Variationen seien schlechter als die Standard-Varietät, weil ihre Benutzer sich ungenau und undifferenziert ausdrückten, zum anderen wird die These aufgestellt, diese Variationen seien nicht schlechter als andere, da sie von ihren Sprechern durchaus angemessen verwendet würden. Es handelt sich hier um die aus der Soziolinguistik bekannte Auseinandersetzung zwischen Verfechtern einer Defizit- und einer Differenzhypothese. Die Kritiker gegenkultureller Sprechweisen greifen zur Beurteilung auf Kriterien wie Rationalität, Klarheit und Eindeutigkeit zurück (so Stubenrauch 1978) bzw. versuchen, an relativ willkürlich herausgegriffenen Beispielen nachzuweisen, daß die Sprache verarmt ist bzw. regressive Tendenzen aufweist (cf. Behrend et al. 1982: 159). Noch weiter jedoch geht Bayer, wenn er als Folge der genannten Befunde den Verlust von Demokratiefähigkeit bei Jugendlichen befürchtet (1982a: 148-150). Es handelt sich also anscheinend um eine politische Beurteilung, die dann auf die untersuchten sprachlichen Formen sprachkritisch bezogen wird. Nichts anders gehen die Vertreter der Differenz-Hypothese vor, wenn sie politische Ziele nicht an den Parlamentarismus binden, sondern von basisdemokratischen Vorstellungen ausgehen und damit in Einklang mit den Ideen der von ihnen untersuchten sozialen Gruppen stehen, ja auch selbst zu diesen gehören. Aus einer solchen internen Perspektive argumentieren etwa Bättig et al. (1980), die zu dem Ergebnis kommen, daß in der anderen Varietät neue, andere Lebenszusammenhänge und Erfahrungen organisiert seien. Schleuning akzentuiert dagegen das Protestpotential der Scene-Sprache und stellt deren Gefühlsorientiertheit und Bildlichkeit heraus (1980: 32). Kuhn schließlich zeigt, daß Formen ironischen Umgangs wie etwa das Duzen hochrangiger Persönlichkeiten auf einer Kritik des Parlamentarismus beruht (1983: 70 ff.). Gemeinsam ist jedoch den Beiträgen, daß der Gegenstandsbereich nur intuitiv bestimmt ist: Das geht von einer Behandlung isolierter lexikalischer Phänomene (Behrend et al. 1982) über die Sichtung von Daten, die auffällig waren (Schleuning 1980: 18) bis hin zu einer Sammlung von Belegen aus verschiedenen Bereichen, die lediglich dazu gesammelt sein dürften, eine These zu stützen (Bayer 1982a: 142-144). Ein systematischer Vergleich ist in keiner der erwähnten Arbeiten geleistet worden. Auch hinsichtlich der sozialen Zuordnung der beobachteten Phänomene bestehen unterschiedliche Vorstellungen: So wird in zwei Arbeiten die Sprache der "Spontis" untersucht, einer im studentischen Milieu der 70er Jahren wichtigen politischen Strömung; die Gegenstandsbestimmung einer Sprache der Alternativbewegung (Bättig et al. 1980) bleibt ebenso ungenau wie die einer Sprache der durch die Partei der Grünen gebundenen Wähler (Kuhn 1983). Noch problematischer erweist sich jedoch die Behandlung einer soziologisch nur noch schwer zu differenzierenden Jugendsprache bei Bayer (1982a).

Auch in Hinblick auf mündliche oder schriftliche Existenzformen von Sprache bleiben die genannten Untersuchungen unspezifisch. So wurde als ein Indikator von Vagheit die häufige Verwendung von *irgendwie* in der Sponti-Sprache (Behrend et al. 1982: 151f.) bzw. der Alternativen (Bättig et al. 1980: 59) gesehen, ohne aber hinreichend den Zusammenhang mündlicher Rede zu berücksichtigen. Eigene Untersuchungen haben ergeben, daß dieses Modaladverb in Texten, die in der Alternativbewegung entstanden sind, kaum aufzufinden ist.

Ein wesentliches Problem bei der Analyse von sprachlichen Formen, die in gegenkulturellen Gruppen gebraucht werden, so läßt sich resümierend feststellen, besteht in der Perspektive des Wissenschaftlers, seinen Erkenntnisinteressen. An kaum einem anderen sprachwissenschaftlichen Gegenstand läßt sich die Relevanz des eigenen politischen Standorts für die Anlage bzw. die Auswertung der Untersuchung so deutlich zeigen wie an diesem. Ob damit allerdings auch die unsystematische Datenerhebung oder die mangelnde soziologische Eingrenzung der untersuchten Gruppe zu rechtfertigen ist, möchte ich bezweifeln. Zwei Postulate dürften sich jedoch daraus ergeben: Gegenkulturelle Texte sind als schriftlich vorliegende nur unter dem Aspekt der Schriftlichkeit zu betrachten; sie sind darüber hinaus als empirisch einschlägig auszuweisen. Für die hier zu untersuchende Debatte heißt dies: Es ist zu zeigen, daß die TAZ eine Zeitung ist, die eine Leserschaft im links-alternativen Milieu erreicht und dadurch auch geprägt ist.

Abschließend ist die Frage nach Formen schriftlicher Thematisierung von Sexualität im medialen Bereich zu stellen. Arbeiten, in denen die Thematisierung von Sexualität in Texten behandelt werden, sind selten, da in diesem Bereich die lexikologisch und lexikographisch orientierten Arbeiten überwiegen. So erweist sich auch Radtkes (1974) Aufsatz zur Verarbeitung des Sexuellen in Artikeln des "Spiegel" als eine Wortschatz-Studie, die jenen Arbeiten zuzurechnen ist, die, da sie sich auf die Ebene des Lexikons begeben, immer auch von den Kontextbedingungen der Texte abstrahieren (cf. Januschek/Vogt 1986). Insbesondere ist die Darstellung von Sexualität in Texten an unterschiedlichen Gegenständen bearbeitet worden. So analysiert Kroner (1974) Artikel aus den "St. Pauli-Nachrichten" - eine seit Ende der 60er Jahre erscheinende Zeitschrift, in der es ausschließlich um Sexualität geht - in Hinblick auf die ihnen zugrunde liegende Sexualmoral, während Weber (1980) die sprachliche Inszenierung des Sexuellen in der "BILD-Zeitung" in einer ideologiekritischen Textanalyse herausarbeitet; Böhne (1985) schließlich untersucht die "Sprache der Alltags-Pornographie" am Beispiel von Texten und Kontaktanzeigen eines pornographischen Magazins ("Happy Weekend"), sowie von Kontaktbriefen, die sie auf ein eigenes Inserat hin bekam. Alle drei Arbeiten sind, da sie auf umfangreiche empirische Materialsammlungen zurückgreifen können, ausgesprochen ergiebig. Mit Ausnahme der volkskundlich orientierten Arbeit Kroners, die sich lediglich auf Verfahren der Inhaltsanalyse beruft, sind die genannten Arbeiten auch methodisch überzeugend, da die Autoren versuchen, ihrem Material gerecht zu werden, und verschiedene Untersuchungsebenen berücksichtigen. In Hinblick auf den Gegenstand "Thematisierung von Sexualität in einer Tageszeitung" ist Webers Arbeit einschlägig. Er untersucht nämlich die Funktionen, die die in der "BILD-Zeitung" veröffentlichten Bereiche mit sexuellen Gehalt haben können. Weber zeigt, daß die Texte im Zusammenhang mit den Triebstrukturen der Leser zu deuten sind: Sie seien Ersatz und leisteten gleichzeitig eine Fixierung der Rezipienten an die herrschende Moral, indem sie in eine "Rhetorik des Verzichts" integriert würden. Nun ist seine Wahl des Gegenstands kein Zufall; sie steht vielmehr im Zusammenhang mit der seit der Studentenbewegung immer wieder formulierten Kritik an der bürgerlichen Öffentlichkeit, für die die BILD-Zeitung zum Inbegriff der Pervertierung des klassischen Modells publizistischer Tätigkeit wurde. So fordert Weber auch gesellschaftliche Zustände, die die Existenz der BILD-Zeitung überflüssig machten. In diesem Begründungszusammenhang läßt sich auch die Gründung der TAZ einordnen: Die Vorstellung von Gegenöffentlichkeit wurde hier praktisch umgesetzt. Zurück zur Sexualität: Die aufgeführten Arbeiten beschäftigen sich mit Aspekten der Darstellung von Sexualität in Texten; in allen werden auch die einer Darstellung zugrunde liegenden Normen behandelt, aber eine Bearbeitung von Texten, in denen normativ Sexualität thematisiert wird, wurde nicht geleistet. Dieser Aspekt gerät durch den gewählten Gegenstand "Sexismus-Debatte in der TAZ" in den Blick, weil es dort auch um die Normen wünschbaren sexuellen Verhaltens geht.

Die Sichtung der für die linguistische Bearbeitung einer Leserbriefdebatte in der TAZ einschlägigen Arbeiten hat Probleme deutlich gemacht, die insbesondere das Verhältnis von Theorie und Empirie betreffen. Für die hier vorgelegte Arbeit möchte ich ein Primat der Empirie formulieren. Schon die Wahl des Gegenstands hatte ich ja nicht als eine auf wissenschaftsinternen Diskussionen beruhende Entscheidung ausgegeben, sondern als eine, die sich der gesellschaftlichen Relevanz des Themas versicherte und sich zusätzlich auf ein biographisches Interesse stützen konnte. Die Wahl dieses Gegenstands impliziert schon die empirische Orientierung. Nun erfolgt die Arbeit am Material nicht voraussetzungslos; ich werde im folgenden kurz den theoretischen Hintergrund der Arbeit skizzieren. Ich spreche bewußt von *Hintergrund* und nicht von einem *theoretischen Ansatz* oder gar einem *Konzept*, da zwar theoretische Prämissen die empirische Arbeit strukturieren, andererseits aber die Arbeit am Material sich auf die Konzepte auswirken muß. *Hintergrund* heißt hier darüber hinaus, daß die Auseinandersetzung mit den Texten im Mittelpunkt steht, geleitet von dem Interesse, etwas über die sprachlichen Verhältnisse zu erfahren. Diese Auseinandersetzung fand nicht unabhängig von theoretischen Erwägungen statt.

Seit 1983 setze ich mich mit den Problemen der linguistischen Beschreibung von Leserbriefen im allgemeinen (1984a) und der Sexismus-Debatte in der TAZ im besonderen auseinander (1985). Ein triviales wie kompliziertes Ergebnis dieser beiden Analysen war die Erkenntnis, daß die wesentlichen strukturellen Eigenschaften von Texten durch den jeweiligen kommunikativen Zusammenhang bestimmmt sind. Trivial ist diese Überlegung deshalb, weil Sprechen und Schreiben apriori soziale Tätigkeiten sind; kompliziert ist sie dagegen darum, weil die sprachwissenschaftliche Tradition in den letzten Jahrzehnten von diesem Zusammenhang in unterschiedlichem Maß abstrahierte, mithin ein methodisches Defizit in der Bearbeitung dieses Problems zu konstatieren ist. Der Schritt zu der Forderung nach einer Sprachanalyse, die die Kontextfaktoren konstitutiv mit einschließt, war nicht groß. Eine entsprechende theoretische Orientierung fand ich in der Konzeption einer politischen Sprachwissenschaft, die insbesondere von Maas (1980, 1984) und Januschek (1985, 1986) vorgetragen wurde.

Darunter ist im wesentlichen ein Zugriff auf Sprache zu verstehen, der die in Texten ausgedrückten sprachlichen Verhältnisse in das Zentrum des Interesses rückt. Die Sprache wird im Leben, in der menschlichen Praxis, aufgesucht und in diesem Bezug untersucht. Da der Praxisbegriff immer auch eine gesellschaftliche Organisation voraussetzt, kann in diesem Sinne von politischen Verhältnissen gesprochen werden.

> So wie Familie, Kirche, Staat, Theater, Sport, Subkulturen usw. keinesweges bloß den Individuen fremde, äußerliche Institutionen sind, sondern Formen der Gesellschaftlichkeit, die zu ihrer Geltung immer auch der massenweisen Zustimmung bedürfen, so sind auch sprachliche Verhältnisse nicht bloß vorgefundene oder gar natürliche Ausdrucksformen, sondern eben Formen, die die jeweiligen Menschen als für ihre Verständigungs- und Ausdrucksbedürfnisse geeignete ansehen. (Januschek 1986: 132)

Diese Orientierung auf die Funktionsweisen sprachlicher Formen in gesellschaftlichen Zusammenhängen setzt auch ein besonderes Verständnis der analytischen Tätigkeit des Wissenschaftlers voraus: Auch die Sprachwissenschaft, besser: ihre Institutionalisierung selbst, ist ein Feld gesellschaftlicher Praxis, und ihre Vertreter sind als gesellschaftliche Wesen an sozialen Prozessen beteiligt:

> Wer Sprachverhältnisse als politische beschreiben will, muß sich selbst als Beteiligter an der Herstellung oder Veränderung dieser Verhältnisse begreifen. (Januschek 1986: 132).

Ähnliche Fragestellungen werden auch in der "kritischen Sprachwissenschaft" behandelt, die Good (1985) vertritt. Good untersucht in mehreren komparativ angelegten Studien Zeitungsberichte in Hinblick auf ihre Ideologiegebundenheit. Er folgt dabei der Prämisse, daß die Wahl von Syntax und Vokabular in der Zeitungsberichterstattung ein politischer Akt sei (14). Er verwendet dabei einen - im Gegensatz zu Maas und Januschek - auf ideologische Einstellungen reduzierten Politikbegriff und unterschlägt die Ebene der gesellschaftlichen Praxis, auf die der Ideologie-Begriff als Bewußtseinskategorie immer auch verweist. Auch unterbleibt die Einbeziehung der Dimension der eigenen Praxis als Wissenschaftler, der in diesem Ansatz als distanzierter Beobachter modelliert wird.

In methodischer Hinsicht orientiere ich mich an Maas (1984), der in seiner historischen Argumentationsanalyse von Texten aus der nationalsozialistischen Zeit nach eigenem Anspruch eine "minimale Sprachwissenschaft" betreibt, der jedoch zu faszinierenden Ergebnissen in seinen Analysen von alltagssprachlichen und politischen Texten kommt. Dabei geht Maas von der Überlegung aus, daß jede Variation der sprachlichen Form eine Variation auch der Bedeutung impliziert (cf. Maas 1986: 34f.). Im Anschluß an Bloomfield formuliert er zwei methodische Postulate, nämlich erstens die Vorstellung von einer sprachlichen Form, die von ihren komplementären Formen definiert wird, und zweitens die Annahme, daß Unterschiede in der Form Bedeutung tragen. Daraus ergibt sich für Maas die Schlußfolgerung, daß die Übereinstimmung im Identifizieren von gleichen und verschiedenen Formen für eine soziale Gemeinschaft charakteristisch ist:

> Jede Analyse der kulturellen Form einer Gemeinschaft ... ist die Rekonstruktion dessen, was deren Mitglieder miteinander teilen - und was sie voneinander trennt. (1986: 35)

Ich übernehme diese Postulate für meine Untersuchung, weil sie sehr offen sind und als geeignet erscheinen, die in die Texte "eingeschriebenen" sozialen Verhältnisse deskriptiv zu erfassen und zu deuten. Dieses Vorgehen hat gegenüber einem theoretisch deduzierten Analysemodell den Vorteil, der oben geforderten Arbeit am Text einen weiten Raum zu lassen. Insbesondere bei formalisierten Verfahren wie etwa Weinrichs Textpartitur (1976) müssen die Texte an das Instrumentarium angepaßt werden, was nicht heißt, daß nicht auch die Textpartitur in der politischen Sprachwissenschaft verwendet werden kann (cf. Jung et al. 1985), wenn ihre Heranziehung für eine bestimmte Fragestellung sich als sinnvoll erweisen sollte. Damit ist eine weitere Implikation des skizzierten Vorgehens angesprochen: Ich werde mich mit dem Material auseinandersetzen und auf verschiedene linguistische Ansätze dann zurückgreifen, wenn sie einen Beitrag zur Lösung eines Problems versprechen. In den folgenden Kapiteln bearbeite ich Fragestellungen, die mich veranlaßt haben, mich mit Handlungsmustern, Argumentationen, Anredeformen und Sequenzierungsproblemen auseinandersetzen, ohne daß ich den Anspruch erhebe, allen herangezogenen Ansätzen gerecht zu werden, sie vollständig aufgearbeitet zu haben. Methodisches Ziel dieser Arbeit ist der Versuch, die Ebene des "Intra-Textuellen" - die Organisation der Zeichenfolge im Text -, die Ebene des "Extra-Textuellen" - der Bezug des Textes zu der ihn evozierenden sozialen Praxis - und die Ebene des "Inter-Textuellen" - der Bezug des Textes zu anderen - zu vermitteln. Texte erscheinen erstens in synchroner Sicht als Ensembles von Strukturen und Funktionen, zweitens in sozialer Sicht als Organisationsformen gesellschaftlicher Praxis und drittens in diachroner Sicht als auf andere Texte verweisende Supplemente. In der sprachwissenschaftlichen Literatur werden diese Aspekte meist unzulässig gegeneinander ausgespielt, um das eigene Untersuchungsziel zu legitimieren (cf. Geier 1985: 10 ff.; dieser Arbeit verdanke ich die Unterscheidung von Intra- und Inter-Textuellem). Bei der Behandlung des "Intra-Textuellen" beziehe ich mich auf das von Ehlich/Rehbein (1979) vorgeschlagene Konzept sprachlicher Handlungsmuster, ein Ansatz, der geeignet sein dürfte, den formalen Rahmen, den Texte notwendig konstituieren, analytisch zu erfassen. Die Ebene des "Extra-Textuellen", also die Frage nach der Praxis, die in Texten ihren Ausdruck findet, werde ich mit dem Konnotationskonzept von Maas (1985) analytisch einholen; die reflexiven Eigenschaften von sprachlichen Formen eröffnen - so Maas - die Möglichkeit, die in ihnen artikulierte Praxis zu rekonstruieren. Die Ebene des "Inter-Textuellen" schließlich werde ich mit einem in Anlehnung an Foucault entwickelten Konzept von Diskurs als gesellschaftlich organisiertes öffentliches Reden und Schreiben bearbeiten. In dieser Arbeit wird es also um Aspekte einer Textanalyse gehen; mit der Muster-, Konnotations- und Diskursanalyse können unterschiedliche Dimensionen eines Textes erfaßt werden. Die Arbeit mit diesen Kategorien erfolgt deskriptiv, d.h. es geht um die Beschreibung der Beziehung von in Texten organisierten sprachlichen Formen und der sozialen Praxis, in der die Texte entstanden sind. Deshalb hat es sich auch als notwendig erwiesen, die herangezogenen Konzeptionen umzuformulieren, um sie für den konkreten Zusammenhang handhabbar zu machen. Vielleicht paßt für das methodische Vorgehen das Bild des "Bastlers" (cf. Lévi-Strauss 1962: 29-36), der sich aus dem vorgefundenen Material das auswählt, was er für die Lösung einer Aufgabe braucht, während sich der "Ingenieur" systematisch, und damit auch reduziert, den Problemen nähert.

Ich untersuche in dieser Arbeit die in der TAZ 1980 öffentlich geführte "Sexismus-Debatte". Oben hatte ich gezeigt, daß die Analyse von sprachlichen Verhältnissen im gegenkulturellen Milieu notwendig komparativ angelegt sein muß. Um zu zeigen, daß bestimmte Leserbriefe für die TAZ charakteristisch sind, werde ich Texte aus anderen Zeitungen vergleichend heranziehen. Zu diesem Zweck habe ich ein geschlossenes Korpus von insgesamt 200 Leserbriefen aus vier Zeitungen zusammengestellt (Korpus I). Die Entscheidung dafür ist nicht unproblematisch, es könnten zufällig im Material auftretende Phänomene zu stark gewichtet werden, und andere, wichtige Erscheinungen dafür unberücksichtigt bleiben, da sie nicht in den Daten zu finden sind. Dem stehen die Vorteile von solchen zu komparativen Zwecken konstruierten Korpora entgegen, da sie einen gleichgewichtigen Zugriff auf das Material ermöglichen.

Bei der Auswahl der zum Vergleich mit der TAZ heranzuziehenden Tageszeitungen waren drei Aspekte maßgeblich: Verbreitung, politische Orientierung und Auflagenhöhe. Die TAZ stellte sich (im Sommer 1984) als eine mit einer täglichen Auflage von ca. 25.000 Exemplaren erscheinende, überregional verbreitete Zeitung dar, die eine an den Zielen links-alternativer Politik orientierte Linie verfolgte. Als überregionale Vergleichszeitungen wählte ich die sehr viel auflagenstärkeren "Frankfurter Rundschau" (FR) und "Frankfurter Allgemeine. Zeitung für Deutschland" (FAZ) aus, die sich hinsichtlich ihrer politischen Linie deutlich unterscheiden: Während die FAZ eine konservative Politik vertritt, orientiert sich die FR an sozialdemokratischen Zielen. In diesem Bereich bot es sich an, die beiden bekannten Frankfurter Zeitungen als vergleichbare Medien heranzuziehen, da andere überregionale Abonnementszeitungen wie "Die Welt" und "Süddeutsche Zeitung" sich nur in Hinblick auf die ideologische Orientierung unterscheiden und Boulevardblätter wie die "BILD-Zeitung" wegen ihrer anderen Strukturen - dort werden fast keine Leserzuschriften veröffentlicht - nicht zu berücksichtigen waren. Ein Pendant in Hinblick auf die Auflagenhöhe fand ich in der in Vechta erscheinenden "Oldenburgischen Volkszeitung" (OV), einer mit einer täglichen Auflage von ca. 22.000 Exemplaren erscheinenden Lokalzeitung, die eine konservative, christlich orientierte Politik verfolgt. Außerdem war die Frage zu beantworten, in welchem Verhältnis die beiden Korpora - die Leserbriefe der Sexismus-Debatte sind im Korpus II dokumentiert - zueinander stehen sollten. Das Korpus II war vorgegeben; für den Aufbau eines Vergleichskorpus bestanden zwei Möglichkeiten: Einmal hätte eine Auswahl von Leserbriefen aus dem Jahre 1980 herangezogen werden können, zum anderen war der Aufbau eines aktuelleren Korpus möglich. Ich entschloß mich für die zweite Möglichkeit, da schon zu dem Zeitpunkt dieser Entscheidung im Sommer 1984 deutlich war, daß die Sexismus-Debatte als historisches Ereignis anzusehen war. Die Konstruktion eines aktuellen Korpus versprach die Möglichkeit, auch historische Aspekte in die Analyse miteinbeziehen zu können. Zudem rechnete ich nicht damit, daß Aufbau und Struktur von Leserbriefen in der bürgerlichen Presse zwischen 1980 und 1984 entscheidend variierten, während die Veränderung der TAZ-Leserbriefe nach Sichtung des 80er Materials sich als offenkundig erwies. Ein weiteres Problem stellte der Umfang des neu aufzubauenden Korpus dar. Es sollte einerseits mit dem Umfang der Sexismusdebatte vergleichbar sein (ca. 80 Leserbriefe); es sollte andererseits die Möglichkeit zu einer qualitativen Analyse eröffnen. So setzte ich relativ willkürlich die Zahl von 50 Belegen in jedem Teilkorpus fest. Insgesamt umfaßt das 84er Korpus 200 Leserbriefe, die annähernd gleich auf die Zeitungen verteilt sind (FAZ: 52, FR: 50, TAZ: 51, OV: 47).[1]

Ein weiteres Problem eines so konstruierten Korpus besteht darin, daß es für quantitative Untersuchungen zu klein und für qualitative Analysen zu groß ist. Allerdings, und dies rechtfertigt zusätzlich die Arbeit mit einem so konstruierten Korpus, ermöglicht die Auseinandersetzung mit einer Vielzahl von Texten schon eine Relativierung gewonnener Daten und Ergebnisse, so daß sich in qualitativer Hinsicht ein in dieser Weise kontrolliertes exemplarisches Vorgehen anbietet. Das Interesse dieser Arbeit liegt nicht in der Behandlung quantitativer

1 Die Leserbriefe des Korpus I sind im Zeitraum Juli bis September 1984 veröffentlicht worden (FAZ: 19.7.-25.7., FR: 19.7.-31.7., TAZ: 19.7.-1.8., OV: 20.7.-22.9.). Sowohl Korpus I als auch Korpus II sind in Auszügen im Anhang dokumentiert; Verweise auf diese ausgewählten Texte leistet ein Klammerausdruck, in dem eine römische I oder II mit einer Ziffer verbunden ist, die auf die numerierten Belege im Anhang verweist, z.B. (I:15).

Aspekte, vielmehr werden diese lediglich bisweilen zu heuristischen Zwecken berücksichtigt oder aber zur Illustration in anderen Argumentationszusammenhängen herangezogen.

Schließlich war noch die Frage nach der Textform Leserbrief zu stellen (zum Zeitpunkt der Analyse war die Arbeit von Bucher noch nicht erschienen): Es war mir nicht klar, was genau ein Leserbrief ist, welche Möglichkeiten Schreiber haben, sich darin zu artikulieren, welches Potential diese Textform hat. Was also ist ein Leserbrief? Mit dieser Frage bin ich - von ihrem Schluß kommend - am Anfang dieser Arbeit angekommen, eine Gelegenheit, die Gliederung vorzustellen.

In Kapitel 2 werde ich Leserbriefe als Ausdrucksformen von Textmustern explizieren. Zudem werde ich anhand der Belege aus Korpus I auch empirisch die wichtigen Strukturelemente des Musters beschreiben. Damit liegt dann eine Terminologie vor, auf die ich mich in den darauf folgenden Kapiteln stützen kann. In Kapitel 3 werde ich die Konnotationen von Leserbriefen in den verschiedenen Zeitungen anhand verschiedener Parameter wie Präsentation und Inhalt der Rubriken in den Zeitungen, ideologischen Schreibweisen und Indikatoren für soziale Beziehungen beschreiben, die Unterschiede zwischen der TAZ und den anderen Zeitungen herausarbeiten und unter Rückgriff auf die jeweilige soziale Praxis Lesarten für Texte entwickeln. In diesem Kapitel greife ich gleichfalls auf die Texte des Korpus I zurück. In Kapitel 4 schließlich analysiere ich die "Sexismus-Debatte" in der TAZ als Ausdrucksform eines gegenkulturellen Diskurses. Unter Rückgriff auf die Ergebnisse der beiden vorangegangenen Kapitel kann ihr spezifischer gegenkultureller Charakter an typischen Merkmalen deutlich gemacht werden. Darüber hinaus erweist sich die Debatte als komplexer sozialer Konflikt, der eine eigentümliche Dynamik entfaltet und weit über die Leserbriefseite der TAZ hinausweist. Der Aufbau dieser Arbeit läßt sich auch als schrittweise zu vollziehende - besser: vollzogene - Explikation ihres Titels verstehen: Während es im zweiten Kapitel im allgemeinen um den formalen Rahmen einer "Schreibweise von Leserbriefen" geht, ermöglicht der Vergleich in Kapitel 3 eine Präzisierung dessen, was "gegenkulturell" in Hinblick auf Schreibweisen heißen könnte; in Kapitel 4 schließlich erfolgt eine Konkretisierung dieser Schreibweisen hinsichtlich eines Themas, eben "über Sexualität".

2. Texte als Ausdrucksformen von Mustern: Funktionen und Strukturen von Leserbriefen

Die Frage, was ein Leserbrief ist, dürfte spontan leicht zu beantworten sein: Wir verstehen darunter einen Text, der in einer entsprechenden Rubrik einer Zeitung oder Zeitschrift erscheint und der zuvor in der Regel von einem Leser des Mediums verfaßt und der Redaktion zugeschickt worden ist. Jedoch wissen wir nicht, wie solche Texte strukturiert sind, welche Inhalte sie haben und auf welche anderen Texte sie sich beziehen. Mit diesen Fragen werden auch wichtige Probleme der Textklassifikation berührt. In Hinblick auf die in Kapitel 4 beabsichtigte Untersuchung von Leserbriefen, in denen Sexualität thematisiert wird, kommt der Frage nach dem Potential dieser Textform in formaler und inhaltlicher Hinsicht eine besondere Bedeutung zu, da Sexualität ein problematisches Thema ist. Die Frage, wie Sexualität in Leserbriefen thematisiert werden kann, macht die Auseinandersetzung mit den Möglichkeiten und Grenzen dieser Textform erforderlich. Es geht also um eine Beschreibung der Möglichkeiten, die Leser in Hinblick auf die formale und inhaltliche Gestaltung ihres Schreibens an eine Zeitungsredaktion haben. Ich werde in diesem Kapitel vorschlagen, die strukturellen und funktionalen Eigenschaften von Leserbriefen im Rahmen eines Textmusterkonzepts zu bestimmen. Zunächst wird der allgemeine Rahmen dieses Konzepts skizziert (2.1); in einem zweiten Schritt wird das Konzept auf die in dieser Arbeit untersuchte Textform bezogen: Leserbriefe erscheinen als argumentative Textmuster im Feld der Meinungsbildung (2.2). Anschließend werde ich die in der theoretischen Auseinandersetzung erarbeiteten Kategorien auf die im Korpus I gesammelten Leserbriefe beziehen: Zunächst werde ich die Formen der Themenkonstitution analysieren (2.3) und anschließend die für Leserbriefe charakteristischen Strukturmuster beschreiben (2.4). Abschließend werden die in diesem Kapitel herausgearbeiteten Ergebnisse zusammengefaßt (2.5). Ziel dieses Kapitels ist die Bestimmung des Potentials der Textform Leserbrief, also die Frage danach, welche Ausdrucksmöglichkeiten Schreibende überhaupt haben, wenn sie sich dieser Form bedienen.

2.1. Der kategoriale Rahmen: Zum Begriff des Textmusters

Ausgangspunkt der Explikation des begrifflichen Rahmens stellt die Charakterisierung des Leserbriefs als Text dar, der die Merkmale der Schriftlichkeit, der Kohärenz und der relativen Abgeschlossenheit aufweist. Um eine weitergehende Differenzierung vorzubereiten, müssen weitere Kriterien geprüft werden, die den spezifischen kommunikativen Zusammenhang des Leserbriefs genauer erfassen können. Während in früheren Versuchen der Textklassifizierung textinterne Merkmale wie Kohärenz, Pronominalisierung etc. verwendet wurden, hat sich in der letzten Zeit eine Richtung durchgesetzt, die, von textexternen Merkmalen wie Funktion, Situation etc. ausgehend, den Handlungszusammenhang von Texten zur Grundlage von Textsortenbestimmungen gemacht hat. So schreiben de Beaugrande/Dressler:

> Die Zuordnung eines Textes zu einer Textsorte hängt eindeutig eher von der Funktion des Textes in der Kommunikation als von der Oberflächenform ab. (1981: 191)

Als übergeordnete Kategorie der Klassifizierung fungiert hier der kommunikative Zusammenhang, in den Texte einzuordnen sind, während die angesprochene Oberflächenform zwar auch eine gewisse Beachtung finden sollte, hinsichtlich der Klassifizierung jedoch eine untergeordnete Rolle spielt. Die Beziehung dieser beiden Größen erscheint jedoch ungeklärt:

> Der Versuch, herkömmliche linguistische Methoden anzuwenden, konnte bislang den besonderen Anforderungen einer Texttypologie nur unzulänglich gerecht werden. Man kann die Frequenz von Nomina, Verba usw. zählen oder auch die Länge und Komplexität von Sätzen messen ..., ohne wirklich die Textsorte zu definieren - man muß eher wissen, wie und warum diese Proportionen und Eigenschaften entstehen. Diese Art von Statistik übergeht die Funktionen des Textes in der Kommunikation und in der Verfolgung von menschlichen Zielen. Solche Funktionen beeinflussen sicher die Häufigkeit bestimmter sprachlicher Elemente. (de Beaugrande/Dressler 1981: 189)

Hier wird die Abhängigkeit der Textoberflächenphänomene von den Funktionen und der Verfolgung menschlicher Ziele postuliert in Abgrenzung zu beispielhaft erwähnten Arbeiten (z.B. Große 1976), die eine textinterne Klassifizierungsstrategie verfolgen. Aber auch von einer sprechakttheoretischen Position her wird ein komplexer, textexterner Zugriff postuliert:

> Aus dieser Perspektive hat es wenig Sinn, die Sprechhandlungen, aus dem der Text besteht, einzeln zu analysieren. Sie sind Teile eines Ganzen und können nur aus dieser Ganzheit erklärt werden. (Rosengren 1983: 157)

Der Text erscheint hier als eine Menge von Sprechhandlungen, deren Analyse sinnvoll nur vom Ausgangspunkt eines Textganzen zu leisten ist. Zusammengefaßt lassen sich aus den diskutierten Auffassungen folgende Postulate ableiten, die die Perspektive der Textklassifikation und -analyse angeben:

- Texte sind Teile von kommunikativen Prozessen, in denen sie eine bestimmte Funktion haben;
- mit Texten verfolgen Handelnde menschliche Ziele;
- die Formen von Texten sind abhängig von ihren Funktionen, also von den Zielen, die von Handelnden in kommunikativen Prozessen verfolgt werden.

Ein begriffliches Konzept zur genaueren Bestimmung von Texten sollte, ausgehend von diesen Postulaten, die Möglichkeit weiterer Differenzierungen bieten. In der Theorie *sprachlicher Handlungsmuster*, wie sie von Ehlich/Rehbein in verschiedenen Arbeiten (Ehlich/Rehbein 1979, 1986) vorgetragen wurde, werden die genannten Aspekte hinreichend berücksichtigt. Ausgangspunkt der Überlegungen Ehlichs und Rehbeins ist die Annahme, daß Sprechhandlungen gesellschaftlich ausgearbeitete Formen darstellen, die das Ergebnis einer langen Entwicklung sind. Insofern lassen sich diese Formen in Klassen zusammenfassen, den Illokutionen. Sprechhandlungen sind, im Gegensatz zu praktischen Tätigkeiten oder Bewußtseinstätigkeiten, immer eingebunden in komplexe Handlungszusammenhänge, sie sind, wie Ehlich/Rehbein (1979: 248) formulieren, als Handlungen zweiter Stufe aufzufassen, insofern sie immer symbolisch die Kommunikation mindestens zweier Handelnder gewährleisten. Sprechhandlungen als standardisierte Formen der Kommunikation sind auf Handlungsabläufe bezogen, ihre Voraussetzung ist die gemeinschaftliche Tätigkeit potentiell Handelnder. Diese Formen sind als *Muster*[1] aufzufassen:

> Sprachliche Handlungsmuster ... sind also die Formen von standardisierten Handlungsmöglichkeiten, die im konkreten Handeln aktualisiert und realisiert werden (Ehlich/ Rehbein 1979: 250).

Für den Zweck dieser Untersuchung erweist sich eine terminologische Präzisierung als unumgänglich: Ehlich/Rehbein analysieren sprachliche Handlungen und meinen damit mündlich artikulierte Rede. Eine Unterscheidung zum schriftlich formulierten Text nehmen sie nicht vor. Nun dürfte der Text als eine substantiell unterscheidbare Form sprachlichen Handelns besondere Illokutionsformen aufweisen; ich schlage deshalb vor, in diesem Zusammenhang den Begriff *Textmuster* zu verwenden, der in schriftlicher Form materialisierte sprachliche Handlungen erfaßt.

Textmuster sind abhängig von Zwecken, die die Handelnden verfolgen. *Zwecke* sind charakterisiert durch die Verbindung von Konstellationen und Bedürfnissen.[2] Ehlich/Rehbein (1979: 244) gehen davon aus, daß Handelnde sich nicht auf immer Neues einzustellen haben, sondern daß durch Identitäten und Entsprechungen von Wirklichkeitspartikeln sich gewisse Konstellationen ergeben, die für die individuell Handelnden als Konstanz aufgrund von Erfahrung und Wissen wahrnehmbar sind: Handelnde bringen ihre Bedürfnisse in Standardkonstellationen ein. Innerhalb einer so konstruierten Handlungsvoraussetzung treten Defizienzen - Zustände, die vom Handelnden als mangelhaft beurteilt werden - auf, deren Beseitigung der Zweck einer Handlung sein dürfte. Nun wird es wohl kaum eine Standardkonstellation geben, in der sich nicht mehrere, alternative Handlungsmöglichkeiten zum Erreichen von Suffizienz - ein vom Handelnden als ausreichend oder genügend beurteilter Zustand - finden ließen. Die Gesamtheit solcher standardisierten Wege in sich wiederholenden Defizienzkonstellationen bezeichnen Ehlich/Rehbein als "Ablaufsysteme" (1979: 246). Textmuster erweisen sich in dieser Terminologie als gesellschaftlich festgelegt. Sie sind zwar objektiv gültig, nicht aber unbedingt an der Oberfläche des Handelns (hier: des Textes) manifest. Der Handelnde bedient sich der Muster, er realisiert ihre Struktur. Daraus ergibt sich als Aufgabe der Musteranalyse:

---

1 Cf. zum Musterbegriff auch Ehlich 1986: 22ff.

2 Ehlich 1986 behandelt den Begriff des Zweckes ausführlicher und stellt seine zentrale Bedeutung für die Analyse sprachlichen Handelns heraus (21f.).

> Die Analyse, die die Muster herausarbeitet, ist kein Zurechnungsmechanismus, der vorgerasterte Kategorien aufgrund vorliegender Indikatoren auf die Oberfläche sprachlicher Erscheinungen abbildet, sondern ein Erkenntnisprozeß, der die Zwecke gesellschaftlichen Handelns in der zufällig vorliegenden Wirklichkeit entdeckt und den Formcharakter des zugrundeliegenden Handelns, das heißt die allgemeinen Strukturen einsichtig macht. (Ehlich/Rehbein 1979: 251)

Konstitutive Elemente eines Musters sollen nach Ehlich/Rehbein die Pragmemklassen sein, wobei die Pragmeme als konstitutive Tätigkeiten eines Musters aufzufassen sind, die durch den Zweck des Musters geordnet sind. Der Terminus Pragmem verweist darauf, daß interaktionale Tätigkeiten (Handlungen) immer auch mit aktionalen und mentalen Tätigkeiten (Akten und Prozeduren) verknüpft sind.[1] Aber auch diese Terminologie erweist sich in bezug auf Texte als revisionsbedürftig. Zwar gehen in Texte auch mentale und aktionale Tätigkeiten ein (Konzeption und Akt des Schreibens), interaktional relevant ist jedoch nur der aktuelle, schriftlich vorliegende Text als Ergebnis dieser Tätigkeiten. Wenn also die Elemente eines Textmusters herausgearbeitet werden sollen, dürfte es sinnvoller sein, von *Textsegmenten* zu sprechen. Textsegmente sind die Elemente, die für die Gestaltung des textkonstitutiven Zwecks relevant sind. Im Gegensatz zu Brinker (1985: 21 f.), der diesen Begriff im Sinne von 'einen aus der einen Text konstituierenden Menge von Sätzen' verwendet, mithin ein syntaktisches Kriterium zugrunde legt, werde ich eher pragmatische bzw. funktionale Kriterien heranziehen im Sinne von 'Teil eines Textes, der in Hinblick auf die kommunikative Funktion eines Textes ausgezeichnet ist'. Textsegmente können aus Teilen von Sätzen, aus Sätzen oder aus einer Satzfolge bestehen.

Wie sind nun die Textsegmente eines Musters zu ordnen? Ehlich/Rehbein (1979: 253) weisen darauf hin, daß die einzelnen Elemente eines Musters eine geordnete Sukzession bzw. eine Menge von Sukzessionsalternativen aufweisen. Muster weisen solche Elemente auf, die hineinführen - Initialpositionen -, und solche, die aus ihm herausführen - Finalpositionen -: die "Ränder". Die "Binnenstruktur" eines Musters ist durch die systematische Abfolgebeziehung einzelner Textsegmente, ihrer Position und ihrer Alternativen zu kennzeichnen. Die Phrasierung der "Binnenstruktur" leistet die Zusammenfassung von Textsegmenten zu einer funktionalen Substruktur innerhalb des Musters.

In diesem Sinn kann man annehmen, daß sich für ein Textmuster systematische Strukturen herausgebildet haben, auf deren Grundlage den einzelnen Textsegmenten ein bestimmter Platz innerhalb eines Musters zugewiesen wird, genauer: sie füllen Musterpositionen aus (cf. Ehlich/Rehbein 1986: 138).

Die Frage nach den Verwendungsvoraussetzungen von Textmustern, also danach, relativ zu welchen Handlungskonstellationen und Bedürfnissen bestimmte Muster von Handelnden aktualisiert werden, weist auf die Bedeutung

---

1 Eine erste Analyse, in der das Pragmemkonzept zur Beschreibung des Zusammenhangs von verbalen, mentalen und praktischen Tätigkeiten genutzt wurde, hatte den Restaurantbesuch zum Gegenstand (Ehlich/Rehbein 1972).

von mentalen Tätigkeiten für die Textproduktion hin. Zwar sind die individuellen mentalen Prozesse von Schreibern der Analyse von Texten verschlossen. Es ist allerdings unumgänglich, wenn die Annahme gerechtfertigt ist, daß Texte als Realisierungen von Mustern aufzufassen sind und folglich Textanalyse als Musteranalyse betrieben werden soll, auf mentale Prozesse einzugehen, denn die Rekonstruktion einer Standardkonstellation auch in der Sphäre des Analysierenden kann erst die Musteranalyse ermöglichen. Als Handelnde verfügen Schreiber und Interpret über ein gesellschaftlich erarbeitetes Wissen der Formen, die in einer Defizienzkonstellation angewandt werden können, um den Zustand der Suffizienz zu erreichen: Wir verfügen, in der Terminologie von Ehlich/Rehbein (1979: 256f.), über ein *Musterwissen* (des Schreibers und des Lesers). Die Gemeinsamkeit dieses Wissens in den mentalen Sphären verschiedener Subjekte kann erst sinnvoll eine Musteranalyse ermöglichen, weil diese Annahme den Aspekt der gesellschaftlichen Ausarbeitung auch analytisch einholt. Im Unterschied zur verbalen Interaktion in gesprochener Sprache ist die Konstitution einer interaktionalen Sphäre bei Texten nur als vermittelte möglich. Die Kommunikation über Texte gestattet eine Gemeinsamkeit hinsichtlich der schriftlichen Formen, erst durch sie - und nicht etwa eine gemeinsame Interaktionssituation - wird die prinzipielle Interaktivität sprachlicher Handlungen hergestellt. Für das Textmusterwissen läßt sich präzisierend feststellen, daß es ein gemeinsames Wissen hinsichtlich der Formen schriftlicher Kommunikation gibt; auf den Gegenstand dieser Arbeit bezogen, heißt dies, daß wir wissen müssen, in welcher Standardkonstellation relativ zu welchen Bedürfnissen welche Form von Briefen geschrieben werden können. Und erst dieses gemeinsame, gesellschaftlich erarbeitete Wissen im Zusammenhang mit individuellen Erfahrungen ermöglicht die Analyse solcher Texte als Realisierungen von Mustern.

Abschließend seien die Vorschläge von Ehlich/Rehbein zusammengefaßt:

- Texte sind aufzufassen als Realisierungen von Textmustern, d.h. von gesellschaftlich standardisierten Formen schriftlicher Kommunikation;
- Textmuster sind abhängig von Zwecken der Handelnden, d.h. von Bedürfnissen, die im Rahmen einer Standardkonstellation zu befriedigen sind;
- Textmuster bestehen aus Segmenten, deren Abfolge, Position und Alternativen festgelegt sind;
- die gesellschaftlich Handelnden verfügen über ein Textmusterwissen, das ihnen gestattet, in einer Standardkonstellation die Menge von Textmustern auszuwählen, die geeignet sind, den Zustand der Defizienz in einen der Suffizienz zu überführen.

Nachdem die Explikation des Musterbegriffs abgeschlossen ist, muß eine Relativierung dieses Konzepts in Hinblick auf die in dieser Arbeit verfolgten Ziele vorgenommen werden. Es geht im wesentlichen um die Frage, wie weitgehend die in diesem Konzept enthaltenen Idealisierungen sind. Ehlich/Rehbein (1986) lassen keinen Zweifel daran, daß für sie die konkreten, beobachtbaren sprachlichen Äußerungen nur eine Oberfläche darstellen, die nur auf der Grundlage der Kenntnis bzw. analytischen Durchdringung der strukturellen Tiefe des abstrakten Musters als sprachliche Handlungen rekonstruiert werden können:

> Die Handlungsmuster, ohne selbst unmittelbar greifbar zu sein, determinieren die Qualität der einzelnen, in der Realisierung linear angeordneten Einheiten. Deshalb ist deren Qualität analytisch nur über den Rückgang auf die zugrundeliegenden Muster möglich. (1986: 139)

Unschwer ist in dieser Formulierung ein Verhältnis zwischen der sprachlichen Oberfläche und der Tiefe der sie determinierenden Struktur der Handlungsmuster ausgedrückt, eine Metaphorik, die mit der klassischen Gegenüberstellung Chomskys von Oberflächen- und Tiefenstruktur (von Sätzen) übereinstimmt. Damit wird aber auch das Ziel von Ehlich/Rehbein deutlich: Indem sie die Sprachtheorie als Handlungstheorie explizieren, die die Grammatik mit einschließt, versuchen sie, das Paradigma der generativen Transformationsgrammatik mit deren eigenen Waffen - etwa die angesprochene Metaphorik - zu schlagen; ihr Ziel dürfte sein, so etwas wie das Konzept einer kommunikativen Kompetenz zu entwickeln (cf. Vogt 1987a). Diese Arbeit ist nun anderen Zielsetzungen verpflichtet, die mit den genannten nicht verträglich sind. Ich verwende den Musterbegriff nicht mit dem Anspruch einer Kompetenzbeschreibung, sondern als eine deskriptive Kategorie, insofern als ich als Analysierender damit beschäftigt bin, Lesarten zu entwickeln und mich dabei des Musterbegriffs bediene. Allerdings konstatiere ich nicht die Existenz von Mustern, sondern stelle sie erst selbst durch die Auseinandersetzung mit dem Text her (cf. Januschek 1986: 88). Insofern spreche ich auch nicht - wie Ehlich/Rehbein - davon, daß Muster realisiert werden, sondern davon, daß sie ausgedrückt sind. Das heißt jedoch nicht, daß die Textmuster unabhängig von dem Sprachbewußtsein der Textproduzenten bestimmt werden. Deshalb sind die alltagssprachlichen Bezeichnungen für Texte wie etwa *Leserbrief*, *Kommentar* oder *Kochrezept* Ausgangspunkte für eine Untersuchung ihres jeweiligen Funktionszusammenhangs. Dimter (1981: 35) hat zu Recht darauf hingewiesen, daß die alltagssprachliche Textklassifikation den differenzierten kommunikativen Anforderungen entspricht. Dieser Ansatzpunkt unterscheidet das Textmusterkonzept von dem der Texttypologie, die deduktiv auf der Grundlage von theoretischen Modellen Differenzierungen von Textformen bestimmt. So ist beispielsweise die Texttypologie Werlichs (1975) durch einen hohen Idealisierungsgrad geprägt, der sich aus dem spezifischen Interesse einer Kompetenzrekonstruktion ergibt. Obwohl der Begriff Textmuster eine ähnliche Ebene wie der der Textsorte (cf. Brinker 1985: 118) oder der der Textklasse (cf. Dimter 1981: 35) erfaßt,[1] übernehme ich nicht die vorgeschlagenen Begriffe, denn der Terminus Muster ist besonders gut für die Textanalyse geeignet, da damit - im Gegensatz etwa zum Terminus Textsorte - auch Potentiale der Veränderung, also etwa das Arbeiten

---

1 Eine hervorragende Zusammenfassung der "zwei Linien" in der Textlinguistik - induktiv (Textsorten) vs. deduktiv (Texttypen) - ist bei Helbig (1986: 171-175) zu finden.

an Mustern, erfaßt werden können. Die Konzeption von Ehlich/Rehbein ist recht gut ausgearbeitet und von daher durchaus geeignet, einen Zugriff auf die Texte zu ermöglichen; ihr analytischer Wert wird sich in der Auseinandersetzung mit dem Material zeigen. Nicht die Entfaltung einer auch die Sprache umfassenden Handlungstheorie steht hier also zur Diskussion, sondern die Adaption eines Konzepts, das einen deskriptiven Zugriff auf Texte erlaubt - durchaus im Sinne der oben in Anspruch genommenen "Bastelei" [< 14].

2.2. *Der Leserbrief: Ein argumentatives Textmuster*

In diesem Teil werde ich den Vorschlag unterbreiten, Leserbriefe als ein argumentatives Textmuster zu rekonstruieren. Zunächst werde ich allgemein den Kommunikationsprozeß beschreiben, der der Produktion und Rezeption von Leserbriefen zugrunde liegt. Im Anschluß daran werde ich, in Auseinandersetzung mit den Argumentationstheorien Kleins und Habermas', das Textmusterkonzept in Hinblick auf Leserbriefe konkretisieren und damit die Grundlagen der in den Teilen 2.3 und 2.4 vorzunehmenden empirischen Analyse erarbeiten.

Ich werde von der folgenden Definition ausgehen: Ein *Leserbrief* ist ein Schreiben eines massenmedialen Rezipienten an eine Zeitung oder Zeitschrift mit dem Ziel der Veröffentlichung in einer besonderen Rubrik. Der Brief enthält in der Regel eine Stellungnahme zu einer Veröffentlichung dieses Mediums. Der Brief kann in einer besonderen Rubrik nach vorheriger redaktioneller Bearbeitung erscheinen. Gegenstand der vorliegenden Arbeit sind die in der besonderen Rubrik einer Tageszeitung erscheinenden Leserbriefe. Von dieser Definition sind die *Leseranfragen* nicht erfaßt, in denen Leser bei der Redaktion einer Zeitung oder Zeitschrift einen Rat oder eine Auskunft einholen.

In welchem übergreifenden kommunikativen Zusammenhang sind Leserbriefe einzuordnen? Sie sind als Teile des massenkommunikativen Kommunikationsprozesses anzusehen. Unter *Massenkommunikation* ist die quantitativ große Verbreitung gleichlautender Inhalte an relativ große Gruppen der Gesellschaft mit Hilfe von Techniken der Kollektivverbreitung zu verstehen (cf. Silbermann 1982: 289). Entscheidend für diese Form der Kommunikation sind die sich aus der technisierten Übertragungsweise ergebenden Strukturen, die eine räumliche Trennung von Kommunikator und Rezipient implizieren.

Hinsichtlich der in diesem Zusammenhang relevanten Form einer Tageszeitung müssen einige Präzisierungen vorgenommen werden, die auf die Charakteristik des durch dieses Medium konstituierten Kommunikationsprozesses zurückgreifen. Eine *Zeitung* vermittelt

> jüngstes Gegenwartsgeschehen in kürzester regelmäßiger Folge der breitesten Öffentlichkeit ... Prototyp der Z.(-eitung) ist die aus bedrucktem Papier bestehende, zu niedrigem Preis angebotene, von einer Zentrale aus verbreitete, einzeln o.(-der) per Abonnement verkaufte Tagesz.(-eitung), die eine Auswahl von speziellen Ereignissen materialisiert, von denen angenommen wird, daß sie für Leserschaften von Interesse sind. (Silbermann 1982: 499)

Auf dem Hintergrund dieser Festlegungen lassen sich für massenmediale Kommunikationsprozesse folgende Merkmale bestimmen (cf. Hartung et. al. 1974: 314):

- Sender und Empfänger befinden sich nicht in der gleichen Umgebungssituation;
- ein Sender bedient sich eines Mediums, um eine Menge von Empfängern zu erreichen;
- ein Rollenwechsel findet in der Regel nicht statt;
- die Sendung und die Rezeption der Nachricht liegen zeitlich auseinander.

Da massenmediale Kommunikationsangebote allgemein zugänglich sind, ist ihnen das Merkmal "öffentlich" - im Gegensatz zu "privat" - zuzuschreiben. Wer ist nun an der Tageszeitungskommunikation beteiligt?[1] Als *Kommunikator* ist ein Zeitungsverlag anzusehen; für die inhaltliche Gestaltung der Zeitung ist eine Redaktion verantwortlich. Diese ist eine soziale Organisation, die durch die unterschiedliche Verteilung von Kompetenzen bzw. Entscheidungsbefugnissen beschreibbar ist. Hinzu kommt noch die Tatsache, daß Zeitungen Produkte von Wirtschaftsunternehmen darstellen, die in der Regel nach dem Prinzip der Gewinnmaximierung arbeiten. Ihre Einnahmen erwirtschaften die Betriebe durch den Verkaufserlös des Produkts sowie durch den Verkauf von Teilen des Produkts an Unternehmen bzw. einzelne zum Zwecke der Anzeigenwerbung. Aus dieser Struktur ist die Unterscheidung zwischen dem redaktionellen und dem nicht-redaktionellen Teil ableitbar: Den Beiträgen der Redaktion stehen die Anzeigen und Inserate gegenüber.

Der *Inhalt* einer Zeitung umfaßt Informationen zum aktuellen politischen, wirtschaftlichen und kulturellen Geschehen, präsentiert in den zeitungsspezifischen Textformen der Meldung, des Berichts oder der Reportage sowie die Beurteilung von Sachverhalten in Kommentar und Glosse.[2] Bei der Auswahl der Inhalte orientiert sich die Redaktion sowohl an der von ihr vertretenen politischen Linie als auch an den Erwartungen der Leserschaft: Sie verfolgt eine ganz bestimmte Veröffentlichungspolitik.

Der *Rezipient* (oder Empfänger) von massenmedialer Kommunikation ist von besonderem Interesse sowohl für den Kommunikator als auch für die Anzeigenwerbung betreibenden Unternehmen. So stehen für viele Zeitungen Informationen zur sozialdemographischen Struktur des Publikums zur Verfügung, und in der empirischen Sozialforschung steht die Erforschung der Wirkungen von Massenkommunikation im Vordergrund.[3] Neben diesen eher indirekten Formen der Beschäftigung mit dem Rezipienten gibt es auch Ansätze, wie die Feedback-Forschung, in denen der direkte Kontakt zwischen Rezipient und

---

1 Ich folge bei der Wahl der Kategorien dem Überblick von Silbermann 1977.

2 Für eine Übersicht zeitungsspezifischer Textformen: cf. Lüger 1983: 64ff.

3 Für einen kritischen Überblick: cf. Prokop 1981.

Kommunikator untersucht wird. Zu den Feedback-Phänomenen gehören auch die Leserbriefe.

Im Zusammenhang des nicht reziprok verlaufenden massenkommunikativen Prozesses stellen Leserbriefe als direkte Kontaktaufnahme zwischen Rezipient und Kommunikator eine Besonderheit dar, insofern als der Dialog zwischen Leser und Zeitung, öffentlich gemacht, wieder zu einem Teil der Veröffentlichungspolitik des Kommunikators wird.

Wie unterscheidet sich nun ein Leserbrief von anderen Briefformen? Ermert (1979: 60) nennt als wesentliche Merkmale der Kommunikationsform *Brief* den räumlich und zeitlich indirekten Kontakt von Autor und Adressat, die schriftliche, möglicherweise dialogische, aber institutionsgebundene Kommunikation zwischen in der Regel definiten Partnern, die persönlich bekannt sein können. Der Text kann von einem einzelnen oder aber mehreren geschrieben werden, die Textrezeption kann sowohl durch einzelne als auch durch Gruppen gleichzeitig oder ungleichzeitig erfolgen. Die Textform Brief wird hier in größter Allgemeinheit erfaßt. Mit Hilfe einiger dieser Kategorien soll nun der Leserbrief von anderen Briefformen abgegrenzt werden.

Leserbriefe weisen folgende relevante Merkmale auf: Sie sind institutionell gebunden, der Absender kann sowohl ein einzelner oder eine Gruppe sein, der Empfänger ist notwendig eine Zeitungsredaktion (oder auch ein Mitglied der Redaktion). Rezipienten können neben den Adressaten auch die Zeitungsleser sein, die diesen Brief in der entsprechenden Rubrik abgedruckt finden.

Zuschauer- und *Hörerbrief* haben, wie auch der *Leserbrief*, eine massenmediale Institution als Adressaten. Sie unterscheiden sich erstens in Hinblick auf das jeweils verwendete Medium Fernsehen und Rundfunk und zweitens hinsichtlich der Möglichkeit der Veröffentlichung. Zwar benutzen auch Funk und Fernsehen das Mittel der Zuschauerbeteiligung zur Programmgestaltung, sie bieten jedoch nicht die Veröffentlichung der Rezipientenpost an, da dies nicht medienadäquat wäre.

Nur geringfügig unterscheidet sich der *offene Brief* vom Leserbrief: Offene Briefe werden zwar an einen konkreten Adressaten gerichtet, sie werden aber gleichzeitig oder ausschließlich über Massenmedien verbreitet, oft auch nur in der Form eines Berichts im redaktionellen Teil einer Zeitung. Die Funktion der Verwendung dieser Textform liegt vor allem im Einklagen von Ansprüchen gegenüber einem Politiker durch eine in der Öffentlichkeit bekannte Person.

Nicht in die mediale Öffentlichkeit tritt der *Rundbrief*, der an mehrere Empfänger gerichtet ist. Der Rundbrief kann als einzelner existieren, er wird dann von einem zum anderen weitergereicht, oder er ist in der entsprechenden Anzahl vervielfältigt.

Nicht-öffentlich, dafür aber in der Regel institutionell gebunden sind *Geschäftsbriefe*, in denen Geschäftspartner dialogisch aus wirtschaftlichen Interessen miteinander kommunizieren. Ebenfalls nicht-öffentlich sind *Privat-*

briefe, die in der Regel von Einzelpersonen aus Interesse an persönlichen Beziehungen an andere geschrieben werden.

In textlinguistischen Arbeiten wird vorgeschlagen, Texte nach ihrem Beitrag zur Interaktion zu klassifizieren. Man formuliert Dominanzen, ohne jedoch eine allzu strikte Kategorisierung anzustreben (cf. de Beaugrande/Dressler 1981: 190). Das bedeutet, daß in der Festlegung auf eine dominierende Funktion nicht impliziert ist, andere Textelemente, die nicht unbedingt dieser zuzuordnen sind, auszuschließen. Die Typologie de Beaugrandes und Dresslers (1981: 190ff.) unterscheidet zwischen deskriptiven, narrativen, argumentativen und poetischen Texten. Leserbriefe sind am ehesten den argumentativen Texten zuzuordnen:

> Jene Texte, die die Annahme oder die Bewertung von bestimmten Ideen und Überzeugungen als wahr vs. falsch oder positiv vs. negativ fördern, heißen argumentative Texte (de Beaugrande/Dressler 1981: 190).

Der Vorschlag, Leserbriefe als argumentative Textmuster zu interpretieren, hat gewisse Vorteile, da ein deduktiver Zugriff, der auf einer makrostrukturellen Hypothese beruht, es eher erlaubt, die Texte als ganze zu erfassen. Induktive, von einer mikrostrukturellen Hypothese geleitete Zugriffe trügen die Gefahr in sich, zu sehr die Besonderheiten einzelner Texte in den Vordergrund zu stellen und allgemeinen Eigenschaften des Gesamtkorpus zu vernachlässigen.

In diesem Teil werde ich die These explizieren, daß Leserbriefe der Klasse der argumentativen Textmuster zuzuordnen sind. Die Explikation der These soll am Beispiel einer pragmatischen Argumentationsanalyse, wie sie Klein in mehreren Arbeiten vorgelegt hat, erfolgen.[1] Dabei ist zu beachten, daß Klein in Rede organisierte Argumentation untersucht, so daß eine Reformulierung seiner zentralen Thesen erforderlich wird: Argumentationen seien Sequenzen komplexer Textelemente, mit deren Hilfe ein Argument entwickelt wird.

> Ein <u>Argument</u> ist eine Menge von Gedanken oder Aussagen, die in einer bestimmten Weise miteinander zusammenhängen, und sie müssen in eine Antwort auf eine strittige Frage, die Quaestio, münden (Klein 1985: 209).

Während mit dem Begriff des Arguments der logische Aspekt erfaßt wird, bezeichnet der Begriff der Argumentation konkrete sprachliche Äußerungen in einer bestimmten Situation, also den pragmatischen Aspekt.

---

1 Ich beziehe mich i.f. auf die Version von 1985. Mit den anderen Beiträgen (Klein 1980, 1981) hat diese Fassung den Aufbau gemeinsam: Zunächst wird der begriffliche Rahmen entwickelt, der anschließend auf ein konkretes Beispiel bezogen wird. Ich habe mich für den von Klein entwickelten Rahmen entschieden, weil er flexibler handhabbar zu sein scheint als das in der einschlägigen Literatur (cf. Lüger 1983: 82f. oder Brinker 1985: 68ff.) immer wieder herangezogene Argumentationsschema Toulmins (1958: 86-130), das sich an nicht-juristischen Argumentationen nicht bewährte. Aber auch mit Arbeiten, die das Schema erweitern (so etwa Völzing 1979), konnten in der konkreten Analyse keine Ergebnisse erzielt werden, die die Defizite des Basismodells überwunden hätten. Das von Klein vorgeschlagene Modell hat den Vorzug, daß die Anzahl der strukturell zu besetzenden Positionen klein bleibt, Erweiterungen aber leicht zu integrieren sind. Cf. Pander Maat 1985 für einen Überblick.

Die Unterscheidung von logischer und pragmatischer Ebene erweist sich insofern als sinnvoll, als der Versuch, mit Hilfe einer logisch deduzierten Typik, wie der des Toulminschen Argumentationsschemas, empirische Argumentationen analytisch zu erfassen, oft an der Unvollständigkeit konkreter Sprechhandlungen gescheitert ist. Andererseits ermöglicht die Bestimmung des Arguments in der oben angegebenen Weise eine in gewissem Sinne idealtypische Bestimmung der Elemente und ihrer Verknüpfungen, die es erlaubt, Begrenzungen natürlicher Argumentationen zu erfassen. Wesentlich scheint der Gedanke zu sein, daß aufgrund der notwendigen Bedingung einer "strittigen Frage" eine ganz bestimmte Ordnung der Aussagen abgeleitet wird, also ein ganz bestimmter Kohärenztyp charakterisiert wird, der konstitutiv für solche Texte sein soll, die im pragmatischen Sinn als Argumentationen erfaßt werden.

Für Klein müssen Argumentationen folgende Eigenschaften besitzen: Für ein Kollektiv muß zu einem bestimmten Zeitpunkt

(a) ein bestimmter Gedanke thematisch gemacht werden,
(b) dieser Gedanke muß fraglich sein, und
(c) dieser Gedanke muß strittig sein in dem Sinne, daß eine Entscheidung erforderlich ist, darüber zu befinden, ob der Gedanke zum kollektiv Geltenden gehört oder nicht (cf. Klein 1985: 209).

Zunächst erweist sich eine Präzisierung des Begriffs *Kollektiv* als notwendig, da Klein mit diesem Begriff lediglich die Tatsache erfassen möchte, daß an einer Argumentation mehrere Personen beteiligt sein sollen. Die Begriffswahl ist in Hinblick auf die Bedeutungsbeschreibung von *Kollektiv* ('feste Gemeinschaft, die sich zur Zusammenarbeit gebildet hat') überdeterminiert: Ohne weiteres könnte stattdessen der Begriff der *Gruppe* als in diesem Kontext adäquater eingeführt werden. Für die Mitglieder einer sozialen Gruppe existiert ein von ihnen akzeptiertes Normen- und Wertesystem, das an die Identität der Gruppe geknüpft ist bzw. diese erst konstitutiert. Einer solchen Bestimmung von Gruppe entspricht auch die Bedingung des "kollektiv Geltenden" bei Klein (cf. c). Unstrittig wichtig, was die genannten Eigenschaften betrifft, dürften a und b sein in dem Sinne, daß das Aufwerfen eines Gedankens in Hinblick auf die für eine soziale Gruppe geltenden Normen und Werte erst dann argumentative Qualität erhält, wenn es nicht von allen Mitgliedern getragen wird; c hingegen - Klein zielt auf die Entscheidbarkeit über die Gültigkeit eines Gedankens ab - enthält Hinweise darauf, daß hier mündliche Interaktion analysiert werden soll. Für viele schriftliche Argumentationen liegt eine Notwendigkeit der Entscheidung so nicht vor, vielmehr sind hier andere, nicht auf eine direkte Entscheidbarkeit hin orientierte Kriterien im Spiele, so daß für die hier vorzunehmende Textanalyse eine Revision von c unumgänglich wird. Wir müssen also mehr über den institutionellen Rahmen der hier thematisierten schriftlichen Interaktion wissen. Klein (1985: 213) formuliert schließlich die folgende These für Argumentationen:

> In Argumentationen wird versucht, etwas kollektiv Fragliches mit Hilfe des kollektiv Geltenden in kollektiv Geltendes zu überführen.

Wie kann nun diese These auf den in dieser Arbeit untersuchten kommunikativen Zusammenhang bezogen werden? Oben hatte ich vorgeschlagen, *Kollektiv* durch *Gruppe* zu ersetzen: In diesem Zusammenhang sind damit diejenigen Mitglieder einer Kommunikationsgemeinschaft gemeint, deren Gemeinsamkeit in der Lektüre eines konkreten Print-Mediums besteht. Das Medium vertritt ganz bestimmte Positionen innerhalb des Spektrums politischer Positionen, die in der bundesrepublikanischen Gesellschaft artikuliert werden; und die Wahl einer Abonnementszeitung (insbesondere einer überregionalen) durch einen Leser steht im Zusammenhang mit dem durch die Praxis implizit oder explizit formulierten Normen- und Wertesystem dieses Mediums. Dies heißt nun auch, daß die Teilnehmer dieser spezifischen Kommunikationsgemeinschaften in ganz bestimmter Weise miteinander kommunizieren: Es handelt sich um eine für den einzelnen nicht direkt sinnlich wahrnehmbare, sondern nur durch die Lektüre - auch von Leserbriefen - vermittelte Kommunikationsstruktur. Aufgrund der Größe einer solchen Kommunikationsgemeinschaft kann nicht von einer konsistenten Wertdefinition ausgegangen werden, die für alle Leser gilt: Es muß in hohem Maße mit Verschiebungen und Unschärfen in der Verfolgung einzelner Wertstandards gerechnet werden. Andererseits ist in Hinblick auf die vier hier untersuchten Zeitungen daran festzuhalten, daß diese sich gerade durch die von ihnen vertretene politische Linie unterscheiden: Aufgrund dieses Distinktionskriteriums beteiligen sich auch unterschiedliche Lesergruppen an den jeweiligen Kommunikationsprozessen. In diesem Sinne kann man vielleicht sagen, daß die Autoren von Leserbriefen kollektiv Fragliches aufwerfen, eventuell für eine bestimmte Position argumentieren und sich dabei auf den als notwendig diffus beschriebenen Rahmen von Normen und Werten beziehen. Dabei kann aber nicht die Frage der "Überführung in das in einer Gruppe Geltende" geklärt werden, und zwar wegen der spezifischen Struktur von Massenkommunikation. Trotz der prinzipiellen Unentscheidbarkeit von Überzeugungsversuchen durch Leserbriefe möchte ich an der Hypothese, sie als argumentative Texte aufzufassen, festhalten, da die vorgetragene Einschränkung auf die kommunikativen Strukturen zurückzuführen sein dürfte.

Vor dem Hintergrund dieser Überlegungen sei Kleins These in folgender Weise reformuliert: In Leserbriefen als argumentativen Texten versuchen Autoren, etwas innerhalb einer Gruppe Fragliches mit Hilfe des Geltenden zu thematisieren, um eine Überführung des Fraglichen in Geltendes nahezulegen. Um die Diskussion des Kleinschen Ansatzes abzuschließen, möchte ich noch auf weitere Unterscheidungen Kleins hinweisen: Leserbriefe sind individuelle oder kollektive Argumentationen, insofern sie von einzelnen oder von Gruppen vorgetragen werden; sie sind kooperativ oder antagonistisch, d.h. eine bestimmte Position kann gestützt oder angegriffen werden; sie sind faktisch oder normativ, d.h. sie können sich auf die Wertsysteme "richtig" vs. "falsch" oder "gut" vs. "schlecht" beziehen; und schließlich sind sie institutionell, also in einen komplexen kommunikativen Zusammenhang integriert, und nicht alltäglich. Jedoch erweist sich diese Bestimmung hinsichtlich der zu untersuchenden Texte als noch zu unspezifisch. Auf diese Weise kann weder geklärt werden, welche Inhalte in Leserbriefen vorrangig aufgegriffen werden - also auf welche Themen sich die Quaestio bezieht -, noch kann etwas über die erwartbaren Formen gesagt werden. Wir kommen dann weiter, wenn wir Leserbriefe als veröffentlichte Argumentationen - im Gegensatz zu privaten - auffassen. Dieser Unterscheidung entspricht die von Habermas (1981.I: 56-65) in Anschluß an Toulmin diskutierte Differenzierung nach den jeweils formulierten Geltungsansprüchen, auf die Argumentationen zurückführbar sein sollen.[1] Relativ zu den Geltungsansprüchen lassen sich Argumentationsfelder unterscheiden, die je spezifische Formen der Argumentation erfordern. Leserbriefe erscheinen im Argumentationsfeld der Meinungsbildung, zu dem alle Texte gehören, mit denen über im weitesten Sinn politische Sachverhalte informiert wird bzw. diese bewertet werden. Dabei geht es nicht primär oder nur im begrenzten Umfang um die Frage nach der Wahrheit oder Falschheit von Informationen, sondern um die Angemessenheit von Wertstandards. Insofern gibt es keine universellen Möglichkeiten der Verifizierung von Geltungsansprüchen, vielmehr geht es um kontingente, von Handlungskontexten abhängige Ansprüche. Dem Feld der Meinungsbildung sind alle solche Texte zuzuordnen, die in Tageszeitungen oder politischen Zeitschriften erscheinen. Leserbriefe sind also eher mit massenmedial vermittelten Texten vergleichbar als mit privaten Briefen. Konstitutiv für diese Texte sind Bewertungen, die unter Rückgriff auf die Kriterien "gut" und "schlecht" auf politische Sachverhalte angewendet werden. Die institutionelle Ausprägung dieses Argumentationsfeldes erlaubt eine weitergehende Differenzierung: Leserbriefe sind sozusagen private, nicht professionelle, veröffentlichte meinungsbildende Texte; ihre Formulierung des Strittigen dürfte in der Regel eine Antwort auf eine bereits vorher vermittelte mediale Position sein, die von den dort vertretenen Wertstandards. Ihre Inhalte betreffen im weitesten Sinne politische Fragen, die

1 Auf die Einzelheiten der von Habermas vorgetragenen Argumentation will ich nicht eingehen; ich werde mich mit zwei Aspekten beschäftigen, nämlich der Kritik von Habermas sowohl an Klein als auch an Toulmin. Habermas kritisiert die streng deskriptive Orientierung Kleins, die alle Maßstäbe der Bewertung neutralisiere, und wirft ihm vor, daß er die Geltungszusammenhänge wie empirische Gesetzmäßigkeiten erforsche (1981. I: 50-56). Habermas selbst bezieht sich auf den Toulminschen Ansatz, dessen Vorteil darin bestehe, "daß er eine Pluralität von Geltungsansprüchen zuläßt, ohne zugleich den kritischen, raumzeitliche und soziale Beschränkungen transzendierenden Sinn von Gültigkeit zu dementieren" (56). Die von Toulmin vorgeschlagene und in diesem Zusammenhang übernommene Situierung von Argumentationen in Handlungskontexten wird von Habermas kritisch kommentiert, da Toulmin nicht die richtigen Schnitte zwischen die zufälligen institutionellen Ausprägungen der Argumentation einerseits und die durch innere Strukturen bestimmten Argumentationsformen andererseits lege (61). Das Toulminsche Modell akzentuiert die Kontextbedingungen von Argumentationen, während Habermas an ihren internen Strukturen ansetzt, die auf universale Geltungsansprüche verweisen (64). Habermas, so scheint es, stilisiert die Argumentation zur rationalen Auseinandersetzungsform schlechthin und unterschlägt damit die konkreten Argumentationen inhärenten Restriktionen.

in dem jeweiligen Bezugsmedium aufgeworfen werden bzw. aufgeworfen werden könnten. Und schließlich determiniert diese institutionelle Ausprägung auch die Argumentationsformen: Die Gestaltung einer öffentlich vorgetragenen privaten Meinung, mit der die Gemeinschaft der Medienrezipienten veranlaßt werden soll, diese zu übernehmen oder anzuerkennen, sollte so explizit bzw. überzeugend wie möglich ausgeführt werden.

Diese Überlegungen führen zur Spezifizierung der oben vorgetragenen These: Leserbriefe sind argumentative Texte im Feld der Meinungsbildung. Sie liefern hinsichtlich medial vermittelter Sachverhalte normative Bewertungen, indem sie kollektiv Fragliches im Verhältnis zu den im Medium vertretenen Wertstandards (vorher: das kollektiv Geltende) thematisieren. Die von den Autoren beanspruchte, aber nicht überprüfbare Akzeptanz der von ihnen vertretenen Position macht eine überzeugende Organisation der Argumentation erforderlich.

Diese Formulierung ermöglicht eine weitere Präzisierung des hier behandelten Textmusters: Wir können nun die *Funktion* von Leserbriefen im kommunikativen Zusammenhang als Kritik bestimmen. *Kritik* sei in diesem Zusammenhang als "Kunst der Beurteilung" von politischen Sachverhalten oder deren Bewertung im Feld der Meinungsbildung verstanden. Die Wahl des Begriffs der Kritik trägt auch dem oben erörterten Umstand Rechnung, daß in Leserbriefen auf Werte zurückgegriffen wird - möglicherweise sind dies die in der Gruppe geltenden -, mit deren Hilfe die Beurteilung von Sachverhalten und Meinungen erst möglich wird. In diesem Zusammenhang impliziert die Verwendung der Kategorie Kritik auch den interaktionellen Aspekt von Beurteilungen: Indem etwas beurteilt wird, kann der Rezipient der Beurteilung sich entscheiden, ob er diese teilt oder nicht. Von anderen Formen wie Meinungsäußerungen oder Einstellungsbekundungen,[1] die in gleicher Weise die Funktion von Kritik haben können, unterscheiden sich argumentative Texte wie Leserbriefe an dem Punkt, daß in ihnen die Meinungsäußerung validiert sein muß, d.h. sie durch Begründungen oder Legitimationen zu stützen ist, insofern also durch größere Explizitheit die Akzeptanz der vertretenen Position zu gewährleisten ist.

Die Kategorie der Kritik ist hinsichtlich ihrer Richtung zu differenzieren: Die Funktion der positiven Kritik kann einem Text dann zugewiesen werden, wenn auf das Bewertungskriterium "gut" rekurriert wird, während das Kriterium "schlecht" in einem Text auf eine negative Kritik verweist. Aus systematischen Gründen ist schließlich noch anzunehmen, daß ein Text nicht den eben genann-

---

1 "Meinungsäußern positiv" und "- negativ" werden von Zillig (1982: 115-151 bzw. 169-179) als Sprechakttypen beschrieben, während das Konzept der Einstellungsbekundung etwa von Lang 1981 und Rosengren 1985 als pragmatische Explikation grammatischer Phänomene aufgefaßt wird.

ten Kriterien zuzuordnen ist. Nachdem ich nun die drei möglichen Differenzierungen der funktionalen Kategorie der Kritik aufgeführt habe, möchte ich, um die Lesbarkeit der Arbeit zu verbessern, folgende Terminologie einführen: Den Terminus der positiven Kritik ersetze ich durch *Lob*, den der negativen Kritik durch *Kritik* und den der neutralen Kritik durch *Zusatz*.[1]

Ein anderer wichtiger Zusammenhang ist daran anschließend zu behandeln: Die Etablierung von Wertungen erfassenden Kriterien wie "gut" und "schlecht", die in Hinblick auf die Funktionalität von Leserbriefen eingeführt wurden, macht es notwendig, den Zusammenhang von strukturellen Eigenschaften und bewertenden Anteilen des Textes genauer zu bestimmen. Leserbriefe als dem Feld der Meinungsbildung zugeordnete Texte enthalten sprachliche Formen, die auf Werturteile der Autoren verweisen. Mit der terminologischen Unterscheidung von Bewertung und Wertung ist dem Rechnung zu tragen: Solche sprachlichen Formen, mit denen ein Sprecher einem Objekt positive oder negative Werte zuschreibt, heißen *Bewertungen*; damit wird vorausgesetzt, daß ein Schreiber über ein System von Werten verfügt, also gewisse normative Vorstellungen darüber hat, wie das entsprechende Objekt beschaffen sein sollte (cf. Zillig 1982: 30f.). Nun ist anzunehmen, daß die von Leserbriefschreibern vertretenen Werte sich nicht nur in einschlägigen sprachlichen Formen wie Meinungsäußerungen auffinden lassen, sondern den Text insgesamt strukturieren, also bestimmen, wie Argumente eingeführt, in welcher Reihenfolge relativ zu welchen Gegenargumenten sie vorgetragen werden und welche Schlußfolgerungen daraus zu ziehen sind. Die Schreiber greifen auf Werte zurück, die in gewisser Weise geordnet sind, eine Struktur aufweisen, und diese läßt sich aus den sprachlichen Formen des Textes rekonstruieren. Die Einführung der Textfunktion Lob und Kritik gründet sich also auf die Annahme, daß zwischen den strukturellen Eigenschaften der Texte und den von den Schreibern vertretenen Werten ein systematischer Zusammenhang besteht.

Bezüglich der oben vorgenommenen zusammenfassenden Charakterisierung des Textmusterbegriffs [< 21] lassen sich aufgrund der in diesem Teil vorgetragenen Überlegungen folgende Präzisierungen hinsichtlich des in dieser Arbeit untersuchten Textmusters "Leserbrief" vornehmen:

- Leserbriefe sind aufzufassen als Ausdrucksformen des Textmusters "Leserbrief" als einer gesellschaftlich standardisierter Form des Eingreifens in Meinungsbildungsprozesse.
- Das Textmuster "Leserbrief" ist abhängig von den Interessen von Handelnden, genauer: von den Rezipienten eines Print-Mediums, die im Rahmen einer Standardkonstellation (Rezeptionsakt) evoziert werden, und zwar in dem Sinn, daß die Handelnden etwas kollektiv Strittiges in Reaktion auf eine Zeitungsveröffentlichung formulieren, das durch die Auswahl in der Leserbrief-

1 Diese Umformulierung ist auf die kontraintuitive Verwendung des Kritik-Begriffs zurückzuführen. Die gewählten Termini sind als "Namen" für den differenzierten Kritikbegriff zu lesen.

redaktion als solches positiv sanktioniert wird. Die der Kommunikationsgemeinschaft der Zeitungsleser zugänglich gemachten Texte haben die Funktion der Kritik.

- Leserbriefe sind als argumentative Textmuster aufzufassen. Die Abfolge und Position von Textsegmenten sowie ihre Alternativen sind durch die Thematisierung von etwas kollektiv Strittigem (Quaestio) festgelegt. Das kollektiv Strittige ist auf medial vermittelte politische Sachverhalte und Positionen bezogen.
- Die gesellschaftlich handelnden massenmedialen Rezipienten verfügen über ein Wissen über das Textmuster "Leserbrief".
- Argumentative Textmuster sind konstitutiv für eine Vielzahl von Texten, so etwa auch für den Leserbrief; jedoch kann diese Form, insofern sie innerhalb eines komplexen Zusammenhangs erscheint, als Ausdrucksformen eines spezifischen Musters Leserbrief verstanden werden. Im weiteren wird noch zu zeigen sein, mit Hilfe welcher elementarer Muster das komplexe Muster Leserbrief realisiert wird.

2.3. *Themenkonstitution in Leserbriefen*

In diesem Teil wird es darum gehen, die Formen der Themenkonstitution in Leserbriefen zu beschreiben. Nachdem die hier untersuchte Textform als argumentatives Textmuster im Feld der Meinungsbildung ausgewiesen wurde, soll jetzt das für Leserbriefe konstitutive Bezugssystem beschrieben werden. Es ist jedoch zunächst erforderlich, ein geeignetes begriffliches Instrumentarium zu entwickeln, auf dessen Grundlage dann die empirische Beschreibung vorgenommen werden kann. Ich werde also zunächst einen Themenbegriff entwikkeln und in Hinblick auf die Spezifika von Leserbriefen differenzieren (2.3.1), um anschließend die sprachlichen Formen der Themenkonstitution an Beispielen aus dem Korpus I zu beschreiben (2.3.2).

2.3.1. Das Thema von Leserbriefen

Es wird also im folgenden nicht um die empirisch vorfindbaren Leserbriefthemen, sondern vielmehr um die Entfaltung eines begrifflichen Instrumentariums gehen. Ich werde den Begriff des Themas vorstellen und differenzieren, um ihn anschließend als kategorialen Rahmen zur Bestimmung von Leserbriefinhalten anzuwenden. Dieses noch vor-empirische Herangehen ist durch die theoretische Einordnung von Leserbriefen in einem Feld öffentlicher Kommunikation zum Zwecke der Meinungsbildung legitimiert. Eine von den empirischen Texten des Korpus I ausgehende Analyse würde vermutlich schnell Einzelprobleme aufwerfen und an dieser Stelle unnötige Schwierigkeiten zu überwinden haben.

Unter dem Begriff *Thema eines Textes* verstehe ich zunächst die durch den Autor vorgenommene Auswahl des für den kommunikativen Zusammenhang relevanten Ausschnitts von Welt, der in den sprachlichen Formen des Textes materialisiert ist.[1] Aus heuristischen Gründen nehme ich weiterhin an, daß das Thema eines Textes durch die Systematisierung mindestens zweier Aspekte analytisch getrennt werden kann: Die Differenzierung von Gegenstand und Perspektive eines Textes ermöglicht eine Unterscheidung zwischen dem referentiellen Rahmen und dem autorspezifischen Zugriff auf den damit konstituierten Ausschnitt von Welt. Genauer: Unter dem *Gegenstand* eines Textes sei in diesem Zusammenhang der potentiell allen Mitgliedern einer Kommunikationsgemeinschaft zugängliche Ausschnitt von Welt verstanden, der durch die Verwendung von referierenden Ausdrücken in einem Text konstituiert wird, während der Terminus *Perspektive* den jeweiligen Zugriff eines Autors auf die Präsentation des Weltausschnitts erfaßt.[2] Die Unterscheidung beruht auf der analytischen Erfahrung, daß eine Trennung möglich ist zwischen dem, worüber geschrieben und der Art und Weise, wie über etwas geschrieben wird. An einem Beispiel massenmedialer Berichterstattung kann die Differenzierung von Gegenstand und Perspektive illustriert werden: In Berichten über eine Demonstration wurden in verschiedenen Medien unterschiedliche referierende Ausdrücke verwendet, die sich auf denselben Weltausschnitt, nämlich die Aktivitäten von Demonstranten, bezogen: In der FAZ verwendete der Autor des Berichts den Ausdruck *Gewalttäter*, während in der TAZ hauptsächlich von *Demonstranten* geschrieben wurde. Indem also ein bestimmter Weltausschnitt sprachlich fixiert wird, wird er gleichermaßen interpretiert: Referentielle Ausdrücke dienen nicht nur der Gegenstandskonstitution, ihre Auswahl läßt auch Rückschlüsse auf die Art und Weise zu, wie dieser Weltausschnitt gedeutet wird, oder anders ausgedrückt, wie der Gegenstand textuell behandelt werden soll; sie verweisen ebenso auf die Perspektive des Autors. Indem ein Textproduzent ein Thema aufwirft, den referentiellen Rahmen seines Textes etabliert, legt er gleichermaßen Gegenstand und Perspektive des Textes fest (cf. Vogt 1984b).[3]

Während also der Terminus Gegenstand den durch die referierenden Ausdrücke abgesteckten Bereich von Welt erfaßt, also auf der Ebene von Referenz zu behandeln ist, akzentuiert der Begriff Perspektive den interessegeleiteten Zugriff des Schreibers auf sein Objekt; die Perspektive ist rekonstruierbar durch den Rückgriff auf die in den sprachlichen Formen eines Textes implizit oder explizit realisierte Wertstruktur.

---

1 In Konkurrenz zur gewählten Begrifflichkeit steht der Fokus-Begriff in Anlehnung an Pike (1967: 106f.), der eher die Sicht des Autors erfaßt, der mit Hilfe sprachlicher Formen seine Sicht der Welt ausdrückt. Ich habe den Fokus-Begriff deshalb nicht gewählt, weil die weitere Ausdifferenzierung nicht innerhalb der Metaphorik der Erfassung von Welt mit Hilfe optischer Geräte wie eines Objektivs möglich gewesen wäre: Was wäre ein Fokus ohne Blende, Entfernungseinstellung etc.?

2 Bucher etwa untersucht ein ähnliches Problem, wenn er den Anfängen von Berichten auch die Funktion zuweist, eine Sichtweise einzuführen (cf. 1986: 105ff.).

3 Diese Fragen werden auch von Dieckmann (1985) behandelt.

Der Begriff des Themas wird in der Linguistik in unterschiedlicher Weise behandelt. Im folgenden möchte ich exemplarisch kritisch auf einige Verwendungsweisen eingehen, um die Tragfähigkeit des hier entfalteten begrifflichen Konzepts zu zeigen.

Die hier vorgenommene Explikation des Themas eines Textes ist zwar in einigen textlinguistischen Arbeiten angelegt, wurde aber bislang nicht konsequent auch begrifflich expliziert. So behandelt beispielsweise van Dijk die Begriffe Thema und Gegenstand synonym, um dann "Thema" als eine "Makroproposition auf einem bestimmten Abstraktionsniveau" (van Dijk 1978: 50) zu charakterisieren. Dabei umfaßt der Begriff der Makroproposition den Zusammenhang der textkonstitutiven referentiellen und prädikativen Akte. Hinsichtlich der oben angerissenen Problematik des interessebezogenen Zugriffs auf außersprachliche Sachverhalte bleibt der Ansatz van Dijks jedoch neutral. In etwas anderer Form wird diese Unterscheidung in inhaltsanalytischen Arbeiten angelegt, wenn zwischen "manifestem" und "latentem" Inhalt unterschieden wird (cf. Ritsert 1972: 32-44). Nun hat Schank (1981: 22) vorgeschlagen, "offene" Inhalte mit der Thematik eines Textes gleichzusetzen, "verdeckte" Inhalte auf die Intention bzw. Einstellung des Textproduzenten zu beziehen. Damit erfährt jedoch die Spannung zwischen interessegeleiteter Textstrukturierung und analytischem Zugriff eine formalistische Wendung, und zwar insofern, als die Strukturen von offenen Inhalten auf Interessen bzw. Wertvorstellungen verweisen, die nur analytisch, und das heißt eben nicht auf dem Umweg über den Intentionsbegriff, einzuholen sind. Die Arbeit des Analytikers, nicht aber die des Textproduzenten, kann durch diese Opposition in der Interpretation der Ergebnisse gefördert werden. Das Problem der Ebenen von Thematisierung löst Schank gleichermaßen formal, indem er gewisse Hierarchien von Themen annimmt, die bestimmten Bereichen zugehören. Sicher gibt es bestimmte, durch zunehmende Abstraktion beschreibbare Hierarchien von Gegenständen, jedoch ist eine solche Vorstellung für konkrete Texte überflüssig, wenn nur das analytisch erfaßt werden kann, was auch faktisch in schriftlicher Form vorliegt.

Ein anderes Herangehen an den Themenbegriff hat Brinker vorgeschlagen, wenn er ihn als "Kern des Textinhalts" definiert und behauptet "Das Textthema stellt ... die größtmögliche Kurzfassung des Textinhalts dar" (1985: 51). Mit dieser Annäherung erfaßt Brinker die strukturellen Aspekte im Verhältnis von Text und Thema. Deutlich wird dies auch, wenn er für einzelne Texte verschiedene Formen der Themenentfaltung annimmt. Jedoch bleibt seine Begriffsvorstellung auf die inhaltliche Ordnung eines Textes beschränkt; das schreibende Subjekt als Vertreter von Interessen mit einer spezifischen Perspektive kommt bei ihm nicht vor. Damit aber wird das Potential des Begriffs unangemessen eingeschränkt, es verbleibt auf der Ebene struktureller Beschreibung. Auch seine Vorstellung vom Thema als Kurzfassung des Inhalts ist problematisch, ist doch der Text als ganzer thematisch und die durchaus mögliche Kurzfassung wäre dann auch als solche zu benennen, etwa als Themenangabe.

Welches sind nun die Themen von Leserbriefen? In erster Annäherung läßt sich sagen, daß es sich um die Thematisierung von Inhalten aus dem Bereich der öffentlichen Meinungsbildung handelt, genauer: Die inhaltlichen Einschränkungen ergeben sich durch das von der Tageszeitung verbreitete Spektrum an Informationen. Nun haben auch Zeitungsartikel sowohl Gegenstand als auch Perspektive, die - wie gezeigt - durchaus zusammenhängen. In die Präsentation von Zeitungsartikeln als einer Auswahl von Informationen geht die Veröffentlichungspolitik der Zeitung mit ein. Leserbriefe nehmen in der Regel auf zuvor erschienene Beiträge im redaktionellen Teil der Zeitung Bezug, indem in ihnen das kollektiv Fragliche thematisch gemacht wird. Aus diesem Grund möchte ich Leserbriefe als *supplementäre Texte* charakterisieren, insofern sie in ihrem Erscheinen von der Veröffentlichung anderer Texte abhängig sind und darauf inhaltlich und formal Bezug nehmen: Sie verweisen auf einen Bezugsartikel. Diese Bestimmung gilt auch für Verweise auf Leserbriefe; die Fälle von Mehrfachverweisen sind ebenso zu klassifizieren. Es gibt auch solche Leserbriefe, die keine Verweise auf andere Texte enthalten: Diese bezeichne ich als *nicht-supplementäre Texte*.[1] Auf der Grundlage dieser Unterscheidung ist es nun möglich, die Themenkonstitution in Leserbriefen genauer zu untersuchen.

2.3.2. Formen der Themenkonstitution in Leserbriefen: Einführung des Themas, Textverweis und Texterwähnung

Eine der wesentlichen Aufgaben, die in einem Text geleistet werden müssen, ist die Festlegung dessen, worüber gesprochen wird. In der Literatur wird diese Fixierung eines für den kommunikativen Zusammenhang relevanten Weltausschnitts als ein Problem der *Referenz* behandelt. Man ist sich im wesentlichen darüber einig, daß - in sprechakttheoretischer Terminologie - referentielle Akte zwar wichtig für die Textkonstitution seien, diese aber nicht den kommunikativen Zusammenhang selbst konstituierten, vielmehr zusammen mit prädikativen Akten notwendige Voraussetzungen für den illokutionären Akt liefern würden. Referentielle Akte, wie auch prädikative Akte, sind also notwendige, aber nicht hinreichende Elemente der Textkonstitution.[2]

Wenn die Referenzherstellung in dem Sinne textkonstitutiv ist, daß es keine Texte ohne referierende Ausdrücke gibt, dann kann es bei der Analyse eines bestimmten Textmusters nur darum gehen, die Besonderheiten in der referen-

---

1 Bucher hat eine andere Terminologie vorgeschlagen, wenn er von "der Zugebene einer öffentlichen Kommunikation" (1986: 150) schreibt. Dahinter steht die spieltheoretische Vorstellung, daß Leserbriefe als Züge einzelner Teilnehmer im Handlungsspiel erscheinen. Die mit dieser Metaphorik eröffnete Möglichkeit, den prozessualen Charakter dieser Textform zu akzentuieren, erkauft sich Bucher mit der Fiktion von über ihre Züge verfügenden Leserbriefschreibern. Auf dieses Problem werde ich in Kapitel 4 zurückkommen.

2 Cf. in diesem Zusammenhang auch die Differenzierungen hinsichtlich des Handlungscharakters von *referieren* bei Heringer et.al. (1977: 118-120): Zwar ist das Referieren kein selbständiger Sprechakt, wohl aber eine relativ selbständige Handlung.

tiellen Struktur herauszuarbeiten. Dabei verfolge ich die Hypothese, daß die referentielle Struktur von Leserbriefen spezifische Formen aufweist, die auf den kommunikativen Zusammenhang verweisen, also in gewisser Weise durch die Bedingungen der Standardkonstellation geprägt sind, sich damit auch als abhängig von der den Text bestimmenden Wertstruktur erweisen.

Mit der Herstellung von Referenz wird auch das Thema eines Textes bestimmt; anders ausgedrückt: Indem festgelegt wird, worüber geschrieben wird, wird auch klar, wie darüber geschrieben wird. Die meist einen Text einleitenden Formen, in denen mit der Bestimmung des referentiellen Rahmens auch die thematische Orientierung festgelegt wird, haben die Funktion der *Themenkonstitution*. Im folgenden werde ich, die Unterscheidung von supplementären und nicht-supplementären Texten aufnehmend, verschiedene empirisch vorfindbare Formen beschreiben.

In nicht-supplementären Leserbriefen wird die Themenkonstitution als eine *Einführung des Themas* geleistet. Zunächst einige Beispiele:

(1) In der Öffentlichkeit wird gegenwärtig über sauren Regen und Luftverschmutzung durch Industrie, Kraftwerke, Flugzeuge und Autos diskutiert. (OV, 13.8.1984)

(2) Bei der laufenden Diskussion über die Nadelholz-Schädigungen wird völlig übersehen, daß diese Wälder jetzt oft einen viel zu dichten Besatz haben, wie ich zwischen Odenwald bis Oberhessen vielerorts beobachtete. (FAZ, 24.7.1984)

(3) In Polen wurde das Kriegsrecht aufgehoben: ... (TAZ, 23.7.1984)

(4) In den USA legen etwa 15 Prozent der Kraftfahrer den Sicherheitsgurt an, in der BRD sind es nahezu 50 Prozent. (FR, 19.7.1984; I:6)

(5) Der "Streik 84" hat die gesamte Nation bis ins Mark getroffen. (FAZ, 25.7.1984)

1 enthält in dieser Form lediglich die relevanten Angaben über den Gegenstand, hier in der Form einer von *diskutieren* abhängigen Präpositionalgruppe mit *über*. Hinzu treten Konkretisierungen hinsichtlich der Behandlung des Gegenstands (*diskutiert*) und des medialen Bereichs (*in der Öffentlichkeit*). Ähnlich ausführliche Angaben finden sich in 2 in der einleitenden, von *beobachten* abhängigen Präpositionalgruppe mit *bei*, die jedoch hier dazu dient, auf die Funktion des Textes überzuleiten, indem passivisch die Nicht-Berücksichtigung relevanter Faktoren behauptet wird, die im *daß*-Satz ausgedrückt werden. In diesem Beispiel lassen sich Gegenstand und Perspektive deutlich voneinander unterscheiden: Zunächst erfolgt die Gegenstandskonstitution, sie ist jedoch der Formulierung des Strittigen untergeordnet. Offenbar sind Präpositionalgruppen mit *über* bzw. den entsprechenden übergeordneten Verben gut geeignet, den Gegenstand zu etablieren. In syntaktisch anderer Form leistet dies 3: Die Behauptung in Form eines Deklarativsatzes enthält die relevanten Informationen, hier leitet der Doppelpunkt den Übergang zur Entfaltung der Perspektive ein. In 4 ist die Themenkonstitution insofern Bestandteil der beiden vergleichenden Be-

hauptungen, als einerseits der Gegenstand *Anschnallpflicht für deutsche Autofahrer* im Ansatz etabliert und andererseits durch den Vergleich die grundlegende Struktur des Textes als Gegenüberstellung von amerikanischen und bundesrepublikanischen Verhältnissen bereits antizipiert wird: Die Wertung durch eine Gegenüberstellung wird vorbereitet. Der Gegenstand von 5, der Druckerstreik im Frühjahr 1984, wird in Form einer Behauptung eingeführt, die als ganze bereits die Wertstruktur des Textes entfaltet: Der phraseologische Ausdruck *bis ins Mark getroffen* verweist auf die autorspezifische Bewertung des Gegenstands.

Die Diskussion der Beispiele hat gezeigt, daß es zwar durchaus möglich ist, Gegenstand und Perspektive voneinander zu trennen, daß aber, indem der Gegenstand festgelegt wird, auch signalisiert wird, wie darüber geschrieben werden soll. Das zeigte die für die Analyse notwendige Orientierung auf den Text als ganzen, die in die Untersuchung solcher Textanfänge eingehen muß. Die Gegenstandskonstitution erfolgt nicht wertfrei oder neutral, vielmehr ist sie in das Gesamtkonzept des Textes, also auch in die Themenkonstitution eingebunden. Das bedeutet aber auch als analytisches Postulat, Thematisierungen zunächst im Textzusammenhang zu untersuchen, um dann rekonstruktiv die Unterscheidung von Gegenstand und Perspektive heuristisch vorzunehmen.

Die Beispiele 1 bis 5 waren Texten entnommen, in denen keine Verweise auf die Standardkonstellation enthalten waren, d.h. es handelte sich um Texte, deren Erscheinen auch in anderen Umgebungen als der Leserbriefrubrik einer Zeitung vorstellbar wäre. Wenn jedoch von einer kritischen Behandlung eines Zeitungsartikels ausgegangen wird - bei supplementären Texten also -, ist hinsichtlich des Themas eine gewisse Orientierung auf den Bezugsartikel zu erwarten. In der Regel wird diese Orientierung durch formale und inhaltliche Mittel geleistet. Zunächst untersuche ich die formalen, sodann die inhaltlichen Verweise, mit denen auf den Ausgangsartikel Bezug genommen wird.

Das wesentliche formale Verweismittel stellt der Textverweis dar. Als *Textverweis* werden in diesem Zusammenhang solche Textelemente bezeichnet, die eine Referenz auf den Bezugsartikel herstellen, und zwar insofern, als sie Informationen über Erscheinungstag, Medium etc. dieses Artikels geben. Grundsätzlich ist anzunehmen, daß in Leserbriefen solche Informationen enthalten sind, die es dem Leser ermöglichen, sich über den Bezugsartikel zu informieren, also das Kriterium der Nachprüfbarkeit erfüllen. Der Textverweis ist auch insofern als textkonstitutives Element anzusehen, als mit verweisenden Ausdrücken implizit auch die Themenkonstitution des jeweiligen Leserbriefs im Sinne eines "Supplements von ..." geleistet wird, die durch andere Textelemente explizit gemacht werden können.

Textverweise sind also im wesentlichen bestimmt durch Informationen, die sie notwendig enthalten müssen. Die explizite Formulierung *Hiermit beziehe ich mich auf den Artikel A, der am Tag X in der Zeitung erschienen ist* ist empirisch allerdings sehr selten zu finden, im vorliegenden Korpus I überhaupt nicht.

Im folgenden untersuche ich zunächst die als Textverweise erscheinenden sprachlichen Formen und werde anschließend das Problem von notwendigen bzw. hinreichenden informativen Elementen behandeln. Häufig zu finden sind elliptische Ausdrücke:

(6) *Bezug zum OV-Artikel: "Nicht das Gelbe vom Ei" vom Samstag, dem 25.8.1984, Seite 35, Jugendseite* (OV, 31.8.1984)

(7) *Betr.: Artikel "Sektiererisches Unternehmen", taz vom 10.7.* (TAZ, 19.7. 1984)

(8) *Zu: Christof Wackernagel* (TAZ, 24.7.1984)

Gemeinsam ist diesen Belegen, daß sie graphisch dem Brieftext vorangestellt sind, so daß der referentielle Rahmen der Texte bereits in einer Art Untertitel festgelegt wird. 6 ist als sehr weitgehende Realisierung des Textverweises einzuordnen. Es erscheint explizit die Nominalisierung von *beziehen*. In der folgenden Präpositonalgruppe finden sich relativ viele informierende Elemente. Neben die Nennung des Mediums *OV* tritt die Charakterisierung der Textform *Artikel*, dessen Titel aufgeführt wird. Das Datum findet unter Einschluß des Wochentags Erwähnung, hinzu kommen die Informationen über die Seitenzahl und Rubrik der Ausgabe, in der der Bezugsartikel erschienen war. Lediglich der Autor des Artikels hat in 6 keine Berücksichtigung gefunden. Weniger informativ ist dagegen 7, in dem, unter Verwendung der vor allem in Geschäftsbriefen üblichen Abkürzung von *Betreff*, nach dem Doppelpunkt der Titel und die Form des Bezugsartikels, sowie Medium und Erscheinungsdatum genannt werden. In 8 erscheint *zu* mit Doppelpunkt, der in diesem Beispiel die umständlichere Formulierung *zum Artikel von (Name)* substituiert, also eine ökonomische Funktion erfüllt. Auf den Bezugsartikel verweist nur der aufgeführte Autorenname.

Aber auch im Text selbst erscheinen oft elliptische Ausdrücke:

(9) *Zu dem Artikel "Nur ein Werbe-, kein Hoheitsträger" von Friedrich Karl Fromme vom 11. Juli: ...* (FAZ, 21.7.1984)

(10) Der Mitgliederrückgang in der evangelisch-lutherischen Kirche (*s. FR v. 2.7.)* ist nicht ... (FR, 19.7.1984)

9 stellt eine relativ häufig zu beobachtende Form des Textverweises dar. Als Textanfang mit *zu* eingeleitet, findet die elliptische Konstruktion ihren Abschluß mit einem Doppelpunkt, der explizitere, metakommunikative Ausdrücke enthaltene Konstruktionen ersetzt (wie etwa *Hiermit stelle ich fest, daß ...*). Sprachökonomische Gründe dürften auch so reduzierten Formen wie in 10 zugrunde liegen, in denen der Textverweis im eingeklammerten Ausdruck enthalten ist, mit dem knapp, aber hinreichend die Referenzidentität gewährleistet wird.

Viele Autoren wählen die Form von konstatierenden Behauptungen, indem sie Aussagen über die Veröffentlichung des Bezugsartikels machen:

(11) *Unter der Überschrift "Der Kirchentag kritisiert die 'Kirche von unten'" berichtet die F.A.Z. vom 7. Juli* über den Kirchentag in München. (FAZ, 24.7.1984)

Dieser Deklarativsatz enthält alle relevanten Informationen des Textverweises, durch die Verwendung des Verbs *berichten* suggeriert 11, es handle sich um eine Feststellung. In anderen, ähnlich konstruierten Belegen, werden andere Verben verwendet, die die Tätigkeit von Zeitungsredakteuren bezeichnen: *ankündigen, veröffentlichen, bringen, äußern, schreiben.*

Eine andere Form, Verweisinformationen in den Text zu integrieren, stellen diejenigen Ausdrücke dar, in denen Leserbriefschreiber bereits solche Elemente verwenden, die auf das Thema des Textes hinweisen:

(12) *Der Artikel "Deutsche, Eingedeutschte und andere" von Jörg Bremer (F.A.Z. vom 3. Juli)* bedarf dringend einer Richtigstellung. (FAZ, 20.7.84)

Darüber hinaus kann auch die graphische Anordnung von Leserbriefen als Äquivalent angesehen werden. So werden in einigen Fällen mehrere Briefe zu einem Bezugsartikel untereinander gedruckt, so daß aus der graphischen Gestaltung eine eindeutige Zuordnung möglich wird.

Welche Informationen sind nun für das Segment Textverweis notwendig, um die Nachprüfbarkeit zu gewährleisten. Nach den in den Beispielen 6 bis 12 herausgearbeiteten informierenden Elementen werden folgende verwendet: (a) Erscheinungstag, (b) Titel, (c) Autor und (d) Form des Bezugsartikels, sowie (e) Medium und (f) Rubrik, in der der Bezugsartikel erschienen ist.[1]

Die minimalen Formen 8 und 10, in denen c bzw. a und e erscheinen, erlauben keine hinreichende Identifizierung des Bezugsartikels, während in der maximalen Form 6 alle Elemente bis auf c enthalten sind, darüber hinaus noch Angaben über den Wochentag der Zeitungsausgabe und die Seitenzahl, auf der der Bezugsartikel zu finden ist. 6 enthält also auch einige redundante Informationen. Unstrittig dürfte der obligatorische Charakter von a sein, da es durch die tägliche Erscheinungsweise bedingte Vielzahl vom Zeitungsartikeln fast unmöglich ist, dem Leser ohne a einen korrekten Verweis zu ermöglichen. Auch b sollte - in Verbindung mit a - zu den obligatorischen Elementen gehören, ist es doch nicht wahrscheinlich, an einem Tag zwei identische Überschriften in einer Zeitungsausgabe zu finden. Hingegen kann eher erwartet werden, daß ein Autor mehr als einen Artikel in einer Ausgabe veröffentlicht, so daß die Verbindung von a und c zwar schon relativ gute Rekonstruktionsmöglichkeiten bietet, die aber nicht mit der Kombination von a und b konkurrieren können. d kann nur in Verbindung mit zwei der vorher besprochenen Elemente a, b oder c eine sichere Identifizierung ermöglichen, so daß sein fakultativer Charakter offenkundig wird. Dasselbe gilt auch für f. Schwieriger ist die Frage zu beantworten, ob die Nennung des Mediums notwendiger Bestandteil ist. Einerseits fällt auf, daß in fast allen Verweisen auch e erscheint, andererseits ist es wenig wahrscheinlich, einen Leserbrief zu finden, der sich auf Artikel einer anderen Zeitung

---

1 Bucher beschreibt die Formen der Referenzangaben als mögliche Handlungen (1986: 154). Daß er dabei hinsichtlich des formalen Textverweises lediglich die Angabe von Erscheinungstag und Titel für möglich hält, verweist auf die empirischen Defizite seiner Arbeit.

bezieht: Im hier ausgewerteten Korpus I sind nur zwei solcher Textverweise zu finden. Aufgrund dieses Ausnahmecharakters solcher abweichender Bezüge kann auch die Nennung des Mediums als fakultatives Element des Textverweises eingestuft werden.

Nun ist die Frage nach der sprachlichen Form und den jeweiligen Umgebungen zu stellen. Als relativ eigenständig erweisen sich solche, die, wie in 6 bis 8, vom Text abgehoben als Realisierung einer Betreff-Formel als Untertitel zum Text fungieren. Das Beispiel 9, als Ellipse konzipiert, eröffnet den Text und leistet charakteristisch durch die Kennzeichnung ihres Endes mittels eines Doppelpunktes den Textanschluß, der in den Beispielen 10 bis 12 durch die Verbindung mit anderen Textsegmenten geleistet wird, nämlich einmal mit inhaltlichen Verweisen und schließlich mit der Themenkonstitution.

Zusammenfassend kann der Textverweis beschrieben werden als Segment im Muster Leserbrief, das obligatorische und fakultative Informationen über den Bezugsartikel enthält und das in der Regel am Anfang eines Textes in Verbindung mit den inhaltlichen Verweisen oder metakommunikativen Ausdrücken erscheint, die für die Konstitution des Textthemas charakteristisch sind. Oben wurde schon darauf hingewiesen, daß ein Textverweis nicht in jedem Leserbrief erscheinen muß, es handelt sich um ein fakultatives Segment, wenn es auch für die vermutete Dialogizität der Textform durchaus relevant ist.

[Kurzer Exkurs zu den Textbegrenzungszeichen] Texte weisen Textbegrenzungszeichen auf, mit denen die Textproduzenten deutlich machen, daß eine entsprechende Zeichenfolge als abgeschlossene und selbständige Einheit erscheint. Dabei ist zwischen sprachlichen (z.B. Hervorhebung des Titels durch Fettdruck) und nicht-sprachlichen Zeichen (z.B. Leerzeilen) zu unterscheiden (cf. Brinker 1985: 18). Welche Textbegrenzungszeichen weisen veröffentlichte Leserbriefe auf? Als Textanfangszeichen werden in der Regel Überschriften verwendet, die deutlich vom Text abgesetzt sind und in einer anderen, größeren Schrifttype erscheinen. Wenn ein Text keine Überschrift hat, fungiert ein Abstand von mehreren Leerzeilen zum vorangehenden als Textanfangszeichen, der durch ein in der Mitte gesetztes Sternchen ergänzt werden kann. Als Textendzeichen erscheinen in der Regel deutlich vom Text abgesetzte Textteile, die über den Namen und den Wohnort des Autors informieren. Streng genommen handelt es sich bei den Textbegrenzungszeichen auch um Textsegmente, die die Initial- bzw. Finalposition des Textmusters besetzen. Sie sind Ergebnis der redaktionellen Bearbeitung der Leserzuschriften.

Indem also Leserbriefschreiber formal Bezug nehmen, erfassen sie bereits das für sie Relevante. Nun dürften jedoch die eben diskutierten Formen noch nicht hinreichend für die Themenkonstitution sein, auch wenn der supplementäre Charakter solcher Leserbriefe vorausgesetzt wird. Oftmals dienen auch inhaltliche Verweise auf die Bezugsartikel der Themenkonstitution. Ein inhaltliches Element wurde bereits oben diskutiert, nämlich die Titelangabe, die allerdings, ausschließlich verwendet, nur dann brauchbar ist, wenn sie Angaben über Thema oder Gegenstand enthält. Da dies nicht unbedingt der Fall sein muß, treten andere Textelemente auf, die konventionell als inhaltliche Bezugsformen genutzt werden. In Anlehnung an Dieckmann (1985: 31) - der in diesem Zusammenhang ganz in der Tradition linguistischer Auseinandersetzung mit solchen sprachlichen Formen von "Redeerwähnung" spricht - bezeichne ich solche Formen des inhaltlichen Verweises als *Texterwähnung*, mit deren Hilfe vorher Geschriebenes in den Text integriert wird. Diese Formen sind insofern für das Textmuster Leserbrief konstitutiv, als es sich per definitionem um medial vermittelte Texte handelt. Dabei wird entweder auf eine zweite oder dritte Kommunikationsebene rekurriert: Wird ein kommunikatives Ereignis auf der zweiten Ebene thematisiert, so handelt es sich um mediale Sachverhalte, also um die Frage danach, wie das Bezugsmedium ganz bestimmte Sachverhalte darstellt. Eine dritte Kommunikationsebene wird dann erreicht, wenn Leserbriefschreiber medial vermittelte außermediale Inhalte thematisieren (cf. Gülich 1978: 52f.). Texterwähnung ist in diesem Zusammenhang als Oberbegriff anzusehen, der nun am Beispiel von charakteristischen Formen aus Leserbriefen ausdifferenziert werden soll.

(13) Der Bericht ... über die letzte Sitzung der Rektorenkonferenz (WRK) eröffnet erfreuliche Aussichten über die künftige Zusammenarbeit von Universität/Technischer Hochschule und Fachhochschule, ... (FAZ, 21.7.1984)

(14) ... *Dr. Schnieders vom Deutschen Bauernverband sieht keine Berechtigung für einen innerlandwirtschaftlichen Klassenkampf.* (FAZ, 23.7. 1984)

(15) *Der Ansicht des NATO-Oberkommandierenden Bernard Rogers, daß die NATO mit neuen chemischen Waffen ausgerüstet werden müßte*, ... muß entschieden widersprochen werden. (FR, 19.7.1984)

(16) Mit ungläubigem Staunen habe ich ... *Ihren Bericht über die zweite Weltbevölkerungskonferenz "Familienplanung als einzige Chance der Dritten Welt"* gelesen, in dem Sie schreiben: *"50 Prozent der Weltbevölkerung lebten dann (im Jahre 2050) in der Südsahara und Südasien."* (FAZ, 23.7.1984)

In 13 verwendet der Schreiber zwei Präpositionalgruppen mit *über*, mit denen der Gegenstand in allgemeiner Form festgelegt wird. In 14 erfolgt die Texterwähnung durch das Referat der im Bezugsartikel vorgetragenen Position einer Person. Markiert wird dieser inhaltliche Textverweis durch das Verb *sehen*, mit dem der Schreiber den Charakter des Referats explizit hervorhebt. Andere Verben, die diese Funktion erfüllen, sind solche aus der Gruppe der sogenannten Verba dicendi wie *meinen*, *sagen* und *behaupten* oder aber schon interpretierende wie beispielsweise *glauben*. Der "klassischen" Form der indirekten Rede bedient sich der Autor von 15, indem er die inhaltliche Ausgestaltung der von ihm vorgetragenen *Ansicht* in Form eines *daß*-Satzes im Konjunktiv II leistet. In 16 schließlich erscheint ein sehr ausführlicher Verweis, dem ein Zitat angeschlossen ist. Zitierung erfolgt immer dann, wenn durch den Leserbrief sprachliche Darstellungsweisen thematisch gemacht werden. Hinsichtlich der Formen von Texterwähnungen lassen sich nun folgende Präzisierungen vornehmen (in Anlehnung an Dieckmann 1985: 312ff.): Während das Erscheinen von Zitaten eine Form von *direkter Textwiedergabe* darstellt, ist die beschriebene Form der indirekten Rede entsprechend als *indirekte Textwiedergabe* einzustufen. Nun stellen die in 13 vorgestellte knappe Form des inhaltlichen Bezugs als Präpositionalgruppe und das bei 14 herausgearbeitete zusammenfassende Referat auch Texterwähnungen dar, mit der Einschränkung allerdings, daß sie diese nicht explizit leisten. Solche Formen sind als *Textberichte* zu bezeichnen[1].

Die Beispiele sind auch in Hinblick auf die oben unterschiedenen Kommunikationsebenen auszuwerten: Während die Texterwähnungen in 13 bis 15 auf die dritte Kommunikationsebene verweisen, also schon medial Vermitteltes thematisieren, bezieht sich 16 auf die zweite Kommunikationsebene der medialen Präsentation von Sachverhalten. Nun ist es für den Geltungsanspruch einer Argumentation, die in einer Zeitung als Leserzuschrift erscheint, nicht unwesentlich, ob sie sich auf außermediale Sachverhalte richtet oder aber die mediale Ebene selbst thematisiert. Mit dem Terminus der *außermedialen bzw. medialen Richtung* eines Leserbriefs soll dieser wichtige Aspekt erfaßt werden; die Richtung eines Leserbriefs ist rekonstruierbar über die Formen der Texterwähnung und deren Zuordnung zu Kommunikationsebenen.

In den vorangegangenen Abschnitten über die Themenkonstitution in Leserbriefen habe ich die Hypothese verfolgt, daß die Etablierung des referentiellen Rahmens im Muster Leserbrief abhängig ist von dem jeweiligen thematischen Zugriff auf den ausgewählten Gegenstand. Für eine große Anzahl von supplementären Leserbriefen sind die charakteristischen Formen der Themenkonstitution der formale Textverweis und die inhaltliche Texterwähnung: Mit den Mitteln des Verweises ermöglicht der formale Textverweis dem Leser, den Bezugartikel aufzufinden oder sich an ihn zu erinnern; mit den Mitteln der verschiedenen Formen der Texterwähnung werden ihm die inhaltlichen Bezüge eröffnet. Für die supplementären Leserbriefe sind dies die charakteristischen Formen der Themenkonstitution, die in sequentieller Sicht Initialpositionen im Text haben können. Nicht-supplementäre Leserbriefe enthalten diese Verweise nicht; in ihnen wird das konventionelle Mittel der Themeneinführung verwendet.

In diesem Teil wurde zunächst ein Thema-Begriff entwickelt, der durch die Trennung der Aspekte Gegenstand und Perspektive differenziert wurde. Mit der Einordnung von Leserbriefen als supplementäre bzw. nicht-supplementäre Texte wurde es möglich, die empirisch vorfindbaren Formen der Themenkonstitution zu bestimmen. Damit wurde auch der Übergang vom theoretisch-

1 Eine andere Differenzierung von Texterwähnungen hat Gülich (1978: 67-72) vorgeschlagen, wenn sie anhand von Indikatorenkombinationen eine abstrakte Typologie entwickelt. Die hier vorgeschlagene Begrifflichkeit ist jedoch für den verfolgten Zweck, die Formen der Textwiedergabe in Leserbriefen zu beschreiben, hinreichend; zudem läßt sich mit Begriffen besser arbeiten als mit abstrakten Typen (Gülich unterscheidet die Typen I bis IX).

deduktiven Zugriff auf den Gegenstand zum empirisch-induktiven Vorgehen mit dem Ziel der Beschreibung sprachlicher Formen vollzogen.

2.4. *Strukturmuster von Leserbriefen*

In diesem Teil möchte ich der Frage nachgehen, mit welchen Mitteln in Leserbriefen ihre Funktion im argumentativen Feld der Meinungsbildung sprachlich realisiert wird. Der Begriff der Funktion, wie er oben entwickelt wurde, erlaubt einen analytischen Zugriff auf die vorliegenden Texte, der auf die je individuellen Intentionen von Textproduzenten nicht einzugehen braucht. Vielmehr geraten die Relationen der einzelnen Texte im Feld der Meinungsbildung in den Blick und bestimmen die für die einzelnen Texte zu entwickelnde Lesart. Oben hatte ich die Funktionen von Leserbriefen als Lob, Kritik und Zusatz theoretisch bestimmt; die Triftigkeit dieser Einteilung hat sich nun am empirischen Material zu bewähren. In den untersuchten Texten müßten also Elemente enthalten sein, die Lesarten in Hinblick auf die genannten Funktionen Lob, Kritik und Zusatz nahelegen. Solche Formen bezeichne ich als *Kommentierungen.* Kommentierungen enthalten mindestens zwei Elemente: nämlich die sprachliche Formulierung einer Information als Behauptung, das Kommentandum, sowie ein weiteres Element, mit dem der Schreiber zum Kommentandum eine Stellungnahme abgibt, den Kommentar (cf. Posner 1972: 18). Dabei enthält der Kommentar in der Regel bewertende Elemente. Sie enthalten bezüglich eines Gegenstandes A, dem Kommentandum, die sprachliche Formulierung der Bewertung des Schreibers unter Rückgriff auf jeweils spezifische Wertsysteme. Systematisch sind zwei Formen des Kommentars denkbar und - wie sich zeigen wird - empirisch evident, nämlich solche, die Indikatoren für ein positive bzw. negative Bewertung enthalten. Sollte ein Text keinen Kommentar - und damit keine wertindizierenden Elemente - enthalten, soll von einer neutralen Kommentierung gesprochen werden.

Nun ist die Beziehung zwischen den strukturellen Eigenschaften eines Textes und der ihm zugewiesenen Funktion nicht als äquivalent anzusehen; vielmehr macht die Unterscheidung der beiden Ebenen erst dann Sinn, wenn beide Aspekte in der Analyse unabhängig voneinander behandelt werden. Ein Beispiel kann dies verdeutlichen: Der in einem Leserbrief erscheinende Ausdruck *die Meinung des X ist verwerflich* ist zunächst in struktureller Hinsicht als negative Kommentierung aufzufassen und in funktionaler Hinsicht als Kritik zu betrachten. Nun könnte der gleiche Ausdruck auch in einem Text zu finden sein, in dem daneben noch Formen erscheinen, mit deren Hilfe konventionell Ironie indiziert wird. Der Text wäre dann zwar auch strukturell als negative Kommentierung zu analysieren, funktional jedoch als Lob zu lesen. Dennoch kann nicht jeder strukturellen Form eine beliebige Funktion zugewiesen werden, vielmehr gibt es in dieser Hinsicht durchaus Einschränkungen: So sind Texte, die keine Kommentare enthalten, funktional als Zusatz zu interpretieren. Oben ist die Kategorie der neutralen Kommentierung eingeführt worden, die noch zu unspezifisch ist, da faktisch argumentierende Texte undifferenziert in dieser Systematik erfaßt werden: Es sind zwei zu unterscheidende Strukturen in Texten zu finden, die Ergänzung und die Korrektur von Informationen, die im folgenden differenzierter zu bestimmen sein werden.

Ich werde die vier genannten Formen im folgenden als *Strukturmuster* bezeichnen. Darunter verstehe ich solche Textsegmente, die für den Aufbau des Textes zentral sind. Ich beziehe mich auf den Musterbegriff, da es sich auch auf dieser Ebene der Textanalyse auch um komplexe Einheiten handelt. Der Terminus wird hier verwendet im Sinne von 'Muster, die für den Textaufbau bestimmend sind'. Diese Formulierung schließt die Vermutung ein, daß solche Strukturmuster auch in anderen Textformen als der des Leserbriefs zu finden sein dürften.[1]

Im folgenden werde ich zunächst negative (2.4.1) und positive Kommentierungen (2.4.2) beschreiben, um mich dann den Formen von Ergänzungen (2.4.3) und Korrekturen (2.4.4) zuzuwenden. Abschließend werde ich für den Zusammenhang von strukturellen und funktionalen Aspekten der Textanalyse eine differenzierte Terminologie vorschlagen (2.4.5). Die Analyse der textkonstitutiven Muster erfolgt in mehreren Schritten: An einem Beispiel werden zunächst exemplarisch die wichtigsten strukturellen Eigenschaften beschrieben, sodann erfolgt eine Analyse der musterindizierenden Segmente und ihrer Äquivalente; abschließend erfolgt eine Charakterisierung des jeweiligen Strukturmusters einschließlich seiner funktionalen Einordnung.

2.4.1. Negative Kommentierungen

Texte, die negativ wertende Kommentare enthalten, sind im vorliegenden Textkorpus I am häufigsten zu finden. Am folgenden Beispieltext sollen die wesentlichen Elemente dieses Strukturmusters herausgearbeitet werden.

(17) <u>FDP nicht überflüssig</u>

FR-Leser P. B. ruft (in Ausgabe vom 12.7.84) der FDP ein Ade zu, erklärt sie für überflüssig. Der Meinung bin ich nicht. Weder die CDU noch die SPD vertreten die Interessen des relativ kleinen Bevölkerungsteils, der ganz entgegen der gegenwärtigen Mode noch bereit ist, Leistungen zu erbringen. Die CDU kann diese Aufgabe nicht erfüllen, weil sie von Jesus-Christus-Sozialisten a la Blüm und Geißler daran gehindert wird, die SPD

1 Das von Ehlich/Rehbein 1979 beschriebene Handlungsmuster der Assertion dürfte auf dieser Beschreibungsebene liegen.

sowieso nicht, grün-rot, wie sie nun einmal geworden ist.

Leider gibt es jedoch auch in der FDP eine Gruppe - Baum, Hirsch, Funcke -, die durch ihre unverständliche Hätschelei der Ausländer viele Wähler vor den Kopf stoßen, die sonst geneigt wären, FDP zu wählen. Es wird Aufgabe des künftigen Parteivorsitzenden Martin Bangemann sein, diesen Politikern, die nicht deutsche Interessen vertreten, die Tür zu weisen. Dann wird es mit der Partei Theodor Heuss', Franz Blüchers, August Martin Eulers und Erich Mendes auch wieder aufwärtsgehen, und sie braucht keine Angst vor der Fünf-Prozent-Klausel zu haben. (FR, 20.7.1984)

In 17 wird zunächst die im Bezugsartikel vertretene Meinung referiert. Die einleitende Formulierung leistet die Etablierung des Textthemas, indem das Strittige, auf das die Meinungsäußerung sich richtet, benannt wird (Z: 1-3). In expliziter Form erscheint dann in (Z: 3-4) die den weiteren Text strukturierende Behauptung, hier in einem antithetischen Anschluß. Der die Meinungsäußerung explizit machende Ausdruck *Der Meinung bin ich nicht* erfordert weitere Textsequenzen, in denen eine Begründung, genauer: die Formulierung der Meinung des Schreibers erfolgt. In den folgenden Zeilen (4-8) ist die zentrale These des Textes formuliert, daß nämlich die FDP Interessenvertreterin einer ganz bestimmten Bevölkerungsgruppe sei. Gleichzeitig, durch die Einbeziehung der referierenden Ausdrücke *SPD* und *CDU*, wird der Fokus erweitert; dann (Z: 8-13) wird die These durch die Behauptung gestützt, daß diese beiden Parteien nicht in der Lage seien, "*leistungsorientiert*" politisch zu handeln (Z: 8-13). Jedoch bleiben die kausalen Zusammenhänge der Anspielungen unausgeführt; der Schreiber spielt hier mit politischen Symbolen. Im zweiten Absatz schließlich wird der Fokus wieder verengt: Die inneren Widersprüche der *FDP*, die der Autor an einigen Exponenten ihrer Ausländerpolitik festmacht, werden thematisiert (Z: 14-19). Unter Rückgriff auf die Norm "Vertretung deutscher Interessen" werden Perspektiven für die Politik dieser Partei entwickelt und den darin implizierten zu erwartenden politischen Erfolg in Wahlen (Z: 19-27). Die Sequenzierung dieses Textes läßt sich folgendermaßen beschreiben:

(a)	Kommentandum: Meinung 1 (M 1)	- Die FDP ist überflüssig.
(b)	Kommentar: Explizite Meinungsäußerung (EM)	- Der Meinung bin ich nicht.
(c)	Stützen des Kommentars: Meinung 2 (M 2)	- Nur die FDP vertritt die Interessen leistungsorientierten Teils der Bevölkerung.

(d) Begründung (M 2)	- CDU und SPD vertreten diese Interessen nicht.
(e) Einschränkung (M)	- Falsche Ausländerpolitik der FDP.
(f) Norm (M 2)	- Die FDP muß deutsche Interessen vertreten.
(g) Forderung (M 2	- Parteiausschluß für die, die nicht nach der Norm (M 2) handeln.
(h) Resümee (M 2)	- Die FDP braucht dann keine Angst vor der 5%-Klausel zu haben.

Die Aufstellung zeigt, daß der Text im wesentlichen durch die Kommentierung a, b und deren Stützung c strukturiert ist, während die Elemente d bis h der Stützung c untergeordnet sind. Dominierendes Element ist also der Kommentar, hier in der Form einer expliziten Meinungsäußerung, und zwar deshalb, weil dieses Element einerseits eine nicht akzeptierte Meinung (M 1) voraussetzt, andererseits die Verpflichtung des Schreibers impliziert, die Meinung (M 2), die (M 1) entgegenzustellen ist, auch auszuführen, also die ausgedrückte Kommentierung auch zu stützen. (M 2) erfährt seinerseits durch die untergeordneten Textelemente eine Stützung. Zentrale Elemente einer negativen Kommentierung stellen also die Positionen (M 1), (EM) und (M 2) dar, während die anderen beschriebenen Positionen für das Textmuster fakultative Ergänzungen darstellen, die zwar im Sinne einer vollständigen Explizierung von (M 2) sinnvoll sein können, die aber nicht erscheinen müssen. Über den Stützungsbedarf einer strittigen These wird von den Schreibern jeweils von Fall zu Fall entschieden. Später sollen einige dieser Formen von Stützungen beschrieben werden.

An dieser Stelle ist auf die Wertorientierung des Schreibers einzugehen, die für den Aufbau des Textes wichtig ist. Ich hatte oben die These vertreten, daß zwischen dem Text und den vom Autor vertretenen Werten ein systematischer Zusammenhang besteht, und angenommen, daß dieser Zusammenhang analytisch rekonstruierbar sei [<33f]. Ich möchte im folgenden diesen analytischen Zugriff am vorliegenden Text 17 demonstrieren (cf. Vogt 1984a: 129ff).

Die sprachliche Form der Meinungsäußerung eignet sich besonders gut, um die wertenden Bestandteile eines Textes herauszuarbeiten.[1] Für Meinungsäußerungen konstruiere ich einen Substitutionsrahmen, der die Form *Ich bin der Meinung, daß x* hat, wobei x durch Ausdrücke auf der Ebene von Teilsätzen, Sätzen oder Satzfolgen ersetzt werden kann, sofern diese wertende Elemente enthalten. Der vorliegende Text enthält eine solche explizite Meinungsäußerung, die in der folgenden Form in den Substitutionsrahmen integrierbar ist: *Ich bin der Meinung, daß nur die FDP die Interessen des leistungsorientier-*

1 Meinungsäußerungen, positive und negative, sind von Zillig (1982: 115-129, 169-179) als Sprechakttypen im Paradigma des Bewertens beschrieben worden. Seine Beschreibung, die i.w. auf Gesprochenes abhebt, bleibt in den engen Grenzen, die die Konzentration auf eine Ausdifferenzierung von isolierten Sprechakten notwendig nach sich zieht.

ten Teils der Bevölkerung vertritt. Die negative Form ist auch explizit enthalten: *Ich bin nicht der Meinung, daß die FDP überflüssig ist.* Wertindikator ist hier die negativ wertende Form *überflüssig* im Sinne von 'nicht notwendig', ein Prädikat, das der FDP zugeschrieben wird. Auch das andere diesem Ausdruck zugewiesene Prädikat *vertritt die Interessen des leistungsorientierten Teils der Bevölkerung* deutet die positiven Wertbezüge zur Partei FDP an, während die Negation im Zusammenhang des Ausdrucks *Weder die CDU noch die SPD* (7: 4) eine negative Bewertung dieser Partei indiziert.

Diese Gegenüberstellung strukturiert den gesamten Text, etwa wenn diese Bewertung im nachfolgenden Ausdruck begründet wird. Auch die Einschränkung in bezug auf die FDP ist hier heranzuziehen. Diese Überlegungen sind in der folgenden mit den Indizes "positiv" (+) und "negativ" (-) konstruierten Wertstruktur (W 17) zusammengefaßt.[1]

+	-	
FDP	CDU	SPD
Leistung	Jesus-Christus-Sozialisten	grün-rot
deutsche Interessen	liberale Ausländerpolitik der FDP	

Es dürfte evident sein, daß die Strukturierung des Textes von den hier gegenübergestellten positiv und negativ bewerteten politischen Orientierungen abhängig ist, und zwar insofern, als die aufgegriffene These nicht der herausgearbeiteten Wertstruktur entspricht und damit strittig wird.

Im Beispieltext war eine explizite Meinungsäußerung enthalten, die eine Rekonstruktion der Textstruktur ermöglichte. Nun erscheinen in anderen Texten andere Ausdrücke, mit denen die Leserbriefschreiber das explizit machen, was sie in ihrem Text tun: Sie verwenden metakommunikative Ausdrücke bzw. deren Äquivalente, um eine negative Kommentierung anzuzeigen. In Anlehnung an Techtmeier (1984: 133) bezeichne ich solche sprachlichen Formen als metakommunikative Elemente, in denen Schreiber Gegebenheiten des kommunikativen Zusammenhangs, in dem sie sich befinden, thematisieren, um die kommunikative Adäquatheit der eigenen Textproduktion sicherzustellen. Die verhältnismäßig große Anzahl von metakommunikativen Elementen in Leserbriefen ist auf die komplexe Struktur des kommunikativen Prozesses zurückzuführen.[2]

(18) Ein kritisches Wort zu folgender Aussage von Bischof Lohse *sei mir noch erlaubt* ... (FR, 19.7.1984)

---

1 Es wäre hier auch eine nicht-dichotomische, graduelle Unterschiede erfassende Skalierung der Wertstruktur möglich, wie sie etwa in inhaltsanalytischer Tradition entwickelt worden ist. An diesem Punkt der Analyse bin ich mir noch nicht sicher, ob eine Ausdifferenzierung der Wertanalyse in diese Richtung sinnvoll ist. Ich werde also i.f. mit einer einfachen dichotomischen Wertstruktur arbeiten. Inhaltsanalytische Vorgehensweisen zur Erfassung von Werten in Texten stellen Lisch/Kriz (1978: 137-150) vor.

2 Bucher spricht in diesem Zusammenhang von der Notwendigkeit eines "Kohärenzmanagements" durch die Schreiber (1986: 147).

(19) *Mit Bestürzung las ich*, wie vehement sich einige für die Freilassung dieses Kriegsverbrechers einsetzten. (FAZ, 19.7.1984)

(20) Im Talar eines "Verteidigers der Spielregeln" qualifiziert der Kommentator der F.A.Z. vom 10.Juli die Wahl des Europäischen Parlamentes auf das verächtlichste. (FAZ, 24.7.1984)

(21) Vor allem die inbrünstige Überzeugung der Verfasser, Recht zu haben und für Gerechtigkeit zu kämpfen, zeichnet häufig die Diskussionsbeiträge zur geplanten Änderung des Scheidungsfolgenrechts aus. Dies ist auch in dem Artikel von Friedrich Fromme ... zu spüren. Ausgewogene Lösungen für diese schwerwiegenden Probleme werden jedoch so nicht gefunden. Bei nüchterner Betrachtungsweise muß festgestellt werden: ... (FAZ, 19.7.1984; I:3)

(22) In Lohne setzen sich Eltern, Lehrer und Ratsherren zusammen, um über die Vergrößerung des Spielplatzes der Gertrudenschule zu beraten ... Dieses Gespräch gibt es in Neuenkirchen nicht (OV, 20.7.1984).

18 enthält ein explizites metakommunikatives Element, das hier nicht als Verbindung zwischen dem Strittigen steht, sondern vorgezogen ist, um ein Zitat anzuschließen, das die Grundlage der Kritik ist. Nun erscheint eine solche Formulierung in dieser expliziten Form sehr selten, vielmehr sind eine Vielzahl von funktionalen Äquivalenten zu beobachten. Sehr verbreitet ist der in 19 gewählte Weg, eine negative Kommentierung mit der Beschreibung der Rezeptionssituation einzuleiten. Dabei werden meist Ausdrücke verwendet, in denen subjektive Reaktionen sprachlich abgebildet werden, wie in diesem Fall die Präpositionalgruppe *mit Bestürzung*. Alternativen dazu sind *bestürzt sein, ärgerlich sein*. Wie der Ausdruck in 19 eignen sich diese Formen von Erlebensthematisierung gut dazu, ökonomisch das Thema einzuleiten und es als ein strittiges auszuweisen. Eine andere, auch häufig zu beobachtende Form stellt 20 dar. Hier wird eine Behauptung aufgestellt, in der bestimmte Ausdrücke auf die Wertstruktur verweisen. In 20 deuten die einleitende Formulierung *im Talar eines ...* und die Verbalgruppe *qualifiziert ... auf das verächtlichste* an, daß die im Bezugsartikel vorgetragenen Meinungen nicht vom Schreiber geteilt werden: Diese Meinung, die sich in den Bewertungen ausdrückt, hat er im folgenden zu begründen. In 21 wird zunächst eine relativ globale Einschätzung hinsichtlich der Qualität von Beiträgen zu einem ganz bestimmten Thema gegeben. Die Normorientierung der globalen Einschätzung findet ihre Zuspitzung in der dann folgenden Zielbeschreibung, die aus der Norm "Ausgewogenheit" (dem "Einseitigkeit" gegenüberzustellen ist) Geltungsansprüche ableitet. Auch der Einstieg in die inhaltliche Auseinandersetzung wird davon geprägt: *Bei nüchterner Betrachtungsweise*... Hier finden also schon vorab die dem Text zugrundeliegenden Normen ihren sprachlichen Ausdruck und dienen, indem dem Bezugsartikel die Nicht-Normangemessenheit zugeschrieben wird, zur thematischen Etablierung des Strittigen. Eine andere Form wird in 22 gewählt. Hier leitet die Zusammenfassung des Inhalts des Bezugsartikels den Leserbrief ein,

allerdings verweist das Verb *zusammensetzen* als ein positives Element auf die dem Brief zugrundeliegende Wertstruktur. Diese Beobachtung wird dadurch gestützt, daß durch die dann folgende Behauptung das *Gespräch* zwischen den Beteiligten gefordert wird. Antithetisch erfolgt hier also in den einleitenden Formulierungen die Etablierung des Strittigen, indem einem berichteten Sachverhalt die Nicht-Existenz an einem anderen Ort gegenübergestellt wird.

Bevor eine abschließende Charakterisierung der Textsegmente gegeben wird, die eine negative Kommentierung konstituieren, möchte ich an dieser Stelle einige Formen dokumentieren und beschreiben, mit denen die in Leserbriefen vertretenen Thesen gestützt werden.

In der Diskussion des Beispieltextes 17 sind schon einige Formen der Stützung dargestellt worden, die in ihrer Verkettung als *sekundäre Argumentation* bezeichnet werden können.[1] Mit diesem Begriff sollen komplexe Verknüpfungen von Textelementen bezeichnet werden, die der angenommenen dominierenden, textstrukturierenden argumentativen Einheit der Kommentierung und deren Stützung untergeordnet sind, sozusagen eine Stützung der Stützung. Solche sekundären Argumentationen sind häufig aufzufinden; ihre jeweilige Struktur variiert, ist abhängig von den je inhaltlich vertretenen Thesen. In 17 enthält die sekundäre Argumentation zwei Stränge: Zum einen findet die im Text vertretene These eine Begründung durch einen Vergleich mit den politischen Ausrichtungen der anderen, konkurrierenden Parteien, zum anderen erfährt die These eine Einschränkung, die durch den Rückgriff auf eine Norm in eine Forderung umgesetzt wird. Beide Stränge münden in ein *Resümee*, eine abschließende Behauptung mit einem hohen Allgemeinheitsgrad. Da ein Resümee eher die Funktion hat, die schon vertretene These noch einmal aufzugreifen und die sekundäre Argumentation zusammenzufassen, muß diesem eine besondere Qualität zugesprochen werden, da es zwar von den vorhergehenden Textsegmenten abhängig ist, als Schlußformulierung aber auf den Text insgesamt bezogen bleibt. Ein Resümee erscheint fakultativ; es ist ein eigenständiges, in finaler Position stehendes Textsegment.

Sekundäre Argumentationen können, wie in 17, normativ sein, sie können aber auch faktisch, also auf Informationen bezogen sein. Häufig enthalten solche faktischen Argumentationen narrative Elemente, beziehen sich also auch auf den historischen Zusammenhang, auf den die vertretene These verweist. Ein von Argumentationen deutlich zu unterscheidendes Textsegment stellen *Legitimationen* dar. Damit werden in diesem Zusammenhang solche Textelemente bezeichnet, in denen sich ein Leserbriefschreiber durch eine Selbstdarstellung als ein im strittigen Bereich Kompetenter ausweist. Die gängige Ausgestaltung dieses Textsegments erfolgt durch die Form *ich als ...* Legi-

---

1 Cf. in diesem Zusammenhang auch die Unterscheidung von "Spitzenformulierung" und "Argumentformulierung" bei Naess (1975: 138-143), mit dem die hierarchische Struktur von Argumentationen erfaßt werden soll.

timationen stellen ein eigenständiges stützendes Textsegment dar, weil durch die Selbstdarstellung des Schreibers unabhängig von sekundären Argumentationen durch die Beanspruchung von Sachkompetenz die Geltung einer These gestützt werden soll.

Nachdem einige Formen beschrieben wurden, mit denen das Nichtakzeptieren einer bestimmten Position sprachlich ausgedrückt wird, möchte ich nun die Struktur beschreiben, die negativen Kommentierungen zugrunde liegt.

In Leserbriefen, die *negative Kommentierungen* enthalten, wird das Nicht-Akzeptieren einer Meinung A ausgedrückt und eine Meinung B entwickelt, d.h. begründet, gestützt, normativ abgesichert und/oder legitimiert. Das Kommentandum ist die Meinung A, der Kommentar zu A stellt ihre Bewertung dar. Die Entfaltung der Meinung B dient einerseits zur Stützung der Kommentierung, andererseits zur Etablierung genau dieser Position im Meinungsbildungsbereich. Eben wurden die Kommentare untersucht, mit deren Hilfe die Strittigkeit einer Behauptung aufgewiesen werden soll. Kommentare können explizit unter Verwendung der Verben *meinen*, *eine Ansicht haben*, *kritisieren* etc. ausgedrückt werden. Als implizite Formen habe ich die Beschreibung negativer subjektiver Reaktionen, den Rückgriff auf Wertstrukturen in der Verwendung von wertenden Ausdrücken in Behauptungen, die Formulierung einer Norm und die antithetische Gegenüberstellung von Sachverhalten unter impliziten Rückgriff auf eine Norm herausgearbeitet.

Das Strukturmuster der negativen Kommentierung umfaßt also vier Elemente: 1. das Kommentandum (Meinung A), 2. den Kommentar zu 1, 3. die Stützung von 2 durch Meinung B und 4.die Stützung von 3.

Die meisten der im Korpus I vorfindbaren negativen Kommentierungen sind funktional als Kritik zu deuten. Die Einschränkung bezieht sich auf die supplementären Texte: Die nicht-supplementären Texte, die diese strukturellen Eigenschaften besitzen, sind zunächst als Zusätze zu lesen, da hier der Bezug auf andere Texte nicht vorhanden ist. Zudem werden durch diese Texte andere Gegenstände in der Leserbriefrubrik thematisch gemacht und damit potentiell auch zum Bezugstext für andere, später erscheinende Leserbriefe (ein Beispiel für eine solche Verbindung findet sich in den Texten 6 und 10 des Korpus I). Dennoch bleibt genau zu prüfen, in welchem funktionalen Zusammenhang solche nicht-supplementären Texte stehen, da in ihnen - wie in (I:6) - eben auch eine Position in der öffentlichen Auseinandersetzung gegen andere bezogen wird, so daß nach Überprüfung des referentiellen Rahmens auch eine kritische Lesart vorzuschlagen ist. Im Zusammenhang der hier vorgetragenen Argumentation greift jedoch zunächst die funktionale Bestimmung als die eines Zusatzes; sie ist auf jeden Fall durch eine zweite, die Textstruktur berücksichtigende Funktionsbestimmung zu ergänzen.

2.4.2. Positive Kommentierungen

Die im folgenden zu beschreibenden positiven Kommentierungen unterscheiden sich in erster Annäherung von den eben diskutierten negativen Kommentierungen dadurch, daß sie eine vorgetragene Position durch andere, zusätzliche Argumente stützen. Die folgende Analyse des Beispieltextes 23 wird diese Struktur deutlich machen:

(23) Deutsche Komplizenschaft

> Zu der Leitglosse "In der Humanitätsfalle" (F.A.Z. vom 3.Juli): Dank für Ihre offenen und sachgerechten Worte zum deprimierenden Thema deutsch-deutscher Komplizenschaft auf Kosten von Bürgern, die nur Selbstverständliches fordern. Dafür kühlt das offizielle Bonn sein moralisches Mütchen desto risikoloser und ungenierter an Vertretern geographisch abgelegener Staaten, wie zum Beispiel dem südafrikanischen Premier Botha. So kleinkariert und schäbig wie ihn wird man den demnächst anreisenden Sklavenhalterchef und deutschen Apartheid-Ideologen Honecker sicher nicht zu behandeln wagen. Dabei sollte die Unterdrückung unserer Landsleute, die von einem totalitären Regime als Leibeigene und Geiseln gehalten werden, uns doch wohl tiefer bewegen als die Unterdrückung Schwarzer in einem weit entfernten Land, in dem sie immerhin einen weit höheren Lebensstandard genießen als in ihrer "vom Joch des Kolonialismus befreiten" Nachbarschaft. (FAZ, 23.7.1984)

Nach dem Textverweis erfolgt eine Danksagung für den Abdruck der im Bezugsartikel vertretenen Meinung, der die Prädikate *offen* und *sachgerecht* zugeschrieben werden (Z: 3). Das Thema des Bezugsartikels wird verkürzt genannt unter Einbeziehung der wertenden Elemente *deprimiert* und *Komplizenschaft* (Z: 4-7): Es ist davon auszugehen, daß die Wertstrukturen von Leserbrief und Bezugsartikel im wesentlichen übereinstimmen. In diesem Sinne handelt es sich hier um einen Leserbrief, in dem eine Position zustimmend zur Kenntnis genommen wird und weitere Argumente zu deren Stützung vorgetragen werden. Ein Vergleich des Verhältnisses der Bundesregierung erstens zur

DDR und zweitens zu Südafrika soll diese Stützung gewährleisten. Zunächst wird eine Behauptung aufgestellt (Z: 7-12), die dann hinsichtlich des zu erwartenden Besuchs des SED-Vorsitzenden Honeckers in der Bundesrepublik konkretisiert wird (Z: 12-17). Der Vergleich mit seinen normativen Implikationen findet dann seine Begründung im abschließenden Satzausdruck (Z: 17-26), in dem das Kriterium der Betroffenheit (*tiefer bewegen*) eingeführt wird. Für 23 läßt sich folgende Struktur beschreiben:

(a)	Kommentierung: metakommunikativer Ausdruck (MK)	- Dank
(b)	Kommentandum: Meinung (M)	- deutsch-deutsche Komplizenschaft
(c)	Stützung (M): Behauptung Einführung eines Vergleichs	- Bonn kühlt sein moralisches Mütchen an Südafrika
(d)	Folgerung (aus c)	- So wie Botha wird Honecker nicht in Bonn behandelt.
(e)	Vorausgesetzte Behauptung (d)	- Die Unterdrückung der Bevölkerung in der DDR ist schwerwiegender als in Südafrika.

Es zeigt sich, daß im wesentlichen die im Bezugsartikel vertretene These gestützt wird, und zwar durch den eingeführten Vergleich, mit dem auf Aspekte hingewiesen wird, die im Ausgangsartikel nicht berücksichtigt wurden.

Da die Wertstruktur von Bezugsartikel und Leserbrief im wesentlichen übereinstimmt, kann an dieser Stelle auf die Darstellung der Wertstruktur verzichtet werden. So können wir also gleich die Formen der metakommunikativen Ausdrücke und ihre Äquivalente untersuchen.

(24) Über die Artikelserie "Werden wir noch erzogen?" von Pfarrer Anton Tumbrägel *möchte ich mich ganz herzlich bedanken.* (OV, 2.8.1984)

(25) *Zuzustimmen ist der Kritik* von Joachim Fest ... an der Passivität unseres politischen Führungspersonals ... (FAZ, 20.7.1984)

(26) Helmut Schmidts Idee ... ist ebenso brillant wie unterstützenswert. (FR, 20.7.1984)

(27) Jene Leserin ... hat völlig recht. (FR, 20.7.1984)

(28) Mit großer Freude las ich von ... (OV, 29.8.1984)

Eine beliebte Form, positive Kommentierungen auszudrücken, stellt die Danksagung dar. In 24 wird diese in expliziter Form unter Verwendung des Personalpronomens *ich*, des Modalverbs *möchten* und der modalen Adverbialgruppe geradezu formelhaft realisiert mit der Verwendung des Verbs *bedanken*. In 23 war diese ausführliche Formulierung elliptisch unter Verwendung des Nomens *Dank* erschienen. In 25 wird das Verb *zustimmen* in einer deagentivischen Formulierung verwendet, mit der eine aufwendigere Modalsatzkonstruktion vermieden wird. Gleichzeitig suggeriert diese scheinbar sprachökonomisch motivierte Verkürzung die Notwendigkeit, der Ansicht des Autors (x) zu folgen. Der ambigue Charakter von 25 zeigt sich in den beiden möglichen Paraphrasen:

(25a) Ich möchte der Kritik von x zustimmen.

(25b) Jeder Leser muß der Kritik von x zustimmen.

Diese Differenzierung hinsichtlich des Skopus (*Ich - jeder Leser*) beziehungsweise der substituierbaren Modalverben (*möchte, muß*) erhält die Funktion, den Geltungsanspruch der Behauptung im Meinungsbildungsprozeß zu erhöhen. In 26 erfährt die in den Mittelpunkt gerückte "*Idee*" eine positive Bewertung, indem ihr bestimmte positive Eigenschaften zugesprochen werden. Das Adjektiv *unterstützenswert (sein)* substituiert hier das Verb *zustimmen*, wie die folgende Paraphrase zeigt:

(26a) Die brillante Idee von x möchte ich unterstützen.

Dabei setzt das Eigenaktivitäten beschreibende Verb *unterstützen* voraus, daß der Schreiber dem im Bezugsartikel Behaupteten zustimmt. In 27 wird die Behauptung der Richtigkeit der im Bezugsartikel gemachten Aussage verwendet, die an die Stelle des eher auf die individuelle Akzeptanz einer Behauptung zielenden Zustimmung tritt. Die Beschreibung subjektiver Befindlichkeit bei der Rezeption des Bezugsartikels ist ein beliebtes Mittel: In 28 gestaltet der Schreiber seine Zustimmung als positive Reaktion auf die Rezeption des Bezugsartikels.

Von negativen unterscheiden sich *positive Kommentierungen* im wesentlichen dadurch, daß sie im Argumentationsfeld der Meinungsbildung eine stützende Funktion wahrnehmen. Dem jeweils in den Bezugsartikeln Behaupteten, dem Kommentandum, weisen die Autoren im Kommentar positiv wertende Elemente zu, da die Wertstrukturen von Brief und Bezugsartikel im wesentlichen übereinstimmen. Gestützt wird die Bewertung durch weitere Behauptungen, Legitimationen etc., die die Funktion haben, die zu stützende Position gegenüber potentiell Andersdenkenden zu verteidigen. Die Analyse der Kommentare hat gezeigt, daß neben Danksagungen andere Formen der expliziten und impliziten Zustimmung stehen. So wird oft das Verb *zustimmen* verwendet, in impliziten Ausdrucksweisen erscheinen positive Bewertungen als Behauptung der Richtigkeit der aufgegriffenen Meinungen. Reziprok zur negativen Kommentierung finden sich auch sprachliche Darstellungen von positiven Reaktionen auf die Rezeption des Bezugsartikels.

Das Strukturmuster der positiven Kommentierung umfaßt also folgende drei Segmente: 1. das Kommentandum, 2. einen positiven Kommentar von 1 und 3. die Stützung von 2.

Die Funktion dieses Musters liegt in der Mehrzahl der Fälle in dem oben beschriebenen Bereich von Lob. Die nicht-supplementären Texte, in denen dieses Muster erscheint, sind - wie schon oben die negativen Kommentierungen - formal als Zusatz, inhaltlich aber durchaus als Lob zu lesen.

2.4.3. Ergänzungen

Während die bisher untersuchten Strukturmuster wertorientiert waren, ist das an dieser Stelle zu beschreibende Muster der Ergänzung zunächst in Opposition dazu als faktisches zu beschreiben. Ein Blick auf den ausgewählten Beispieltext macht das deutlich:

(29) Originalhandschriften Luthers
In Ergänzung zu dem Bericht "Wieder eine verloren geglaubte Handschrift in Krakau aufgetaucht", FR vom 20.7.84, weise ich darauf hin, daß unter den Handschriften aus der ehemaligen Preußischen Staatsbibliothek Berlin, die sich heute in der Jagellonischen Bibliothek in Krakau befinden, auch wichtige Originalhandschriften Luthers erhalten sind. Es handelt sich dabei um das Manuskript der Römerbriefvorlesung von 1515/16, um Teile des Manuskripts der Bibelübersetzung von 1523/24, um das Druckmanuskript vom "Deuteronomium cum annotationibus" von 1525 sowie um Originalbriefe aus den 30er und 40er Jahren. (FR, 28.7.1984)

Die einleitende Präpositionalgruppe enthält neben dem Textverweis auch den metakommunikativen Hinweis darauf, daß eine Ergänzung vorgenommen werden soll. Mit der Zitation der Überschrift erfolgt die Festlegung des referentiellen Rahmens. Die Wendung *weise ich darauf hin, daß ...* gleichfalls eine metakommunikative Komponente, ermöglicht es dem Schreiber, die zu ergänzende Information in der Form eines Inhaltssatzes zu gestalten, der kataphorisch durch das Pronomen *darauf* eingeführt wird (Z: 4-10). Der folgende Satzausdruck (Z: 10-17) enthält dann lediglich eine Präzisierung der im Inhaltssatz gegebenen Information über den Gegenstand (*wichtige Originalhandschriften*, Z: 8-9).

In Leserbriefen, in denen den im Bezugsartikel enthaltenen Informationen neue hinzugefügt werden, kommt meist, wie in 29, das Textmuster Ergänzung zur Anwendung. Dieses Muster ist dadurch charakterisiert, daß eine Information A durch eine diese erweiternde Information A' ergänzt wird. Neben diesen beiden Informationselementen enthält die Ergänzung noch ein metakommunikatives Segment, in der das Textmuster Ergänzung explizit oder implizit ausgedrückt wird. Die Funktion des Musters dürfte darin bestehen, daß ein Leser x über ein Wissen zu einem Sachverhalt A verfügt, das über das in der Zeitung präsentierte Wissen hinausgeht, und x den anderen Lesern (und der Zeitung) dieses Wissen zugänglich zu machen beabsichtigt.

Im folgenden werde ich die metakommunikativen Elemente bzw. deren funktionalen Äquivalente des Strukturmusters Ergänzung behandeln.

(30) Zu der am 30. Juni im Feuilleton enthaltenen Nachricht über seinen Tod *sei von mir* als seinem Geburtstagszwilling *nachgetragen*, daß Professor Otto Lang gebürtiger Frankfurter ist, ... (FAZ, 19.7.1984)

(31) Dem sonst kundigen Artikel über die Veröffentlichung der erhaltenen Akten des Inquisitionsprozesses gegen Galilei ... *sind zwei Anmerkungen hinzuzufügen*: ...(FR, 27.7.1984)

(32) Betr. *Nachtrag* zu eurer Bombenzugberichterstattung Wie wir sicher wissen, ... (TAZ, 31.7.1984)

(33) Da ich in dem Artikel ... zitiert werde, *möchte ich meine dort geäußerten Gedanken*, die aufgrund der in der Reportage notwendigen Verknappung mißverständlich sein könnten, *etwas erläutern*. (OV, 17.8. 1984)

(34) Werner Adam ist dafür zu danken, daß er das Thema "Afghanistan-Berichterstattung in sowjetischen Zeitungen" aufgegriffen hat ... (FAZ, 19.7.1984; I:2)

(35) Zu der Auseinandersetzung um Fassbinders Theaterstück "Der Müll, die Stadt und der Tod": Von diesem Theaterstück gibt es auch eine vorzügliche Filmfassung unter dem Titel "Schatten der Engel". (FAZ, 24.7.1984)

Die metakommunikativen Elemente werden meist durch Konstruktionen ausgedrückt, in denen Verben wie *nachtragen*, *ergänzen*, *hinzufügen*, teilweise auch in nominalisierter Form, Verwendung finden: In 29 erschien die Nominalisierung von *ergänzen* in einer Präpositionalgruppe, verbunden mit *hinweisen* unter Verwendung eines Inhaltssatzes. Häufiger jedoch erscheint, wie in 31 eine unpersönliche Konstruktion [3.5.2 >]. In 30 substituiert der Konjunktiv I von *sein* das explizite *möchte ich*, in 31 eine finite Form von sein. In 32 leistet die Nominalisierung von *nachtragen* die Realisierung des metakommunikativen Elements. Inhaltssätze scheinen sich gut für den Anschluß des Informationselements A' zu eignen, wie die Beispiele 29 und 32 zeigen. In 31 hingegen wird auf eine syntaktische Unterordnung verzichtet, so daß A' an das metakommunikative Element direkt anschließt. Bei 32 leistet die graphische Gestaltung die Akzentuierung dieses Segments. *Nachtrag zu ...* erscheint im Fettdruck, ist vom Text abgesetzt und fungiert als Titel, während die Ergänzung durch den dann folgenden Text realisiert wird. Ausführlich wird die Ergänzung in 33 gestaltet. Die Schreiberin verwendet das Verb *erläutern* als metakommunikatives Element. Zudem liefert sie eine Erklärung für ihr Schreiben, indem sie - ein kausales Satzgefüge verwendend - auf Eigenheiten von Berichterstattung hinweist und die "*notwendige Verknappung*" als ein Spezifikum einer "*Reportage*" interpretiert. Sie leistet also eine Beurteilung der Form der Textsorte, der auch der Bezugsartikel zuzuordnen ist. In den Beispielen 34 und 35 fehlt das metakommunikative Element. In 35 substituiert die elliptische finale Konstruktion mit *zu* das metakommunikative Element, das in 34 durch eine Danksagung (*ist dafür zu danken, daß*) ersetzt wird. Sodann folgen die ergänzenden Informationen A'. 34 und 35 leiten, isoliert betrachtet, nicht zwingend eine Ergänzung ein, vielmehr dürften auch noch andere Textsegmente anschließbar sein. Die Substitution der oben vorgegebenen expliziten Formulierung kann zwar zum Teil durch syntaktische Mittel geleistet werden, jedoch unter Verzicht auf eine eindeutige Gestaltung des Segments.

Zusammenfassend kann die *Ergänzung* so charakterisiert werden: Ergänzungen beziehen sich auf medial vermittelte Sachverhalte. Sie sind dadurch gekennzeichnet, daß eine Information A eines Artikels X durch eine oder mehrere Informationen A' erweitert wird.

Folgende Verben werden zur Realisierung des metakommunikativen Elements verwendet: *nachtragen, hinweisen, anmerken, bemerken, hinzufügen, erläutern*: A wird in der Regel durch die Segmente des Textverweises und der Redeerwähnung realisiert, A' durch Textsegmente des Berichtens oder Erzählens. Enthält ein Leserbrief nur das Strukturmuster Ergänzung, ist er als Zusatz zu lesen.

Jedoch können Ergänzungen im Feld der Meinungsbildung auch andere Funktionen übernehmen, nämlich dann, wenn die Texte bewertende Elemente enthalten. So heißt es im folgenden Beleg:

(36) Der Leitartikel ... stellt die bedauerliche Symptomatik hervorragend dar. Warum dies geschieht, ist aber meines Erachtens nicht deutlich geworden. (FAZ, 25.7.1984)

Einerseits erfolgt in der einleitenden Kommentierung eine positive Bewertung, die auf gemeinsame Wertstrukturen von Bezugsartikel und Leserbrief verweist. Andererseits enthält die dann folgende Wendung einen Hinweis auf Desiderate in bezug auf die Ursachen der beschriebenen Symptome, also die Ankündigung einer Ergänzung. Diese Konstruktion ist, aufgrund der positiven Kommentierung, einzuordnen in den Bereich der Textfunktion des Lobes. Häufiger sind jedoch Briefe, die negativ wertende Elemente enthalten:

(37) Leider wird dabei das Arbeitslosenproblem nur unter rein fiskalischen Gesichtspunkten behandelt. Die schwerwiegenden menschlichen und sozialen Probleme arbeitslos gewordener Arbeitnehmer bleiben unerwähnt. (FAZ, 20.7.1984)

(38) Deshalb war ich unangenehm davon berührt, die Ankündigung der Mühsam-Gedichte unkommentiert zu lesen. (FR, 23.7.1984)

Aus einer faktischen Argumentation wird, indem negative Kommentierungen auftauchen, eine normative. In 37 indizieren das Modalverb *leider* und die Behauptung der Aussparung von Informationen in *bleiben unerwähnt* eine negative Bewertung der im Bezugsartikel enthaltenen Informationen. In 38 leistet dies der einleitende Kausalsatz, in dem die subjektive Reaktion des Schreibers ihren Ausdruck findet: *unangenehm berührt* ist als Kommentar zu verstehen. Die Ergänzung fungiert in diesen Beispielen als Kritik, indem dem jeweiligen Medium die Auslassung relevanter Informationen vorgeworfen wird.

So erweist sich die *Ergänzung* als ein Strukturmuster, das in drei zentralen Funktionszusammenhängen erscheinen kann, indem Segmente positiven und negativen Kommentierens hinzutreten und damit implizit der Rückgriff auf eine Wertstruktur geleistet wird. Nun ist die Frage aufzuwerfen, ob sich damit die beschriebene Struktur von Ergänzungen nicht alternativ als Kommentierung beschreiben ließe, denn offensichtlich steuern ja diese Elemente die Funktionsweise des Musters. Dem ist entgegenzusetzen, daß Kommentierungen ja als Meinungsäußerung bezüglich bestimmter Sachverhalte aufzufassen sind, nicht aber Segmente, die die beschriebene Ergänzung von Informationen enthalten. Eine Unterscheidung von "Kritik einer Ansicht" und "Kritik durch Ergänzung" wäre nicht möglich. Zudem müssen die Ähnlichkeiten hinsichtlich der Sequenzierung von Ergänzungen hinreichend Beachtung finden, so daß es sich als sinnvoll erweist, den eingeschlagenen Weg der Differenzierung von Textmustern nach ihren Eigenschaften weiter zu verfolgen, um dann die Elemente zu untersuchen, die funktional relevant sind.

Nicht-supplementäre Ergänzungen sind relativ weit zu fassen. Sie unterscheiden sich von den anderen Strukturmustern dadurch, daß sie keine wertenden Elemente enthalten. So überzeugend diese Festlegung auch klingen mag, empirisch ist es relativ schwer, eine Grenze zu ziehen. So wird in (I:15) von einem Strafgefangenen die Abbestellung des Zeitungsabonnements mit der Zensur der Anstaltsleitung begründet: Einerseits erfährt der Leser etwas über die Bedingungen des Zeitungsempfangs im Strafvollzug - dies könnte als zusätzliche Information im Sinne einer Ergänzung gelesen werden -, andererseits steht die Abbestellung der Zeitung und deren Begründung im Zentrum des Textes - eine negative Kommentierung der Verhältnisse in einer Justizvollzugsanstalt also. Die Bestimmung der Zusatz-Funktion ist auch hier zunächst eher formal; vor dem Hintergrund der genaueren Betrachtung des Inhalts der Ergänzung sind jedoch qualitative Funktionszuschreibungen vorzunehmen.

2.4.4. Korrekturen

Im Spannungsfeld von faktischer und normativer Argumentation liegen auch solche Texte, in denen Korrekturen an Behauptungen oder einzelnen Formulierungen des Bezugsartikels vorgenommen werden. Die einleitende Beispielanalyse macht dies deutlich:

(39) Nicht die Russen

Zu dem Kommentar "In Mont Ormel" (F.A.Z. vom 12.Juni): Der Behauptung des Autors, wonach "die Russen dieses Vorkriegspolen in Ruhe ausbluten sehen" wollten, möchte ich widersprechen. Die Russen wollten Polen gar nicht ausbluten sehen, wohl aber die Sowjets. (FAZ, 20.7.1984)

Zunächst wird mit Nennung des Artikeltitels und seines Erscheinungsdatums der Anlaß des Schreibens genannt. Nach dem Doppelpunkt erfolgt dann die explizite Bezeichnung des Textmusters in einem metakommunikativen Ausdruck: *möchte ich widersprechen* (Z: 5-6). Es handelt sich hier um die Korrektur einer

Behauptung, die im Bezugsartikel aufgestellt wurde und die als Zitat auch aufgenommen wird. Schließlich erfolgt im letzten Satzausdruck die Korrektur: Zunächst wird die strittige Behauptung noch einmal wiederholt, und dann antithetisch die zutreffend erscheinende Gegenbehauptung formuliert. In diesem Fall geht es um die Substitution des Elements *die Russen* in der strittigen Behauptung durch das Element *die Sowjets*. Die Gründe für die Korrektur sind nicht formuliert; es ist jedoch zu vermuten, daß hier der Gegensatz von Bezeichnung einer Nation einerseits und der eines politischen Systems andererseits für die vorgeschlagene Korrektur ausschlaggebend war. 39 bleibt insofern elliptisch, als die Korrektur keine explizite Begründung erfährt. Der Beleg enthält die für das Textmuster Korrektur relevanten Segmente: nämlich erstens die im Bezugsartikel vorgetragene Behauptung A, hier in der Form eines Zitats, dann zweitens eine Ausdrucksform, mit der die Gültigkeit von A bestritten wird - das wird durch die Verwendung des metakommunikativen Ausdrucks *widersprechen* geleistet -, und drittens die korrigierende Behauptung, die eine Korrektur der ersten enthält. Im Beispieltext wird deutlich, daß die Beziehung zwischen beiden Behauptungen A und B als Substitution zu beschreiben ist.

Welche metakommunikativen Ausdrücke bzw. Äquivalente lassen sich nun in ähnlich strukturierten Texten feststellen?

(40) Diese Äußerung des Vechtaer Landrats *können die Bürger nicht unwidersprochen hinnehmen*. (OV, 22.9.1984; I:24)

(41) Die in dem Bericht ... wiedergegebene *Äußerungen* von Frau Vollmer stellen den Sachverhalt auf den Kopf und *bedürfen der Korrektur*. (FAZ, 23.7.1984)

(42) Zu dem genannten Artikel *möchte ich eine Richtigstellung machen*. (TAZ, 24.7.1984)

(43) Die Überschrift Ihres Berichts zur Verabschiedung des hessischen Personalvertretungsgesetzes ... ist irreführend. (FAZ, 19.7.1984)

(44) Die Behauptung, Bundesminister Dr. Heiner Geißler habe den medizinischen Fakultätentag "geflissentlich übersehen", ist falsch. (FR, 28.7.84)

(45) Mit unglaublichem Staunen habe ich ... Ihren Bericht über die zweite Weltbevölkerungskonferenz ... gelesen, in dem Sie schreiben: "..." (FAZ, 23.7.1984)

(46) In der OV vom 28.Juli bringen Sie ... eine Ansicht der Justizvollzugsanstalt Celle I ... Die JVA wurde nicht von 1710 bis 1712 (,) sondern von 1710 bis 1729 erbaut. (OV, 2.8.1984; I:20)

Wie in 39 erscheint auch in 40 das Verb *widersprechen* als metakommunikatives Element, allerdings in einer speziellen Form, nämlich als Partizip in doppelter Negation. In Verbindung mit dem Modalverb *können* wird die Notwendigkeit der Korrektur abgeschwächt, wie die Paraphrase zeigt:

(40a) Dieser Äußerung müssen die Bürger widersprechen.

In 41 wird, unter Rückgriff auf den phraseologischen Ausdruck *auf den Kopf stellen* die Falschheit der nicht explizit aufgenommenen Assertion behauptet und in einem deagentivischen, kausal angeschlossenen Ausdruck die Notwendigkeit der *Korrektur* postuliert. Auch in 42 wird die nominalisierte Form des metakommunikativen Elements *richtigstellen* gewählt. In 43 wird die Ambiguität der strittigen Assertion behauptet, indem ein bewertendes Prädikat zugeordnet wird: *irreführen*. In 44 schließlich wird die Falschheit von A behauptet, an die leicht die korrigierende Assertion B anzuschließen ist. In 45 beschreibt der Autor sein Rezeptionserlebnis als *ungläubiges Staunen* über eine Assertion, die dann als Zitat erscheint; so wird signalisiert, daß eine Korrektur zu erfolgen hat. Rein syntaktische Mittel verwendet der Autor von 46, in dem die strittige Behauptung in den Skopus von *nicht* gelegt wird, um dann mit *sondern* B anzuschließen.

Korrekturen enthalten neben der Behauptung A und dem A substituierenden B auch metakommunikative Elemente. Strittig ist A sowohl hinsichtlich seiner faktischen als auch seiner normativen Dimension. Explizite Kennzeichnung von Korrekturen leisten metakommunikative Ausdrücke wie die Verben *widersprechen, korrigieren* oder *richtigstellen*. Andere Möglichkeiten, in das Strukturmuster einzutreten, liegen in der Behauptung der Falschheit einer Assertion, der Beschreibung der Reaktion auf A und schließlich in syntaktischen Konstruktionen, hier in der Verwendung von *nicht* und *sondern*. Korrekturen können in erster Annäherung in Hinblick auf die Funktion sowohl als Zusatz, aber auch als Kritik gelesen werden. Es ist jedoch zu überlegen, ob nicht auch wertneutrale Korrekturen insofern als medienkritisch zu analysieren sind, als implizit der mediale Geltungsanspruch kritisiert wird, nämlich zuverlässig den Tatsachen entsprechend zu berichten, oder kürzer: "richtige" Informationen zu veröffentlichen. Dabei sind die Korrekturen in Leserbriefen zu unterscheiden von den Selbstkorrekturen im redaktionellen Teil der Zeitung, mit denen deutlich gemacht werden soll, daß die Redaktionen, indem Irrtümer eingestanden werden, dem Anspruch auf korrekte Informationen nachkommen wollen. Auf dieser Grundlage erweist sich eine kritische Lesweise von Korrekturen als plausibel. Zudem ist die Korrektur das einzige Strukturmuster, das nur in supplementären Texten erscheinen kann.

2.4.5. Ein poetisches Strukturmuster; Bedeutung und Sinn von Texten

In diesem Teil habe ich insgesamt vier verschiedene Muster beschrieben, mit denen die untersuchten Leserbriefe angemessen erfaßt werden können: Neben negativen und positiven Kommentierungen wurden Ergänzungen und Korrekturen behandelt. Dabei zeigte es sich, daß die Entwicklung einer Lesart der Texte von der Funktionsbestimmung abhängig war, die auch die Unterscheidung von supplementären und nicht-supplementären Texten zu berücksichtigen hatte.

Nun muß ich an dieser Stelle eingestehen, daß nicht alle Belege des untersuchten Korpus den aufgewiesenen Mustern entsprechen, denn mindestens eins weist andere strukturelle Eigenschaften auf: In einem Beleg erzählt der Autor ein Märchen (I:17). Poetische Texte als Leserbriefe? (I:17) weist eine narrative Struktur auf sowie für Märchen einschlägige Elemente wie die einleitende Formel *Es war einmal* und den fiktionalen Charakter des Erzählten. Die Überschrift Die alte Märchentante ... *... Lindern erzählt heute von zwei Königskindern* und der im Betreff ausgedruckte Hinweis, es handle sich um ein Gedicht für ein anderes Märchenbuch, machen, im Zusammenspiel mit aktuellen Anspielungen wie *Mehrwertsteuer, Stereoanlage* und *ARD und ZDF* den Charakter des Textes deutlich: Hier wird die Form des Märchens ironisch zitiert. Das Textthema, die Schwierigkeiten in der Liebe zwischen "*Prinz Meisenherz*" und "*Hostaflena*", hervorgerufen durch ihren Mundgeruch und mit Hilfe von Zahncreme beseitigt, verweist ironisch auf Topoi aus der Werbung. Obwohl der Text narrative Elemente aufweist, ist er in diesem Zusammenhang auch als Kritik an kapitalistischer Werbung aufzufassen. Der Text ist im TAZ-Teilkorpus enthalten: Es ist anzunehmen, daß diese Einsendung - zumindest in der FAZ und der FR - nicht veröffentlicht werden würden, da sie durch die Leserbriefredaktion ausgesondert würde. Offenbar weist dieser Text Eigenschaften auf, die ihn für die Leserbriefrubrik zumindest der TAZ interessant macht.

Dennoch: Dieser Befund, der so gar nicht in das eingangs abgeleitete Schema von Strukturmustern zu passen scheint, gibt Anlaß zur Überlegung, ob nicht doch eine induktive Herangehensweise bei der Rekonstruktion der Muster angemessener gewesen wäre, weil dann die genannte Ausnahme in die Entfaltung der Eigenschaften von Leserbriefen mit eingegangen wäre. Ich meine jedoch, daß ein deduktiver Zugriff seine Berechtigung hat, auch weil er geeignet ist, gewisse Irritationen, die sich fast notwendig in der Auseinandersetzung mit dem Material ergeben, zunächst zu vermeiden, um zu einer ersten Bestimmung von Mustern zu gelangen. Diese sind jedoch dann empirisch zu stützen, ihre Beschreibungskraft ist unter Beweis zu stellen. Dazu gehört dann auch das Erfassen von solchen Strukturmustern wie dem poetischen. Jedoch müssen, bevor ein zusätzliches Strukturmuster eingeführt wird, andere Hypothesen überprüft werden, die - wie etwa die oben angeführten - die besonderen Bedingungen des Texterscheinens berücksichtigen. Diese Fragen, die auch die Veröffentlichungspraxis einer Zeitung betreffen, können nur anhand eines umfangreichen Korpus beantwortet werden. Für den Zusammenhang dieser Arbeit beschränke ich mich darauf, das Erscheinen des poetischen Muster zu beschreiben und auf die spezifische Praxis der TAZ-Redaktion zurückzuführen [3.2 >].

Struktur und Funktion nun sind allgemeine Termini, die auf den verschiedenen analytischen Abstraktionsebenen unterschiedlich gefaßt werden. Für den hier behandelten speziellen Zusammenhang möchte ich diese beiden Termini präzisieren: In Anlehnung an Coseriu (1980) soll nun einerseits von der *Bedeutung* eines Textes, d.h. seinen strukturellen Eigenschaften, und vom *Sinn* eines

Textes, also seiner Abhängigkeit von kommunikativen Bedingungen, die Rede sein. In der Coseriuschen Systematik[1] erfaßt diese Unterscheidung unterschiedliche Ebenen: Während der Terminus Bedeutung das Potential der Ausdrucks- bzw. Verständnismöglichkeiten einer Sprache kennzeichnet, bezeichnet der Terminus Sinn das, was nur in Texten ausgedrückt bzw. verstanden werden kann (1980: 47). Die Tragfähigkeit dieser Unterscheidung kann an den Analysen dieses Teils deutlich gemacht werden: Während die aufgewiesenen Muster der Kommentierung, Ergänzung und Korrektur auch unter anderen Bedingungen erscheinen, etwa im Rahmen von Unterrichtskommunikation oder von wissenschaftlichen Texten, waren die Kategorien Lob, Kritik und Zusatz ganz aus dem konkreten Erscheinungszusammenhang von Leserbriefen als Argumentationen im Feld der Meinungsbildung heraus entwickelt worden. Das heißt jedoch nicht, daß die Kategorien in anderen Zusammenhängen nicht erscheinen; sie wären dann aus ihren anderen Konstitutionsbedingungen - oder, wie Coseriu sagen würde, aus ihrem Umfeld (cf. 93-100) - abzuleiten. Sinn macht also ein Text erst dadurch, daß für ihn eine bestimmte Lesart entwickelt wird, die durch eine Analyse struktureller Eigenschaften des Textes, nämlich seiner Bedeutung, zu stützen ist. Während die Bedeutungsbeschreibung intersubjektive Gültigkeit - um nicht zu sagen: Objektivität - beanspruchen kann, ist es möglich, auf der Grundlage dieser Analyse unterschiedliche Sinnzuschreibungen zu leisten, besser: unterschiedliche Lesarten eines Textes zu entwikkeln. Das hängt auch von den jeweils unterschiedlichen Zielsetzungen der Analysierenden ab, von ihren Erkenntnisinteressen.[2]

2.5. Das Textmuster Leserbrief: Ein Resümee

In den beiden vorangegangenen Teilen wurden Aspekte der Themenkonstitution und die für Leserbriefe wichtigen Strukturmuster behandelt. Für die Themenkonstitution konnte, nach der Einführung der Unterscheidung von Gegenstand und Perspektive, gezeigt werden, daß in den Formen der Themenentfaltung sich immer - unter Rückgriff auf die dem Text zugrundeliegende Wertstruktur - der jeweils besondere Zugriff auf einen Gegenstand manifestiert. Ein Thema ist von dem Bezug der Textproduzenten zu ihrem Gegenstand abhängig. Damit wäre die Verbindung hergestellt zu der in 2.4 behandelten Ebene

1 Der Vollständigkeit halber sei noch hinzugefügt, daß Coseriu der Sprache eine Bezeichnungsfunktion zuweist.

2 In diesem Punkt unterscheidet sich der hier vorgetragene Ansatz von dem Coserius, der die Erfassung des Sinns, der objektiv gegeben sei, als ein Verstehensproblem auffaßt: Verschiedende Lesarten sind demnach nur entweder auf unterschiedliche Methoden oder auf Verständnisschwierigkeiten zurückzuführen (1980: 116). Diese Deutung des Interpretierenden als einem sich dem Text Unterordnenden ist entschieden zurückzuweisen, wenn auch die historische Umgebung von Texten einerseits und die des Rezipienten andererseits in den Blick rückt.

der strukturellen Eigenschaften von Texten, in denen das in dem jeweiligen Zusammenhang artikulierte Interesse eines Schreibers zum Ausdruck kommt. Während also die Analysekategorien Gegenstand und Bedeutung sich auf Eigenschaften von Texten beziehen, erweisen sich Perspektive und Sinn als Kategorien, mit denen die Umgebung von Texten erfaßt wird: Wenn gesagt wird, ein Text behandle eine Thema, so impliziert das auch die Perspektive, unter der der entsprechende Gegenstand sprachlich gestaltet wird, und daß es noch andere Möglichkeiten der Thematisierung des Gegenstands gibt. Mit der Kategorie des Sinns wurde versucht, den funktionalen Zusammenhang der Texte einzuholen: Indem ein Text mit einer bestimmten Struktur als meinungsbildender erscheint, sind daran ganz spezifische Bedingungen - etwa die Veröffentlichung in einer Zeitung - geknüpft, die bei der Analyse zu berücksichtigen sind. Für die jeweiligen Ebenen der Analyse ließen sich Restriktionen feststellen, die für die Analyse von Leserbriefen im Vergleich zu anderen Texten ganz besonders wichtig sind. Aus der grundsätzlichen Zuordnung zu meinungsbildenden Texten ist eine Beschränkung auf ganz bestimmte, sozusagen öffentliche Gegenstände abzuleiten, auf Gegenstände, die von den jeweiligen Medien durch ihre Veröffentlichungspraxis vorgeschlagen werden. Beispielsweise dürfte eine Lokalzeitung wie die OV einen Schwerpunkt auf die lokale Berichterstattung legen, der bei den überregionalen Zeitungen - mit Einschränkung - so nicht erscheint [98 >]. Um den Zusammenhang von durch das Medium etablierten Gegenständen mit den in Leserbriefen aufgegriffenen zu pointieren: Die Leserbriefe thematisieren einen Ausschnitt von dem, was in dem jeweiligen Bezugsmedium an Gegenständen angeboten wird. Der mit dieser Behauptung implizierte soziale Aspekt der zeitungsspezifischen Zielgruppen orientiert bereits auf das folgende Kapitel [3.2 >]. Nun gibt es, wie schon beiläufig festgestellt, auch eine nicht geringe Anzahl von nicht-supplementären Leserbriefen [< 35], also solchen, die nicht direkt auf einen Bezugsartikel verweisen. In diesen Texten werden in einem weiteren Sinn Themen etabliert, die faktisch oder potentiell auch in dem entsprechenden Medium erscheinen; der oben behauptete Umgebungszusammenhang wäre also nicht berührt.

Neben den Restriktionen hinsichtlich der Gegenstandswahl sind auch solche bezüglich der Textstruktur anzunehmen. Die Analyse der Strukturmuster hat gezeigt, daß nahezu alle vorliegenden Leserbriefe eine entweder wert- oder aber informationsbezogene argumentative Struktur aufweisen: Sie kommentieren positiv oder negativ bestimmte Sachverhalte und ergänzen bzw. korrigieren bestimmte Sachverhaltsdarstellungen. Mit der Annahme, daß es bestimmte Merkmale gibt, die die Textstruktur bestimmen, m.a.W., daß es sich um hierarchisch strukturierte Gebilde handelt, wird dem Umstand Rechnung getragen, daß zwar in Leserbriefen narrative oder auch informierende Segmente zu finden sind, die aber den aus dem Funktionszusammenhang abgeleiteten Strukturen untergeordnet sind. Leserbriefe sind also hochspezialisierte Texte, die sich ganz wesentlich von anderen Briefformen, vor allem den privaten, unterscheiden; sie sind vielmehr als veröffentlichte Schreibweisen zu analysieren. Ein Beleg für die Angemessenheit dieser These mag auch darin zu sehen sein, daß die meisten Leserbriefe, wie andere Zeitungsartikel auch, durch Überschriften bzw. Titel eingeleitet werden.

Bisher hatte ich unterstellt, es handle sich im Sinne der vorgeschlagenen Terminologie um ein relativ einheitliches, stabiles Textmuster. Die in Teil 2.4 geleistete Differenzierung struktureller Eigenschaften legt die konkurrierende Überlegung nahe, es handle sich um verschiedene Strukturmuster, die in Leserbriefen beschreibbar sind. Nun sind zwar die dort analysierten Strukturmuster der negativen und positiven Kommentierung, der Ergänzung sowie der Korrektur allgemeiner, insofern als sie auch in anderen Umgebungen erscheinen. Beispielsweise könnten Korrekturen in Leserbriefen mit solchen in wissenschaftlichen Abhandlungen oder in Ausbildungsprozessen verglichen werden, und sicher wäre es möglich, gewisse Gemeinsamkeiten herauszuarbeiten. Allerdings dürfte die Bestimmung der Funktion solcher Strukturmuster in anderen Umgebungen zu anderen Ergebnisse führen: Während es - vereinfachend ausgedrückt - in wissenschaftlichen Abhandlungen um die Richtigkeit oder Falschheit von Aussagen geht, steht im Unterricht die norm- und sachverhaltsgerechte Darstellung, zu deren Vermittlung der Ausbilder verpflichtet ist, im Mittelpunkt. Ungeachtet der Überlegung, daß ein funktionaler Zugang über die Kategorien von Lob, Kritik und Zusatz auch in diesen Zusammenhängen sinnvoll wäre, erweisen sie sich dennoch als anders strukturiert als der hier diskutierte Bereich der Meinungsbildung. Wenn Textstrukturen von ihrem Funktionszusammenhang abhängig sind, so müssen neben den strukturellen Eigenschaften von Texten auch die spezifischen Wirkungsbedingungen berücksichtigt werden. So bezeichne ich weiterhin Texte, die in entsprechenden Rubriken von Zeitungen und Zeitschriften erscheinen, als Ausdrucksformen des Textmusters Leserbrief.

Nach dieser methodisch notwendigen Entscheidung möchte ich abschließend das Textmuster Leserbrief beschreiben. Als Textbegrenzungszeichen fungiert in der Regel eine Überschrift bzw. die Autorinformation, die in formaler Hinsicht als initiales bzw. finales Textsegment erscheint. Die Formen der Themenkonstitution waren als Themeneinführung (in nicht-supplementären Texten) sowie als Textverweise und -erwähnung (in supplementären Texten) beschrieben worden. Solche Segmente gehören zu den Initialpositionen des Musters; das heißt jedoch nicht, daß sie immer am Anfang stehen müssen. Vielmehr können auch andere Textelemente einen konkreten Text einleiten: Die Vielfalt der empirischen Vorkommen verbietet eine eindeutige Zuordnung. Die Binnenstruktur des Musters wird im wesentlichen durch die Strukturmuster der positiven und negativen Kommentierung, der Ergänzung bzw. der Korrektur (und des poetischen Textmusters) bestimmt, die jeweils wieder aus mindestens drei Segmenten bestehen. Zur Binnenstruktur gehören Segmente wie die Legitimation, die sekundäre Argumentation etc.; das Erscheinen solcher Segmente ist jedoch von den sinnkonstitutiven Elementen abhängig. Besondere Finalpositionen konnten, mit Ausnahme des Resümees [<51], nicht herausgearbeitet werden.

Die Auseinandersetzung mit einem Beleg, der einem poetischen Strukturmuster zugeordnet werden konnte, hat einen anderen wichtigen Aspekt deutlich gemacht: Textmuster sind zwar vorgegebene, ein die Textproduktion von Subjekten strukturierendes Erfahrungspotential; jedoch müssen sich die Subjekte nicht unbedingt diesen Vorgaben unterordnen, sie können die Formen verändern, indem sie ihre Lesereinsendungen etwa als Märchen formulieren. Leider ließe sich das Potential von Leserbriefen, also die in diesen Zusammenhang möglichen Formen, nur rekonstruieren, wenn alle eine Redaktion erreichenden Einsendungen untersucht und die normierenden Texteingriffe empirisch dokumentierbar würden: Dies wäre das Thema einer anderen Arbeit. Es ist jedoch deutlich geworden, daß es Alternativen zu den faktisch veröffentlichten Texten gibt. Damit wird aber auch die Geltung des Musterbegriffs relativiert. Als schon gesellschaftlich ausgearbeitete Formen können die Subjekte selbst diese weiterentwickeln und damit Modifikationen ihrer Sprachpraxis herbeiführen. Diese Überlegung verweist auf den Begriff der Schreibweise in der Bestimmung von Barthes (1953: 17ff.), der unten in Teil 3.4 eingeführt wird. Wenn Barthes von "Vor-Schriften" spricht, denen sich ein Autor bei der Abfassung eines Textes einerseits unterwerfen muß, die er aber andererseits auch wieder verletzen kann, läßt sich das auch auf die jeweils gewählte Textform beziehen. So können die Ergebnisse der Musteranalyse als Explikation einer "Schreibweise des Leserbriefs" aufgefaßt werden zum einem in dem Sinne, als die strukturellen Eigenschaften dieser Textform aufgewiesen wurden, zum anderen aber auch in dem Sinne, als die Möglichkeiten zur Überschreitung der formalen Festlegungen aufgezeigt wurden.

3. Texte als Ausdrucksformen sozialer Praxis: Konnotationen von Leserbriefen

In diesem Kapitel wird es darum gehen, die für das Erscheinen von Leserbriefen in verschiedenen Zeitungen jeweils konstitutive soziale Praxis zu rekonstruieren, denn es wird sich zeigen, daß die Musteranalyse allein noch nicht ausreichend ist, um eine Differenzierung der Texte nach sozialen Kriterien vorzunehmen: Der Allgemeinheitsgrad war zu hoch, die Analyse muß nun konkreter werden. Zunächst werde ich das dafür notwendige begriffliche Instrumentarium bereitstellen, indem ich mit Hilfe des von Maas vorgelegten Konnotationskonzepts einen analytischen Rahmen entwickle, der eine methodisch kontrollierte Erfassung des Zusammenhangs von Texten und sozialer Praxis ermöglicht (3.1). Die Rekonstruktion der Rahmenbedingungen von Leserbriefkommunikation erfolgt in einer die Unterschiede der Zeitungen ausweisenden Beschreibung, an deren Ende die Unterscheidung von hegemonialkultureller und gegenkultureller Öffentlichkeit steht (3.2). In den empirischen Analysen beschäftige ich mich zunächst mit den Präsentationsformen der Leserbriefrubriken (3.3). In den dann folgenden Teilen werde ich Aspekte der Schreibweise von Leserbriefen herausarbeiten, nämlich erstens in bezug auf die in den Texten ausgedrückten Ideologien (3.4) und zweitens in bezug auf den Gebrauch von Personalpronomina und Anredeformen (3.5). Eine Zusammenfassung beschließt dieses Kapitel (3.6).

3.1. Der kategoriale Rahmen: Zum Begriff der Konnotation

In diesem Teil werde ich mich mit dem Begriff der Konnotation auseinandersetzen und ein Konzept entwickeln, das geeignet ist, den Zusammenhang von in Texten materialisierten sprachlichen Formen und der sozialen Praxis, die die Texte evoziert hat, zu entwickeln. Abschließend erfolgt eine Operationalisierung des Konnotationskonzepts in Hinblick auf die Untersuchung von Leserbriefen.

Der Begriff der *Konnotation* wird in der Sprachwissenschaft üblicherweise im Zusammenhang mit dem der *Denotation* verwendet und bezeichnet laut Wörterbucheintrag "individuelle (emotionale) stilistische, regionale u.a. Bedeutungskomponenten eines sprachlichen Ausdrucks, die seine Grundbedeutung überlagern" (Bußmann 1983: 261). Wesentlich an dieser Definition ist die Annahme, daß es eine Grundbedeutung eines sprachlichen Ausdrucks gibt, die individuell variiert werden kann. Konnotation erscheint hier als eine abgeleitete Restkategorie, die notwendig auf die der *Denotation* zu beziehen ist, jene "kontext- und situationsabhängige, konstante Grundbedeutung eines sprachlichen Ausdrucks" (Bußmann 1983: 86). Nun läßt sich die Unterscheidung von "eigentlicher" Bedeutung eines sprachlichen Ausdrucks und seinem Nebensinn nur sinnvoll auf die Ebene lexikalischer Einheiten wie Wort, Redewendung oder Phraseologismus beziehen, wenn die durch die Kategorien erfaßte sprachliche Einheit identisch ist: Die "feste" Bedeutung eines sprachlichen Zeichens kann durch die Einbeziehung von Kontextfaktoren modifiziert werden, sie erhält eine okkasionelle Nebenbedeutung. Im Hinblick auf Texte erweist sich diese kategoriale Verwendung als unzureichend, da diese komplexen sprachlichen Einheiten nur okkasionell funktionieren und über kontextunabhängige Bedeutungen nicht verfügen. Dieses Argument zeigt, daß der Konnotationsbegriff im Hinblick auf die Textanalyse anders zu konzipieren ist. Wir können dabei auf einen Ansatz der Glossematik zurückgreifen: Schon Hjelmslev (1943: 111-120) unterschied Denotationssprachen von Konnotations- bzw. Metasprachen:

> (Wir haben so getan), als ob der einzige Gegenstand der Sprachtheorie die Denotationssprache sei, womit wir eine Sprache meinen, von deren Ebenen keine eine Sprache ist. Es steht noch an, durch eine letzte Erweiterung des Blickfeldes zu zeigen, daß es auch Sprachen gibt, deren Ausdrucksebene eine Sprache ist, und Sprachen, deren Inhaltsebene eine Sprache ist. Die ersteren werden wir Konnotationssprachen nennen, die letzteren Metasprachen. (Hjelmslev 1943: 111)

Mit dieser Unterscheidung trägt Hjelmslev dem Umstand Rechnung, daß Texte grundsätzlich inhomogen sind, da sie gewöhnlich Derivate enthalten, die auf verschiedenen Systemen beruhen. Als Beispiele führt er unterschiedliche Stile, Stilarten, Stilwerte und Idiome an. Texte, so könnte seine Argumentation resümiert werden, sind keine homogene Zeichenverbindungen, sondern enthalten Elemente, die verschiedenen Systemen angehören.

An die Prämisse der strukturellen Inhomogenität von Texten schließt auch Maas (1985) seine Interpretation des Konnotationsbegriffs an. Er geht davon aus, daß Texte Ausdruck einer sozialen Praxis sind und immer schon Spuren dieser Praxis aufweisen, da ein wesentliches Charakteristikum ihre Reflexivität ist. Wird diese Annahme auf in Texten organisierte sprachliche Formen bezogen, so ist die Folgerung berechtigt, daß Texte Elemente enthalten, die auf ihren sozialen Zusammenhang verweisen. Dabei ist darauf hinzuweisen, daß solche sprachlichen Formen wohl intentional - oder strategisch, in Maasscher Terminologie - sein können, aber nicht müssen: Hinter dem Rücken der Autoren oder unbewußt "schreibt sich" eine soziale Praxis "ein", wird "eine soziale Praxis eingeschrieben". Unabhängig von der Intentionalität der Autoren erscheinen in den konkreten Zeichenverbindungen solche Verweisformen. So kommt Maas zu einem Verständnis von Texten als "Inskriptionen sozialer Praxis". Mit dieser sozialwissenschaftlichen Deutung der bei Hjelmslev formal begründeten Inhomogenitätsannahme gelingt es Maas, den Konnotationsbegriff für eine politische Sprachwissenschaft fruchtbar zu machen. Auch andere Autoren, wie Barthes 1963 oder Coseriu 1980, greifen auf das glossematische Konnotationskonzept zurück. Während es bei Barthes um semiotische Prozesse im allgemeinen geht, greift Coseriu zur Explikation der für seinen textlinguistischen Ansatz einschlägigen Kategorie des Sinns auf den Konnotationsbegriff zurück. Wegen der explizit sozialwissenschaftlichen Orientierung bei Maas habe ich mich entschlossen, von den von ihm aufgeworfenen Fragen in Hinblick auf die Analyse von Leserbriefen auszugehen.

Diesen Ansatz möchte ich in diesem Kapitel aufgreifen und durch empirische Analysen fundieren. Zu diesem Zweck muß ich mich genauer mit zwei problematischen Aspekten der Konstruktion seines Konnotationskonzepts befassen: Dies betrifft die Bestimmung des Verhältnisses erstens von sozialer Praxis und der sprachlichen Einheit des Textes und zweitens von handelndem Subjekt und den sprachlichen Formen.[1]

Maas beschreibt Texte als Objektivationen der Sprachpraxis, unabhängig von der mündlichen oder schriftlichen Form, sie sind - wie auch für Hjelmslev - inhomogene Mengen sprachlicher Zeichen (1985: 71, 75). Die Sprachpraxis erscheint in diesem Verständnis als ein Teil der sozialen Praxis; über die in Texten objektivierten Formen der sprachlichen Praxis von Subjekten wird es möglich, sie als "Inskriptionen" eben dieser sozialen Praxis zu lesen. Anders ausgedrückt: Subjekte verwenden sprachliche Einheiten, um ihre eigene Praxis zu organisieren bzw. sich soziale Praktiken anzueignen, ihre sprachliche Praxis besteht darin, Texte zu produzieren und zu rezipieren. In diesem Sinne sind sowohl das Verfassen, Bearbeiten, Veröffentlichen und Lesen von Leserbriefen sprachliche Praktiken, die auch auf andere soziale Praxisformen wie die der politischen verweisen. Die Bestimmung des Textmusters Leserbrief im vorangegangenen Kapitel erscheint vor diesem Hintergrund auch als eine Beschreibung sprachlicher Praktiken. Über die Texte selbst wird es möglich, Auskunft über die durch sie organisierten sozialen Praktiken zu erhalten. Der Konnotationsbegriff erfaßt also eine metonymische Relation: Sprachliche Formen, Texte, verweisen auf soziale Praktiken, da sie in bestimmten sozialen Zusammenhängen von Subjekten zum Verfolgen sozialer Zwecke produziert und rezipiert werden. Im Unterschied aber zu fest definierten Relationen kann sich das Verhältnis von sprachlichen Formen und sozialer Praxis auch verändern, denn die sprachliche Praxis ist prinzipiell offen, so daß es den Subjekten auch möglich ist, mit den ihnen zur Verfügung stehenden Formen auch Neues und Unbekanntes zu artikulieren. M.a.W.: Der Verwendungskontext von sprachlichen Formen kann sich verändern, die sprachliche Praxis der Menschen ist dynamisch. Wenn die Behauptung, mit den sprachlichen Formen eigneten sich die Subjekte eine bestimmte soziale Praxis an, richtig ist, ist auch ihre Umkehrung erlaubt: In Texten manifestiert sich eine soziale Praxis.

Maas illustriert sein theoretisches Konzept mit einigen Beispielen, die nur

1 Andere Aspekte des Maasschen Konzepts wie z.B. das ontogenetische Primat von Konnotationen - das Kind erlernt zunächst die Verwendungsbedingungen von sprachlichen Formen, erst dann deren Bedeutung - oder das Monitoring - die strategische Verwendung von sprachlichen Formen - werde ich nicht berücksichtigen.

bedingt überzeugen können. So interpretiert er die Äußerung eines Punks *ich hab keinen Bock mehr drauf* - sie fällt in einem Interview zur Situation Jugendlicher - als eine sprachliche Form, in der sich der jugendliche Sprecher von einer konträren Praxis abgrenzt: etwa der seines Vaters, der seinen täglichen Ärger am Arbeitsplatz zu Hause mit der Äußerung *ich habe keine Lust mehr* zum Ausdruck bringt. Maas deutet die Äußerung des Punks als Ausdruck einer exklusiven jugendlichen Sprachpraxis. Die Deutung des Beispiels überzeugt zwar intuitiv, sie ist jedoch nicht methodisch kontrolliert, da weder die Rahmenbedingungen des Interviews noch die konkrete Biographie des Sprechers mit einbezogen werden. Ein Blick auf seine historischen Argumentationsanalysen ist schon aufschlußreicher (Maas 1984), da das Verhältnis von Textanalyse und theoretischer Reflexion hier anders bestimmt ist: Im Mittelpunkt stehen die Analysen exemplarischer Texte, unter Rückgriff auf vergleichbare Texte in synchronem und diachronem Zusammenhang. Allerdings werden diese Texte nicht dokumentiert; Maas arbeitet hier mit einem "heimlichen" Korpus. In diesen Analysen entwickelt er eine "Lesweise" der Texte - eine Explikation der in die Texte "eingeschriebenen" sozialen Praxis (cf. Maas 1985: 79) -, er vernachlässigt dabei jedoch den Aspekt der Textebene. Wenn von sprachlichen Formen die Rede ist, müssen auch die verwendeten Texte untersucht werden. Die sich artikulierenden Subjekte bedienen sich bestimmter Textmuster, sie orientieren sich an den implizit gesetzten Normen. Kleinere sprachliche Einheiten erhalten ihre Funktion im Hinblick auf den Text. Damit ergibt sich jedoch die Notwendigkeit, die angenommene Relation zwischen sozialer Praxis und sprachlichen Zeichen im Hinblick auf die Einbeziehung der Textebene zu differenzieren: Aus einer zweistelligen wird eine dreistellige Relation, nämlich zwischen der einen Text evozierenden sozialen Praxis und dem Textmuster einerseits und dem Text als Ausdrucksform eines Musters und den ihn konstituierenden kleineren Einheiten andererseits. Diese Veränderung hat weitreichende Konsequenzen, führt sie doch zu einer anderen Textkonzeption: Die Annahme, Texte seien inhomogen, ist gerade umzukehren in die Voraussetzung ihrer prinzipiellen Homogenität relativ zu den Bedingungen der durch sie ausgedrückten Praxis.

Die Maassche Deutung des Verhältnisses von sprachlichen Zeichen und sozialer Praxis beansprucht auch, die "Binnenperspektive" sprachlichen Handelns zu erfassen, das Selbstverständnis der Handelnden also. Die Formen des Handelns müssen für den Handelnden selbst sinnvoll , also in Hinblick auf die von ihm verfolgten Zwecke angemessen sein. Die dem Subjekt zur Verfügung stehenden Formen hat es in konkreten Zusammenhängen erlernt:

> Jede kulturelle Form, mit der das Handeln artikuliert wird, ist zunächst einmal auch Aneignung der Situation, in der sie gelernt wird. (Maas 1985: 82)

Mit dieser Wendung kommt die individuelle Biographie des Subjekts in den Blick: Es findet die sprachlichen Formen vor, eignet sich mit diesen auch eine soziale Praxis an und muß damit auch die eigene Praxis organisieren (83 f.). Sprachliche Formen werden so zu expliziten Kennzeichen einer sozialen Praxis und grenzen gleichzeitig andere, konkurrierende Praxen aus. Wenn etwa der Adressat eines Textes geduzt wird, obwohl in dem entsprechenden Zusammenhang das formelle *Sie* konventionell ist, greift der Schreiber auf Ausdrucksformen einer anderen Praxis zurück und leistet so eine andere Beziehungsdefinition. Das Duzen verweist so auch auf andere, weniger formelle Ausdrucksformen. Mit der Bindung des Konnotationsbegriffs an den Lebensentwurf des handelnden Subjekts wird die Frage nach dessen Bewußtsein über die je ausgedrückte Praxis virulent: Abgrenzungen von anderen etwa können strategisch erfolgen, in der Regel jedoch wird sich ein Subjekt nicht über die konnotativen Eigenschaften eines Ausdrucks bewußt sein: Sie operieren "hinter dem Rücken" der Handelnden. In diesem Sinn kann Maas auch von "Inskriptionen" einer sozialen Praxis sprechen.

Diese "biographische" Wendung des Konnotationskonzepts wirft jedoch erhebliche analytische Probleme auf, da sie eine Konzentration auf einzelne handelnde Subjekte verlangt. Dem ist jedoch entgegenzuhalten, daß auch Texte von nicht individualisierbaren Autoren, wie z.B. Leserbriefe, Gegenstand der Konnotationsanalyse sein müssen. Nun hat Maas selbst auch solche Analysen für die nationalsozialistische Zeit vorgelegt und gezeigt, daß eine Entwicklung von Lesweisen historischer sozialer Praxis möglich ist. Konnotationsanalysen lassen sich also sowohl als individuelle als auch als kollektive gestalten.

Die vorgetragenen Überlegungen lassen sich nun zu einem präzisierten Konnotationskonzept zusammenfassen:

- Die sprachlichen Formen sind Ausdruck einer sprachlichen Praxis, die wiederum Teil einer sozialen Praxis ist;
- das Verhältnis zwischen den Formen und der jeweils durch sie organisierten Praxis ist dynamisch: Es gibt keine Eins-Zu-Eins-Zuordnung;
- sprachliche Formen sind über Textmuster mit der sozialen Praxis vermittelt;
- in Texten manifestiert sich die Selbstverständnis der Handelnden, unabhängig von deren Bewußtheit.

Diese Konzeption von "Konnotation" möchte ich nun von zwei anderen Ansätzen abgrenzen, in denen sprachlichen Formen in Hinblick auf die sozialen Bedingungen ihrer Konstitution analysiert werden, nämlich dem Ansatz der "objektiven Hermeneutik" Oevermanns und anderen und dem "Anspielungskonzept" Januscheks.

Das von Oevermann et al. (1979) vorgestellte Konzept einer "objektiven Hermeneutik" beansprucht, Argumente für qualitative Verfahren der Sinnauslegung in den Sozialwissenschaften vorzutragen. In der Auseinandersetzung mit empirischem Material aus familialer sozialisatorischer Interaktion hat diese Autorengruppe ein Verfahren zur Rekonstruktion von sprachlichen Äußerungen entwickelt, das auf die hinter den manifesten Äußerungsformen liegenden "latenten Sinnstrukturen" sprachlicher Handlungen zielt. Sie unterscheiden zwischen der Bedeutungsebene eines Textes, auf der das handelnde Subjekt seine Intentionen ausdrückt, und den latenten Sinnstrukturen, die unabhängig von der psychischen Repräsentanz der Subjekte bleibt. Dabei vertreten sie die These vom Primat der zweitgenannten Ebene (367). Das durch eine solche Textkonzeption hervorgerufene methodologische Problem einer Rekonstruktion der latenten Sinnstrukturen wird durch die Unterscheidung von Intention und objektivem Motiv geleistet: Die Analyse der Bedeutungsebene, auf die die Intention des interagierenden Subjekts zielt, ermöglicht erst die interpretative Bestimmung der objektiven Motive des Handelnden, also des nicht mehr bewußten Hintergrunds des Handelns (380f.). Die objektiven Motive jedoch sind nur durch eine genaue Kenntnis der sozialen Beziehungen zwischen den Interagierenden möglich, d.h. eine Analyse von "latenten Sinnstrukturen" wird erst möglich durch hinreichende Informationen über die sprechenden Subjekte. Für die von Oevermann et al. untersuchten familialen Kommunikationsprozesse kann dieses In-Beziehung-Setzen von sprachlicher Äußerung und den konkreten familiären Praktiken geleistet werden, für schriftliche Texte nicht individualisierbarer Autoren dürfte dieses nicht möglich sein.

Eine Radikalisierung des Maasschen Konzepts nimmt Januschek (1986) vor, indem er zwar den Maasschen Ansatz zustimmend referiert, jedoch die Wahl des Begriffs der Konnotation mit der Begründung zurückweist, sie "konnotiere" eine zu kritisierende sprachwissenschaftliche Tradition (131), nämlich die oben erwähnte Auffassung, nach der *Konnotation* als Restkategorie von *Denotation* erscheint. Statt dessen schlägt er vor, den Zusammenhang von sprachlichen Formen und sozialer Praxis mit dem Begriff der *Anspielung* zu fassen. Dieses Konzept stellt insofern eine Radikalisierung des Konnotationsbegriffs dar, als Januschek die Bedeutung des sprechenden Subjekts stärker akzentuiert: Subjekte geben den sprachlichen Formen Bedeutung, sie machen sie zu ihren eigenen Ausdrücken, sie eignen sich die Ausdrücke an, um ihre eigene Praxis zu organisieren. So kommt es zur Charakterisierung von Anspielung als einer bewußten oder unbewußten Bezugnahme auf gemeinsame Erfahrungen (157). Während Maas zwar die Binnenperspektive der Handelnden berücksichtigt, letztlich aber doch die analytische Perspektive in den Vordergrund stellt, vermischen sich diese Ebenen bei Januschek, wenn er postuliert, daß die Analyse von Anspielungen die Kenntnis des Erfahrungshintergrundes voraussetzt, der Analysierende selbst zum Beteiligten der Situation wird. Meines Erachtens geht es eher um die Perspektive des Analysierenden in seiner wissenschaftlichen Praxis, also darum, welche Interessen dieser selbst vertritt. Dies wird sich auch auf seinen Zugriff auf die untersuchten Interaktionszusammenhänge auswirken. Zwar bestreite ich nicht, daß sprachliche Formen Subjekten dazu dienen, sich Erfahrungen anzueignen und diese gleichermaßen zu produzieren (154). Wie also Subjekte ihre Erfahrungen ausdrücken, steht mit den von ihnen vorgefundenen (und angeeigneten) gesellschaftlich ausgearbeiteten sprachlichen Formen in einem Zusammenhang. Der Rahmen des Textmusters Leserbrief (als angeeignete Form) ermöglicht es den Subjekten, sowohl in diesem Rahmen zu verbleiben als auch diesen zu überschreiten, indem sie auf ein poetisches Textmuster zurückgreifen. Zweifellos, sie arbeiten an Sprache. Ich als Analysierender kann das herausfinden, weil es mich auch interessiert, ich werde aber mitnichten Beteiligter der Situation der Leserbriefschreiber. Diese Differenz, die Januschek unterschlägt - das mag daran liegen, daß er mündliche Interaktionen untersucht -, ist aber weiter wirksam und nicht aufzuheben. Deshalb ziehe ich auch die diese Differenz markierende Kategorie der Konnotation der der Anspielung vor.[1]

Ich werde den - nicht deutlichen - Hinweisen bei Maas zur Methodik der Konnotationsanalyse nicht folgen, da Maas vorschlägt, von Brüchen in Texten auszugehen, unterschiedliche Register in einem Text voneinander zu isolieren (cf. Maas 1985: 81f.). Dies verweist auf seine problematische Textkonzeption, denn er behauptet implizit, daß Texte aus nicht genauer spezifizierten sprachlichen Formen bestünden. Damit schlägt er eine Variante einer Abweichungsstilistik vor, deren Fehler Coseriu treffend darin sieht, daß eine durch den Analysierenden gesetzte Norm dem Text aufgezwängt wird (1980: 121). Stattdessen verstehe ich - auch mit Coseriu (1980: 47) - Texte als relativ eigenständige sprachliche Einheiten, deren Analyse das Ziel hat, ihren Sinn zu erschließen. Diese Analyse nun setzt an Phänomenen an, die dem Analysierenden in einem Text unmittelbar auffallen. Auffällige Formen, die einen Text konstituieren, sind zunächst also in Bezug auf den ganzen Text zu analysieren und nicht schon als Praxisverweise zu lesen. Diese Frage stellt sich erst dann, wenn gesichert ist, daß eine bestimmte sprachliche Form als charakteristisch für einen Text ausgewiesen ist. Dann allerdings können diese exemplarisch verwendet werden, um die Einbindung des Textes in eine Praxis zu zeigen. Solche Zeichen, die exemplarisch die Beziehung ihres Textes zu der ihn evozierenden Praxis bestimmen, bezeichne ich in Anlehnung an Hjelmslev (1943: 113) als *Konnotatoren*. In der folgenden Konnotationsanalyse werde ich auf Konnotatoren zurückgreifen, die auf unterschiedlichen Ebenen wie der graphischen, der lexikalischen und der morphologischen liegen. Ansatzpunkt der Analyse ist die Feststellung von Formvariationen in den Texten [<15]. Dabei verfolge ich generell die Hypothese, daß solche Variationen Ausdrucksformen unterschiedlicher Praxisformen sind. So kommt die Gestaltung der Leserbriefrubriken durch die Zeitungsredaktionen oder die in den Leserbriefen der Teilkorpora aufgeworfenen Themen in den Blick. Bei einer solchen Analyse muß also auch die jeweils untersuchte Ebene und die entsprechenden sprachlichen Formen bestimmt werden, die Gegenstand der Untersuchung sind. Grundsätzlich beschäftige ich mich mit allen Texten des Korpus I, ich kann jedoch aus arbeitsökonomischen Gründen keine vollständige qualitative Untersuchung vorlegen, da dazu das Datenmaterial zu umfangreich ist. Statt dessen werde ich mich sowohl auf ganze Texten als auch auf Teile von Texten beziehen. Ganze Texte werde ich analysieren, um die

1 Zu dem Problem der Subjektposition in Texten werde ich in Teil 4.1 noch ausführlicher Stellung nehmen.

Analyse eines Phänomens exemplarisch zu demonstrieren, während Teile von Texten dann herangezogen werden, wenn das Phänomen durch Rückgriff auf andere Texte aus dem Korpus genauer beschrieben wird. Eine Vergleichbarkeit der herangezogenen Textteile ist durch die Musteranalyse gegeben: Es werden nur Textsegmente herangezogen, die einer jeweils beschriebenen Position im Textmuster Leserbrief zugeordnet werden können. Die Deskription der sprachlichen Formen wird von ihrer Interpretation getrennt. Als Interpretationsfolie dient eine den sprachlichen Analysen vorangestellte Bestimmung von Leserbriefkommunikation als sozialer Praxis.

3.2. Leserbriefkommunikation als soziale Praxis: Hegemonial- und gegenkulturelle Teilöffentlichkeiten

In diesem Abschnitt wird es zunächst um eine allgemeine Bestimmung der sozialen Praxis von Leserbriefkommunikation gehen: Nachdem die Strukturen des durch die Kategorie Öffentlichkeit erfaßten Zusammenhangs deutlich gemacht worden sind, werde ich die durch die einzelnen Zeitungen konstituierten Kommunikationsverhältnisse als Teilöffentlichkeit voneinander unterscheiden. Die deutlich unterschiedliche Strukturierung der TAZ im Vergleich zu den anderen Zeitungen macht ein etwas ausführlicheres Eingehen auf ihren Entstehungsprozeß nötig - auch weil Texte aus dieser Zeitung in Kapitel 4 im Zentrum der Analyse stehen werden. Die TAZ, so zeigt sich, ist ein Teil der gegenkulturellen Öffentlichkeit, während die anderen drei Zeitungen zur hegemonialkulturellen Öffentlichkeit gehören.

Leserbriefkommunikation ist eine bestimmte Form sozialer Praxis. In erster Annäherung kann ganz allgemein unter *Praxis* der gesellschaftliche Prozeß der Umgestaltung der Realität durch den Menschen verstanden werden (cf. Klaus/Buhr eds. 1964: 865), während *sozial* den Bereich der zwischenmenschlichen Beziehungen und Ordnungen erfaßt - synonym zu *gesellschaftlich*. In Hinblick auf die Verhältnisse in der Bundesrepublik Deutschland sind die konkreten Bedingungen einer komplexen, hochgradig arbeitsteilig organisierter spätkapitalistischen Gesellschaft zu berücksichtigen. Für den in diesem Zusammenhang einschlägigen Zusammenhang habe ich im vorausgegangenen Kapitel den Begriff Massenkommunikation eingeführt[<25], um den allgemeinen Rahmen des für die Funktionsbeschreibung von Leserbriefen relevanten Zusammenhangs zu erfassen. Die dort gewählte Charakterisierung von Massenkommunikation - als quantitativ große Verbreitung gleichlautender Inhalte an relativ große Gruppen der Gesellschaft durch eine technisierte Übertragung - verbleibt auf einer technischen Beschreibung der Kommunikationsstruktur und berücksichtigt nicht sowohl die historische als auch die gesellschaftlich-funktionale Dimension. Das vorgestellte Konzept ist in Hinblick auf diese Defizite umzuformulieren: Ich werde mich nunmehr auf den Begriff der *Öffentlichkeit* stützen, der von

Habermas (1962) entwickelt wurde. Die Massenmedien werden von Habermas so beurteilt:

> Im Maße ihrer Kommerzialisierung und der ökonomischen, technologischen wie organisatorischen Konzentration sind sie (die publizistischen Institutionen; R.V.) aber während der letzten hundert Jahre zu komplexer gesellschaftlicher Macht geronnen, so daß gerade der Verbleib in privater Hand die kritischen Funktionen der Publizistik vielfach bedrohte. Im Vergleich zur Presse der liberalen Ära haben die Massenmedien einerseits eine ungleich größere Reichweite und Wirksamkeit erlangt - mit ihnen hat sich die Sphäre der Öffentlichkeit selber ausgedehnt. Andererseits sind sie aus dieser Sphäre immer weiter herausgerückt und in die einst private Sphäre des Warenverkehrs zurückgenommen worden, je größer ihre Effektivität publizistisch wurde, um so mehr wurde sie dem Druck bestimmter sei's individueller, sei's kollektiver Privatinteressen zugänglich. Während die Presse früher das Räsonnement der zum Publikum versammelten Privatleute bloß vermitteln und verstärken konnte, wird dieses nun umgekehrt durch die Massenmedien erst geprägt. (1962: 225)

Dieses Zitat macht die Habermassche Argumentation deutlich: Aus einem historisch abgeleiteten Modell, das auf der Übereinstimmung von Anspruch und Wirklichkeit liberaler Öffentlichkeit am Ende des 18. Jahrhunderts in England und Frankreich beruhte, werden die Kategorien zur Erfassung der sich wandelnden Öffentlichkeitsstruktur abgeleitet, und diese erlauben gleichzeitig eine Wertung der historischen Prozesse. Das Idealbild bürgerlicher Öffentlichkeit, die Versammlung politisch räsonnierender Privatleute zum Zwecke der wirksamen Vertretung des Allgemeininteresses bis hin zur Ausübung der Legislative, hatte sowohl die Ablösung der Monarchie durch eine bürgerliche Revolution als auch konkurrenzkapitalistische Verhältnisse zur Voraussetzung, konnte doch erst der Besitzbürger das Recht auf Teilnahme an öffentlichen Angelegenheiten beanspruchen. Während nun die Eigentümer privat ihren Geschäften nachgingen, fanden sie sich zum politischen Räsonnement in der Öffentlichkeit zusammen. Eine wesentliche Konstitutionsbedingung dieser Vorstellung von politischem Handeln waren vorwiegend literarische Zeit- und politische Wochenschriften, später dann die Tageszeitungen, in denen über das literarische und politische Geschehen berichtet bzw. es kommentiert wurde (cf. besonders die Darstellung der englischen Entwicklung bei Habermas 1962: 76-87).

In den eben skizzierten Zusammenhang ist auch die Genese und Entwicklung von Leserbriefkommunikation einzuordnen[1] Der Ausdruck *Leserbrief* ist zwar in Deutschland erst nach dem Zweiten Weltkrieg gebräuchlich geworden (cf. Loreck 1982: 121ff.), Briefe von Lesern an Zeitungen hat es jedoch auch schon vorher gegeben. Die ersten Leserbriefe in Deutschland erschienen in den Moralischen Wochenschriften des 18. Jahrhunderts zum Zwecke des Dialogs der Zeitschrift mit ihren Lesern: Veröffentlichte Lesermeinung stellt im oben beschriebenen Prozeß der Entfaltung bürgerlicher Öffentlichkeit ein charakteristisches Moment dar.

1 Für den folgenden historischen Exkurs cf. Böttcher 1961: 11-57 und Loreck 1982: 11-44.

> Während in den moralischen Wochenschriften schon zu Beginn des 18. Jahrhunderts die Zuschriften der Leser eine Rolle spielten, wurde der Abdruck von Leserbriefen in der allgemeinen deutschen Presse erst in den letzten Dezennien des 18. Jahrhunderts aufgenommen, als manche den Weg zur Tagespresse fanden, um mittels ihrer Zuschriften auf Mißstände in den öffentlichen Verhältnissen hinzuweisen und um Abhilfe und Besserung zu erreichen. (Böttcher 1961: 18)[1]

Im 19. Jahrhundert etablierten sich in deutschen Zeitungen spezielle Rubriken für den Abdruck von Lesereinsendungen unter Titeln wie "Briefkasten", "Eingesandt" oder "Sprechsaal". Einen ersten Aufschwung erlebten Leserbriefe während der bürgerlich-demokratische Revolution von 1848.

Der Geltungsanspruch von öffentlicher Meinung, den Bürgern die für die politische Partizipation notwendigen Informationen zu vermitteln - von Tageszeitungen immer noch legitimatorisch in Anspruch genommen -, läßt sich auf die Entstehungsgeschichte bürgerlicher Öffentlichkeit zurückführen. Nun hat sich seit Mitte des 19. Jahrhunderts ein Funktionswandel der Öffentlichkeit vollzogen, der in der Durchsetzung von Massenmedien seinen sichtbaren Ausdruck findet (cf. Habermas 1962: 217ff.). Die im liberalen Vorbild formulierte strikte Trennung von öffentlicher und privater Sphäre wird aufgehoben: Indem Zeitungen immer mehr zu kapitalistischen Wirtschaftsunternehmen mit dem Ziel der Gewinnmaximierung werden - ein Indikator dafür ist der immer größere Anteil an Werbung -, verlieren sie ihren Geltungsanspruch im öffentlichen Rahmen, eben weil sie privatwirtschaftlich funktionieren. Die damit einhergehende Konzentrationstendenz hat zu einer Einschränkung der Meinungsvielfalt geführt, da die Redakteure nicht mehr selbständig arbeiten, sie sind vielmehr in eine Hierarchie eingebunden, in der sie für die Interessen des Unternehmens tätig sind. Diese Prozesse gehen mit einer technischen Entwicklung einher, mit der die Reichweite der Medien immer größer wurde. Eigentlich, so könnte die hier knapp vorgetragene Habermassche Argumentation zusammengefaßt werden, entspricht die vorfindbare Realität von Massenkommunikation längst nicht mehr den Ansprüchen, die die Konstitution bürgerlicher Öffentlichkeit im 18. Jahrhundert legitimierten.

Dieser Funktionswandel ist auch bei den Briefen von Lesern an Zeitungen festzustellen: Eine Differenzierung von Leseranfragen und Leseräußerungen zu politischen Themen erfolgte erst am Ende des 19. Jahrhunderts. Im 20. Jahrhundert schließlich erlebten Lesereinsendungen zwei Höhepunkte: einmal in der Zeit der Weimarer Republik und schließlich nach dem Zweiten Weltkrieg, weil sich - auch auf Druck der westlichen Alliierten - erst in dieser Zeit Leserbriefrubriken als fester Bestandteil fast jeder Zeitung zu etablieren begannen.

---

1 Sauder (1980: 269) nennt u.a. folgende Merkmale der Moralischen Wochenschriften: wöchentliche Erscheinungsweise bei begrenzter -dauer und das Fehlen journalistischer Aktualität zugunsten eines moralisch-didaktischen Inhalts. Die Moralischen Wochenschriften waren im 18. Jahrhundert in Deutschland verbreitet - orientiert an englischen Vorbildern - und gehörten zu den Institutionen, die die Ideen der Aufklärung in Deutschland verbreiteten.

Diese kurze Übersicht macht aber deutlich, daß die Möglichkeit der Veröffentlichung der Lesermeinung eng mit dem Anspruch bürgerlicher Öffentlichkeit verknüpft war, einen Beitrag zur politischen Emanzipation zu leisten. Wenn jedoch die gegenwärtige Beurteilung von Leserbriefen in den Blick rückt, zeigt sich, daß von einem Partizipationsanspruch nur wenig übrig geblieben ist. Zwar sind Leserbriefrubriken eine feste Einrichtung geworden, ihr Wert wird jedoch von den Redaktionen sehr niedrig angesetzt. Bosshart (1974: 45) spricht in diesem Zusammenhang von einer "Geringschätzung" der Leserzuschriften, die meist durch die sog. notorischen Leserbriefschreiber - "Geltungsbedürftige, die sich gedruckt lesen wollen" (Braun 1960: 335) - begründet werde. Auch Loreck bestätigt diese Einschätzung:

> Spezielle Rubriken für Beiträge aus dem Publikum existieren vor allem deshalb, weil bekannt ist, daß Leser sie gerne lesen, nicht weil Zeitungsredaktionen davon für die eigene Arbeit etwas erwarten. (1982: 269)

Im wesentlichen dürften also ökonomische Gründe für die Etablierung dieser Spalte sprechen: Indem die Redaktionen ihren Lesern ein Partizipationsangebot machen, ihnen Freiräume zugestehen, sollen sie langfristig an das Blatt gebunden werden.

Der hier skizzierte Begriff von Öffentlichkeit erfaßt neben den funktionalen Eigenschaften von Massenkommunikation auch ihren gesellschaftlichen Anspruch aus einem historischen Zusammenhang; darüber hinaus enthält er auch noch eine normative Komponente, die dem empirisch Vorfindbaren das Potential des Möglichen entgegenstellt. Deshalb ist er auch geeignet, einen kritischen Zugriff auf massenkommunikative Prozesse vorzunehmen. In Hinblick auf den Begriff der sozialen Praxis läßt sich die Herstellung von Öffentlichkeit als notwendige Bedingung für die Teilnahme der Staatsbürger an politischen Prozessen bestimmen. Zeitungen erfüllen Aufgaben der Informationsvermittlung und der Meinungsbildung, sie sind als ideologische Instanzen anzusehen, die an der Verbreitung, Aufrechterhaltung und Vertiefung der ideologischen Einstellungen der Bevölkerung beteiligt sind, zusammen mit anderen massenmedialen Institutionen wie Fernsehen, Rundfunk etc.

Der Terminus "Öffentlichkeit" ist nun zum Zwecke der Beschreibung der hier untersuchten Zeitungen zu operationalisieren. Ich beziehe nun einige Kategorien der eben entwickelten Charakteristik auf das oben eingeführte Kommunikationsmodell mit den Komponenten Kommunikator, Medium und Rezipient [<26f]. Für die Beschreibung des Kommunikators sind die Aspekte der Organisationsform des Unternehmens, der redaktionellen Struktur sowie der politischen Ausrichtung relevant sein, das Medium selbst ist in Hinblick auf den Werbungsanteil und die Rezipienten in bezug auf ihre sozialdemographische Struktur und politische Orientierung zu untersuchen. Die politische Orientierung von Lesern einer bestimmten Zeitung läßt sich auf der Basis ihrer sozialdemographischen Zuordnung vornehmen: Diese gestattet, unter Berücksichtigung der politischen Linie der Zeitung, eine Zuordnung zu sozialen Milieus. Diese sind unter Einbeziehung von Einstellungen und Lebensweisen weiter bestimmt als etwa die soziale Stratifikation im Schichtmodell. Damit wird auch das Alltagswissen über den "typischen" Leser einer Zeitung gestützt, das bis hin zu seinem Wahlverhalten reicht.[1]

Die Entscheidung, die Zeitungen einzeln zu beschreiben, ist mit unterschiedlichen Informationen besonders in Hinblick auf die Leserstruktur begründet. Trotz der Defizite an Aktualität und Unterschieden in der Zielsetzung der im folgenden herangezogenen Untersuchungen erlauben auch diese Daten einen ersten, wenn auch nicht streng empirisch validierten Vergleich.

Die "Frankfurter Allgemeine. Zeitung für Deutschland" wurde 1949 nach dem Vorbild der 1943 eingestellten "Frankfurter Zeitung" gegründet. Die Zeitung wird als Gesellschaft mit beschränkter Haftung geführt. Ihre Hauptgesellschafter sind die gemeinnützige "FAZIT-Stiftung", die 1959 mit dem Ziel der Sicherung der redaktionellen Unabhängigkeit gegründet worden war, und die Frankfurter Societätsdruckerei GmbH. Die FAZ wird zu 62% aus Anzeigen und zu 38% aus dem Verkaufserlös finanziert. Die Redaktion der FAZ wird durch fünf Herausgeber geleitet, die ihre Aufgaben nach dem Kollegialprinzip wahrnehmen; der Vorsitz in diesem Kreise wechselt jährlich. Mit dieser Konstruktion soll die geistige Unabhängigkeit der Redaktion gewahrt bleiben. Die politische Orientierung der FAZ ist im wesentlichen national-konservativ: Neben einer grundsätzlichen Orientierung an einem Modell von "freier Marktwirtschaft" wird eine relativ klare Vorstellung von Freiheit und Ordnung vertreten, die dem parlamentarischen Regierungssystem entspricht. Vor allem soziale Reformen werden von der FAZ negativ bewertet. Die Zeitung steht der politischen Programmatik der CDU/CSU nahe (cf. Alles über die Zeitung 1985 und Korda 1980).

Die werktäglich verkaufte Auflage lag im Juli 1984 bei etwa 326.000 Exemplaren.[2] Die Ausgabe enthält regelmäßig drei Teile, nämlich Wirtschaft und Kultur, wobei der relativ große Umfang des Wirtschaftsteils hervorzuheben ist. Das Verhältnis zwischen redaktionellem und nicht-redaktionellem Teil betrug 1984 etwa 42% zu 58%. Über 80% der verkauften Auflage wird von Abonnenten bezogen. Die Zeitung ist relativ gleichmäßig über die Bundesrepublik verteilt, wenn auch mit einem Schwerpunkt im Rhein-Main-Gebiet (cf. Alles über die Zeitung 1985: 136-138).

Die Leser der FAZ sind hauptsächlich Erwerbstätige, zwischen 20 und 59 Jahre, haben zu 44% Abitur bzw. eine Hochschule oder Universität und zu 38%

1 Für die Zuordnung von Teilöffentlichkeiten zu sozialen Milieus beziehe ich mich i.f. auf die entsprechenden Abschnitte in Vorstand der SPD (1984: 31-59), in denen insgesamt acht soziale Milieus voneinander unterschieden werden: das konservativ-gehobene und das kleinbürgerliche Milieu, das traditionelle und traditionslose Arbeitermilieu, sowie das aufstiegsorientierte, das technokratisch-liberale, das hedonistische und das links-alternative Milieu.

2 Alle Zahlen über die Auflage der hier behandelten Zeitungen beziehen sich auf den Monat Juli 1984 und finden sich in der Übersicht bei Schütz 1984.

eine weiterführende Schule besucht. Das Einkommen ist relativ hoch: 66% der FAZ-Leser verdienten 1983 3000 DM und mehr. Erstaunlich niedrig ist die Prozentzahl der Selbständigen (17%) gegenüber den hohen Anteilen von leitenden Angestellten und Beamten (31%) und den sonstigen Angestellten und Beamten (44%). Der Anteil von Arbeitern (7%) ist relativ gering (cf. Arbeitsgemeinschaft Media-Analyse e.V. 1983: 109ff). Die FAZ-Leser können hauptsächlich dem konservativ-gehobenen Milieu zugerechnet werden. Wesentliche Charakteristika dieses Milieus sind Bodenständigkeit, ein geordnetes, harmonisches Familienleben mit der "klassischen" Rollenverteilung zwischen Mann und Frau und dem Streben nach sowohl einem ethisch wertvollen Leben als auch nach beruflichem Erfolg (cf. Vorstand der SPD 1984: 33-35).

Die "Frankfurter Rundschau" wurde von einer Journalistengruppe gegründet, die 1945 von der amerikanischen Besatzungsmacht eine Zeitungslizenz erhielt. Ein Mitglied dieser Gruppe, Karl Gerold, leitete von 1954 bis zu seinem Tode 1973 die Zeitung als Herausgeber, Verleger und Chefredakteur. Seit 1975 sind zwei Drittel des Verlags, in dem die FR erscheint, in die Karl-Gerold-Stiftung eingebracht. An der Spitze der Redaktion steht ein Chefredakteur; die Redakteure sind an die gesellschaftspolitischen Leitlinien der Zeitung gebunden. Die politische Orientierung der Zeitung kann als linksliberal bezeichnet werden: Soziale Reformen werden unterstützt; sie sollen aber friedlich im Rahmen des parlamentarischen Systems durchgesetzt werden. Im wesentlichen orientiert sich die FR an den Positionen der SPD (cf. Flottau 1980).

Die werktäglich verkaufte Auflage lag im Juli 1984 bei etwa 193.000 Exemplaren. Die Ausgabe enthält regelmäßig einen allgemeinen, überregionalen Teil, in dem neben Politik auch Wirtschaft und Kultur behandelt werden, und einen Frankfurter Teil, in dem lokale und regionale Informationen aus dem Rhein-Main-Gebiet enthalten sind. Das Verhältnis von redaktionellem und nicht-redaktionellem Teil beträgt etwa 65 zu 35. Die FR ist eine überregionale Zeitung mit einem deutlichen regionalen Schwerpunkt.

Die Leser der FR[1] - etwa jeweils die Hälfte Männer und Frauen - gehören überproportional häufig der Altersgruppe der 30-50jährigen an (40% zu 31%), die eher eine höhere Schulbildung haben (59% mit Mittelschulabschluß bzw. Abitur gegenüber 41% mit Hauptschulabschluß) und im wesentlichen Angestellte und Beamte sind (70% i.V. zu 16% Arbeitern). Zudem verfügen sie über ein überdurchschnittliches Einkommen. Die so beschriebene Lesergruppe gehört im wesentlichen zum technokratisch-liberalen Milieu, das durch Leistungs- und Erfolgsorientierung, durch einen hohen Lebensstandard und individuelle Selbständigkeit ausgezeichnet ist (cf. Vorstand der SPD 1984: 49ff.).

Die "tageszeitung" erscheint regelmäßig seit April 1979. Hervorzuheben ist

---

1 Die mir vorliegenden Zahlen beziehen sich ausschließlich auf Abonnenten und stammen aus dem Jahr 1977. Sie sind in der Broschüre "Abonnenten-Portrait der Frankfurter Rundschau" dokumentiert (Institut für Demoskopie Allensbach 1977).

die Tatsache, daß es keine Hierarchie in der Redaktion gibt: Alle (im Sommer 1984) 120 Mitarbeiter erhalten einen Einheitslohn, die Entscheidungen, insbesondere über strukturelle Fragen, werden auf Vollversammlungen getroffen. Zwar wird die TAZ auch von einem Verlag herausgegeben, der "Tageszeitungsverlagsgesellschaft die 'taz'mbH" mit Sitz in Frankfurt; dieser hat jedoch keinen Einfluß auf die Redaktion in Berlin. Finanziert wird die TAZ im wesentlichen durch den Verkaufserlös und nur zu einem geringen Teil durch Werbeeinnahmen (ca. 10% im letzten Quartal 1985) (cf. zu diesem Abschnitt die Beiträge von Weis 1984 und Jurkovics 1985). Die politische Linie der TAZ ist in einem weiteren Sinne als "alternativ" zu bezeichnen, d.h. daß in der Zeitung insbesondere außerparlamentarische politische Aktionsformen berücksichtigt werden. Die Zeitung, die eine "linke", also sozialistische Politik vertritt, steht von den im Parlament vertretenen Parteien der der Grünen am nächsten. Die TAZ orientiert sich an einem basisdemokratischen Politikmodell.

Die TAZ erschien im Juli 1984 in einer Auflage von etwa 33.000 Exemplaren. Die TAZ enthält regelmäßig politische Nachrichten mit dem Schwerpunkt auf außerparlamentarischen Aktionen. Wirtschaftsnachrichten finden sich nicht oft, während die Bereiche internationale Politik und Kultur gut vertreten sind. In Berlin und Hamburg - seit Anfang 1987 auch in Bremen - erscheint seit 1980 bzw. 1981 ein Lokalteil. Damit sind auch die regionalen Schwerpunkte der sonst in der ganzen Bundesrepublik vertriebenen Zeitung benannt. Im wesentlichen enthält die Zeitung redaktionelle Beiträge: Kleinanzeigen erscheinen regelmäßig, während der Umfang kommerzieller Werbung auffällig gering ist.

Über die TAZ-Leser liegen kaum Informationen vor. Dies ist nicht verwunderlich angesichts der geringen Auflage und des weitgehenden Verzichts auf Werbung: Die TAZ ist als Werbungsträger uninteressant. Dennoch gibt es spärliche Informationen, nach denen 47% der TAZ-Leser in Gruppen, Bürgerinitiativen und Gewerkschaften organisiert, im wesentlichen zwischen 20 und 40 Jahre alt und zu 49% Männer, aber nur zu 34% Frauen sind;[1] sie leben zur Hälfte in Wohngemeinschaften und sind berufstätig (44%), hauptsächlich im öffentlichen Dienst (30%). Die TAZ-Leser dürften im wesentlichen dem linksalternativen Milieu zuzuordnen sein, sie verfügen über ein entwickeltes politisches Bewußtsein, "links" zu sein, und sind bereit, sich sozial und politisch zu engagieren (cf. Vorstand der SPD 1984: 55ff.).

Die "Oldenburgische Volkszeitung" kann auf eine mehr als einhundertfünfzigjährige Geschichte zurückblicken. Die erste Zeitung in Vechta erschien 1834, der noch heute gebräuchliche Name wird seit 1895 verwendet. Die Zeitung ist das Produkt des Unternehmens "Vechtaer Druckerei und Verlag GmbH", das

1 Zur Diskrepanz bei der Prozentangabe der Geschlechterverteilung heißt es in dem Bezugstext: "bleibt die Frage nach den restlichen 17 %!" Die Zahlen werden präsentiert in dem Artikel "Was denkt Ihr bloß?", erschienen in der TAZ vom 24.12.1985, und beruhen auf den Daten einer empirischen Umfrage, in der Daten von ca. 5000 TAZ-Lesern verarbeitet wurden.

von zwanzig Gesellschaftern geführt wird, die ihrerseits die Geschäftsführer und den kontrollierenden Aufsichtsrat bestellen. Die Redaktion wird durch den Chefredakteur geleitet, der für die Durchsetzung der Redaktionspolitik mit ihrem lokalen Schwerpunkt sowie ihrer christlichen, d.h. römisch-katholischen, Ausrichtung verantwortlich ist. Die Zeitung vertritt im wesentlichen politische Positionen der CDU. Die Finanzierung der OV dürfte in etwa dem für Abonnementszeitungen üblichen Verhältnis von Einkünften aus Anzeigenwerbung (65%) und dem Verkaufserlös (35%) entsprechen (cf. Wegmann 1984: 22).

Die OV erscheint täglich außer sonntags mit einer Auflage von 21.800 Exemplaren, von denen über 95% im Abonnement bezogen werden. Die Zeitung enthält einen allgemein-politischen Teil mit einem Schwerpunkt Landespolitik und einen großen Regionalteil mit verschiedenen Lokalteilen. Die Werbung nimmt besonders in den lokalen Teilen eine wichtige Stellung ein.

Die Leserschaft ist relativ schwer soziologisch einzugrenzen, da auch für die OV keine Leseranalysen vorliegen. Eine Annäherung könnte gelingen, wenn die Tatsache, daß die OV etwa 80% der Haushalte im Landkreis Vechta erreicht, berücksichtigt wird. Dann könnten allgemeine Strukturdaten für den Landkreis herangezogen werden, um die Leserschaft einzugrenzen. Etwa 84,5% der Bevölkerung gehören der römisch-katholischen Konfession an;[1] ca. 16% der Erwerbstätigen arbeiten in der Landwirtschaft und fast 42% im verarbeitenden Gewerbe. Der Anteil der Landwirtschaft ist relativ groß: Im Landesdurchschnitt Niedersachsens sind nur etwa 8,3% der Erwerbstätigen in diesem Bereich tätig. Interessant dürfte das Wahlverhalten der Bevölkerung im Landkreis sein: Bei der Bundestagswahl am 6. März 1983 wählten 72,3% der Wahlberechtigten mit ihrer Zweitstimme die CDU, 17,4% die SPD, 5,7% die FDP und 4,4% die Grünen (cf. Statistik Niedersachsen 1983: 232f.). Diese einseitigen politischen Kräfteverhältnisse hängen auch mit der konfessionellen Bindung zusammen. Eine Zuordnung zu einem Milieu ist aufgrund der relativ breiten sozialen Streuung der Zeitungsverbreitung nicht sinnvoll.

Die Beschreibung der hier untersuchten Zeitungen hat einige gravierende Unterschiede deutlich gemacht, die nun kurz zusammengefaßt werden.

- Während FAZ, FR und OV eine hierarchische Redaktionsverfassung haben, ist die TAZ als selbstverwalteter Betrieb organisiert.
- Der Anteil der Werbung ist in der TAZ deutlich niedriger als in den anderen Zeitungen.
- In Hinblick auf die politische Orientierung unterscheiden sich alle Zeitungen; die größten Ähnlichkeiten gibt es zwischen der FAZ und der OV.
- Die Auflagenzahlen sind sehr unterschiedlich; die Verbreitung der Zeitungen ist als überregional (FAZ, TAZ), überregional mit einem deutlichen regionalen Schwerpunkt (FR) und als lokal (OV) zu beschreiben.

---

1 Diese Relationsangaben beruhen auf Daten, die in der Volkszählung 1970 erhoben wurden. Cf. Statistik von Niedersachsen 1975.

- Die Leser von FAZ, FR und TAZ lassen sich relativ klar voneinander unterscheiden, während die lokale Verbreitung der OV keine Zuordnung zu sozialen Milieus erlaubt.

Diese Ergebnisse machen deutlich, daß sich die verschiedenen Öffentlichkeitsstrukturen klar unterscheiden lassen. Ich möchte deshalb in diesem Zusammenhang von verschiedenen *Teilöffentlichkeiten* sprechen und bezeichne damit den durch eine Zeitung konstituierten Kommunikationsprozeß zwischen einer konkreten Redaktion, die eine bestimmte Zeitung macht, und einer sozial differenzierten Leserschaft. In den Begriff gehen auch die medialen Geltungsansprüche sowie das jeweils konstituierte Politikmodell mit ein. In Hinblick auf den Praxis-Begriff ist hervorzuheben, daß die Zeitungen sich in ihrer politischen Orientierung unterscheiden und ein spezifisches Politikmodell favorisieren; dem entspricht eine sehr unterschiedliche Zusammensetzung der Leserschaft. Unter *politischer Praxis* verstehe ich in diesem Zusammenhang die Aktivitäten von Menschen in Hinblick auf die Teilhabe an politischen Entscheidungen. Formen politischer Praxis sind beispielsweise Entscheidungen zur Teilnahme - bzw. Nicht-Teilnahme an Parlamentswahlen oder die Mitgliedschaft in politischen Parteien. Diese Formen hängen mit dem jeweils subjektiven Politikverständnis zusammen: So gehören auch die Mitarbeit in Bürgerinitiativen oder die Teilnahme an Demonstrationen zur politischen Praxis, die aber anders legitimiert ist. Wesentliches Kriterium dürfte in diesem Zusammenhang die Orientierung auf parlamentarische oder außerparlamentarische Aktivitäten sein. Nun unterscheiden sich die Zeitungen nicht nur in Hinblick auf politische Orientierungen, auch die Arbeitsorganisation war ja unterschiedlich: Der TAZ als selbstverwaltetem Betrieb stehen die anderen Redaktionen als hierarchisch strukturierte Organisationen gegenüber. Um diesen Aspekt genauer zu verfolgen, soll nun auf die Geschichte der TAZ eingegangen werden.

Für die TAZ hatten sich eine Reihe von Merkmalen wie das Fehlen einer Redaktionshierarchie, der Verzicht auf Werbung und eine spezifische politische Orientierung ergeben; die Ursachen für eine andere Gestaltung der Zeitung sollen nun genauer untersucht werden. Das Erscheinen der TAZ im Jahre 1979 ist nur im Zusammenhang mit der oben angedeuteten Kritik der bürgerlichen Öffentlichkeit zu verstehen. Dieses Thema gehört seit der Studentenbewegung zu den Standards außerparlamentarischer Politik. In einem 1970 erschienenen Aufsatz faßte Enzensberger die Kritik der bürgerlichen Öffentlichkeit zusammen, indem er Merkmale von repressivem und emanzipatorischem Mediengebrauch gegenüberstellte: Repressiver Mediengebrauch zeichne sich durch ein zentral gesteuertes Programm aus, in dem ein Sender viele Empfänger erreiche; dies habe jedoch eine Immobilisierung isolierter Individuen zur Folge, die eine passive Konsumentenhaltung einnähmen. Insgesamt ließe sich dies als Entpolitisierung beschreiben. Dagegen wird der emanzipatorische Mediengebrauch gestellt, der von einer Sender-Empfänger-Interaktion ausgehe und eine Mobilisierung der Massen herbeiführe und so einen politischen Lernprozeß ermögliche (173). In ihrem 1972 erschienenen Buch "Öffentlichkeit und Erfahrung" entwickeln Negt/Kluge das Konzept einer proletarischen Öffentlichkeit, das gegen das herrschende Modell gerichtet ist und auf das emanzipatorische Potential der Arbeiterklasse setzt. Voraussetzung sei allerdings ein voll entfaltetes Geschichtsbewußtsein, das es ermögliche, die vielseitigen menschlichen Gattungskräfte wie Gesellschaftlichkeit, Kooperation, Freiheit etc. freizusetzen, von den Zwängen der bürgerlichen Öffentlichkeit zu befreien (114-150). Der theoretischen Entfaltung der Kritik der bürgerlichen Öffentlichkeit entsprach auch eine reale Entwicklung. In der Weiterentwicklung der außerparlamentarischen Opposition der 60er Jahre entstanden in den 70er Jahren politische Bewegungen (etwa die Frauenbewegung, Bürgerinitiativen und die Anti-Atomkraft-Bewegung), die auch andere Öffentlichkeitsformen wie Stadtteilzeitungen, Bürgerinitiativinformationen oder auch (illegale) Rundfunkprogramme entwickelten und damit die Kritik der bürgerlichen Öffentlichkeit auch konkret umzusetzen suchten. Aus diesem theoretischen und praktischen Zusammenhang ist auch die Entstehung der TAZ zu verstehen. Im Anschluß an Beywl/Brombach (1982) bezeichne ich die TAZ als Teil der *Alternativpresse*, da sie ökonomisch unabhängig von Anzeigeneinnahmen und öffentlichen Subventionen ist; die Mitglieder der Redaktion arbeiten gleichberechtigt, selbstbestimmt und bedürfnisorientiert zusammen. Einen weiteren wichtigen Aspekt stellt die mangelnde Professionalität dar: Voraussetzung zur Mitarbeit im Projekt, zumindest in den ersten Jahren der TAZ, war nicht eine entsprechende journalistische Ausbildung, sondern die aktive Unterstützung des alternativen Projekts.[1] Zudem weist die TAZ auch Merkmale partikularer Gegenöffentlichkeit auf: Ihre Leserschaft ist auf das links-alternative Milieu eingegrenzt, die Zeitungsproduktion kann als demokratisiert bezeichnet werden, und es besteht der Anspruch, Kommunikation und politisches Handeln miteinander zu verbinden (cf. Beywl/Brombach 1982: 554-562). Dem entspricht auch eine andere Definition des Verhältnisses zwischen der Redaktion und den Zeitungslesern.

> Es entspricht unserem Verständnis von Demokratie und Öffentlichkeit, sowohl, was die Entstehung als auch die konkrete Herstellung der Zeitung angeht, mit unseren zukünftigen Lesern in einen fruchtbaren Dialog zu bleiben, d.h. für uns, im Verhältnis von Zeitungsmachern und Lesern eine neue Qualität zu schaffen. (Leserbrief der "Freunde der alternativen Tageszeitung " in der Frankfurter Rundschau vom 18.8.1978.)

Zumindest in den ersten Jahren erhielten die Leser einige Rechte wie die Teilnahme an Redaktionskonferenzen, die für hegemonialkulturelle Zeitungen undenkbar sind. In dieser Konzeption spielt auch die Einführung einer

1 Im Anschluß an Kreutz/Fröhlich 1986 verstehe ich unter einem "alternativen Projekt" einen selbst initiierten Zusammenschluß von mehreren Personen mit einem subjektiv intentionalen alternativen Anspruch, der zumindest für einen Teil der Personen die herkömmliche Berufsarbeit ersetzt.

Leserbriefseite eine große Rolle. So heißt es in einem Thesen-Papier zum Selbstverständnis der TAZ aus dem Jahre 1979:

> "Die Artikel sollen nicht ausschließlich von festen Redakteuren oder professionellen Schreibern erstellt wird, sondern es wird auch 'Betroffenenberichte' im redaktionellen Teil geben (- eine Seite Leserbriefe sowieso)."[1]

Im Zusammenhang dieser Arbeit gehe ich von der Annahme aus, daß die besonderen Merkmale von alternativer Presse auch in einer vergleichenden Untersuchung von Leserbriefen analytisch rekonstruierbar sind.

Nachdem der besondere Status der TAZ im Vergleich zu den anderen hier untersuchten Zeitungen herausgearbeitet worden ist, ist diese Gegenüberstellung auch begrifflich zu fassen, indem die Alternativpresse als Teil einer gegenkulturellen den bürgerlichen Tageszeitungen als Teil der hegemonialkulturellen Öffentlichkeit gegenübergestellt werden. Mit diesem Konzept beziehe ich mich auf eine Unterscheidung, die von Mitarbeitern des "Centre for Contemporary Cultural Studies" in empirischen Arbeiten insbesondere zu jugendlichen Subkulturen entwickelt wurde.[2] Der hier im Zentrum stehende Kulturbegriff erfaßt jeweils umfassend die komplexeren Formen der kollektiven Organisation gesellschaftlicher Praxis. In Hinblick auf die soziale Differenzierung der Gesellschaft erlaubt er im Gegensatz zu den die soziale Stratifikation erfassenden Termini wie Klasse und Schicht, die auf sozialdemographische Daten beschränkt bleiben, auch die Einbeziehung von Ausdrucksformen wie Verhalten, Stilisierung, - und nicht zuletzt die Sprechweisen -, in einen komplexeren, sozio-ökonomischen Zusammenhang. Der Hegemonie-Begriff - in Anlehnung an die Arbeiten Gramscis - ermöglicht einen relativ weiten Zugang zu Phänomenen wie der Machtausübung in einer Gesellschaft:

> Eine hegemoniale Ordnung schreibt nicht den spezifischen Inhalt der Ideen vor, sondern die Grenzen, innerhalb derer Ideen und Konflikte sich bewegen dürfen und gelöst werden. Hegemonie beruht immer auf Gewalt und Zwang, aber 'die normale Ausübung der Hegemonie auf dem heute klassischen Terrain des parlamentarischen Regimes ist gekennzeichnet durch eine Kombination von Gewalt und Konsensus ..., ohne daß die Gewalt übermäßigen Vorrang vor dem Konsensus hätte' (Gramsci). (Clarke et.al.1979: 83)

Die Zeitungen FAZ, FR und OV sind insofern Teil einer hegemonialkulturellen Öffentlichkeit, als sie insbesondere eine auf das Parlament orientierte Politik vertreten und damit diese Form der Legitimierung favorisieren und durch die eigene Praxis fortsetzen und verstärken. Aber auch die hierarchische Redaktionsverfassung dieser Zeitungen verweist darauf. Die TAZ dagegen, die basisdemokratische, außerparlamentarische Formen politischen Handelns befürwortet, gehört zwar (noch) nicht in dieses Spektrum, bezieht sich aber in den von der Redaktion propagierten und von den Lesern geteilten Werten und

---

1 Dieses Zitat wurde einem Thesenpapier der "Initiativgruppe für eine Tageszeitung" mit dem Titel "Sechs Thesen zum Selbstverständnis", veröffentlicht 1978, entnommen.

2 Bei den folgenden Ausführungen stütze ich mich auf Clarke et al. 1979.

Normen direkt auf die hegemoniale Kultur, ihre Stammkultur, zu der sie in Widerspruch steht. So ist die TAZ Teil einer gegenkulturellen Öffentlichkeit. Auch auf die TAZ mit ihren Lesern aus der Mittelschicht ist diese Zuordnung anzuwenden - im Gegensatz zu den der Arbeiterklasse zuzurechnenden Subkulturen.

> Die Gegenkultur der Mittelschicht war die Avantgarde eines Dissens, der aus ihrer eigenen, dominanten Stammkultur erwuchs. Ihr Rückzug war prinzipiell ideologisch und kulturell. Sie richtete ihren Angriff hauptsächlich gegen jene Institutionen, welche die dominanten kulturellen und ideologischen Beziehungen reproduzieren - Familie, Erziehung, Medien, Ehe, sexuelle Arbeitsteilung. Dies sind die Apparate, die Bindungen fabrizieren und Konsensus internalisieren. (Clarke et.al. 1979: 114)

Diese historische Charakterisierung liest sich, obwohl auf englische Verhältnisse bezogen, als eine treffende Interpretation der deutschen Entwicklung von der Studenten- zur Alternativbewegung. Hinzuweisen ist auf die relativ leichte Reintegrierbarkeit dieser Gegenkultur, weil ihre soziale Basis mit der der Stammkultur übereinstimmt und ihre Werte ex negativo gewonnen werden.

Diese grobe Unterscheidung ist weiter zu differenzieren: Huber (1980: 73) unterscheidet innerhalb der Mittelschichtsmilieus zwischen Menschen, die sich als Etablierte verstehen, die also der hegemonialen Kultur zuzurechnen sind, und solchen, die sich zur Alternativbewegung zählen. Diese wiederum zerfallen in Gegenkulturen[1] und intermediäre Kulturen. Zu den ersteren gehören solche Menschen, die sich von den vorgängigen sozialen Werten so weit entfernt haben, daß sie ihre Kritik an den Etablierten auch praktisch umsetzen, indem sie beispielsweise ein alternatives Projekt gründen. In einer Zwischenstellung befinden sich solche Menschen, da sie sich in einem Übergangsfeld zwischen den hegemonialkulturellen und den gegenkulturellen Milieus befinden, d.h. sie orientieren sich zwar an den Zielen der Alternativbewegung, sind aber vor allem ökonomisch an die hegemoniale Kultur gebunden. Ein gutes Beispiel für diese Differenzierung ist das alternative Projekt TAZ - als gegenkulturelles Milieu - und der "typische" Leser der Zeitung - einerseits im öffentlichen Dienst arbeitend, andererseits in Wohngemeinschaften lebend. In der TAZ wird der durchschnittliche TAZ-Leser so beschrieben:

> Gut 44% (der befragten TAZ-Leser; R.V.) sind berufstätig und 30% sind im öffentlichen Dienst beschäftigt, woran deutlich wird, wie das Profil des/der durchschnittlichen Leser/-in aussieht: Lehrer/in GEW-organisiert (meistens jedenfalls 34 Jahre alt lebt inner WG Oh je...!" (TAZ, 24.12.1984)

Die Beschreibung des sozialen Raums kann jedoch nicht auf die Bestimmung objektivierbarer Daten wie Bildungsgrad und Einkommen beschränkt bleiben, es ist vielmehr nötig, auch die subjektive Deutung des gesellschaftlichen Stand-

---

1 Huber spricht in diesem Zusammenhang von "Subkultur" und bezeichnet damit das, was hier in Anlehnung an Clarke et al. 1979 als "Gegenkultur" bezeichnet wurde. Mit dem Begriff der Subkultur ist es nicht mehr möglich, spezielle Arbeiter-Milieus von Mittelschicht-Milieus zu unterscheiden.

orts der Subjekte miteinzubeziehen. Diese findet ihren Ausdruck im Habitus, also der Herausbildung Unterscheidung setzender sozialer Praktiken wie etwa die Wahl der Kleidung, die Vorlieben für Konsumgüter oder ein spezifisches Freizeitverhalten; auch die Wahl einer Zeitung gehört zu diesen Merkmalen (cf. Bourdieu 1979: 212f.). Indem solche Lebensstile praktiziert werden, wird es für soziale Gruppen möglich, sich von anderen zu unterscheiden. Zu solchen habituellen Praktiken gehört auch die Bevorzugung bestimmter sprachlicher Stile, Sprech- und Schreibweisen. Diese Praktiken dienen nicht nur der Abgrenzung, sie geben auch Aufschluß über die Selbsteinschätzung eines Subjekts im sozialen Raum. Ähnliches läßt sich für die politischen Orientierungen sagen: Die in einer Gesellschaft vorgängigen politischen Einstellungen konstituieren in ihrer Gesamtheit einen politischen Raum, innerhalb dessen sich einzelne selbst definieren müssen (cf. Bourdieu 1979: 707f.); und indem sie dies - etwa durch die Äußerung einer politischen Einstellung - tun, grenzen sie sich von anderen ab, beziehen eine Position im politischen Raum. Insofern müßten Leserbriefe auch Spuren solcher Abgrenzungsprozesse aufweisen, die durch die gewählte vergleichende Versuchsanlage auch empirisch nachweisbar sein sollten.

Abschließend soll eine Vermittlung der Explikation von Teilöffentlichkeiten innerhalb eines allgemeinen Öffentlichkeitskonzepts und den innerhalb der Teilöffentlichkeiten beobachtbaren Erscheinungsformen des Textmusters Leserbrief geleistet werden. Dabei ermöglicht die Orientierungshypothese, daß die vorfindbaren Leserbriefe in den einzelnen Zeitungen durch die Besonderheiten der jeweiligen Teilöffentlichkeiten geprägt sind, eine erste Annäherung. Dem liegt die Überlegung zugrunde, daß über die durch eine Zeitung verfolgte Informationspolitik, die wiederum abhängig ist sowohl von ihrer politischen Orientierung als auch von der sozialen Zusammensetzung ihrer Leserschaft, den Lesern ganz spezifische Schreibanlässe geboten werden, die diese in Abhängigkeit von ihrem spezifischen Musterwissen dann auch wahrnehmen. Die unterschiedlichen Teilöffentlichkeiten konstituieren also erstens ein ganz bestimmtes thematisches Profil und zweitens konventionalisierte Formen der Musterrealisierung. Anders ausgedrückt: Es ist nicht zu erwarten, daß ein Leserbrief, der in der FAZ erscheint, auch in der TAZ abgedruckt werden würde, und umgekehrt, daß ein TAZ-Leserbrief in einer der anderen Zeitungen veröffentlicht werden würde. Es geht also um die Beschreibung ganz bestimmter Beschränkungen auf thematischer und stilistischer Ebene, die durch die jeweils besondere Struktur der Teilöffentlichkeiten bedingt sind. Für die Analyse ist zunächst wichtig, die Praktiken der an der Leserbriefkommunikation Beteiligten zu unterscheiden: Zunächst werde ich die Gestaltung der Leserbriefrubrik und die Inhalte der veröffentlichten Texte in Hinblick auf die Praxis der Zeitungsredaktionen untersuchen (3.3), um im Anschluß daran die Strukturierung des politischen und des sozialen Raums seitens der Leserbriefschreiber in einer Analyse herauszuarbeiten (3.4, 3.5). In den folgenden drei Abschnitten wird es also darum gehen, die in der Leserbriefrubrik einer bestimmten Zeitung erscheinenden Texte als besondere auszuweisen und sie von anderen abzugrenzen: Ich werde im folgenden die sprachlichen Verhältnisse in den vier Teilkorpora beschreiben.

3.3. Die Präsentation der Leserbriefrubrik

Leserbriefrubriken erscheinen regelmäßig in den hier untersuchten Zeitungen, sie werden von Redakteuren betreut und gestaltet. Wird hier ein Stück Partizipation des Bürgers im Sinne der Teilhabe an öffentlichen Angelegenheiten verwirklicht? Braun (1960: 332f.) nennt folgende Gesichtspunkte, die zur Einrichtung bzw. Ausweitung von Leserbriefrubriken in Zeitungen oder Zeitschriften geführt haben:

- die zusätzliche (erweiterte oder verbesserte) Information des Zeitungslesers;
- Bestätigung der Linie des Blattes durch die Leserschaft;
- Prestigegewinn durch den Abdruck einer Zuschrift eines fachlich oder politisch Prominenten;
- Bildung eines "Wir-Gefühls" der Zeitungsleser.

Der letzte Punkt bedarf einer Erläuterung. Nicht jede Zeitung hat eine Leserbriefrubrik eingerichtet, Boulevard-Zeitungen beispielsweise nicht. Abonnentenzeitungen hingegen versuchen auch dadurch den Leser an sich zu binden, daß sie ihm eine "Dreinrede-Lizenz" (Braun) zubilligen.

Allerdings ist die Gewichtung von Leserzuschriften in den einzelnen Zeitungen unterschiedlich, also der Grad der Ernsthaftigkeit des Partizipationsangebots variiert. Eine Möglichkeit, die Relevanzzuweisung hinsichtlich von Leserbriefen durch Redaktionen zu untersuchen - verläßt man sich nicht auf die Selbstauskünfte -, besteht in der Untersuchung des äußeren Erscheinungsbilds der Leserbriefrubrik: Schon ein erster Blick auf die hier untersuchten Zeitungen - und auch ein Vergleich mit anderen Zeitungen und Zeitschriften - zeigt, daß diese Rubrik in ganz unterschiedlicher Weise dem Leser vorgestellt wird. Diese Differenzen, die von der Titelgebung über die Anzahl der täglich abgedruckten Einsendungen bis hin zur Plazierung innerhalb einer Ausgabe reichen, können Aufschluß über die Unterschiede in der Behandlung von Leserbriefen in den einzelnen Zeitungen geben. Der Begriff *Präsentation* erfaßt die von einer Redaktion gewählte Form der Integration von Leserbrieftexten in das Gesamtkonzept der Zeitung. Die Analyse der Präsentation der Leserbriefrubrik umfaßt für jede einzelne Zeitung folgende Schritte: Zunächst untersuche ich die Gestaltung der Leserbriefrubriken (3.3.1), anschließend erfolgt eine Analyse der Rubriktitel sowie der von den Redaktionen verantworteten, zumeist täglich erscheinenden Hinweise auf die Modalitäten der Leserbriefveröffentlichung (3.3.2) und schließlich werde ich mich mit den unterschiedlichen thematischen Profilen der Leserbriefrubriken beschäftigen (3.3.3). Eine Zusammenfassung schließt die Untersuchung ab (3.3.4). Um die Analyse auf die Besonderheit der Präsentation in der gegenkulturellen TAZ zuzuspitzen, sollen jeweils zunächst die drei hegemonialkulturellen Zeitungen untersucht werden, um dann die Verhältnisse in der TAZ zu behandeln.

3.3.1. Gestaltung der Leserbriefrubriken

Die Untersuchung der äußeren Gestaltung der Leserbriefrubriken in den hier untersuchten Zeitungen umfaßt die Beschreibung sowohl ihrer Plazierung als auch der Präsentation der einzelnen Texte; schließlich werden auch quantitative Aspekte berücksichtigt. Von diesem Vorgehen verspreche ich mir einen empirischen Zugang zu der von den einzelnen Redaktionen Lesereinsendungen gegenüber eingenommenen Haltung. Die Auswahl der untersuchten Aspekte ist mit äußerlichen, "auf den ersten Blick" wahrnehmbaren Formvariationen begründet. Dazu gehören auch quantitative Größen: Bei Durchsicht verschiedener Zeitungen fällt der unterschiedliche Umfang der Leserbriefrubrik und der der einzelnen abgedruckten Briefe auf. Nun sind quantitative Analysen in der Sprachwissenschaft nicht unstrittig und werden vor allem aus Interesse an qualitativen Untersuchungen zu Recht abgelehnt.[1] Die Berücksichtigung quantitativer Gesichtspunkte in diesem Abschnitt ist durch die evidenten Unterschiede in Hinblick auf den Umfang der Rubriken in den einzelnen Zeitungen begründet: Wenn der Anspruch, die Analyse an der Variation der Formen ansetzen, ernst genommen wird, müssen auch solche Phänomene untersucht werden. In Tabelle 1 sind die quantitativen Verhältnisse in den einzelnen Teilkorpora zusammengefaßt [89 >]. Im folgenden Vergleich der quantitativen Verhältnisse in den einzelnen Leserbriefrubriken werde ich auf zunächst auf die Position der Rubrik in der Zeitung eingehen und anschließend die in Tabelle 1 aufgeführten Zahlen kommentieren. Dabei werde ich jede Zeitung einzeln beschreiben und die Ergebnisse des Vergleichs abschließend zusammenfassen.

Die Leserbriefrubrik der FAZ erscheint fast immer täglich im ersten Teil der Zeitung, der die politische Berichterstattung enthält. Der Leser findet die Rubrik entweder als Abschlußseite des Berichterstattungsteils vor oder nach der Seite "Deutschland und die Welt", in der über nicht direkt Politisches berichtet wird, oder nach dieser Seite. Selten nur erscheinen die Leserbriefe im Feuilleton-Teil. Sie erscheinen auf einer besonderen Seite, sie sind nicht in andere Seiten integriert. Jeder Leserbrief hat eine Überschrift, die Autoreninformationen am Ende sind vom Text durch einen Zwischenraum abgesetzt; der Eigenname erscheint linksbündig im Fettdruck, während Berufs- und Ortsangaben in normaler Stärke gedruckt sind. Ergänzt wird diese Seite durch nicht-redaktionelle Beiträge, kommerzielle Anzeigen also. Auch dieser Sachverhalt macht deutlich, daß den veröffentlichten Lesermeinungen eine bestimmte Bedeutung zugewiesen wird, so daß eine besondere Seite für sie reserviert wird.

---

1 So wendet sich Good (1985: 10) gegen vorliegende quantitative Untersuchungen, da seiner Meinung nach dort Quantifizierung mit Objektivität verwechselt werde.

	FAZ	FR	OV	TAZ
Leserbriefe (LB): Gesamt	52	50	47	51
- pro Ausgabe: (Min, Max)	9 (5, 13)	5 (3, 6)	3 (2, 7)	6 (4, 8)
Zeilen: Gesamt	2466	1726	2442	3352
- pro Ausgabe: (Min, Max)	450 (245, 610)	157 (146, 168)	153 (63, 298)	372 (280, 502)
- pro LB: (Min, Max)	47 (8, 123)	35 (11, 73)	52 (17, 82)	66 (8, 212)
Sätze: Gesamt	529	385	480	883
- pro LB: (Min, Max)	10 (2, 27)	8 (2, 15)	10 (2, 21)	17 (1, 48)
Wörter: Gesamt	11868	9056	9558	16958
- pro LB: (Min, Max)	228 (38, 542)	181 (58, 387)	203 (77, 335)	17 (45, 1079)
Satzlänge (Durchschnitt)	22	23	20	19

Tabelle 1: Quantitative Verhältnisse in den Teilkorpora

Einige quantitative Informationen über den Umfang unterstützen diese Annahme: Im Untersuchungszeitraum erschienen im Schnitt etwa 9 Leserbriefe pro Ausgabe; die höchste Anzahl waren 13 Briefe (am 24.7.84), die niedrigste 5 (am 20.7.84). Auch die Zeilenanzahl verdient Beachtung: Sie schwankt zwischen den Extremwerten von 610 am 24.7.84 und 245 am 20.7.84, der Durchschnittswert beträgt knapp 450 Zeilen pro Ausgabe. Der längste Brief umfaßte 123 Zeilen (am 23.7.1984), der kürzeste hingegen nur 8 (am 20.7.1984) bei einem Mittelwert von etwa 47 Zeilen pro Brief. Der durchschnittliche FAZ-Leserbrief enthält 228 Wörter, die in 10 Sätzen geordnet sind; das entspricht einer Satzlänge von ca. 22 Wörtern.

Die Leserbriefrubrik der FR erscheint fast täglich im ersten Teil der Zeitung, der die allgemein-politische und wirtschaftliche Berichterstattung enthält. Meist erscheint die Rubrik im unteren Teil der Seite 2, der, wie auch die erste Seite, der aktuellen politischen Berichterstattung vorbehalten ist, seltener auf später folgenden Seiten. Die Rubrik ist durch einen Balken deutlich von den anderen Texten abgehoben. Auch das Schriftbild unterscheidet sich von dem der anderen redaktionellen Teile: Die Buchstaben sind deutlich enger gesetzt. In der Regel erscheint jeder Leserbrief mit einer Überschrift, in besonderen Fällen - wenn zwei oder mehr Texte auf einen Artikel bezogen sind - werden mehr als ein Leserbrief unter einer Überschrift veröffentlicht (z.B. am 19.7.1984). Die Autorinformation wird rechtsbündig gesetzt, teilweise durch einen Zwischenraum abgetrennt; manchmal erscheint sie auch in der letzten Textzeile. Leserbriefe werden von der FR-Redaktion einerseits als Teil der politischen Berichterstattung angesehen - das macht die Plazierung auf der Seite 2 der Zeitung deutlich -, andererseits läßt die Präsentationsform - die in dem Sinne ökonomisch ist, als der verfügbare knappe Raum möglichst viele Texte enthalten soll - erkennen, daß ihnen nicht die Bedeutung anderer redaktioneller Teile zugewiesen wird. Im Untersuchungszeitraum (11 Ausgaben) erschienen etwa 5 Leserbriefe in einer Ausgabe, mindestens drei (am 27.7.1984), höchstens aber nur sechs (am 25.7. 1984). Die durchschnittliche Zeilenanzahl betrug 157 pro Ausgabe, die Minimal- bzw. Maximalwerte von 146 (am 31.7.1984) bzw. 168 (am 27.7.1984) liegen sehr nahe am Durchschnittswert. Es zeigt sich, daß in quantitativer Hinsicht den Leserbriefen ein relativ konstant bleibender Raum zugestanden wird. Der längste Brief im FR-Teilkorpus hat einen Umfang von 73 Zeilen (27.7.1984), der kürzeste nur 11 (25.7.1984) bei einem Mittelwert von annähernd 35 Zeilen. Auf diesen Raum verteilen sich in der Regel 181 Wörter in knapp 8 Sätzen; das entspricht einer durchschnittlichen Satzlänge von gut 23 Wörtern.

Die Leserbriefrubrik in der OV erscheint unregelmäßig im Lokalteil. Die Sammlung von 47 Leserbriefen, die in dieser Untersuchung zu einem Teilkorpus zusammengestellt wurden, dauerte etwa zwei Monate, während in den überregionalen Zeitungen, bedingt durch das tägliche Erscheinen der Rubrik, die Sammlung von sechs bis zehn Ausgaben ausreichte, um die etwa 50 Texte zu erhalten. Die sporadische Erscheinungsweise der Rubrik in der OV ist sicher auch auf die Wahl des Untersuchungszeitraums (Juli 1984) zurückzuführen, da im Sommer ein großer Teil der Leser Ferien macht. Auch die im Verhältnis zu FR und FAZ deutlich geringere Auflagenhöhe der Zeitung dürfte sich einschränkend auf die Gesamtzahl der Lesereinsendungen auswirken. Für den Vergleich mit der TAZ trifft dies jedoch nicht zu, da beide Zeitungen ja etwa ähnlich große Auflagenzahlen erreichen. Die Plazierung im Lokalteil der Zeitung, dort an verschiedenen Stellen, jedoch meist auf der zweiten Seite integriert in die Berichterstattung, dürfte auf die vorwiegend lokale Verbreitung der Zeitung zurückzuführen sein. Alle in der OV veröffentlichten Leserbriefe haben eine Überschrift, die teilweise durch vom Text abgesetzte Textverweise oder Betreff-Formulierungen ergänzt werden. Die Autorinformation am Ende - die oft auch die genaue Anschrift des Schreibers enthält - wird nicht einheitlich gestaltet: Sie erscheint sowohl linksbündig bzw. linksbündig eingerückt als auch rechtsbündig. Wenn die Rubrik erscheint, sind mindestens zwei Texte (z.B. am 2.8.1984), höchstens jedoch sieben (am 17.8.1984) abgedruckt; durchschnittlich erscheinen 3 Texte pro Ausgabe. Die durchschnittliche Zeilenzahl betrug im Untersuchungszeitraum 153 pro Ausgabe mit den Extremwerten von 298 am 17.8. 1984 bzw. 63 am 2.8.1984. Der längste Leserbrief umfaßte im Untersuchungszeitraum 82 Zeilen (11.9.1984), der kürzeste 17 (2.8.1984). Die durchschnittliche Zeilenzahl beträgt 52 für einen Text. Auf diesen Umfang verteilen sich ca. 203 Wörter in gut 10 Sätzen bei einem Mittelwert von 20 Wörtern pro Satz.

Die Leserbriefrubrik der TAZ erscheint täglich, seit Anfang 1981 auf der letzten Seite der überregionalen Ausgabe. Die beiden regionalen Ausgaben für Berlin und Hamburg enthalten im Anschluß an die Leserbriefe noch die entsprechende lokale Berichterstattung. Bisher wurde von *Rubrik* gesprochen, präziser dürfte in Hinblick auf die TAZ die Bezeichnung *Leserbriefseite* sein, da den Leserzuschriften immer eine ganze Seite vorbehalten ist. Auch in der TAZ erscheint in der Regel jeder Leserbrief unter einer Überschrift, bei gleichem Bezug werden durchaus auch mehrere Texte unter einem Titel veröffentlicht (z.B. am 23.7. 1984). Oft wird der Titel durch ein fettgedrucktes Betreff oder andere Formen von Textverweisen ergänzt. Die Autorenangaben sind kursiv gesetzt und erscheinen rechtsbündig. In den hier untersuchten Ausgaben waren auf der entsprechenden Seite neben den Lesereinsendungen auch täglich das Fernsehprogramm sowie - nicht regelmäßig - die Werbung für Abonnements abgedruckt. Aufgelockert wurde die Seite durch täglich erscheinende Karikaturen, Kurzcomics und Cartoons. Die hier untersuchten 51 Leserbriefe erschienen in neun Ausgaben auf durchschnittlich 372 Zeilen (Maximum: 502 am 23.7.1984, Minimum: 280 am 20.7.1984). Mindestens vier (so am 19.7. 1984), höchstens aber acht Texte (am 23.7.1984) wurden abgedruckt; der Durchschnittswert liegt bei etwa 6 Texten pro Ausgabe. Durchschnittlich betrug der Umfang der Texte etwa 66 Zeilen bei einer maximalen Länge von 212 (am 26.7.1984) und einer minimalen Länge von 8 Zeilen (am 20.7.1984). Der Durchschnittswert beträgt 66 Zeilen pro Text. Auf diesen Umfang verteilen sich 332 Wörter in 17 Sätzen; der durchschnittliche Satz enthält ca. 19 Wörter.

Aus der Beschreibung der Präsentationsformen lassen sich folgende Aspekte zusammenfassen:

- Während in der FAZ und in der TAZ den Leserbriefen eine ganze Seite (oder Teile davon) eingeräumt werden, erscheinen in der FR und in der OV lediglich Rubriken, die in das redaktionelle Angebot der Zeitung integriert sind;
- in der FAZ und in der TAZ sind die Schwankungen der Zeilenzahl der abgedruckten Texte sehr viel größer als in der OV und FR;
- die durchschnittliche Zeilenzahl ist in der FAZ und TAZ deutlich höher als in OV und FR.

3.3.2. Modalitäten der Veröffentlichung von Leserbriefen

Zu den unmittelbar evidenten Formvariationen gehören auch die von den Redaktionen gewählten Titel für die Leserbriefrubriken. In der Wahl des Titels kommt das jeweils von den Redaktionen vertretene Konzept der Leserbriefbehandlung zum Ausdruck. Eine Besonderheit stellen auch die redaktionellen Hinweise dar, die zwar einerseits aus juristischen Gründen erscheinen,[1] die andererseits in den konkreten Formulierungen so unterschiedlich sind, daß erst eine genauere Analyse die diesen Differenzen zugrunde liegenden verschiedenen Konzeptionen deutlich machen kann. Leserbriefe gelangen darüber hinaus in der Regel nur redigiert an die Öffentlichkeit, sie werden, wie Stromberger schreibt, "nicht als bloßer Ausdruck der Lesermeinung gehandelt, sondern wie Agenturmeldungen behandelt und auch durch Kürzungen gestaltet" (1976: 386). Nun weisen die veröffentlichten Texte bisweilen graphemische Spuren von redaktioneller Bearbeitung auf, so daß sich ausgehend von den feststellbaren

1 Presserechtlich sind Zeitungen für den gesamten Inhalt verantwortlich, also auch für Leserbriefe. Bei Äußerungen Dritter können sich Zeitungen durch den Abdruck von hinreichenden Distanzierungen vor straf- und zivilrechtlichen Haftungsansprüchen schützen. In der Distanzierung muß deutlich gemacht werden, daß die in der Rubrik veröffentlichten Texte nicht die Meinung der Redaktion wiederspiegele (cf. Löffler/Ricker 1986: 265f.).

Unterschieden auf die Behandlung der Texte in den verschiedenen Zeitungen schließen läßt.

Die Überschrift der Rubrik in der FAZ *Briefe an die Herausgeber* verweist auf die angelsächsische Tradition der "Letters to the Editor"; die Institution erfährt eine Personalisierung, die durch die Nennung der Zeitungsherausgeber im Kopf der FAZ gestützt wird. Den Lesern wird suggeriert, sie könnten sich direkt an die für die Zeitung Verantwortlichen wenden. Der auf jeder Leserbriefseite erscheinende redaktionelle Hinweis, durch eine Umrandung herausgehoben, nimmt in der Verwendung des pluralischen *wir* diese Adressierung auf:

(1) Von den vielen Zuschriften, die uns täglich erreichen und die uns wertvolle Anregungen für unsere Arbeit geben, können wir nur einen kleinen Teil veröffentlichen. Dabei kommt es nicht darauf an, ob sie Kritik oder Zustimmung enthalten. Oft müssen wir kürzen, denn möglichst viele Leser sollen zu Wort kommen. Wir lesen alle Briefe sorgfältig und beachten sie, auch wenn wir sie nicht beantworten können.

Die Verwendung des *wir* in 1 läßt zwei Lesarten zu: Es könnte auf die Herausgeber referieren, eine Lesart, die wahrscheinlich nicht angemessen ist, da die erscheinenden Verben auf redaktionelle Tätigkeiten verweisen: *veröffentlichen, kürzen, lesen, beachten, beantworten*. So dürfte eine Lesart wahrscheinlicher sein, in der *wir* die FAZ-Redakteure meint. Die oben konstatierte Personalisierung erweist sich auf diesem Hintergrund als Schein, vielmehr stehen die *Herausgeber* aus der Überschrift als Pars-pro-toto für die Gesamtredaktion. Im Verlauf des Textes wird dieser Referent reduziert auf die Leserbriefredaktion. So dürfte *kürzen* (Z: 8) eine spezielle Aufgabe der Leserbriefredakteure sein, *Wir lesen alle Briefe* (Z: 10-11) sich jedoch auf die einzelnen Redaktionen beziehen. Das *wir* in seinen verschiedenen Lesarten ist ein flexibles Mittel, um auf wechselnde Personengruppen zu verweisen. Die Kontinuität des Gebrauchs zeigt, daß jeweils die FAZ-Gesamtredaktion als Referent anzunehmen ist. Der redaktionelle Hinweis enthält, in der FAZ-typischen Umständlichkeit, Hinweise auf die Bedeutung der Leserbriefe für die Redaktionsarbeit (Z: 1-3), darauf, daß nicht alle Briefe veröffentlicht werden können (Z: 4-5), sie aber dennoch wichtig für die Zeitung sind (Z: 10-12), Hinweise auf Auswahlkriterien (Z: 5-7) und auf die redaktionelle Bearbeitung (Z: 8-10). Insgesamt stellt der Hinweis einen Anreiz für Leser dar, sich zu Wort zu melden, da behauptet wird, daß jede Zuschrift in der FAZ Beachtung finde.

Die erscheinenden Texte weisen keine Spuren der Bearbeitung auf, sie stehen sozusagen als Ergebnis redaktioneller Arbeit gleichrangig neben den anderen Beiträgen. Die dieser Rubrik zugewiesene Bedeutung ist auch daraus zu ersehen, daß der täglich auf der ersten Seite erscheinende Auszug aus dem Inhaltsverzeichnis auch die Seitenzahl der Leserbriefseite enthält.

Die Überschrift der Rubrik *Freie Aussprache* in der FR ist zunächst etwas irritierend, läßt sie doch keine Rückschlüsse darauf zu, daß hier Leserbriefe abgedruckt werden. Auch für andere Rubriken der Zeitung, etwa für Kommentare oder Glossen, wäre diese Überschrift möglich. Durch die unter dieser Überschrift erscheinenden Texte, die sofort als Leserbriefe erkennbar sind, wird diese Deutung desambiguiert. *Aussprache* denotiert in diesem Kontext die Möglichkeit der Etablierung von Gegenständen und der jeweils konkreten Bezugnahme darauf. Schwieriger ist die Interpretation von *frei*, da sich zwei Lesarten anbieten: Erstens wäre eine Substitution von *unabhängig* möglich - damit wäre die Differenz der hier erscheinenden Beiträge zu den redaktionellen markiert -; zweitens gäbe es die Möglichkeit, *frei* im Sinne von 'alle Möglichkeiten habend' zu deuten - dann läge eine Substitution von *frei* durch *offen* im Sinne von 'keinerlei Restriktionen unterworfen' nahe. Die zweite Lesart ist nicht so plausibel wie die erste, gerade auch, wenn der Anteil der Leserbriefredaktion am Zustandekommen dieser Rubrik berücksichtigt wird. Zur Stützung der ersten Lesart möchte ich den Begleittext der Redaktion analysieren:

(2) Veröffentlichungen in dieser Rubrik sind
keine redaktionelle Meinungsäußerung. Die
Redaktion behält sich das Recht auf Kür-
zungen vor. (Red.)

Die oben angesprochene Markierung der Differenz von in redaktionellen Beiträgen und in Leserbriefen formulierter Meinung wird in dem Hinweis, der in der Rubrik stets zu finden ist, ausgedrückt (Z: 1-2). Auch ist dieser Hinweis als Beitrag der Redaktion gekennzeichnet (Z: 4). Die Redaktion distanziert sich also deutlich von den veröffentlichten Lesermeinungen; *frei* heißt dann, daß die hier erscheinenden Texte in Unabhängigkeit von der Redaktion zu lesen sind. Daß diese Unabhängigkeit fiktiv bleibt, zeigt deutlich der Hinweis auf die redaktionellen Eingriffsmöglichkeiten. Die schon oben für die Präsentation der Rubrik festgestellte Ambivalenz, Lesereinsendungen einerseits eine gewisse Bedeutung zuzuschreiben, sie andererseits gering zu schätzen, kommt auch hier zum Ausdruck: Zwar sollen sich die Leser ohne Einflußnahme artikulieren, während gerade die Redaktion es ist, die die Auswahl trifft und in die Texte anderer eingreift. Auf dem Hintergrund dieser Überlegungen erweist sich der Titel *Freie Aussprache* als ideologischer Schein.

Auffällig an der Titelzeile der OV-Rubrik *briefe an die redaktion* ist die Kleinschreibung der Nomen. Angesichts der eher konservativen politischen Orientierung der Zeitung ist dieser Ausdruck, als ein Zitat orthographischer Reformbestrebungen gelesen, eine auffällige Variation - da sich ja eher konservative Bildungspolitiker gegen eine Einführung der gemäßigten Kleinschreibung im Deutschen aussprechen -, zumal eine solche Abweichung auch in sonstigen

Rubriküberschriften nicht zu finden ist. Ein Blick auf den unterhalb der Titelzeile erscheinenden redaktionellen Hinweis kann bei der Deutung dieses Phänomens vielleicht weiterhelfen:

(3) Leserbriefe müssen sich nicht in jedem Falle mit der
Meinung der Redaktion decken. Die Redaktion 1
behält sich Kürzungen, soweit sie nicht sinnentstellend
sind, vor. Die Zuschriften sollten nicht mehr als 2
25 Schreibmaschinenzeilen ausmachen. Längere
Zuschriften werden nicht berücksichtigt. 3

Der Hinweis enthält also Informationen über die mögliche politische Orientierung von Leserbriefen (Z: 1), den redaktionellen Vorbehalt von Eingriffen auf (Z: 1-2) sowie den gewünschten Umfang von Leserbriefzuschriften (Z: 2-3). Schließlich wird eine Ausschlußgröße formuliert (Z: 3). Im einleitenden Satz, der sich auf die Meinungsäußerungen bezieht, ist eine interessante Verwendung von *müssen* zu beobachten. Alternativ könnten substituiert werden: *sollen*, *brauchen*. Die Wahl von *müssen* in der Umgebung *nicht in jedem Falle* legt eine Deutung nahe, in der *sollten* diesen Ausdruck substituiert. "Die Meinungen der Leserbriefschreiber *sollten* sich mit der der Redaktion decken": Es handelt sich hier keineswegs um eine Aufforderung zu kontroversen Debatten, vielmehr wird hier eine Art "Wohlverhaltensklausel" den Lesern zugemutet. Schließlich erfolgen noch Empfehlungen in Hinblick auf den quantitativen Umfang. Der OV-Teilkorpus weist darüber hinaus noch Belege auf, die Spuren von redaktionellen Eingriffen aufweisen. So ergänzt eine "Anmerkung der Redaktion" einen Leserbrief, in der der im Text gegenüber der OV erhobene Vorwurf der unausgewogenen Berichterstattung zurückgewiesen wird (I:21). Auffällig sind auch die Anführungszeichen, die zwei der Belege einleiten und abschließen. Könnten die Gänsefüßchen bei einer Stellungnahme des Vorsitzenden der örtlichen SPD zu einer Äußerung eines CDU-Landrats (am 22.9.1984) zur Vermutung Anlaß geben, es handle sich dabei um eine Form der politischen Distanzierung von der vorgetragenen Position, so wird diese Deutung durch den zweiten Beleg ad absurdum geführt: Ein Amerikaner, der in der Bundesrepublik als Soldat stationiert war, lobt vor seiner Rückkehr in die Vereinigten Staaten die deutsche Gastfreundschaft (am 31.7.1984). Diese beiden Formen dürften eher auf eine nachlässige redaktionelle Bearbeitung der Leserzuschriften zurückzuführen sein. In diesen Zusammenhang gehört auch die Feststellung, daß die veröffentlichten Briefe durchaus auch orthographische Regelverstöße aufweisen.

Der Titel der Seite lautet in der TAZ schlicht *Leserbriefe*. Im Untersuchungszeitraum erschien der Schriftzug in der üblichen Schrifttype. Die in anderen Zeitungen regelmäßig gedruckten redaktionellen Hinweise auf die Behandlung der Zuschriften erscheinen im Untersuchungszeitraum nicht, in anderen Ausgaben finden sich sporadische Hinweise, die nicht auf eine wiederkehrende Formulierung zurückgreifen, sondern in wechselnden Ausdrücken darauf verweisen, daß auch in der TAZ die Leserbriefe redaktionell bearbeitet werden. Allerdings finden sich im untersuchten Korpus Texte, die Spuren dieser Bearbeitung aufweisen. So werden bisweilen Auslassungen durch die Verwendung des graphischen Elements *(...)* markiert. Manchmal enthalten sie auch "Setzerkommentare", das sind in den Text integrierte Stellungnahmen der Setzer, die meist durch eckige Klammern herausgehoben werden. Ein Beispiel: *[Den letzten Satz habe ich weggelassen, ich bin auch unsolidarisch, nachtragend und was weiß ich nicht alles! d. säzzer]* (20.7.1984). Die Setzerkommentare, die - alternative Sprachkritik praktizierend - in der Regel das orthographisch falsche *säzzer* verwenden, sind eine spezifische Form des Eingriffs in die gedruckten Texte von Redakteuren und von Lesern, die in dieser Form nur in Alternativzeitungen zu finden ist.[1] Im Untersuchungszeitraum erschienen insgesamt 7 Setzerkommentare in 6 Texten, davon 3 nach Abdruck des Schreibernamens, dem Textendzeichen, während 4 im Text erschienen. Neben Stellungnahmen erschienen auch Hinweise (eine Setzerin weist darauf hin, daß die TAZ Anzeigen aus dem linkem Spektrum ohne Zensur veröffentlicht), Bemerkungen zur Arbeitssituation (*[So, an dieser Stelle höre ich auf, Korrektur zu lesen]* (28.7.1984)) und die Beantwortung rhetorischer Fragen (*Wie geht es Euch? [Wunderbar! Ich bewege mich per Fahrrad von hier nach da und wieder zurück! d. säzzer]* (24.7.1984)). Diese Texteingriffe sind legitimiert durch das Partizipationsprinzip in alternativen Projekten, genauer: den Versuch, die "Hand"-Arbeiter, etwa die Setzer, an der inhaltlichen Gestaltung insofern zu beteiligen, als ihnen die Möglichkeit eröffnet wird, in die Texte der "Kopf"-Arbeiter, also der Redakteure und Leserbriefautoren, einzugreifen. Die Zahl der Verstöße gegen orthographische Normen ist - etwa im Vergleich zu den Texten des OV-Teilkorpus - erstaunlich groß. Diese Nachlässigkeit gegenüber der äußeren Form steht im Kontrast zu der Sorgfalt, mit der etwa die inhaltlichen Eingriffe in Lesertexte kenntlich gemacht werden. Die TAZ-Redaktion legt zwar Wert auf die Beiträge der Leser, der formalen Korrektheit der veröffentlichten Briefe wird keine so große Bedeutung zugewiesen.

Zusammenfassend ist festzustellen, daß die Gestaltung der Leserbriefrubrik in den Zeitungen sehr unterschiedlich gehandhabt wird: In der FAZ, FR und OV werden die Texte wie alle anderen in der Zeitung erscheinenden bearbeitet, ohne daß dieses kenntlich gemacht wird; einen Sonderfall stellt die TAZ mit dem Markieren von Texteingriffen sowie den Setzerkommentaren dar. Auch die den Leserbriefen zugewiesene Bedeutung ist durchaus unterschiedlich: Hier sind insbesondere FAZ und TAZ hervorzuheben, die sowohl in ihren redaktionellen Hinweisen als auch durch ihre Veröffentlichungspraxis den Leserbriefen einen hohen Wert einräumen. Diesem Befund widerspricht scheinbar das unterschiedlich hohe Maß an Aufmerksamkeit, das die Redaktionen von TAZ und

1 Hier liegt ein Fall von Hyperkorrektur vor (cf. Maas 1985: 79): Die TAZ-Setzer kokettieren mit einer abgewerteten sozialen Praxis, der Nicht-Beherrschung der formalen Normen der Rechtschreibung, indem sie bewußt gegen diese Normen verstoßen und damit den Anspruch nach formaler Korrektheit in hegemonialkulturellen Zeitungen kritisieren.

FAZ der formalen Gestaltung von Leserbriefen widmen: Während in der FAZ in der Regel gut redigierte Texte erscheinen, ist die Zahl der Fehler in der TAZ relativ groß. Jedoch dürfte das Erreichen formaler Korrektheit kein für die TAZ charakteristisches Ziel sein, so daß dieser Aspekt die vorgenommene Gewichtung nicht modifiziert. Die Hinweise in der OV und FR lassen vermuten, daß Leserbriefzuschriften ein geringeres Ansehen genießen. In formaler Hinsicht lassen sich in der OV häufiger Verstöße konstatieren als in der FR, die auch relativ sorgfältig redigierte Texte veröffentlicht.

3.3.3. Thematische Profile der Leserbriefrubriken

Die Auswahl von Leserbriefen zum Zwecke der Veröffentlichung gehört zu den wesentlichen Aufgaben von Redaktionen. Man kann nicht davon ausgehen, daß in der Leserbriefrubrik repräsentativ die Meinungen der Leser wiederzufinden sind. Es ergeben sich Möglichkeiten für die Redaktion, durch die formale und inhaltliche Gestaltung der Rubrik ganz bestimmte Tendenzen zu fördern und andere zu vernachlässigen: Braun erwähnt einige "Manipulations"-Möglichkeiten, die "der Begünstigung einer bestimmten Meinung" dienen können:

> ... einmal durch Unterdrücken (Weglassen) einer belangvollen Gegenmeinung, zum anderen durch Veröffentlichung törichter oder ungeschickter Konträräußerungen, die damit der Lächerlichkeit ausgeliefert werden, drittens durch Bestellen einer erwünschten Stellungnahme, viertens durch die Anordnung der für den Abdruck ausgewählten Leserbriefe selbst (1960: 337f.).

Lediglich die Gestaltung der Rubrik ist also der empirischen Überprüfung zugänglich. Man muß dabei aber berücksichtigen, daß nicht die Lesermeinung dokumentiert werden soll, sondern daß vielmehr die eingehenden Schreiben als Lesestoff aufbereitet werden. Auch die inhaltliche Gestaltung der Leserbriefrubrik gehört also zu den Aufgaben von Redaktionen. Vermittelt erscheint hier jedoch auch die Rezeption einer Zeitung durch die Autoren der Leserbriefe. Ich verfolge in diesem Abschnitt die Hypothese, daß die Themen von Leserbriefen einer bestimmten Zeitung im Zusammenhang mit deren Veröffentlichungspraxis stehen. Dabei ist zunächst zu berücksichtigen, daß ja die meisten Leserbriefe supplementäre Texte sind, die sich meist auf Artikel, die in der Zeitung erschienen sind, beziehen. Das bedeutet auch, daß die von den Redaktionen verfolgte Veröffentlichungspolitik sich indirekt auf die von den Leserbriefen aufgeworfenen Themen auswirkt. So kann zur Orientierung angenommen werden, daß das *thematische Profil* einer Leserbriefrubrik, also die in den Leserbriefen insgesamt vorgenommene Themenauswahl, abhängig ist von der jeweiligen Veröffentlichungspolitik und den damit implizit verfolgten Wertvorstellungen. Die oben aufgewiesenen divergenten Öffentlichkeitsstrukturen [<78ff] dürften sich auch auf die Inhalte der hier untersuchten Leserbriefe beziehen lassen. In der Analyse der thematischen Profile der Leserbriefrubriken habe ich zunächst sowohl Gegenstand als auch Perspektive aller vorliegenden Texte des Korpus I bestimmt. In einem zweiten Schritt wurden dann die Texte größeren Bereichen zugeordnet.

Bereich	Vorkommen in den Teilkorpora (Anzahl der Belege)					
	FAZ	FR	TAZ	OV		
				allgemein	lokal	
parlamentarische Politik	4	1	10	-	-	
außerparlamentarische Politik		-	2	15	-	1
Wirtschaftspolitik	-	1	-	-	3	-
Verteidigungspolitik	1	3	-	-	-	
Umweltpolitik	-	4	2	1	3	2
Sozialpolitik	8	12	13	3	1	
Demonstrationen	-	2	3	2	-	-
Rechtspolitik	-	1	2	2	1	1
Bildungspolitik	-	4	1	-	-	4
Kultur	4	-	6	-	-	
Presse	2	4	19	4	-	
Verkehrspolitik	-	-	2	-	-	8
Kirche	1	3	-	1	-	
Deutschlandpolitik	-	4	4	-	9	-
Außenpolitik	-	7	5	3	-	-

Tabelle 2: Thematische Profile in den vier Teilkorpora[1]

Das thematische Profil der FAZ weist folgende charakteristische Schwerpunkte auf: Eine ganze Reihe von Leserbriefen widmet sich der im Sommer 1984 diskutierten Revision des Scheidungsrechts, so daß sich ein deutlicher Schwerpunkt im Bereich der Familienpolitik ergibt (cf. den Bereich Sozialpolitik in Tabelle 2). Aber auch wirtschaftspolitische Themen werden relativ häufig aufgegriffen. Dabei spielt die Behandlung von Problemen des Arbeitsmarktes, evoziert durch eine Veröffentlichung zu Berechnungen des Präsidenten der Bundesanstalt für Arbeit, eine besondere Rolle. In diesen Bereich gehören auch zwei Texte, die sich mit Tarifvertragsverhandlungen bei der Lufthansa beschäftigen, aber auch einer zur Politik des Bauernverbandes. Einen weiteren Schwerpunkt stellt die Thematisierung deutschlandpolitischer Fragen dar: In drei Leserbriefen werden Angaben der FAZ zur Lage der deutschstämmigen Bevölkerung in Polen korrigiert. Am Schnittpunkt der Bereiche Deutschland und Wirtschaft steht ein Brief, in dem die Vergabe von Krediten an die DDR gerügt wird. In den Texten, die sich mit der Politik der im Bundestag vertretenen Parteien beschäftigen, ist die Gewichtung erstaunlich, da sich kein Text mit der FDP auseinandersetzt, wohl aber jeweils einer mit den Grünen und der SPD und zwei mit der CDU. Im Ausbildungsbereich konzentriert sich das Interesse ausschließlich auf die

1 Einige Texte wurden mehreren Bereichen zugeordnet - insbesondere solche, die sich kritisch mit der Veröffentlichungspraxis der jeweiligen Zeitungen auseinandersetzten, so daß die Zahl der Belege in Tabelle 2 größer ist als 200.

Hochschulen. Hervorzuheben sind schließlich die Bereiche der Gesundheit in mehreren Texten (cf. den Bereich Sozialpolitik in Tabelle 2) - da wird gegen eine Verharmlosung des Rauchens polemisiert - und der Kultur, mit der sich, zu unterschiedlichen Themen, vier Texte befassen. Einige Texte befassen sich mit Fragen der Außenpolitik und da besonders mit Aspekten des Ost-West-Konflikts.

Das thematische Profil der FR weist einen Schwerpunkt im außenpolitischen Bereich auf, genauer in der Beschäftigung mit rüstungspolitischen Themen, die sich auf den Ost-West-Konflikt beziehen. Auch sozialpolitische Fragestellungen werden oft aufgegriffen, wenn etwa Ausbildungsthemen und familienpolitische dort hinzugerechnet werden. Umweltpolitisches wird ebenfalls recht häufig thematisiert, während etwa die Bildungs- oder die Verkehrspolitik nur selten aufgegriffen wird.

Schwerpunkt des thematischen Profils der OV sind Texte, die sich mit lokalen Fragen beschäftigen. Dabei steht die Behandlung von verkehrspolitischen Fragen im Mittelpunkt. Besonderes Interesse finden die Pläne der Bundesbahn, die Strecke Delmenhorst-Bramsche stillzulegen, durch die Vechta an das Bundesbahnnetz angeschlossen ist; aber auch andere Aspekte, wie die Gefährdung von Kindern durch Straßenverkehr, werden behandelt. Daneben stehen die Thematisierung von Problemen Jugendlicher sowie eine Debatte um die Stellung der Universitätsabteilung Vechta. Besonders hinzuweisen ist auf solche Texte, in denen die Veröffentlichungspolitik der OV selbst in den Blick gerät (cf. den Bereich Presse in Tabelle 2). Die nicht-lokalen Briefe weisen einen Schwerpunkt im deutschlandpolitischen Bereich auf, der mit neun Belegen überdurchschnittlich repräsentiert ist. In quantitativer Hinsicht erwähnenswert sind noch die Texte, in denen eine sozialpolitische Debatte geführt wird. Andere Bereiche erscheinen nur vereinzelt. Der signifikante Unterschied des thematischen Profils der OV im Vergleich zu denen von FR und FAZ liegt sicher in der lokalen Orientierung eines großen Teils der Texte. Der deutschlandpolitische Schwerpunkt ist auf die Beiträge zweier "Vielschreiber" zurückzuführen.

Das thematische Profil der im TAZ-Teilkorpus enthaltenen Briefe weist deutliche Unterschiede zu den bisher herausgearbeiteten Strukturen auf. Im Zentrum steht die Beschäftigung mit Themen, die von einer linken Kritik am hegemonialkulturellen Politikbegriff beeinflußt sind. Nicht die an traditionellen Formen repräsentativer Demokratie orientierten Thematisierungen von legislativen bzw. exekutiven Entscheidungen stehen im Vordergrund, statt dessen erfolgt eine Behandlung von Gegenständen, die dem linken bzw. alternativen Politikverständnis zuzuordnen sind. So werden in einer Reihe von Briefen außerparlamentarische Aktionsformen wie Demonstrationen und deren inhaltliche und organisatorische Vorbereitung behandelt - bis hin zu illegalen Aktionsformen wie Anschläge auf Munitionstransporte. In der Kritik der TAZ-Berichterstattung gelangen Aktionen der Friedensbewegung und der Anti-AKW-Bewegung in den Blick. Dagegen beschränkt sich die Thematisierung von parlamentsorientierter Politik auf die Auseinandersetzung um die Weigerung Petra Kellys, sich dem "Rotationsgebot" der Grünen zu unterwerfen. Die "politische Moral" der Grünen gerät über eine Debatte um den "Villenschreck" - ein "grüner Dieb" war in Bremen gefaßt worden - in den Blick. Einen weiteren thematischen Schwerpunkt stellt die Beschäftigung mit Fragen dar, die sich mit dem Verhältnis der Geschlechter zueinander beschäftigen. Während solche Gegenstände in den hegemonialkulturellen Medien dem Bereich Familienpolitik zugeordnet werden, dominiert in der TAZ aus einer Ablehnung staatlicher Familienpolitik heraus die Behandlung feministischer und Sexualität direkt betreffender Themen (cf. den Bereich Sozialpolitik in Tabelle 2). Ein anderer Schwerpunkt ist die Auseinandersetzung mit den Haftbedingungen von Strafgefangenen im allgemeinen und denen von in Justizvollzugsanstalten sich befindenden Mitgliedern der Roten Armee Fraktion im besonderen. Kulturelle Fragen werden im Anschluß an zwei Veröffentlichungen der Soziologen Habermas und Foucault angeschnitten. Im Bereich der Außenpolitik orientiert man sich auf den Aspekt der internationalen Solidarität mit Unterdrückten und Verfolgten. Auffällig ist auch die sehr große Zahl von Texten, die sich auch oder ausschließlich mit der TAZ und ihrer Veröffentlichungspolitik befassen (cf. den Bereich Presse in Tabelle 2).

3.3.4. Zusammenfassung

Die Untersuchung der zeitungsspezifischen Präsentationsform der Leserbriefrubriken hat gezeigt, daß in Hinblick sowohl auf die äußere Gestaltung als auch auf die Hinweise zum redaktionellen Umgang mit Texten signifikante Variationen festzustellen sind: Die Plazierung und die formale Gestaltung der Rubrik sind in den einzelnen Zeitungen unterschiedlich. Die Analyse der redaktionellen Hinweise hat signifikante Unterschiede in der Bewertung von Leserzuschriften deutlich gemacht. Für die FAZ ist festzuhalten, daß den Beiträgen ihres Publikums eine große Bedeutung zugewiesen wird, während die Offenheit der FR als ideologischer Schein entlarvt wurde. Die Leserbriefe in der OV sind wohl weniger impliziten Restriktionen unterworfen, während die TAZ versucht, die große Bedeutung, die Leserbriefen in ihrem Öffentlichkeitskonzept zukommt, auch praktisch umzusetzen. Die in diesem Kapitel untersuchten sprachlichen Formen wie das Layout der Leserbriefrubrik, die Titel oder die distanzierenden Hinweise haben deutlich gemacht, daß in der konkreten redaktionellen Arbeit Leserbriefen eine deutlich unterscheidbare Bedeutung zugewiesen wird. Die für die TAZ und die FAZ gleichermaßen konstatierte große Wertschätzung von Leserbriefen muß nun differenziert werden: Während die FAZ-Redaktion Leserbriefe als Teil der politischen Information ansieht, in denen die Einstellungen und Meinungen der Leser dokumentiert werden (cf. Alles über die Zeitung 1985: 47), beansprucht die TAZ-Redaktion, einen fruchtbaren und kritischen Dialog mit dem Leser zu führen [<83f]. Die von der TAZ dem Leser in den ersten Jahren ihres Bestehens eingeräumten Partizipationsmöglichkeiten wie die Teilnahme an Redaktionssitzungen zeigen, daß in der TAZ versucht wurde, ein die herkömmliche Trennung zwischen Redaktion und Leser aufhebendes Öffentlichkeitskonzept auch zu praktizieren. Dagegen integriert die FAZ die Lesereinsendungen in ihr redaktionelles Konzept, macht sie zu einem Teil ihrer Veröffentlichungspolitik. Zumindest in diesem Punkt unterscheidet sie sich von FR und OV, in denen Leserbriefe eher beiläufig behandelt werden.

Die Auseinandersetzung mit den thematischen Profilen hat gezeigt, daß in der Tat von divergierenden thematischen Profilen in den Zeitungen auszugehen ist, die sich auf die thematische Struktur der Leserbriefseite auswirkt. Um diesem Zusammenhang näherzukommen, müßte man aber sowohl in quantitativer Hinsicht die Materialgrundlage erweitern als auch in qualitativer Hinsicht das Untersuchungsdesign auf diese Fragestellung abstimmen: Es wären auch qualitative Studien zu betreiben, in denen thematische Schwerpunkte der Leserbriefrubrik mit denen des redaktionellen Teils der Zeitung verglichen werden. Eine solche Ausweitung ist im Zusammenhang dieser Arbeit weder sinnvoll noch lohnend, denn der analytische Aufwand würde in keinem Verhältnis zu den erwartbaren Ergebnissen stehen. Der Zusammenhang zwischen Veröffentlichungspolitik einer Zeitung und dem thematischen Profil ihrer Leserbriefrubrik dürfte auch so evident sein. Es zeigt sich darüber hinaus, daß es nicht so sehr die Themen als vielmehr die ideologischen Schreibweisen sind, die die verschiedenen Teilkorpora voneinander unterscheiden: Diese werden im nun folgenden Abschnitt behandelt.

3.4. Strukturierung des politischen Raums: Ideologische Schreibweisen

Die Auseinandersetzung mit den unterschiedlichen thematischen Profilen von Leserbriefen in den hier untersuchten Rubriken hat gezeigt, daß es einen Zusammenhang zwischen der durch eine Zeitung etablierten Teilöffentlichkeit und den in den Texten behandelten Gegenständen gibt. In diesem Kapitel möchte ich deutlich machen, daß auch die Perspektiven von Leserbriefautoren einer Zeitung gewisse Gemeinsamkeiten aufweisen. Dabei greife ich wiederum auf die Texte in den Teilkorpora zurück, um die Hypothese, daß die politischen Orientierungen von Leserbriefschreibern und Zeitungsredaktionen sich im wesentlichen entsprechen, empirisch zu stützen. Für die Beschreibung von überindividuellen Perspektiven werde ich den Begriff der *Schreibweise* in Anschluß an Barthes (1953) benutzen.[1] In der Systematik Barthes' ist die Schreibweise von literarischen Texten zu unterscheiden von der Sprache, die dem Autor als sozialem Wesen vorgegeben ist, und dem Stil, der als persönliche Konvention des Schreibers dessen Ausdrucksweise bestimmt. Die Kategorie der *Schreibweise* erfaßt dagegen eine Funktionsbestimmung, nämlich die Beziehungen

1 Der Terminus *Schreibweise* verweist auf den französischen Begriff *écriture*, dessen Bedeutung eine Übersetzung im Sinne sowohl von 'Schrift', einem systematischen Begriff (cf. Derrida 1967), als auch von 'Gestaltung eines Textes durch einen Autor' erlaubt.

zwischen dem Text und der Gesellschaft. Während Sprache und Stil Gegebenheiten darstellten, denen sich der Schreiber unterwerfen müsse, stellt die Schreibweise das Resultat einer Wahl dar, und zwar in Bezug auf einen "Ton", ein "Ethos" und einer "menschlichen Verhaltensweise" (Barthes 1953: 17-19). Fietz (1982: 133) nun hat darauf hingewiesen, daß die Objekte der Wahl verschiedenen Vorstellungsebenen angehören: Während die Kategorien Ethos und Verhaltensweise eine konkrete soziale Praxis und deren Logitimation durch Werte erfassen, verweisen die Kategorien Ton und Schreibweise auf die sprachliche Praxis. Die Schreibweise eines Autors ist also ein sekundäres Phänomen, das die Entscheidung für ein spezielles Wertesystem reflektiert und vermittelt (cf. Fietz 1982: 133). Die Trennung der Ebenen Sprache, Stil und Schreibweise mag ein Beispiel verdeutlichen. Die in Leserbriefen häufig auftauchende Stilfigur der rhetorischen Frage ist einerseits als Ausdruck von systematischen Eigenschaften der Sprache anzusehen - Syntax von Fragesätzen -, andererseits als stilistisches Mittel zu charakterisieren - als Frage, die keine Antwort erfordert, da sie diese schon implizit enthält. Das jeweils Erfragte und damit Kritisierte ist jedoch abhängig von der jeweils eingenommenen Perspektive, die eine bestimmte Schreibweise evoziert. Für die Analyse von Leserbriefen muß der skizzierte Begriff der Schreibweise, der für literarische Texte konzipiert wurde, präzisiert werden. Barthes selbst setzt sich mit "politische Schreibweisen" auseinander, deren Chrakteristikum darin bestehe, "mit einem einzigen Zug die Realität der Handlungen und die Idealität der Zwecke miteinander zu verbinden" (1953: 27). Die Schreibweise ist eine Gegebenheit, sie bietet sich dem Schreibenden an als Möglichkeit, sich ihr anzuvertrauen, auf Vor-Schriften zurückzugreifen. In Leserbriefen als im Feld der Meinungsbildung anzusiedelnden Texten ist der Bezug auf kollektive Wertorientierungen hervorzuheben. Ich werde i.f. den Begriff der *ideologischen Schreibweise* verwenden. Unter *Ideologie* verstehe ich sehr weit ein System von Ideen und Wertsetzungen, die geeignet sind, politisches Handeln zu legitimieren, es von anderem abzugrenzen und eine Beurteilungsgrundlage politischer Praxis zu geben. Ideologien dienen als Ordnungsschemata für soziale Erfahrungen und zur Herstellung bzw. zur Aufrechterhaltung der politischen Identität gesellschaftlicher Gruppen.[1] Ein Text ist dann einer ideologischen Schreibweise zuzuordnen, wenn er als Ausdrucksform der sprachliche Praxis einer sozialen Gruppe rekonstruierbar ist, die sich durch eine gleiche oder ähnliche Deutung von gesellschaftlichen Verhältnissen auszeichnet und sich dadurch von anderen Gruppen unterscheidet.[2]

---

1 Cf. zum Ideologie-Begriff auch Dierse 1976 mit einem Überblick und Straßner 1987: 1-15

2 Eine ähnliche Fragestellung verfolgt auch Svensson 1978, wenn er als zentrales Problem seiner Entwicklung des Anspielungskonzepts in Hinblick auf sozialdemokratische Texte zu wirtschaftspolitischen Themen nach 1945 fragt: "Woran erkennt ein Rezipient die für die SPD typische Interpretation von Welt?" (117) Zum Anspielungskonzept Januscheks, das auch in Auseinandersetzung mit Svensson 1978 entwickelt wurde, cf. Teil 3.1.

Diese Bestimmung setzt in diesem Zusammenhang voraus, daß die jeweils unterschiedlichen ideologischen Orientierungen im Textmuster Leserbrief ausgedrückt werden, also Aspekte von "Schreibweisen des Leserbriefs" sind. Während einzelne Texte einen bestimmten Gegenstand in einer spezifischen Perpektive sprachlich gestalten, können mehrere Texte zu verschiedenen Gegenständen aus gleicher oder ähnlicher Perspektive geschrieben werden. Diese auf einer ideologischen Orientierung beruhenden Gemeinsamkeiten, eine Art kollektiver Perspektive, sind als ideologische Schreibweisen zu rekonstruieren. Eine Alternative zur gewählten Terminologie hätte darin bestanden, den aus der Nachrichtentechnik übernommenen Begriff des Codes im skizzierten Zusammenhang einzuführen, etwa in Anlehnung an Reucher (1986: 10), der feststellt, daß der gesellschaftliche Code mit der sprachlichen Regelung auch die Regeln des individuellen und gesellschaftlichen Denkens festlege. Allerdings halte ich den Code-Begriff für nicht so offen, daß ich seine Implikationen ignorieren könnte. Zudem erhält er in der Formulierung Reuchers etwas vorab Festgelegtes, während die Konzeption der Schreibweise die Wahlmöglichkeit des schreibenden Subjekts auch begrifflich aufbewahrt.

3.4.1. Zur Rekonstruktion von ideologischen Schreibweisen

Die folgende exemplarische Analyse von vier ausgewählten Texten aus dem Korpus I hat die Funktion, textimmanente Merkmale zu benennen, die für ein bestimmtes Teilkorpus spezifisch sind. Um eine relative Konstanz des Gegenstands zu gewährleisten, habe ich vier Texte ausgewählt, in denen Probleme der Umweltpolitik behandelt werden. In einem ersten Schritt erfolgt die Rekonstruktion der die Hauptthese stützenden Argumentation; im zweiten Schritt werden die impliziten Voraussetzungen des Textes herausgearbeitet; im dritten Schritt wird die Wertstruktur der Texte entfaltet. Im abschließenden vierten Schritt erfolgt dann eine Charakterisierung des dem Text zugrunde liegenden Ideologiefragments.

Der erste Beispieltext erschien am 24.7.1984 in der FAZ.

(4) Die Wälder sind anfälliger als früher

Bei der laufenden Diskussion über die Nadelholz-Schädigungen wird völlig übersehen, daß diese Wälder jetzt oft einen viel zu dichten Besatz haben, wie ich zwischen Odenwald bis Oberhessen vielerorts beobachtete. Jedenfalls hier stehen jüngere und ältere Bäume sehr viel dichter, als man es beim Pilzesuchen in den Notzeiten des Ersten und des Zweiten Weltkrieges kannte. Offensichtlich haben die Förster das frühere systematische "Ausholzen" unterlassen,

womit vorher insbesondere "Grubenholz" in vielen Güterzügen in die Kohlezechen geliefert wurde. Dies unterblieb wegen dortiger Veränderungen im Betrieb unter Tage. In den heutigen überdichten Baumbeständen, die den ostamerikanischen Wildwäldern auf längst verlassenen Bauernhöfen ähneln, entwickeln sich viele Bäume schwächlicher. Damit sind sie viel anfälliger als früher gegen altgewohnte Schädigungen aller Arten.
Daß vielerorts die Schwefeldioxideinwirkung stärker als früher ist, ergibt sich aus der Verdoppelung der Bevölkerungsdichte und der Industrialisierung. Dies war aber nach Kriegsende vorauszusehen und hätte durch Schwefeldioxid-resistentere Baumsorten abgewendet werden können, was leider unterblieben ist. Ferner unterblieb in den sozialliberalen Zeiten der genügende Ausbau der sauber arbeitenden Kernenergie.
Seit den letzten großen Ölpreis-Erhöhungen kamen noch lokale Überbelastungen durch Kohle-Kraftwerke, darunter "Super-Qualmer" wie "Staudinger", das Mainz-Wiesbadener auf der Rhein-Insel, auch die Raffinerie von 6096 Raunheim. Diese werden seit Jahrzehnten vom zuständigen hessischen Ministerium geduldet. Hiergegen sind seine mobilen Meß-Abteilungen nutzlos, denn bei ihrem Eintreffen am Belästigungsort haben sich die Qualmfahnen längst verschoben. Ob Stickoxide generell sehr schädlich für Nadelholz-Bäume sind, erscheint fraglich, weil die gelbe Stickoxid-Rauchfahne der Hoechst AG in den umgebenden Wäldern seit über 60 Jahren scheinbar bis-

her keine besonderen Schäden ange-
richtet hat.

In Text 4 geht es um einen Aspekt der Umweltbelastung von Wäldern durch in die Atmosphäre abgegebene Schadstoffe, die bei Verbrennungsprozessen entstehen, kurz: um das sogenannte "Waldsterben". Der Text enthält keinen Verweis; er thematisiert als ergänzender Leserbrief einen Aspekt, der nach Einschätzung des Autors bislang *völlig übersehen* wurde, nämlich den *viel zu dichten Besatz* von Wäldern. Grundlage dieser Beurteilung ist die subjektive Empirie des Autors, die ihn im historischen Vergleich zur Formulierung der Hypothese veranlaßt, daß aufgrund struktureller Bedingungen im Bergbau die Nachfrage nach "*Grubenholz*" zurückgegangen sei und damit das systematische Ausholzen in den Wäldern unterlassen werde, was zu einem allzu dichten Baumbestand und damit zu einer *schwächlichen* Entwicklung vieler Bäume geführt habe: *Damit sind sie viel anfälliger als früher gegen altgewohnte Schädigungen aller Arten* (Z: 22-24). Nach der argumentativen Entfaltung der Hauptthese führt der Autor andere Umstände an, die geeignet sind, diese These zu stützen. Die größere Schwefeldioxideinwirkung sei vorhersehbar gewesen und hätte durch die Züchtung resistenter Baumsorten abgewendet werden können. Zudem sei "*in sozialliberalen Zeiten der genügende Ausbau der sauberen Kernenergie unterblieben*" (Z: 33-36).

Es lohnt sich, die impliziten Voraussetzungen dieser Behauptung genauer zu untersuchen. Im gleichen Absatz (Z: 25-36) wird zuvor die Züchtung schwefelresistenter Bäume angemahnt und lakonisch angemerkt: *was leider unterblieben ist.* Durch die Form der Deagentivierung verzichtet der Autor darauf, die Verantwortlichen zu benennen. Aber auch im folgenden Satzausdruck findet sich keine explizite Agensbestimmung, die jedoch implizit in der temporalen Präpositionalgruppe *in den sozialliberalen Zeiten* enthalten ist. Dieser Ausdruck setzt eine Behauptung voraus, die in etwa beinhalten müßte, daß die Politik der sozialliberalen Regierung in den siebziger Jahren den Ausbau der Kernenergie unterlassen habe. Nun erscheint im Text der Ausdruck *sauber arbeitende Kernenergie* (Z: 35-36). Wenn man nun berücksichtigt, daß auch die Opposition von *dreckig* vs. *sauber* auf die von *schädlich* vs. *unschädlich* und damit auf eine bestimmte politische Anschauung verweist, die mit dem Vorwurf gegen die frühere sozialliberale Regierung durchaus verträglich ist, zeigt sich an dieser Stelle, daß hier die Behandlung des "Waldsterbens" in eine Richtung gelenkt wird, die mit der grundsätzlichen politischen Orientierung der FAZ übereinstimmt.

Eine methodische Anmerkung sei an dieser Stelle gestattet: In der eben vorgenommenen Textanalyse habe ich versucht, für die in dem Text erscheinenden Ausdrücke deren vorausgesetzte Behauptungen zu formulieren. Die Klärung solcher Ausdrücke kann nicht bis hin zu einer Basis verfolgt werden, sie ist vielmehr ein infiniter Regreß.[1] In diesem Zusammenhang treibe ich die Rekonstruktion der vorausgesetzten Behauptungen jeweils so weit, bis die politischen Orientierungen der Schreiber in den Blick kommen. Doch zurück zum Text: Die festgestellte politische Orientierung wird in der abschließenden Textpassage noch einmal bestätigt, wenn "*dem zuständigen hessischen Ministerium*" vorgeworfen wird, durch die Duldung zusätzlicher Kohle-Kraftwerke die Umweltbelastung noch zu erhöhen (Z: 37-45). Es gerät die 1984 von der SPD geführte hessische Landesregierung in die Linie der Kritik, die dann auch noch der Lächerlichkeit preisgegeben wird: Messungen der Umweltbelastung seien nutzlos, und zudem sei noch gar nicht sicher, ob die gemessenen Stickoxide wirklich für den Wald gefährlich seien; als Pointe bringt der Autor die scheinbar nicht umweltschädlichen Emissionen der in Hanau ansässigen chemischen Firma *Hoechst AG* ins Spiel (Z: 45-56).

Das, was der Autor als Ergänzung gestaltet hat, erweist sich bei näherem Hinsehen als Kritik an einer von der SPD verantworteten Umweltpolitik; aufgrund der herausgearbeiteten vorausgesetzten Behauptungen ist eine Übereinstimmung mit der von der FAZ vertretenen Veröffentlichungspolitik festzustellen.

Wenn die Analyse in Hinblick auf die inhärente Wertstruktur vertieft wird, ergibt sich folgendes Bild: Hinter einer dem Anspruch nach rationalen Auseinandersetzung mit den Problemen des Waldsterbens verbirgt sich ein Plädoyer des Autors für den Ausbau der *sauber arbeitenden Kernenergie*. Zusammen mit der Kritik sozialliberaler Politik zeigt dies, daß sich der Autor an den politischen Zielen der CDU/CSU orientiert, die ebenfalls diese Forderung vertritt. Die negative Beurteilung von ökologisch begründeten Maßnahmen kommt schließlich auch in dem Verweis auf die Unwirksamkeit von Umweltmessungen zum Ausdruck. Es ergibt sich folgende Wertstruktur (W 4):

+	-
Kernenergie (CDU/CSU-Politik)	Kohle-Kraftwerke (SPD/FDP-Politik)

Die den Text bestimmende ideologische Schreibweise ist zunächst als eine durch den Zugang zum Thema über vom Autor selbst gemachte Beobachtungen zu beschreiben, die ihn zu einer ergänzenden Stellungnahme zum Problem des Waldsterbens gebracht haben. Er verbindet diesen Ansatz mit einem Rückgriff auf eine politische Position, in der auf den weiteren Ausbau der Kernenergie gesetzt wird. Die Kritik sozialdemokratischer Politik macht zusätzlich deutlich, daß der Autor auf eine konservative Ideologie zurückgreift, die im wesentlichen mit der in der FAZ vertretenen übereinstimmt.

Text 7 erschien am 24.6.84 in der FR:

---

1 Der Hinweis auf den infiniten Regreß nimmt Bezug auf die Diskussion von indexikalischen Ausdrücken in der ethnomethologischen Konversationsanalyse (cf. Garfinkel/Sacks 1970).

(5) <u>Notfalls auch gegen EG-Vertrag</u>

Da stirbt der Wald schon hektarweise dahin, und die Minister streiten, ob der EG-Vertrag saubere Auspuffe nur in der Bundesrepublik Deutschland zulasse. Sie haben noch immer nicht begriffen, worum es geht. Obwohl man von einem sich sozial nennenden Staat erwarten sollte, daß er solchen Schaden vom Volk fernhält durch vorausplanende Verhinderung (Warnungen hat es genug gegeben!), sehe ich mich auch in der letzten Hoffnung getäuscht, daß spätestens etwas unternommen wird, wenn die Katastrophe schon voll im Gange ist. Sie sehen sie wohl nicht. Sind sie wirklich so töricht zu glauben, all die Gifte und Schadstoffe würden von den Nahrungsmitteln auf den Äckern, vor dem Boden und vor dem Grundwasser haltmachen? Worauf warten sie denn alle noch? All dem, was da schon an Zerstörung sichtbar und noch nicht für jedermann sichtbar vor sich geht, ist schon längst nicht mehr mit industriefreundlichen Programmen bis zum Jahr 2000 beizukommen. Für die langfristige Sicherung der Lebensgrundlagen in diesem Land sind nur noch radikale Sofortmaßnahmen erfolgversprechend. Was dieses Land braucht, ist ein kompromißloses Nationalprogramm für die Erhaltung der natürlichen Lebensgrundlagen, denn die Natur verträgt keine Kompromisse mehr. Andere Staaten mögen dem Beispiel folgen. Wenn der EG-Vertrag dem entgegensteht, gehört er schleunigst gekündigt.

In 5 geht es um die im Sommer 1984 geplanten Steuerermäßigungen für schadstoffarme Kraftfahrzeuge und der Forderung nach Ausweitung der für die Bundesrepublik formulierten Grenzwerte auf die Mitgliedsländer der Europäischen Gemeinschaft. Den Standpunkt des Autors läßt schon die einleitende Formulierung (*Da stirbt der Wald schon hektarweise dahin, und die Minister streiten, ob der EG-Vertrag saubere Auspuffe nur in der Bundesrepublik Deutschland zulasse*, Z: 1-4) erkennen. Er beurteilt die Auseinandersetzungen negativ. Diese

These wird durch das Argument gestützt, daß es einem "*sich sozial nennenden Staat*" nicht gelinge, "*Schaden vom Volke*" fernzuhalten, da nichts unternommen werde, um die Umweltbelastung zu reduzieren (Z: 6-14). Der Gegenstand erfährt eine Erweiterung auf alle umweltschädlichen Einflüsse. Nach einer Reihe von rhetorischen Fragen erscheint die Hauptthese des Textes: *Für die langfristige Sicherung in diesem Land sind nur noch radikale Sofortmaßnahmen erfolgversprechend* (Z: 25-28). Es wird ein "*kompromißloses Nationalprogramm*" zur Erhaltung der natürlichen Ressourcen gefordert, notfalls auch ohne die anderen EG-Partner (Z: 28-35).

Eine Analyse der vorausgesetzten Behauptungen kann deutlich machen, daß, obwohl keine explizite Parteiorientierung festzustellen ist, durchaus die damalige Bundesregierung (eine CDU/CSU/FDP-Koalitionsregierung) ins Zentrum der Kritik gerückt ist. Der Autor bezieht nicht Stellung als Grüner oder SPD-Anhänger, sondern er beruft sich auf wie auch immer zu definierende nationale Interessen. Implizit richtet sich seine Argumentation jedoch gegen die von der Bundesregierung verfolgte Absicht, eine Einführung von Steuererleichterungen für schadstoffarme Kraftfahrzeuge von einer europaeinheitlichen Regelung abhängig zu machen, ein Junktim, mit dem man eine rasche Einführung der angestrebten Maßnahmen immer wieder hinausgezögert hatte. Damit wird der Text jedoch integriert in eine politische Konstellation, in der die Politik der Bundesregierung negativ bewertet wird. Der Rückgriff auf *nationale Interessen*, die als nicht konkret politisch erscheinen, setzt aber dennoch eine regierungskritische Orientierung voraus. Damit bleibt der Text in dem durch die FR-Politik fixierten Spektrum.

Die im Text enthaltenen positiven Wertungen beziehen sich auf eine Zielformulierung (*langfristige Sicherung der Lebensgrundlagen in diesem Land*, Z: 25-26) sowie auf die darauf bezogene Nennung von Mitteln (*radikale Sofortmaßnahmen*, Z: 27; *kompromißloses Nationalprogramm*, Z: 29-30). In Opposition dazu lassen sich die negativen Wertungen formulieren: Der "*Streit der Minister*" um saubere Auspuffanlagen bildet den Ausgangspunkt des Textes, die Unentschiedenheit im Handeln angesichts der nahenden "*Katastrophe*" ist ein weiterer wichtiger Argumentationsschritt, und der derzeitige Zustand wird als "*Zerstörung*" beschrieben, der mit "*industriefreundlichen Programmen*" nicht mehr beizukommen sei. Auch in diese Gegenüberstellung mischt sich eine parteipolitische Präferenz: Der Vorwurf an den CSU-Innenminister, industriefreundliche Programme zu verfolgen, verrät eine Orientierung an der Programmatik der SPD. Die Wertstruktur dieses Textes kann so zusammengefaßt werden (W 5):

+		
radikale Sofortmaßnahmen	Streit der Minister	
kompromißloses Nationalprogramm		Industriefreundliche Programme
Sicherung der Lebensgrundlagen		Zerstörung
(SPD-Politik)		(CDU-Politik)

Die entschiedene Kritik an der Umweltpolitik der Bundesregierung zeigt zunächst, daß der Autor sich durchaus an der politischen Linie der FR orientiert. Da die Regierung Adressat seiner Forderungen ist, kann auf eine grundsätzliche parlamentarische Form politischer Praxis geschlossen werden. Die hier vertretene Position beinhaltet zwar die Forderung nach ökologischer Sicherung der Lebensgrundlagen, sie bleibt jedoch an die auf parlamentarische Arbeit fixierten politischen Parteien gebunden. Die Möglichkeiten außerparlamentarischer Aktivitäten jedoch klingen nicht an.

Text 6 erschien am 30.8.1984 in der OV:

(6) <u>Nur ein Baum?</u>

Vor mir liegt das Foto eines alten Baumes. Er sieht interessant und merkwürdig aus. In etwa 3 m Höhe biegt der Hauptstamm fast um 90 Grad in die Waagerechte ab, die noch eine Länge von ca. 2 m hat. Dünnere Äste wachsen aus diesem schiefen Stamm in verschiedene Richtungen. Man hat das Gefühl, daß der Baum durch diesen seltsamen Wuchs sein Gleichgewicht nicht halten kann, aber er kann es.

Der Baum ist wirklich sehenswert.

Er stand bis Montag, den 27. 8.84, in Langförden vor einem Blumengeschäft. Dann erreichte ihn die kommunale Planung der neuen Ortsdurchfahrt in Form einer Motorsäge. Es traf ihn zusammen mit einer großen, gesunden, stämmigen Kastanie auf der anderen Seite des Geschäftes. Zufällig vorbeikommende Passanten reagierten empört bis verständnislos, hatte man doch nicht das Gefühl, daß die Bäume der neuen Straße im Wege stehen. Vielleicht sind aber 3 Parkplätze wichtiger als 2 alte Bäume.

Allmählich arbeiten sich die Bagger nun auf eine alte Eichengruppe ganz in der Nähe vor, und auch die lange Pappelreihe gegenüber dem Erzeuger-Großmarkt kommt in ihren Wirkungsbereich. Wird es auch hier Opfer geben?

Eines Tages wird man in Langförden sicherlich eine Foto-Ausstellung des "alten" Langfördens sehen können. Spätestens dann wird sich vielleicht manch einer fragen, wo ist denn nur der seltsam gewachsene Baum geblieben? Mit Bedauern wird er dann vielleicht zur Kenntnis nehmen, daß der Baum im Rahmen des Ausbaus der Ortsdurchfahrt leider gefällt werden mußte. Er wird mit der Schulter zucken und sich sagen, es war ja nur ein Baum.

Nur ein Baum?

Text 6 beginnt mit der Beschreibung eines Photos, auf dem ein Baum abgebildet ist. Sie endet mit der Feststellung, daß dieser Baum wirklich sehenswert sei (Z: 1-16). Diese Beschreibung dient nun dazu, die zentrale These des Textes vorzubereiten, nämlich die Kritik an der kommunalen Planung des Ortes Langförden bei Vechta, die zugunsten einer Verkehrsplanung auch das Fällen alter Bäume in Kauf nehme. Diese These wird relativ lang ausgeführt: Einleitend wird berichtet, daß der Baum gefällt worden sei, zusammen mit einem anderen alten Baum. Es wird von "*zufällig vorbeikommende(n) Passanten*" berichtet, die "*empört bis verständnislos*" reagiert hätten. Ironisch merkt der Autor an: "*Vielleicht sind aber 3 Parkplätze wichtiger als 2 alte Bäume*" (Z: 31-33). Im darauf folgenden Absatz (Z: 33-41) wird die Befürchtung artikuliert, es könnten noch weitere Bäume zugunsten des Ausbaus der Ortsdurchfahrt gefällt werden. Der Absatz schließt mit der rhetorischen Frage "*Wird es auch hier Opfer geben?*", in der der Baum durch die Verwendung von *Opfer* anthropomorphisiert wird. Schließlich wird eine zukünftige "*Foto-Ausstellung des alten Langfördens*" antizipiert, anläßlich derer sich dann mancher fragen würde, was denn mit dem "*seltsam gewachsenen Baum*" geschehen sei und dann, nachdem die Antwort gegeben sei, "*mit der Schulter zucken und sich sagen, es war ja nur ein Baum*" (Z: 55-57). "*Nur ein Baum?*" fragt denn auch abschließend rhetorisch der Autor.

Die Frage nach den vorausgesetzten Behauptungen des Textes richtet sich nicht so sehr nach der dargestellten Faktizität, die an dem Topos "Für Autos müssen Bäume weichen" orientiert ist, sondern nach den politischen Entscheidungsprozeduren, die hinter den dargestellten Fakten liegen. Es wird die "*kommunale Planung in Form einer Motorsäge*" erwähnt, der Passanten - und sicher auch der Autor - "*empört bis verständnislos gegenüberstehen*". In die Kritik geraten also die Konsequenzen der von kommunalen Gremien beschlossenen verkehrspolitischen Maßnahmen, die auf Unwillen in der Bevölkerung stoßen. Die Richtung der Kritik dürfte ein Appell an die politisch Verantwortlichen sein, bei künftigen Entscheidungen mehr auf die Erhaltung des traditionell Gewachsenen zu achten; aber es fehlt dem Text eine dezidiert politische Richtung. Die dem Text zugrunde liegende Wertstruktur weist die folgende Verteilung auf: Positive Werte werden den alten Bäumen zugewiesen, negative Werte dem Straßenverkehr. Auch die kommunale Planung ist negativ besetzt, jedoch ist ein in Opposition dazu stehender positiver Wert nicht auszumachen. Es ergibt sich also die folgende Wertstruktur (W 6):

+	-
alte Bäume	Straßenverkehr
kommunale Planung	

Die in diesem Text verwendete Schreibweise ermöglicht es dem Autor, seine unmittelbare Umgebung zum Gegenstand zu machen. Adressaten des Schreibens sind also die Bürger bzw. der Stadtrat von Langförden richtet, eine dezidierte (partei-)politische Stoßrichtung ist nicht erkennbar. Die in diesem Text vertretene ideologische Position ist mit der für Text 6 herausgearbeiteten vergleichbar, da ohne Bezug auf die Arbeit von poltischen Parteien scheinbar neutral die Erhaltung alter Bäume gefordert wird, die nicht zugunsten des Verkehrs gefällt werden dürften. In Kontrast steht dazu die implizite Kritik der lokalen CDU-Politik - die CDU verfügt in den kommunalen Gremien von Langförden über die Mehrheit -, die im Widerspruch zu der von der OV vertretenen Linie steht.

Text 7 erschien am 28.7.1984 in der TAZ:

(7) <u>Widerstand</u>

<u>Widerstand in Wackersdorf/Oberpfalz</u>

Hallo Freunde von der taz:
leider finden sich in eurer Zeitung zu selten Berichte über den Widerstand hier in Wackersdorf in der Oberpfalz gegen die WAA.
Daß es auch hier etwas zu berichten gibt, ist jedem aus der Gegend klar. Klar ist auch, daß der Widerstand in Dragahn

größer bzw. wirkungsvoller ist als hier im Süden.

Aber gerade darum bedarf er eurer Aufmerksamkeit und eurer Mithilfe als Zeitungsmacher/innen. In dieser Beziehung steht ihr bis jetzt der bürgerlichen Presse nicht nach und setzt dieses Nord-südgefälle fort. Natürlich verhindert ein Bericht in der taz noch keine WAA in Wackersdorf oder anderswo, aber er könnte die Aktivitäten und deren Sinn über ein großes Gebiet verbreiten und so zur Solidarität und Auseinandersetzung beitragen. Diese läuft hier zwar auch, aber auf ein kleines Gebiet (Oberpfalz/Franken) begrenzt. Ihr könntet diese Information weitergehender unter die Leute bringen und so auch hier (Süddeutschland) die WAA zum Thema machen.

In diesem Sinn

WIR DIE AKTIONEN IHR DIE INFORMATIONEN

In 7 wird im wesentlichen das Ziel verfolgt, eine ausführlichere Berichterstattung über den Widerstand gegen den geplanten Bau einer Wiederaufbereitungsanlage in Wackersdorf durch die TAZ einzufordern (Z: 3-6). Zur Stützung dieser These wird zunächst darauf verwiesen, daß in der Region einige Aktionen durchgeführt werden, über die eine Berichterstattung lohne. Dieser Aspekt erfährt jedoch eine Einschränkung, indem in Form eines Vergleiches mit Aktivitäten im niedersächsischen Dragahn der weniger wirkungsvolle Widerstand in der Pfalz herausgestellt wird (Z: 7-11). Diese Einschränkung nun hat die Funktion, den Appell an die TAZ-Redaktion zu wiederholen, gestützt durch einen Vergleich mit der Berichterstattung der "*bürgerlichen Presse*" (Z: 12-17). Sodann räumt der Autor ein, daß mit einem TAZ-Bericht der Bau der Wiederaufbereitungsanlage nicht verhindert werden könne, um dann, das adversative *aber* verwendend, die Herstellung einer breiten Öffentlichkeit zu fordern (Z: 17-25). Im Anschluß daran greift der Autor noch einmal seinen Appell auf, indem er auf die Möglichkeiten der TAZ bei der Verbreitung von Informationen hinweist. Die anschließende, in Majuskeln gedruckte Parole faßt die im Text vorgetragene Diskussion zusammen (Z: 31-32).

Die Analyse der vorausgesetzten Behauptungen setzt zunächst an der im Text dreimal erscheinenden Abkürzung *WAA* an, die, da nicht erklärt, als bekannt vorausgesetzt wird. Die *W*iederaufbereitungsanlage für radioaktive

Brennstäbe aus Atomkraftwerken ist seit 1976 ein immer wieder von der Bewegung gegen Atomkraftwerke aufgegriffenes Thema: Die Entscheidung, diese Anlage im pfälzischen Wackersdorf zu errichten, ist natürlich von den Atomkraftwerksgegnern zur Kenntnis genommen worden. Es ist für diese Gruppen klar, daß gegen ihren Bau "*Widerstand*" zu leisten ist, der - um weitere Schlüsselwörter zu benennen - in Form von "*Aktivitäten*" und "*Aktionen*" von Atomkraftwerksgegnern geplant und durchgeführt wird: Daraus folgt für den Schreiber, "*daß es auch hier etwas zu berichten gibt*" (Z: 7-8). Die Zugehörigkeit des Autors zur Anti-AKW-Bewegung wird auch in anderen Textelementen deutlich: etwa, wenn er Parolen der Bewegung zitiert (*keine WAA in Wackersdorf oder anderswo*, Z: 18-19) oder einen Beitrag zur "*Solidarität und Auseinandersetzung*" (Z: 22-23) von der TAZ fordert. Auch der Appell an die TAZ, mehr darüber zu berichten, verweist auf das dem Aufklärungsgedanken verpflichtete Politikverständnis von Bürgerinitiativen. Diese Hinweise sollten genügen, um deutlich zu machen, daß es um die interne Information der Anti-AKW-Bewegung geht, andere gesellschaftliche Gruppen sollen nicht erreicht werden. Um so massiver dürfte der Vorwurf an die TAZ sein, sie stehe der "*bürgerlichen Presse*" in nichts nach: Der Vergleich trifft eine Zeitung, die sich gerade in Opposition zur hegemonialkulturellen Öffentlichkeit definiert, indem unterstellt wird, sie würde ihren selbstauferlegten Veröffentlichungspflichten nicht nachkommen.

Die in diesem Text implizite Wertstruktur läßt sich so beschreiben: Positiv besetzt sind Begriffe wie *Widerstand leisten*, *Information*, *Aktion*, *Solidarität* und *Auseinandersetzung*, während die negativ dazu zu formulierenden Begriffe nur in dem Ausdruck *bürgerliche Presse* erscheinen. Es wären also zunächst die zuerst genannten Begriffe unter dem Schlagwort "alternative Politik" in Opposition zu "bürgerliche Politik" zusammenzufassen. Die im Text kritisierte Veröffentlichungspolitik der TAZ ist in diese Struktur dann so einzuarbeiten, daß die TAZ den Anforderungen alternativer Politik nicht genügt, also Elemente bürgerlicher Politik verfolgt, obwohl sie die propagierten Inhalte auch trägt. In einer schematischen Übersicht können die vorgetragenen Überlegungen so zusammengefaßt werden (W 7):

+	-
- alternative Politik	- bürgerliche Politik
- Widerstand leisten	
- Aktion, Aktivitäten	- Veröffentlichungspolitik der TAZ
- Solidarität, Informationen	
- Auseinandersetzung	

In Text 7 verbinden sich zwei ideologische Schreibweisen: Zum einen wird die zeitungsspezifische Veröffentlichungspolitik der TAZ kritisiert, die Kritik richtet sich also auf die Zeitung selbst; zum anderen erweist sich der Text in hohem Maße als auf besondere Adressaten bezogen, indem er positive Elemente alternativer Politik aufgreift. Deutlich wird an diesem Beispiel auch ein anderer Politik-Begriff: Adressaten sind nicht mehr, wie in den Beispielen 6 und 7, parlamentarische Instanzen, im Text wird vielmehr auf charakteristische Formen außerparlamentarischer politischer Praxis zurückgegriffen. Damit verweist der Text auf ideologische Positionen, die zu den Grundlagen links-alternativer Politik gehören.

Nach der exemplarischen Analyse von vier Texten kann nun der Begriff der ideologischen Schreibweise präzisiert werden: Die Perspektive, in der ein Gegenstand erscheint, beruht in der Regel auf einer ideologischen Orientierung des Autors. Die sprachlichen Indikatoren von Schreibweisen sind die im Text enthaltenen Schlüsselwörter, genauer: ihre Verteilung und ihre Funktion für den Text: Sie können mit Hilfe einer Wertstruktur abgebildet werden und eröffnen so einen ideologischen Raum, in dem sie eine Abgrenzungs- und Identifikationsfunktion übernehmen. Dieser entspricht im wesentlichen dem durch die jeweiligen Teilöffentlichkeiten konstituierten politischen Raum. Für die Rekonstruktion des einem Text zugrunde liegenden Ideologiefragments erweist sich die Konstruktion einer Wertstruktur als zentral: Erst durch diesen Analyseschritt wird es möglich, die in einem Text verfolgte Perspektive auf Ideologien zu beziehen. Auch das Verhältnis von Ideologiefragmenten und Ideologie wird deutlicher: In den Texten wurden verschiedene umweltpolitische Themen aufgegriffen, in denen das Spektrum an Positionen von "weiterer Ausbau der Kernenergie" über "Sicherung der Lebensgrundlagen" bis hin zu "Widerstand gegen den Ausbau der Kernenergie" reicht. Diese Positionen, Ideologiefragmente, sind auf Ideologien insgesamt zu beziehen, anders ausgedrückt: sie konnotieren diese. Jedoch reicht diese Bestimmung noch nicht aus: Auch der jeweilige Zugriff auf den Gegenstand, etwa ausgehend von subjektiven Erfahrungen, hat, wie vor allem bei Text 7 gezeigt, wesentliche Auswirkungen auf die Argumentationsstruktur. Es sind also zwei Arten von Schreibweisen zu unterscheiden, nämlich einmal solche, mit denen Subjekte einen Gegenstand aufgreifen, und solche, mit denen sie sich im politischen Raum verorten. Da die ersteren nicht im engeren Sinne zu den ideologischen Schreibweisen gehören, werde ich diesen Strang nicht weiter verfolgen.[1] Die nun folgende Untersuchung zeitungsspezifischer ideologischer Schreibweisen umfaßt darüber hinaus auch solche Texte, in denen Autoren die Veröffentlichungspraxis einer Zeitung explizit kritisieren (cf. 7) und die ich "Kritik der zeitungsspezifischen Veröffentlichungspolitik" nennen möchte.

3.4.2. Ideologische Schreibweisen im FAZ-Teilkorpus

Für das FAZ-Teilkorpus möchte ich zwei Schreibweisen beschreiben, nämlich die "Verrechtlichung des Politischen" und die "Dichotomisierung des Ost-West-

1 Zu den Schreibweisen, die Autoren verwenden, um einen Gegenstand aufzugreifen, gehören etwa die "Stellungnahme von Betroffenen", in denen sich die Subjekte als kompetent in Hinblick auf das von ihnen aufgeworfene Problem dadurch ausweisen, daß sie zu den durch eine Maßnahme, eines Gesetzes etc. Betroffenen gehören. Auch die "Präsentation von Sachwissen", also die Darstellung eines speziellen Wissens, das über das in der Zeitung präsentierte hinausgeht, gehört zu diesen Schreibweisen.

Konflikts". Abschließend wird der einzige Beleg gewürdigt, in dem die Informationspolitik der FAZ kritisiert wird.

Eine ganze Reihe von Leserbriefen behandelt die im Sommer 1984 diskutierte Reform des Scheidungsrechts, das in den siebziger Jahren von der sozialliberalen Regierungskoalition beschlossen worden war. Bis auf eine Ausnahme wird in den Texten auf eine Revision der gesetzlichen Bestimmungen gedrängt. Ansatzpunkte sind vor allem Stellungnahmen von SPD-Politikern, die vehement für die Beibehaltung der reformierten Bestimmungen eintreten. Aus der Vielzahl von Texten zu diesem Thema habe ich zwei mit exemplarischen Eigenschaften ausgewählt: Während in (I:2) einerseits die Politik der SPD kritisch untersucht wird, erfahren andererseits auch die von der CDU/CSU/FDP-Bundesregierung vorgeschlagenen Revisionspunkte eine kritische Würdigung, indem der Regierung vorgeworfen wird, die Revision nicht konsequent zu betreiben; in (I:3) hingegen wird für die Beibehaltung der aktuell geltenden gesetzlichen Grundlagen argumentiert: eine Argumentation, die eher an der politischen Linie der SPD orientiert ist. Diese grobe Übersicht macht noch nicht deutlich, daß die Autoren in ihrer politischen Argumentation auch die juristische Ebene miteinbeziehen, indem sie beispielsweise Forderungen an die zu vollziehende Revision formulieren. Dieses Phänomen, das besonders für (I:2) charakteristisch ist, bezeichne ich als "Verrechtlichung des Politischen". Über die aufgeführten Texte hinaus ist es auch in anderen zu beobachten, etwa wenn Autoren Gesetzesinhalte interpretieren oder die Haltung Petra Kellys zur Frage der Rotation von Abgeordneten der Grünen unter Rückgriff auf Kriterien wie das der Rechtmäßigkeit beurteilt wird.

Welches sind nun die sprachlichen Indikatoren, die eine Zuordnung eines Textes zu dieser Schreibweise rechtfertigen können? Hier sind mehrere Möglichkeiten aufzuführen: In (I:3) wird die These *Die versprochene Gerechtigkeit gibt es nicht und kann es so auch nicht geben* in einer ausführlichen sekundären Argumentation gestützt, die die Autorin als Kennerin der Rechtslage ausweist - sie wird denn auch als *Familienrichterin* eingeführt. Zunächst ist auf den Begriff *Gerechtigkeit* hinzuweisen, der als Schlüsselwort in diesem Zusammenhang angesehen werden kann. In die sekundäre Argumentation gehen dann auch zahlreiche Fachbegriffe mit ein, von denen einige noch erklärt werden; juristische Termini werden dem Unkundigen quasi übersetzt, wie folgender Beleg zeigt: *Das Zerrüttungsprinzip der Ehescheidung - die Scheidung ohne Schuldausspruch - ist 1977 eingeführt worden.* Andere juristische Fachtermini seien exemplarisch aufgeführt: *wirtschaftliche Folgelast, Unterhaltsanspruch, Schuldprinzip, Herrschaftsfolgenrecht.*

Einen anderen Schwerpunkt im FAZ-Teilkorpus bilden Briefe, in denen sich die Autoren kritisch mit dem Ost-West-Problem auseinandersetzen. Da werden etwa in der FAZ veröffentlichte geographische Angaben unter Rückgriff auf die Opposition "Ost"-"West" und den damit implizit oder explizit ausgedrückten Gegensatz von "Freiheit" vs. "Unfreiheit" korrigiert (I:1) oder die Ersetzung der

Volksgruppenbezeichnung *die Russen* durch den eine politische Ordnung bezeichnenden Ausdruck *die Sowjets* vorgeschlagen (cf. Beleg 39 in Kapitel 2). Innerhalb der Texte, die dieser Gruppe zuzuordnen sind, bilden drei Briefe einen Schwerpunkt, in denen eine FAZ-Darstellung über die Lage der Deutschen in Polen, genauer: in den vor 1945 zum Deutschen Reich gehörenden Gebieten, korrigiert wird. Der FAZ wird da beispielsweise vorgeworfen, unkritisch auf Zahlen bzw. Statistiken zurückgegriffen zu haben, die von der polnischen Regierung zu verantworten seien und schon deshalb der Glaubwürdigkeit entbehrten (z.B. I:4). Die in diesen Briefen zu beobachtenden Phänomene sollen als "Dichotomisierung des Ost-West-Konflikts" bezeichnet werden in dem Sinne, daß die unterschiedlichen Gesellschaftsordnungen von Kapitalismus und Sozialismus und die damit verbundenen Demokratievorstellungen in eine antagonistische Beziehung zueinander gestellt werden, wobei die Schreiber die Positionen des Westen vertreten.

Sprachliche Indikatoren dieser Schreibweise sind im wesentlichen lexikalische Einheiten mit negativ wertenden Bestandteilen. So werden die Bürger der DDR metaphorisch als *Insassen des SED-Staates* bezeichnet, denen Gebiete wie die Alpen "*verschlossen sind*" (I:1). Die *DDR* wird hier als eine auf Zwang aufgebaute Einrichtung gefaßt, als *Lager* oder als *Gefängnis*, dessen Bewohner als *Insassen* angesehen werden müssen. Die Substitution von DDR durch *SED-Staat* unterstellt ein durch die SED geführtes diktatorisches System. In ähnlicher Weise wird die Regierung der Volksrepublik Polen als *kommunistisches Regime* denotiert (I:4), ein Ausdruck, dessen Bedeutung als 'Gewaltherrschaft' beschrieben werden kann. Gegen die in den beschriebenen Ausdrücken erscheinenden Wertungen bleibt die in einem Text (Beleg 39 in Kapitel 2) vorgeschlagene Substitution von *Russen* und *Sowjets*, die die Polen *ausgeblutet* sehen wollen, geradezu vorsichtig. Hier wird die Wertung durch den metaphorischen Gebrauch von *ausbluten* geleistet. Es ist deutlich, daß diesen Elementen eine ganz spezifische Wertstruktur zugrunde liegt, nämlich eine, die den sozialistischen Staaten das Prädikat "unfrei", den kapitalistischen Staaten hingegen das Prädikat "frei" zuschreibt. Je nach thematischem Schwerpunkt erfährt diese Strukturierung eine Differenzierung; sie bleibt jedoch in den hier aufgeführten Beispielen relativ stabil.

Die Veröffentlichungspolitik der FAZ wird in einem Text kritisch gewürdigt:

(8) Zu Ihrer Veröffentlichung "Deutschlands größte Subventionsempfänger", ..., kann ich nur sagen, die F.A.Z. lügt wie gedruckt, ... Ich finde es empörend, daß die F.A.Z. alles nachdruckt und die Bürger falsch informiert. (FAZ, 24.7.1984)

Der Vorwurf gegenüber der FAZ, sie lüge wie gedruckt, bezieht sich zwar auf einen Einzelfall, in der dann folgenden Meinungsäußerung erfolgt jedoch eine Verallgemeinerung, indem der Zeitung eine bewußte Fehlinformation unterstellt wird. Maßstab der Bewertung stellt offenbar die allgemeine Erwartung an Zeitungen dar, daß sie wahrheitsgemäß informieren. Der FAZ werden hier also allgemeine Erwartungen entgegengebracht, die sich nicht auf spezifische ideologische Einstellungen beziehen. Indikatoren dieser Schreibweise, die ich "Kritik der zeitungsspezifischen Veröffentlichungspolitik" genannt habe, sind solche Textsegmente, die als Typisierungen zu bezeichnen sind: Sie bestehen in der Regel aus der Abkürzung des Zeitungsnamens als referentiellem Ausdruck, denen ganz bestimmte Prädikate zugeschrieben werden. Mit einer Typisierung wird etwas über die Erwartungen der Schreiber gegenüber der Zeitung ausgesagt.

Die untersuchten ideologischen Schreibweisen sind also durchaus dem ideologischen Spektrum der FAZ zuzuordnen: Sie sind durch einen Bezug auf formales Recht einerseits und einer negativen Einstellung gegenüber sozialistischen Staaten gekennzeichnet. Die Liste ist durchaus nicht vollständig, sie kann aber nur bei einer erheblichen Vergrößerung des Datenmaterials durch andere erweitert werden. Die Auswahl der hier untersuchten Schreibweisen sind durch das vorliegende Material bestimmt - und insofern auch zeitabhängig -, dürften aber, da die ihnen zugrunde liegenden ideologischen Konzepte relativ stabil sind, auch in zusätzlichem Material nachweisbar sein.

3.4.3. Ideologische Schreibweisen im FR-Teilkorpus

Für das FR-Teilkorpus möchte ich die folgenden Schreibweisen behandeln: "Kritik der westlichen Positionen im Ost-West-Konflikt" und "Propagierung des sozialen Ausgleichs". Abschließend werde ich mich mit dem einzigen Beleg befassen, in dem die FR-Veröffentlichungspolitik kritisiert wird. Beide genannten Schreibweisen lassen sich an einem kurzen Text zeigen:

(9) Rüstung hat Vorrang

"Sozialminister muß am stärksten Federn lassen", weil im Bundeshaushalt 1985 die Rüstung Vorrang hat, lese ich in der Ausgabe vom 4. Juli 1984 - und das lassen sich die Untertanen so widerspruchslos gefallen: "Kanonen statt Brot?" Wie wäre es, wenn diejenigen, die so unbedingt diese "Federn-Rupfer" als ihre (leider auch unsere) Obrigkeit haben wollten, nun auch die Nachteile aus dieser Umverteilung alleine trügen, sozusagen als Kaufpreis für die von ihnen gewünschte Regierung? (FR, 25.7.1984)

In diesem Text, in dem es um die Umverteilung von Geldmitteln im Etatentwurf für das Jahr 1985 zu Gunsten des Verteidigungsministeriums geht, wird in einer abschließenden rhetorischen Frage angeregt, nur die Wähler der Koalitionsparteien durch höhere Kosten zu belasten. Während also einerseits sozialer Ausgleich gefordert wird, der durch die geplante Umverteilung nicht mehr gewährleistet zu sein scheint, wird andererseits die Politik kritisiert, die zu einer Erhöhung des Verteidigungshaushaltes geführt hat: den Ausbau der militärischen Macht im Ost-West-Konflikt. Die noch zu behandelnden Schreibweisen sind also in diesem Beispiel nachzuweisen.

Einen inhaltlichen Schwerpunkt im FR-Teilkorpus stellen solche Briefe dar, in denen außenpolitische Probleme thematisiert werden. Im Gegensatz zur FAZ jedoch erfährt der West-Ost-Konflikt eine andere Behandlung. Eine Reihe von Leserbriefen beschäftigt sich mit der Frage, ob von der Rüstungspolitik der Sowjetunion (i.f.: SU) eine Bedrohung ausgehe. Der Autor des Bezugsartikels hatte die Ansicht vertreten, daß eher von der Rüstungspolitik der Vereinigten Staaten eine Bedrohung des Friedens ausgehe als von der der SU. Im ersten der dazu erschienenen Briefe wird gegen diese These argumentiert (I:7). Im darauf folgenden Schritt in (I:8) erfolgt dann jedoch eine Zurückweisung dieser Behauptung unter Hinweis auf die eigentlich wünschenswerte beidseitige Abrüstung. In (I:9) schließlich wird gezeigt, daß die Bezeichnung *Nachrüstung* insofern euphemistisch ist, als damit die technologischen Innovationen in der Raketentechnik nicht erfaßt werden: Es seien immer die USA gewesen, die die Dynamik des "Rüstungswettlaufs" bestimmt hätten. In dieser Leserbriefkette überwiegen also Positionen, die die westlichen Rüstungsanstrengungen negativ beurteilen. Die in diesen Texten artikulierte Schreibweise bezeichne ich als "Kritik der westlichen Position im Ost-West-Konflikt"; damit ist eine inhaltliche Kritik offizieller Positionen, etwa der der Bundesregierung, gemeint.

Schlüsselworte der Debatte um Abrüstungspolitik sind die Termini *Nachrüstung*, *Bedrohung* und *Rüstungsausgaben der Sowjetunion*, die bereits in dem die Auseinandersetzung evozierenden Brief (I:7) erscheinen. Diese bestimmen auch die nachfolgenden Texte, in denen die rüstungspolitischen Anstrengungen in Ost und West gegenübergestellt werden. In (I:7) geht es um den Versuch, regierungskritische Positionen wie "Nachrüstung ist eine Vorrüstung", "Die eigentliche Bedrohung geht von den USA aus", und "Die SU ist eine klassische Nachrüstungsnation" argumentativ zu widerlegen. Damit aber befindet sich der Text (I:7) im Widerspruch zu den in der FR vertretenen politischen Position, so daß eine Entgegnung zu erwarten ist. In den folgenden Belegen werden dann, teilweise unter Rückgriff auf historische Aussagen, Argumente vorgetragen, die sich gegen (I:7) richten und die kritischen Positionen zu stützen suchen:

(10) Die fortschreitende Militarisierung in der Bundesrepublik ist offensichtlich: ... (FR, 26.7.1984; I:8)

(11) Ich fühle mich durch die SU jedenfalls nicht bedroht, eher schon durch die heutige Außen- und Rüstungspolitik der gegenwärtigen Regierung Reagan. (FR, 26.7.1984)

(12) Wenn man aber chronologisch der Entwicklung der modernen Mittelstreckenraketen der USA, ..., nachgeht, kommt man zu dem Eindruck, daß der Begriff "Nachrüstung" eigens zur Übertölpelung des deutschen

Michel erfunden worden ist, und genau genommen der Begriff "Vorrüstung" der Sache noch am nächsten kommt; ... (FR, 28.7.1984; I:9)

In den Belegen 10 bis 12 werden Positionen verteidigt, die zur regierungskritischen "Grundausstattung" der durch die FR konstituierten Teilöffentlichkeit gehören. Die Beispiele zeigen, daß die hier zum Ausdruck kommenden Positionen nicht unbedingt der sozialliberalen Ausrichtung der Zeitung entsprechen, wohl aber im Spektrum der hier diskutierbaren Positionen anzusiedeln sind.

Im innenpolitischen Bereich überwiegen solche Zuschriften, in denen für einen sozialen Ausgleich eingetreten wird, anders ausgedrückt: Partei ergriffen wird für sozial Benachteiligte. Zu den diskriminierten Gruppen, die in Leserbriefen Unterstützung finden, gehören Frauen (am 20.7.1984 wird etwa die Praxis der Formularerstellung kritisiert, nach der Ehefrauen bloße Anhängsel der Ehemänner seien), Studenten (ein Marburger Student beklagt den Bau einer "*Studienresidenz*", die nur für Kinder begüteter Kreise erschwinglich ist - am 20.7. 1984) und Ausländer (in I:11 werden positive Tendenzen in der hessischen Ausländerpolitik gelobt). Dieser Schreibweise können auch andere Texte zugeordnet werden, etwa wenn gegen die Einschränkung von Sozialausgaben im Bundeshaushalt argumentiert wird. Die in diesen Texten zum Ausdruck kommende Schreibweise nenne ich "Propagierung des sozialen Ausgleichs". Darin kommt die grundsätzliche Orientierung der FR-Leser an der Politik der SPD zum Ausdruck. Einzelne Texte, in denen dazu konträre Ansichten vertreten werden, sind als dieser Schreibweise reziproke Thematisierungen aufzufassen.[1]

Eine für diese Schreibweise charakteristische sprachliche Realisierung stellt die Form des Vergleichs dar, wie er etwa in einem am 23.7.1984 veröffentlichten Leserbrief verwendet wird: In diesem Text geht es um die Kosten, die bei der physikalischen Erforschung von Elementarteilchen entstehen und die dem Autor als viel zu hoch erscheinen. Es folgt eine Gegenüberstellung, wie das Geld besser verwendet werden könnte:

(13) Es wäre doch wahrlich sinnvoller, anstelle dieser Physiker-Hybris à la "Jetzt können wir die Welt erklären" (ohne tatsächlich dazu in der Lage zu sein) Aufmerksamkeit, Tatkraft und Gelder für die dringenden globalen Probleme wie Hunger, Repression, Umweltzerstörung etc. zu verwenden, um somit nicht - wie gehabt - "ein bißchen die Welt zu erklären", sondern so gut es geht der Welt zu helfen. (FR, 23.7.1984)

In diesem nicht ohne Pathos (*wahrlich*) vorgetragenen Vergleich, syntaktisch realisiert durch die Verwendung des Komparativs *sinnvoller* und der Präposition *anstelle*, wird die - zuvor ausgeführte - Deutung der Aktivitäten der Physiker als *Hybris* der Notwendigkeit gegenübergestellt, "*Aufmerksamkeit, Tatkraft und Gelder für die dringenden globalen Probleme wie Hunger, Repression,*

1 Ich verzichte hier auf eine genauere Untersuchung solcher, den bisher beschriebenen reziproken Schreibweisen, da diese vermutlich mit der schon geleisteten Beschreibung im wesentlichen übereinstimmt; lediglich der Wertakzent wäre entsprechend anders zu bestimmen.

Umweltzerstörung etc. zu verwenden". Als Schlüsselwort kann in diesem Zusammenhang das Verb *helfen* in der resümierenden Gegenüberstellung angesehen werden. Dieser Vergleich beruht auf einer Wertstruktur, in der hohe Ausgaben für eine spezielle physikalische Forschung negativ bewertet und einem positiv gewerteten potentiellen Aufgabenfeld der "Hilfe bei globalen Problemen", die noch präzisiert werden, gegenübergestellt werden. Die Probleme, die hier in Stichworten angeführt werden, lesen sich als charakteristische Kennmarken einer bestimmten Politik, nach der sozialer Ausgleich durch staatliche Eingriffe herbeizuführen ist.

Neben syntaktischen Merkmalen wie dem Vergleich, die den Rückschluß auf bestimmte Wertorientierungen zulassen, sind wiederum lexikalische Elemente als Indikatoren dieser Schreibweise anzusehen. So verwendet etwa der Autor eines Leserbriefes zur hessischen Ausländerpolitik (I:11) zur Bezeichnung von in der Bundesrepublik lebenden Ausländern Ausdrücke wie *die zahlreichen integrationsfähigen und -willigen Ausländer* und *außereuropäische Bürger*, eine aus der Kritik an repressiver Ausländerpolitik abgeleitete Form von positivem sprachlichen Umgang. Dem entspricht auch die Wertstruktur in diesem Text, wenn der Autor die "*wenig differenzierenden Ausländerantipathien*" negativ bewertet.

Abschließend beschäftige ich mich mit dem einzigen Beleg, in dem die Veröffentlichungspolitik der FR kritisiert wird. In einem am 20.7.1984 erschienenen Text wird der Zeitung ironisch unterstellt, sie sei vom "*Wendeoptimismus befallen*". Mit *Wendeoptimismus* wird hier die Politik der CDU/CSU/FDP-Koalition seit den Bundestagswahlen von 1983 bezeichnet; die Krankheitsmetapher *befallen* verweist hier darauf, daß in der FR eher regierungskritische sozialdemokratische Positionen vertreten werden und die Leser dies auch erwarten. In diesem Beleg erfolgt also eine Generalisierung, wenn, von einem Einzelfall ausgehend, die vertraute politische Linie der FR eingeklagt wird.

3.4.4. Ideologische Schreibweisen im OV-Teilkorpus

Im Teilkorpus der in der OV erschienenen Texte überwiegen solche, in denen lokale Themen behandelt werden. Die Autoren äußern sich aufgrund der regionalen Beschränkung der OV als Bewohner eines bestimmten Gebietes, des Landkreises Vechta, zu Gegenständen aus der Lokalpolitik. Ihre Betroffenheit ergibt sich also aus der räumlichen und sozialen Nähe. Nähe ist jedoch nicht das einzige Kriterium für Betroffenheit, denn potentiell könnte jeder Text, wenn er sich mit innenpolitischen Themen beschäftigt, auf dieses Kriterium bezogen werden. Diese Überlegung berücksichtigt jedoch nicht die Tatsache, daß aus der Perspektive von Handelnden der Nahbereich, der, in dem man sich auskennt, sehr viel konkreter erfahrbar ist als der abstrakt erscheinende Fernbereich. Um den Unterschied zuzuspitzen: Wenn auf lokaler Ebene die Einstellung des Passagierverkehrs auf der Bundesbahnstrecke von Delmenhorst nach Bramsche beklagt wird, so wäre das bundespolitische Äquivalent dazu die Auseinandersetzung mit den Stillegungsvorhaben der Bundesbahn insgesamt. Aus dieser Erwägung heraus möchte ich die hier zu behandelnde Schreibweise als "Orientierung auf das Lokale" bezeichnen. Im Vergleich zu anderen Charakterisierungen bleibt diese Bezeichnung relativ neutral hinsichtlich der auch in diesem Bereich zu beobachtenden ideologischen Einstellungen. Damit wird dem Umstand Rechnung getragen, daß die OV, da sie fast alle Leserbriefe abdruckt, keine Leserbriefpolitik im engeren Sinne wie die anderen Zeitungen betreibt. So überwiegen im Korpus solche Briefe, die sich beispielsweise kritisch mit der vom Landkreis Vechta als kommunalpolitischer Instanz vertretenen Position der Tolerierung der Bundesbahnpläne zur Streckenstillegung beschäftigen.

Auch für die im Korpus erscheinenden Texte, in denen allgemeinpolitische Themen behandelt werden, ist eine relative Offenheit der Positionen festzustellen: So leitet beispielsweise der Text (I:18), in dem gegen die Attentäter des 20. Juli mit nazistischen Argumenten Stellung bezogen wird, eine Debatte ein, in deren Verlauf andere Autoren (z.B. I:19) diese Argumente polemisch zurückweisen und die ihren Abschluß in einem zweiten Text des Debatteninitianten findet, der noch einmal Gelegenheit hat, die gegen ihn erhobenen Vorwürfe zurückzuweisen. Im Grenzbereich zwischen lokaler und allgemeinpolitischer Orientierung liegt etwa die Auseinandersetzung um eine Äußerung des CDU-Landrats, daß auch im Sozialbereich mehr Eigenverantwortung erforderlich sei. Einerseits wird zwar ein allgemeines sozialpolitisches Thema angeschnitten, andererseits ist die heftige Kritik an dieser Äußerung (z. B. I: 24) jedoch nur auf die Tatsache zurückzuführen, daß sich hier eine "lokale Größe" geäußert hat, also wiederum die Schreibweise "Orientierung auf das Lokale" wirksam wurde: Diese Übersicht macht deutlich, daß es wohl nicht möglich ist, für den allgemeinpolitischen Bereich eine charakteristische Schreibweise zu bestimmen, das auch die ideologischen Einstellungen der Leserbriefschreiber mit berücksichtigt. Vielmehr vermitteln die im OV-Teilkorpus vorfindbaren Belege eher den Eindruck, als sei es möglich, alle Themen einzubringen. Die diskutierten Beispiele entziehen sich also den bislang verfolgten Kategorisierungsprinzipien, und dieses Moment des Widerspruchs soll nicht durch die Einführung neuer Kriterien verdeckt werden. Während also für FAZ und FR bestimmte ideologische Schreibweisen herausgearbeitet wurden, kann für die Leserbriefrubrik der OV außer der schon genannten "Orientierung auf das Lokale" kein angemessenes Etikett gefunden werden. In keinem anderen Teilkorpus wäre das gleichzeitige Erscheinen nazistischer Texte auf der einen und friedensbewegter Texte auf der anderen Seite vorstellbar. Indem die OV auf Selektion verzichtet, schafft sie eine relativ breite Plattform für die Darstellung divergierender ideologischer Einstellungen.

Aber auch die Zeitung selbst wird von ihren Lesern kritisiert: Die OV erfährt eine Charakterisierung als eines *eigenständigen Lokalblatts*, das sich aber in mancherlei Hinsicht - ihre äußere Aufmachung - eher überregionalen Blättern angleiche (am 1.9.1984). Während hier lediglich eine Anspielung gemacht wird, artikuliert sich der Schreiber von (I:22) deutlicher: Er setzt die OV in Opposition zur "BILD-Zeitung", sieht aber Entwicklungen in der äußeren Gestaltung, die diese Unterschiede nivellierten.

3.4.5. Ideologische Schreibweisen im TAZ-Teilkorpus

In den innenpolitische Themen behandelnden Briefen, die in der TAZ erschienen, läßt sich ein deutlicher Schwerpunkt der Schreibweise "Kritik der zeitungsspezifischen Veröffentlichungspolitik" feststellen: Etwa ein Drittel der Briefe wendet sich gegen Veröffentlichungen der Zeitung. Dabei bedienen sich die Autoren auch des Mittels des Vergleichs: Leser befürchten, daß es der TAZ gelungen sei "*Springer und Co. sowohl zeitlich als auch stilistisch zu schlagen*" (I:12). Die Gegenüberstellung von BILD-Zeitung und TAZ hat insofern eine andere Qualität als die oben für OV-Leserbriefe beschriebene, als die TAZ erst in der Kritik bürgerlicher Medienpolitik mit der BILD-Zeitung als extremem Beispiel etablierter Zeitungen ihr Selbstverständnis als alternative Tageszeitung artikulierte, und zwar in Hinblick auf Form und Inhalt der Nachrichtenpräsentation. Dagegen vertritt die OV eine politische Linie, die in der Orientierung an CDU/CSU-Positionen der BILD-Zeitung nahesteht. Der Vergleich der TAZ mit der BILD-Zeitung in den Leserbriefen erweist sich als grundsätzliche Kritik des Anspruchs an eine alternative Tageszeitung. Aber auch andere Zeitungen und Zeitschriften der hegemonialkulturellen Presse wie etwa "*Spiegel*" und "*Stern*" werden in ähnlicher Weise im Vergleich herangezogen. Die Befürchtung, die TAZ entwickle sich immer mehr zu einer "*bürgerlichen Tageszeitung mit linkem sound*", oder die Etikettierung der TAZ als "*linkes Sensationsblatt*" wiederholt den Vergleich auf einer allgemeineren Ebene (Belege vom 20.7.1984).

Neben diesen Vergleichen finden sich Typisierungen, in denen Ansprüche an das Medium nach umfassender Berichterstattung eingeklagt werden. Die Schreiber bedauern, daß Artikel zu einem bestimmten Gegenstand, meist einem aus der Alternativbewegung, zu spät (I:16) oder zu selten (cf. Beleg 7 dieses Kapitels) erschienen sind. Der Rückgriff auf den von der TAZ für die eigene Praxis reklamierten basisdemokratischen Anspruch, eine Zeitung von Initiativen zu sein, macht ein Beleg deutlich, in dem beklagt wird, daß die TAZ sich zunehmend zu einem "*Sprachrohr einiger weniger Gruppen*" (I:14) mache, also nicht aller in der Alternativbewegung arbeitenden. Typisierungen der eben beschriebenen Art eines Erwartungskonflikts erscheinen nur in solchen Leserbriefen, die negativ kommentieren. Diese Erwartungen sind also an historische entwickelte Ansprüche geknüpft, die von den Rezipienten in einer Krisensituation wieder aufgegriffen werden. Sie rekurrieren dabei auf so etwas wie die "kollektive Verantwortung" der Redaktion in der Verfolgung einer alternativen Medienpraxis, indem sie der Redaktion die Veröffentlichung bestimmter Artikel vorhalten und die Autoren inhaltlich kritisieren. Sie beziehen sich auf einen Grundkonsens der alternativen Gegenkultur, dem sie sich selbst verpflichtet fühlen; deshalb klagen sie ihn ein. Diese Reaktionsform dürfte den TAZ-Redakteuren nicht gleichgültig sein, da das Projekt TAZ erhebliche Probleme hat und hatte (auch 1984), sein Fortbestehen zu sichern.

Die nun zu behandelnden Belege einer positiven Würdigung der TAZ erscheinen nicht in den die Zeitung behandelnden negativen Kommentierungen, sondern in anders adressierten oder strukturierten Texten. So werden bisweilen die Qualitäten der TAZ herausgestellt, sei es, um andere Leserbriefschreiber zu kritisieren, sei es, um selbst ein neues Thema einzuführen. In solchem Kontext erscheint denn auch die in einem Beleg vom 25.7.1984 vorgenommene Typisierung, in der ein längerer Leserbrief das Thema sandinistischer Politik in Nicaragua etabliert: *Für die Debatte scheint die TAZ das richtige Forum zu sein.* Gegen unberechtigte Kritik an der TAZ seitens einer Leserbriefschreiberin wendet sich eine Autorin am 23.7.1984: *Eigentlich fast überflüssig festzustellen, daß es in der taz noch Raum für Diskussionen gibt.* Die Schreiber beziehen sich auf einen ähnlichen Konsens wie die enttäuschten Kritiker, genauer: auf einen anderen Aspekt alternativer Pressepolitik, nämlich allen Lesern potentiell auch Artikulationsmöglichkeiten zu geben, kontroverse Debatten um Inhalte linker Politik zu führen. Und dieser Rahmen wird den Lesern durch die Leserbriefseite durchaus gegeben.

Im folgenden Beleg entwickelt der Autor eine Programmatik eines alternativen Journalismus:

(14) Vielleicht solltet ihr euch mal mit dieser Thematik (Inhalte und Aktivitäten der Friedensbewegung; R.V.) befassen und einen der vielen taz-Redakteure damit beauftragen, etwas genauer über Organisationsformen und unabhängige Gruppen der Friedensbewegung zu berichten. Dies jedenfalls wäre meine Erwartung an eine unabhängige, linke Tageszeitung. (TAZ, 19.7.1984)

Ein Gegenstand soll also mit dem klassischen journalistischen Mittel der umfassenden Recherche behandelt und so in einer unabhängigen linken Zeitung thematisch gemacht werden. Voraussetzung einer solchen Empfehlung ist aber, daß diese Erwartungen zuvor nicht erfüllt wurden. Die Diskussion der in der TAZ-Teilkorpus erscheinenden Typisierungen hat gezeigt, daß sie dann erscheinen, wenn die in einem Text verfolgte Strategie einer Stützung bedarf. Erwartungskonflikte erfahren eine Explizierung, wenn die Erwartungen hinsichtlich der Veröffentlichungspolitik der TAZ durch einzelne Artikel enttäuscht werden; oder aber die Art und Weise der Berichterstattung kritikwürdig ist: wenn Positionen ignoriert werden und bestimmte Aspekte keine Erwähnung finden. Die positiven Eigenschaften der TAZ werden gewürdigt, wenn sie gegen unberechtigte Kritik in Schutz genommen bzw. eine besondere Veröffentlichungsstrategie legitimiert werden soll. Auf der Basis der vorgenommenen Analyse können nun auch Vermutungen formuliert werden, die die große Anzahl von Typisierungen in der TAZ im Ansatz erklären können. Sicher haben auch Leserbriefschreiber der hegemonialkulturellen Medien ganz spezifische Erwartungen, die allerdings in den veröffentlichten Texten nicht explizit zum Ausdruck kommen. Entweder werden solche Texte nicht abgedruckt oder genau diese Stellen fallen der redaktionellen Bearbeitung zum Opfer.[1] Nun dürfte das Fehlen von veröffentlichten Typisierungen auch etwas mit dem Image der Zeitungen zu tun haben, das in vielen Jahren aufgebaut wurde, sich mithin auf eine - im Vergleich zur TAZ - lange Tradition stützt, so daß die Erwartungen ihrer Leser relativ stabil sein dürften, also auch nicht thematisiert werden müssen. Aber gerade die TAZ, die sich in ihrem Selbstverständnis negativ von den traditionellen Medien der hegemonialkulturellen Öffentlichkeit abgegrenzt hat, muß sich gegenüber ihrer alternativen Leserschaft legitimieren; und die prinzipielle Offenheit der Leserbriefseite ermöglicht die Veröffentlichung solcher, das Projekt insgesamt in Frage stellenden kritischen Textpassagen: Dahinter könnte eine Strategie der Reintegration skeptischer Leser in das Projektkonzept stehen, auch aus ökonomischen Gründen.[2]

Jedoch reicht der Rückgriff auf die Schreibweise "Kritik der Veröffentlichungspolitik der TAZ" noch nicht aus; vielmehr sind die jeweils zugrunde liegenden normativen Orientierungen mit zu berücksichtigen, denn die Leser haben eine relativ genaue Vorstellung von dem, was und wie eine alternative Exklusivität beanspruchende Zeitung sein sollte. Es geht in diesen Texten auch um die Frage, ob die Zeitung ihren selbst formulierten Ansprüchen noch gerecht wird. So werfen Autoren der TAZ in mehreren Briefen vor, erst durch ihre Veröffentlichungspolitik im Falle eines in Bremen ertappten Diebes, der auch in der Partei der Grünen aktiv war, diesen Fall erst in hegemonialkulturelle Medien gebracht und damit in negativer Weise Öffentlichkeit hergestellt zu haben (I:12). In diesem Beispiel wird deutlich, daß hier mindestens drei Ebenen miteinander verbunden sind: Die eine macht die kritische Veröffentlichungspolitik der TAZ aus, eine andere die öffentliche Behandlung des Schicksals eines Grünen, mit dem Solidarität zu üben und der vor der hegemonialkulturellen Öffentlichkeit in Schutz zu nehmen ist; dies schließt - drittens - eine kritische Kommentierung eines Verhaltens nicht aus. Diese Schreibweise soll als "Solidarität mit Gleichgesinnten" bezeichnet werden und bezieht sich auf das Spannungsfeld zwischen interner gegenkultureller Auseinandersetzung und deren hegemonialkultureller Aneignung. Eng damit verknüpft ist eine andere Schreibweise, die sich aus der eben beschriebenen geradezu ergibt: Wenn eine gegenkulturelle Öffentlichkeit existiert, für die die TAZ einen Rahmen abgibt, dann ist es auch möglich, in diesem Rahmen "linke" Themen ausführlich und kontrovers zu behandeln. Diese Schreibweise nenne ich "Auseinandersetzung um linke Politik". Vor diesem Hintergrund machen dann auch die mit einer Kritik an TAZ-Artikeln verbunde-

---

1 Der "Spiegel" beispielsweise veröffentlicht einmal im Jahr, in seiner letzten Nummer, solche Leserbriefe, die normalerweise nicht abgedruckt werden. Diese enthalten eine Vielzahl von Typisierungen.

2 Die anderen untersuchten Zeitungen dürften von solchen Erwägungen unabhängig sein, verfügen sie doch über einen größeren und/oder traditionell gebundenen Leserkreis.

nen Selbstdarstellungen von linken Gruppen, Aktionsbündnissen und Bürgerinitiativen Sinn. So wird etwa ein TAZ-Artikel über geplante Aktionen gegen Ausländerhetze zum Anlaß genommen, mit Hilfe des Strukturmusters der Korrektur die jeweils vertretene Position breit und ausführlich darzustellen. In diesen Texten wird zwar nicht ausdrücklich auf das Solidaritätsprinzip rekurriert, es wird aber vorausgesetzt. Ein weiteres Beispiel, an dem die Abhängigkeit dieser Schreibweisen voneinander deutlich wird, ist die Auseinandersetzung um die Weigerung der Abgeordneten der Grünen Kelly, sich dem parteispezifischen Rotationsprinzip zu unterwerfen. In mehreren Texten erfährt diese Position eine negative Kommentierung (z. B. in I: 13) unter Rückgriff auf die in das Rotationsprinzip eingehende Kritik an Berufspolitikern. Auch diese interne Kritik ist als Ausdruck der Schreibweise der "Solidarität mit Gleichgesinnten" zu lesen, obwohl es im Text nicht explizit gemacht wird. Ein Beispiel für eine theoretische Form der "Auseinandersetzung um linke Politik" stellt ein am 25.7.1984 erschienener Text dar, in dem für die Durchsetzung der Forderung nach einer 20-Stunden-Woche argumentiert wird. Daß dieser Text in der TAZ erschienen ist - und seine Veröffentlichung in einer hegemonialkulturellen Zeitung nicht erwartbar ist -, zeigt jedoch, daß, indem die Leserbriefseite der TAZ für die Proklamierung linker Ziele genutzt wird, hier ein Solidarität stiftender Rahmen vorliegt, der von den Autoren auch als solcher genutzt wird.

Das Solidaritätsprinzip wirkt sich auch auf solche Texte aus, in denen außenpolitische Themen behandelt werden. So wird der TAZ in einem längeren Beitrag am 24.7.1984 vorgeworfen, wichtige Informationen in der Darstellung der Lage politischer Gefangener in der Türkei unterschlagen zu haben. Selbstverständlich dürfte es eine Übereinstimmung in der Forderung geben, die Lage von Unterdrückten bzw. Verfolgten darzustellen. Hier wird wieder die Schreibweise "Solidarität mit Gleichgesinnten" in der TAZ sichtbar, das eine grundsätzlich gemeinsame Orientierung hinsichtlich der Gegenstandswahl voraussetzt. Erst wenn das gewährleistet ist, lohnt es sich, auch die Unterschiede herauszuarbeiten.

Die sprachlichen Formen, in denen diese Schreibweisen realisiert werden, sind im wesentlichen lexikalische. Zahlreiche Texte enthalten ähnliche Zielformulierungen, die für die Praxis der Alternativbewegung relevant sind. So wird etwa die "*Herstellung eines breiten Bündnisses politischer Organisationen*" in der Vorbereitung einer Demonstration gefordert (am 24.7.1984), während am 23.7.1984 die Forderung "*alle Kräfte zusammenzuschließen, die bereit sind, gegen Rassismus und ausländerfeindliche Politik etwas zu tun*" aufgestellt wird. In diesen Formulierungen wird deutlich, daß im links-alternativen Spektrum divergierende Gruppen, Initiativen sowie Organisationen aktiv sind, die sich unter dem Anspruch einer größtmöglichen Vereinheitlichung in Aktionsformen wie Demonstrationen, Blockaden etc. gegen die hegemonialkulturelle "repressive" Politik zur Wehr setzen, oder anders, in einer Wertorientierung ausgedrückt, Widerstand leisten. Eine im Juli 1984 geführte Leserbrief-Debatte um das "Aktionsbündnis gegen Ausländerfeindlichkeit" zeigt sehr anschaulich die Differenzen zwischen den einzelnen Organisationen und Initiativen, deren Positionen sich zwar nur um Nuancen unterscheiden, die aber in aller Ausführlichkeit vorgetragen werden. Zum Verhältnis von politischen Organisationen und Bürgerinitiativen heißt es beispielsweise in folgendem Beleg:

(15) Wir vertreten die Auffassung, daß die Rolle politischer Organisationen innerhalb der Bewegung sich nach ihrer konkreten Arbeit und dem Maß zu bemessen hat, in dem ihre Vorschläge im demokratischen Entscheidungsprozeß von den Basisstrukturen der Bewegung akzeptiert werden. (TAZ, 19.7.1984)

An dieser Formulierung ist der Rückgriff auf einen Wert wie "Demokratie" charakteristisch, der hier allerdings nicht im Sinne des Parlamentarismus gebraucht wird, sondern die Teilnahme von Initiativen und Organisationen an solchen Entscheidungsprozessen voraussetzt. Der Begriff "Basisstrukturen der Bewegung" - damit sind die in einem bestimmten Bereich arbeitenden Organisationen und Initiativen gemeint - impliziert eine grundsätzliche Orientierung auf außerparlamentarische Formen politischen Handelns, auf "*basisorientiertes Vorgehen*", die ihre Legitimation aus dem Anspruch bezieht, daß die Betroffenen ihre Interessen organisieren, also selbst aktiv werden. Für solche Aktionsformen wird "Solidarität" beansprucht, also die grundsätzliche Akzeptierung von Positionen, sofern sie sich im Spektrum der links-alternativer Bewegung befinden. So erweist sich ein Vorwurf wie *Das halten wir für unsolidarisch* als massive Kritik an einer Vorgehensweise, da ein Verstoß gegen positiven Normen unterstellt wird.

Komplementär zu den aufgeführten Postulaten kann die Auseinandersetzung mit dem Wunsch der Abgeordneten der Grünen Petra Kelly, entgegen der Wahlaussage der Partei, ihre Bundestagsabgeordneten nach der Hälfte der Legislaturperiode auszutauschen, sich nicht dem Rotationsprinzip zu unterwerfen, gedeutet werden. Am pointiertesten wird dies in folgendem Beleg ausgedrückt, in dem die Abgeordnete an die Wahlversprechen erinnert wird:

(16) Die Grünen gibt es doch nicht umsonst. Sie sind in den Bundestag gekommen, weil ihre Wähler davon ausgegangen sind, daß sie ununterbrochen ein Prinzip reiten, nämlich, Versprechen zu halten. Eine Partei, die nicht lügt, das war für sie wie Verliebtsein. Nun stellen wir fest, daß sie sich meint, wenn sie "Frieden" sagt. Wir dachten, sie wüßte, daß die Abschaffung von Hierarchien und Privilegien die Voraussetzung ist für die Abschaffung von Cadmium in Mohrrüben. (TAZ, 23.7.1984)

Unter Rückgriff auf die Parlamentarismus-Kritik der Grünen entwickelt der Autor hier eine Argumentation, die der Abgeordneten Kelly genau die Verhaltensweisen unterstellt, die zu bekämpfen sie als Mitglied der Grünen angetreten war. Der Verweis auf das Postulat von der *Abschaffung von Hierarchien und Privilegien* deutet an, daß genau diese negativ bewerteten politischen Strukturen nunmehr auch von der Abgeordneten in Anspruch genommen werden. In ähnlicher Weise, nämlich indem eine Transformation der Grünen im Sinne eines Abrückens von ihren Prinzipien unterstellt wird, kann auch der folgende Ausdruck gedeutet werden:

(17) Ich weiß ja, daß zahlreiche Mitglieder Punkte sammeln, um aus den GRÜNEN, die wir gewählt haben, die G.R.Ü.N.E.N. zu machen, die angeblich viel mehr Stimmen bekommen werden. (TAZ, 24.7.1984)

In 17 ist die Graphie interessant: Die *GRÜNEN* bezeichnet die Partei bzw. ihre parlamentarismuskritischen Programmatik, während die Veränderung der Schreibung im Ausdruck *G.R.Ü.N.E.N.* die Revision dieser Ziele unterstellt: Die Punkte zwischen den Majuskeln spielen an auf die von den Freien Demokraten eingeführte, den Charakter der Abkürzung "FDP" hervorhebende Schreibweise *F.D.P.* Der diskutierte Ausdruck symbolisiert hier als Verweis auf eine "klassische" Partei den kritisierten Parlamentarismus.

Die Politik der Grünen, das zeigt eine Reihe von Texten, wird aus einer an ihren Postulaten ansetzenden Perspektive genau verfolgt und hart kritisiert. Daß jedoch hier auch ein Solidaritätsprinzip verfolgt wird, zeigt die Beobachtung, daß die Politik der etablierten Parteien nicht Gegenstand von Leserbriefen ist. Wenn dann überhaupt der hegemonialkulturelle "Gegner" in den Texten erscheint, dann mit Hilfe von auf die Bundesregierung referierenden Ausdrücken, am explizitesten vielleicht in *Herr Zimmermann & Co.* (19.7.1984) oder in *Flick-Marionetten-Koalition aus CDU/CSU/FDP* (20.7.1984); in Ausdrücken also, die eine sehr entscheidende negative Bewertung enthalten. Es gibt auch die Tendenz, die Regierung zu entpersonalisieren, wenn etwa "*gegen die geplante Verschärfung der Ausländergesetzgebung*" polemisiert (am 19.4.1984) oder die "*ausländerfeindliche staatliche Politik*" angeprangert wird (am 23.7.1984). Die hegemonialkulturellen Repräsentanten werden sozusagen aus der gegenkulturellen Diskussion "ausgesperrt", besser: ausgegrenzt, mit ihnen redet man nicht, setzt man sich nicht auseinander. Dafür aber um so stärker mit anderen Strömungen innerhalb des links-alternativen Spektrums: In einer heftigen Polemik gegen Alice Schwarzer etwa wirft eine Autorin dieser vor, einen "*patriarchalischen Apparat*" (die von Alice Schwarzer herausgegebene Zeitschrift "Emma") etabliert zu haben, der "*chauvinistische Anmache*" betreibe, und behauptet schließlich, nachdem die Solidarität aufgekündigt wurde (*So long, keineswegs solidarisch*), in einem Postskriptum, daß der "*westdeutsche Staatsapparat Figuren wie Dich* (A.S.; R.V.) *benötigt, um sein politisches System aufrecht zu erhalten ...*" (23.7.1984). Die in diesem Text vorgetragene Argumentation ähnelt der oben skizzierten gegenüber den Grünen. Es wird versucht, den Nachweis zu führen, daß die praktische Politik einer Partei bzw. Person nicht mehr den für alle diesem Spektrum zuzuordnenden Normen entspricht und diese schon längst sozusagen auf der "anderen", der hegemonialkulturellen Seite stehen. Es gibt also so etwas wie eine "interne" Diskussion um Positionen, die mit aller Schärfe geführt wird, es gibt aber keine die oben beschriebene Ausgrenzung überschreitende Auseinandersetzung.

Ein Blick auf diese innerhalb eines begrenzten Raumes geführte Auseinandersetzung zeigt die Vielfalt der Positionen: Frauenbewegung, Anti-AKW-Bewegung, die Grünen, die Spontis, die "Marxistischen Gruppen", sie alle befinden sich in dem von den Leserbriefschreibern etablierten Raum, sind Diskussionspartner. Außerhalb existieren der Staat und seine Organe, die Bundesregierung im nationalen, die Regierungen der USA, der Türkei und die "Contras", die gegen das sandinistische Nicaragua kämpfen, im internationalen Rahmen. Der Vielfalt im eigenen politischen Raum entspricht eine gewisse Undifferenziertheit gegenüber dem vorab ausgegrenzten Bereich.

Resümierend kann festgehalten werden, daß der politische Raum innerhalb des Spektrums als Auseinandersetzungsort dient, d.h. es gibt einen Konsens, der sich an Werten wie "Veränderung durch die Organisation der Interessen von Betroffenen" orientiert, an "Emanzipation", "Gleichberechtigung", "Solidarität" und schließlich "Utopie". Aus diesem gegenkulturellen Konsens fällt dann die hegemonialkulturelle Orientierung völlig heraus, sie erscheint als ausgegrenzte, die durch "Widerstand" zu bekämpfen ist.

3.4.6. Zusammenfassung

Nicht nur die Inhalte, so zeigte die Auseinandersetzung mit den ideologischen Schreibweisen, sondern viel eher die Art und Weise, wie Inhalte thematisch gemacht werden, verweisen auf die Einstellungen, die die in einer bestimmten Teilöffentlichkeit zusammengefaßten Leser haben. Und diese sind bezogen auf die von der Zeitung jeweils vertretenen Anschauungen. Stark an die Vorstellungen von der politischen Linie von Zeitungen ist die Schreibweise "Kritik der zeitungsspezifischen Veröffentlichungspolitik" gebunden, gehen doch über die Typisierungen ganz bestimmte Erwartungen an das Medium mit in die Argumentation ein. Zudem zeigte sich in der quantitativen Verteilung solcher Typisierungen, daß vor allem im TAZ-Teilkorpus - die TAZ ist ja eine vergleichsweise junge Zeitung - diese Form des Zugriffs zu beobachten war. Die Analyse zeitungsspezifischer ideologischer Schreibweisen hat eine erste Orientierung über den Zusammenhang von politischer Linie der Zeitung und der der Leserbriefe erbracht. Die beschriebenen Schreibweisen sind sicher auch zeitabhängig; und erst eine auf diesen Aspekt konzentrierte Analyse könnte diese weitergehend differenzieren. Für den hier entwickelten Zusammenhang ist jedoch der Nachweis solcher Schreibweisen entscheidend, denn damit wird die oben vorgetragene These von den unterschiedlichen Teilöffentlichkeiten gestützt: Die Art und Weise, wie Leser ihre Themen einbringen, ist jeweils für einen Teil der Texte im Korpus von der Zeitung abhängig, an die sie schreiben.

Für die hier verfolgte Fragestellung erweist sich die Rekonstruktion solcher ideologischer Schreibweisen als zentral. Genereller als die Analyse der in einem Zeitraum aufgegriffenen Gegenstände ermöglicht sie, gewisse häufiger auftretende Formen vor allem auf der lexikalischen Ebene systematisch zu erfassen.

In diesem Sinne ist eine Beziehung zu solchen Arbeiten herzustellen, die sich mit der Sprache der Politik beschäftigen.

Dieckmann (1975: 61-70) beispielsweise beschäftigt sich kritisch mit dem Vorwurf der "Unbestimmtheit" des Wortinhalts von politischen Begriffen und kommt zu dem Schluß, daß dieses Phänomen kaum auf der langue-Ebene, wohl aber auf der parole-Ebene anzusiedeln ist, da die Sprecher bewußt solche ungenauen Ausdrücke verwenden, um jemanden zu täuschen.

> Die Täuschungsabsicht muß aber nachgewiesen werden; denn oft spiegelt sich in den unterschiedlichen Gebrauchsweisen nur die Tatsache, daß die Sprecher verschiedene politische Positionen einnehmen. (69)

Die Richtung seiner Argumentation stimmt mit der oben vorgetragenen im Grundsatz überein; seine Diskussion einzelner Wörter wie beispielsweise *demokratisch* zeigt aber, wie problematisch die nur lexikalische Behandlung politischer Sprache ist, denn immer wieder muß der Autor einräumen, daß zur Desambiguierung von Vagheiten die Einbeziehung der pragmatischen Dimension erforderlich ist. So bleibt es verwunderlich, daß er nicht für eine Analyse plädiert, die von den Texten und ihren Umgebungen ausgeht, um dann die politische Begrifflichkeit zu untersuchen, sondern weiterhin vom Wort als zentraler Einheit ausgeht. Ähnliche Argumente lassen sich gegen die Vorstellung vorbringen, die Elemente des politischen Wortschatzes gehörten zu den "schweren Wörtern", die G.Strauß/Zifonun (1985) behandeln. Sie verstehen unter "schweren Wörtern" solche Eigenschaften von lexikalischen Elementen, die geeignet sind, Verständigungsstörungen in der Kommunikation zu evozieren; diese sind dann systematisch bedingt.

> Die Bezogenheit unseres theoretischen Begriffes 'schweres Wort' auf empirische, d.h. im konkreten Gebrauch in Erscheinung tretende Eigenschaften, haben wir ja bei unserem Versuch der Begründung der 'Schwere' von Wörtern zum Ausdruck gebracht insofern, als wir 'Schwere' als Funktion der Regel des Gebrauchs von Wörtern (auf der langue-Ebene) und somit als eine von ihrem Gebrauch in der Kommunikation (auf der Ebene der parole) nicht losgelöste Eigenschaft bestimmt haben. Durch die Verwendung bestimmter Wörter in der Kommunikation bedingte Verständigungsstörungen haben wir theoretisch mit bestimmten (systematischen) semantischen Eigenschaften dieser Wörter als Regeln ihres Gebrauchs begründet. (127)

"Schwer", könnte dem entgegenhalten werden, sind die Wörter des politischen Wortschatzes wohl nur für die Lexikographen, die das Ziel der kontextfreien Bedeutungsbeschreibung verfolgen. Der systematisch wichtige Analyseschritt, von Verständigungsstörungen auszugehen, erweist sich als Schein; vielmehr dürften die Lexikographen solche Störungen erst konstatieren, da sie mit den Problemen systematischer Vieldeutigkeit konfrontiert sind. Das Reden von Verständigungsproblemen, das eine Relevanz solcher Arbeiten für die sprachliche Praxis legitimiert, entlarvt den Zirkel, in dem sich die Lexikographen befinden: Das, was ihnen "schwer" erscheint, ist vorgängig durch sie bestimmt; erst dann überlegen sie, was "schwer" für eine Sprechergruppe heißen könnte (cf. Wiegand 1983: 271 ff.). Die Verständigungsprobleme sind dort zu suchen, wo sie erscheinen und ausgetragen werden, nämlich in der gesellschaftlichen politischen Praxis, und dort dürften lexikographische Probleme relativ unerheblich sein. Darüber hinaus weisen solche auf lexikalische Einheiten reduzierte Untersuchungen Probleme auf, die sich für lexikographische Tätigkeit insgesamt stellen: Soll etwa der Begriff "Demokratie" erfaßt werden, müssen über den Zusammenhang von zitierten Sätzen auch die darin aufgehobenen Anschauungen miterfaßt weden; dies wird, da eine Dekontextualisierung sich nicht vermeiden läßt, große Schwierigkeiten mit sich bringen. Wenn aber die politische Praxis zum Ausgangspunkt der Bedeutungsbeschreibung wird, dann erweisen sich solche Begriffe keineswegs als "schwer", sie haben in ihrem jeweiligen Praxiszusammenhang - und dazu gehören auch ideologische Schreibweisen - eine relativ klar festgelegte Bedeutung.

3.5. Strukturierung des sozialen Raums: Indikatoren für soziale Beziehungen in Leserbriefen

In Leserbriefen tragen Autoren nicht nur eine politische Position vor, indem sie sich ideologischer Schreibweisen bedienen, sie organisieren auch ihre sozialen Beziehungen, indem sie sich erstens selbst in ein Verhältnis zu den von ihnen aufgeworfenen Themen setzen und zweitens in Beziehung zu ihren Adressaten setzen, den Zeitungsredakteuren und dem Publikum einer Teilöffentlichkeit. In den Texten zeigt sich, wie die Autoren sich in die durch eine Teilöffentlichkeit bestimmten sozialen Beziehungen hineindefinieren. In diesem Sinne möchte ich davon sprechen, daß Leserbriefautoren einen sozialen Raum strukturieren, wenn sie textuell Beziehungen zu bestimmten gesellschaftlichen Gruppen herstellen und andere Gruppen ausschließen. Die Abgrenzungsfunktion wird erst durch eine kontrastive Untersuchung erkennbar: Würde ich nur in einer Zeitung veröffentlichte Leserbriefe untersuchen, kämen die verschiedenen Möglichkeiten der Autoren, sich im sozialen Raum zu verorten, nicht in den Blick. Durch die gewählte vergleichende Untersuchung kann ich anhand der evidenten Unterschiede in den sprachlichen Verhältnissen, die in den Texten der Teilkorpora deutlich werden, die verschiedenartigen Strukturierungen des sozialen Raums genauer beschreiben.

Indikatoren für soziale Beziehungen in Leserbriefen sind zunächst die Personalpronomina der ersten und zweiten Person, die in den Texten erscheinen. Während im Gebrauch des *ich* das Verhältnis des Schreibenden zu seinem Text zum Ausdruck kommt, ermöglicht das *wir* Rückschlüsse auf das soziale Selbstverständnis des Autors. Das *Du* und das *Sie* verweisen auf die jeweilige Konzeption der Adressaten. Die Untersuchungen zum Personalpronominagebrauch werden ergänzt durch die Analyse erstens der als Textendzeichen erscheinenden Autorinformationen und zweitens der in einigen Texten veröffentlichten Eröffnungs- und Schlußformeln. Dies sind sicher nicht alle möglichen Indikatoren für soziale Beziehungen: So nennt Good (1985: 36-40) als Analyseparameter der sozialen Funktionen der Sprache noch Sprechakte, Modalverben und Modaladverbien. Der Status der im genannten Rahmen vorgeschlagenen Sprechaktanalyse bleibt jedoch ungeklärt, da es in den von Good genannten Beispielen um die Eliminierung der Personalpronomina bei Tatsachenbehauptungen geht und eine spezifische Leistung einer solchen Analyse für die Bestimmung des sozialen Bezugs in argumentativen Texten nicht ersichtlich ist, zumal die Behandlung der Personalpronomina auch die Berücksichtigung ihrer funktionalen Äquivalente - etwa die Verwendung von *man* - mit einschließt. Eine Untersuchung von Modalverben und Modaladverbien im Korpus I hat ergeben, daß ihre Verteilung in Hinblick auf das Untersuchungsziel, Unterschiede in den Teikorpora herauszuarbeiten, unspezifisch ist, so daß ich auf eine detaillierte Untersuchung verzichtet habe.

Im Zusammenhang der Konnotationsanalyse gehe ich davon aus, daß die Verteilung der Indikatoren für soziale Beziehungen - die Personalpronomina der ersten und zweiten Person, die Eröffnungs- und Schlußformeln und die Autorinformation - auf die sozialen Unterschiede in den Texten der vier Teilkorpora verweisen. In diesem Sinne fasse ich die genannten Indikatoren für soziale Beziehungen als Konnotatoren auf. Es gibt, so die Orientierungshypothese dieses Abschnitts, eine Beziehung zwischen den textuell ausgedrückten sozialen Strukturen in einem Teilkorpus und der sozialen Praxis in der entsprechenden Teilöffentlichkeit. Im einzelnen umfaßt dieser Abschnitt die folgenden Teile: Zunächst untersuche ich die Autorinformationen (3.5.1), anschließend den Gebrauch der Personalpronomina der ersten Person (3.5.2). In diesen Teilen geht es um die schreibenden Subjekte und um ihren Bezug zum Text. Die Beziehung der Autoren zu ihren Adressaten werde ich in den darauf folgenden Teilen untersuchen: Nach einer Analyse der veröffentlichten Eröffnungs- und Schlußformeln (3.5.3) folgt die Untersuchung der Anredepronomina (3.5.4). Abschließend werden die Ergebnisse zusammengefaßt (3.5.5).

3.5.1. Der schreibende Leser

Einen ersten Zugang zu den sich in Texten schriftlich äußernden Lesern eröffnet die Analyse der Autorenangaben, die als Textendzeichen der Briefe in der Leserbriefrubrik erscheinen. Diese Informationen werden von den Zeitungen auch abgedruckt, um die Texte als Meinungsäußerungen Dritter auszuweisen und so etwaige Haftungsansprüche abzuwehren [<91]. Zunächst ist jedoch zu fragen, wer überhaupt an die Zeitungen Leserbriefe schickt. Nur ein kleiner Teil der Zeitungsleser betätigt sich als Leserbriefschreiber, so daß davon auszugehen ist, daß diese "nie repräsentativ für die Gesamtheit aller Leser eines Presseorgans sind" (Bosshart 1974: 45). In einer repräsentativen Befragung einer Ortsbevölkerung hat Singer (1973: 34) festgestellt, daß lediglich 9% der Befragten jemals einen Leserbrief geschrieben haben, davon nur etwa die Hälfte mehr als einen. Das Interesse des Zeitungspublikums, das Angebot des Mediums zu nutzen, ist also nicht besonders groß.[1] Zu diesem Ergebnis kommt auch Loreck nach Straßeninterviews mit Passanten, die resümierend feststellt:

> Die große Mehrheit der Interviewten schildert ausschließlich Leseerfahrungen. Die Lektüre von Leserbriefen erleben sie in der Regel als sehr befriedigend, ans Selber-Schreiben denken die wenigsten, im Gegenteil, viele finden diese Vorstellung eher abwegig (1982: 268).

Leserbriefschreiber repräsentieren also nur einen kleinen Ausschnitt des Publikums einer Teilöffentlichkeit, und ihre Einsendungen werden darüber hinaus noch durch Leserbriefredakteure für die Veröffentlichung ausgewählt.

Nur die Angabe des Namens gestattet es, Aussagen über die Verfasser zu machen. Stromberger (1976) hat in einer empirischen Untersuchung ermittelt, daß etwa zwei Drittel der Zuschriften von Männern verfaßt wurden. Lediglich bei Zuschriften an eine Frauenzeitschrift überwogen die von Frauen verfaßten Leserbriefe, während bei den Einsendungen an zwei Programmzeitschriften das Verhältnis von Autoren und Autorinnen ausgeglichen war (1976: 386). Neben Einzelpersonen, deren Einsendungen etwa 90% des Strombergerschen Materials ausmachten, formulierten auch formelle und informelle Institutionen Zuschriften, die mit 4% sehr gering vertreten sind. Die Zahlen von Loreck (1982: 312) bestätigen im wesentlichen diese Verteilung: Etwa 77% der von ihr analysierten Briefe wurden von Einzelpersonen unterzeichnet, während Schreiben von Institutionen, von ihr differenziert in "Gruppen", "Organisationen" und "staatliche Instanzen", etwa 23% des Materials ausmachten. Die Abweichungen mögen darin begründet sein, daß Loreck nur veröffentlichte Leserbriefe analysiert hat. Nun hat Stromberger (1976: 388) festgestellt, daß der Anteil von Institutionen und Gruppen bei veröffentlichten Leserbriefen etwa 8% beträgt: Die Chance einer Veröffentlichung für diese Absender ist größer als für Einzelpersonen. An dieser Stelle ist noch auf das Differenzierungskriterium "Geschlecht" hinzuweisen: Autoren haben größere Chancen der Veröffentlichung als Autorinnen.[2]

Die folgende Analyse der als Textendzeichen fungierenden Autorinformationen soll nachweisen, daß auch diese Elemente zum Ensemble der Konnotatoren in Leserbriefen gehören, da sie auf eine jeweils unterschiedliche soziale Praxis in den Teilöffentlichkeiten verweisen. Alle Autorinformationen eines Teilkorpus werden untersucht, um zu zeigen, daß sich die bislang schon aufgewie-

---

1 Die Daten der Arbeit Singers sind, da sie in einer kanadischen Kleinstadt erhoben wurden, nur unter Vorbehalt auf bundesrepublikanische Verhältnisse übertragbar. Jedoch ist die Untersuchung Singers meines Wissens die einzige empirische Untersuchung von Feedback-Prozessen in massenmedialer Kommunikation, die das Verhalten einer Ortsbevölkerung systematisch zum Gegenstand hatte.

2 Zum Vergleich die Zahlen Singers (1973): 72% der von ihm befragten Männer haben erfolgreich einen Leserbrief geschrieben, im Gegensatz zu nur 57% der Frauen (38). Da mehr Männer als Frauen Briefe schreiben (11,4% im Vergleich zu 7,0%), verschiebt sich das Verhältnis weiter zuungunsten der Frauen (36).

senen Unterschiede der sprachlichen Verhältnisse in den einzelnen Teilkorpora auch für dieses Element bestätigen lassen.

Von den 52 untersuchten Leserbriefen in der FAZ sind lediglich 6 als von Frauen geschrieben kenntlich gemacht, das sind nur etwa 11,5%. Sodann fällt auf, daß sehr oft neben der Angabe des vollständigen Namens und des Wohnorts Ergänzungen erscheinen, nämlich Titel, Berufsbezeichnungen, Bezeichnungen für Funktionen in Vereinen oder Interessenverbänden und Mitgliedschaft in politischen Organen, etwa dem Bundestag. Solche Ergänzungen sind häufiger zu finden als unmarkierte Namensnennungen: Das Verhältnis liegt bei 32 zu 20, in Pro-zentzahlen ausgedrückt: ca. 61% der veröffentlichten Zuschriften sind durch Zusätze zum Vor- und Nachnamen ausgezeichnet. Eine Besonderheit stellen dabei die Titel wie *Dr.* und *Prof.* dar: Immerhin tragen 12 von 52 Unterzeichnern den Titel Doktor bzw. Professor.[1] Bei etwas mehr als der Hälfte der Leserbriefunterzeichner, nämlich 23 von 52, sind die Eigennamen durch Berufs- oder Funktionsbezeichnungen ergänzt. Für diesen Zusammenhang hinreichend ist die Feststellung, daß es sich überwiegend um akademische Berufe bzw. um leitende Funktionen in Interessenverbänden oder Institutionen handelt. Dieser Befund verweist auf eine wichtige Funktion von Leserbriefen: Sie werden von den genannten Institutionen als Mittel zur öffentlichen Selbstdarstellung genutzt (cf. Loreck 1982: 326). Vier Unterzeichner sind Mitglieder des Bundestags bzw. eines Landtags. Diese quantitativen Angaben zeigen ganz deutlich, daß in der Rubrik ein Bedarf angemeldet wird, mehr über die Autoren mitzuteilen, sie einerseits im sozialen Raum zu verorten, indem über ihren Namen hinaus noch andere biographische Informationen vermittelt werden, andererseits aber auch die Darstellung von inhaltlicher Kompetenz bezüglich der von ihnen aufgegriffenen Themen zu stützen, da solche Bezeichnungen auch dazu dienen dürften, die vorgetragenen Argumente zu stützen. Nicht berücksichtigt wurden bisher die Einsendungen von Prominenten, Personen also, die im öffentlichen Leben einen relativ hohen Bekanntheitsgrad haben oder deren Stellungnahme aus diesem Grund eher Berücksichtigung finden dürfte. Im vorliegenden Korpus von FAZ-Leserbriefen finden sich zwei solcher Einsendungen: ein Text von Henri Nannen (am 24.7.1984), dem ehemaligen Chefredakteur bzw. Herausgeber der Zeitschrift "stern", und ein Text von Hans Barlach (am 23.7.1984), dem Sohn des bekannten Malers und Bildhauers Ernst Barlach. In beiden Texten werden Themen behandelt, die in einem engen Zusammenhang mit den persönlichen Aktivitäten der genannten Personen stehen.

In der FR ist die geschlechtliche Zuordnung der Leserbriefautoren nicht in allen Fällen möglich, da bisweilen (in 11 Briefen) der Vorname des Schreibers bzw. der Schreiberin durch ein oder zwei Majuskel abgekürzt erscheint. Von den verbliebenen 39 sind 32 von Männern und nur 7 von Frauen unterzeichnet.

---

1 Böttcher konnte in dem von ihm untersuchten Material feststellen, daß bei 30% der Lesereinsendungen in der FAZ der Titel "Doktor" in den Autorinformationen zu finden war (1961: 86).

Nur in 20% der veröffentlichten Briefe erscheinen Ergänzungen zum Namen des Autors. Dabei ist der Anteil von Doktoren bzw. Professoren recht niedrig (4%), auch Berufsbezeichnungen werden selten angegeben (8%). Die anderen Angaben beziehen sich auf Funktionen in Verbänden. Prominente sind in der FR im Untersuchungszeitraum nicht zu Wort gekommen. Offensichtlich haben weder Titel noch Funktionen besonderen Einfluß auf die Veröffentlichungspolitik der FR, die zeitungsspezifischen Restriktionen dürften nur bedingt auf solche Kriterien zurückzuführen sein. Die Eliminierung der Angaben über die Geschlechtszugehörigkeit der Autoren verweist noch einmal auf die oben beschriebenen Ambivalenzen der Präsentation von Leserbriefen [<93]: Sie erscheinen nicht mehr als identifizierbare Individuen, sondern ihre Namensfragmente dienen nur mehr dazu, einen Text als Leserbrief auszuweisen.

Eine Besonderheit der OV-Leserbriefrubrik dürfte die Veröffentlichung auch der Adressen vieler Schreiber sein. In 27 Fällen wird neben Vor- und Zunamen auch die Adresse abgedruckt. Diese Präsentationsform, durch die die Schreiber individuell von den Zeitungslesern angeschrieben werden können, dürfte auf die lokale Verbreitung der Zeitung zurückzuführen sein. Der Anteil der Zuschriften von Leserinnen liegt bei ca. 19%; dabei ist jedoch zu berücksichtigen, daß in zwei Zuschriften kein Vorname erscheint und in einer Zuschrift der Vorname durch einen Großbuchstaben abgekürzt wird. Unterstellt man, daß diese drei Texte von Männern geschrieben wurden, ergibt sich ein Anteil von ca. 17%. In nur drei Belegen ergänzt ein Titel den Namen. In einem Fall erscheint die auf feministischen Sprachkritik zurückführbare Form *Prof.in Dr.* (cf. Hellinger et al. 1985: 5 und Pusch 1985.) Vier Belege weisen eine Berufsbezeichnung auf, während in sieben Fällen Angaben über Verbandszugehörigkeiten und Funktionen erscheinen. Eine Besonderheit der OV, die auf die relativ geringe Zahl eingehender Leserbriefe zurückzuführen sein dürfte, stellt die Tatsache dar, daß zwei Leser mit mehr als einem Text während des Untersuchungszeitraums im Korpus als Autor - der eine mit drei, der andere mit acht Texten - erscheinen.

Von den 51 untersuchten Leserbriefen aus der TAZ sind 27 von Männern und 13 von Frauen (davon zwei jeweils von zwei Frauen) unterzeichnet. In fünf Fällen war eine geschlechtliche Zuordnung nicht möglich, da neben der Abkürzung des Vornamens (2) auch Initialen (2) oder nur der Nachname (1) erscheinen. Die quantitative Differenz (51: 45) erklärt sich aus der Tatsache, daß in drei Fällen Gruppen insgesamt unterzeichneten, ein Text wurde überhaupt keinem Absender zugeordnet und in einem Fall war das gewählte Pseudonym nicht aufzuschlüsseln (*das As, Herz 7 & W. Milan*; am 24.7.1984). Auffällig groß ist auch die Zahl von acht Texten, in denen nur der Vorname der Autoren erscheint. Fünf Autorenangaben enthalten keine Ortsangaben. Nur in einem Fall wird ein Beruf angegeben, *Arbeiterin*, eine Autorin bezeichnet sich als "*Radikalfeministin*", und ein Schreiber vermerkt, daß der Brief "*aus der Haft*" geschrieben sei. In neun Fällen ist eine Einzelperson Mitglied einer Gruppe bzw. schreibt in deren Auftrag. Ein Blick auf die genannten Verbände zeigt, daß charakteristische Organisationen des gegenkulturellen Milieus Briefe an die TAZ schreiben: Von den Grünen über die GIM (Gruppe Internationaler Marxisten)[1] als überregionale Organisationen bis hin zu lokalen Aktionsgruppen und Friedensinitiativen (auch mit "Ini" abgekürzt) reicht das im Korpus erscheinende Spektrum. Dieser Überblick zeigt, daß zwar auch hier die Einzelpersonen als Unterzeichner am häufigsten zu finden sind, daß sich aber mit der Bindung an alternative Organisationen oder an in der Alternativbewegung zu beobachtende Umgangsformen wie die ausschließliche Nennung des Vornamens ein eigenständiges Leserprofil der TAZ in den Autorinformationen von Leserbriefen festmachen läßt.

Unterschiede in der sozialen Zusammensetzung der Teilöffentlichkeitsrezipienten zeigt auch die Untersuchung der Leserbriefunterzeichner. Während in der FAZ die Bedeutung von Titel und Stelle signifikant ist, dominiert in der FR eher ein Egalisierungskonzept. Die Autoren der lokale Themen behandelnden Texte in der OV sind durch die Angabe der genauen Adressen auch persönlich für ihre Thesen verantwortlich zu machen, während in der TAZ die für die Gegenkultur charakteristischen sozialen Organisations- und Verkehrsformen auch in den Unterzeichnerangaben aufzufinden sind.

3.5.2. Personalpronominagebrauch I: Personalpronomina der ersten Person

Die Schreiber erscheinen nicht nur als Unterzeichner ihrer Texte, im Text selbst findet ihre Beziehung zu ihrem Produkt einen Ausdruck, nämlich durch die Personalpronomina der 1. Person Singular und Plural. Holly unterscheidet zwischen der inhaltlichen Funktion und der rituellen Bedeutung von personendeiktischen Ausdrücken (1979b: 198-203). Unter inhaltlicher Funktion verstehe ich - in Anlehnung an Holly - das Verhältnis von Personalpronomen und Gesamttext, unter ihrer rituellen Bedeutung die Interpretation ihres Erscheinens in einem Text in Hinblick auf die Selbstdarstellung des Schreibers, im Hollyschen Sinne auf die durch die mit ihrer Verwendung vom Schreiber geleisteten Imagearbeit. Unter diesem Gesichtspunkt unterscheidet Holly verschiedene Strategien der Vermeidung des Gebrauchs von Personalpronomina der 1. Person Singular: Durch eine Generalisierung mit Hilfe des Indefinitipronomens *man* werde eine persönliche Stellungnahme mit dem Effekt vermieden, daß ein Schreiber sein eigenes Image aufwerte, das des Gegners jedoch schone. Die Strategie der Kollektivierung durch *wir* wird - nach Holly - in der Regel in Vermittlungsversuchen zur Beschwichtigung eines imagegeschädigten Partners verwendet. Jedoch unterscheidet sich das *wir* in Leserbriefen deutlich von seiner Funktion in der Rede; davon aber später. Auch die Weglassung spielt eine Rolle. Holly diskutiert allerdings nur Fälle, in denen elliptische Formen vorkommen, die auf-

1 Die "Gruppe Internationaler Marxisten" entstand in der Nachfolge der Studentenbewegung Ende der 60er Jahre und unterschied sich im Spektrum der kommunistischen Gruppen in der Bundesrepublik durch ihre trotzkistische Orientierung von anderen.

grund der finiten Verbform jedoch eindeutig sind. Im textuellen Zusammenhang sind jedoch andere Strategien der Weglassung zu beobachten.

Die folgende Tabelle 3 faßt die Vorkommen der drei aufgeführten Formen im Korpus I zusammen.

Teil-korpus	Anzahl der Belegtexte (Belege insgesamt; v.H.)	*ich*-Vorkommen (Zahl der Belegtexte)	*wir*-Vorkommen (Zahl der Belegtexte)	*man*-Vorkommen (Zahl der Belegtexte)	Sonstige
FAZ	42 (52; 81%)	51 (25)	26 (16)	34 (19)	7
FR	39 (50; 78%)	39 (27)	31 (16)	27 (18)	4
OV	36 (47; 77%)	96 (24)	32 (18)	41 (21)	4
TAZ	45 (51; 88%)	92 (28)	119 (31)	32 (13)	8
		278 (104)	208 (80)	134 (73)	23

Tabelle 3: Verteilung von Personal- und Indefinitpronomina in den Teilkorpora

Die quantitative Analyse erfaßt zunächst die Vorkommen in den Teilkorpora. So fällt zunächst auf, daß der Anteil von Texten, die keine Pronomina der ersten Person enthalten, gering ist: In der FAZ sind es etwa 19%, in der FR 22%, in der OV ca. 23% und in der TAZ etwa 12% der Texte. In der überwiegenden Mehrzahl erscheinen also Personal- oder Infinitivpronomina. Die absolute Anzahl von *ich*-Vorkommen liegt in der FAZ (51) und der FR (39) deutlich niedriger liegt als in OV (96) und TAZ (92); bezogen auf Belege, in denen *ich* erscheint, ergibt sich ein in etwa ausgeglichenes Bild: Die absoluten Zahlen verteilen sich auf 24 Texte im OV-Korpus bzw. auf 28 im TAZ-Korpus, FAZ und FR liegen mit 25 bzw. 27 Texten dazwischen. Etwa die Hälfte der Leserbriefschreiber verwendet also die Form der Individualisierung, in der FR durchschnittlich 1,4mal, in der FAZ etwa 2mal, in der TAZ ca. 2,7mal und in der OV 4mal in einem Text. Dies ist insofern erstaunlich, als eine der Abgrenzungslinien gegenkultureller Öffentlichkeit die sogenannte "Politik der ersten Person" ist, also das In-den-Mittelpunkt-Stellen des Subjekts.[1] Nun dürften, wie die Leseranalyse gezeigt hat, die OV kaum der links-alternativen Gegenkultur zuzuordnen sein. Zudem ist auch die Relation von TAZ-Vorkommen einerseits und FR- bzw. FAZ-Vorkommen andererseits nicht so sig-nifikant unterschiedlich, als daß sie auf unterschiedliche subjektive Bezüge zum Gegenstand zurückführbar wären.

Wenn im Vergleich dazu die *wir*-Vorkommen untersucht werden, ergibt sich ein anderes Bild: In der FAZ werden in 16 Belegen 26 Vorkommen registriert (ca. 1,4mal); ein ähnliches Verhältnis ergibt sich für die FR (16:31, ca. 1,7) und

1 Zentraler Ansatzpunkt des Postulats der "Politik der ersten Person" ist das In-Den-Mittelpunkt-Stellen der Bedürfnisse und Erfahrungen des Subjekts, das etwa auch in dem Topos von der "Betroffenheit" zum Ausdruck kommt. Für eine theoretische Ableitung der Bedeutung von Subjektivität für objektive Prozesse: cf. zur Lippe 1974.

für die OV (14:30, ca. 2,1). Signifikante Unterschiede sind hingegen im TAZ-Teilkorpus erkennbar: 31 Belege enthalten 119 *wir*-Vorkommen (Durchschnitt (i.f. abgekürzt: D): 3,8). Auffällig ist dabei zunächst die große Anzahl von Belegtexten in der TAZ: In etwa 61% aller Texte erscheint diese Form, während die Relationszahlen für die anderen Teilkorpora deutlich niedriger liegen: 31% in der FAZ, 32% in der FR und 40% in der OV. Werden nun diese Belege in Relation zu den Absendern gesetzt, ergibt sich folgendes Bild: Von den 16 Belegtexten in der FAZ sind 3 nicht von einzelnen unterzeichnet (19%), ebenso viel wie in der FR (19%), während in der OV 6 Belegtexte gezeichnet sind (21%); in der TAZ sind es 15 (52%). Der große Anteil (30,5%) ist also zum Teil auf die schon oben behandelte überdurchschnittlich große Anzahl von Einsendungen zurückzuführen, in denen Gruppen, Beauftragte von Gruppen bzw. mindestens zwei Personen als Autoren firmieren. In absoluten Zahlen sind also 80 der 119 Vorkommen (67%) als triviale Vorkommen in dem Sinne ausgewiesen, als sich hier Gruppen artikulieren, so daß der referentielle Bezug zu den Absendern eindeutig herstellbar ist. Das Verhältnis ist bei den anderen Zeitungen reziprok zu der eben für die TAZ aufgestellten Relation. Für die FAZ läßt sich ein Wert von 23% feststellen, für die FR ca. 19% und für die OV etwa 26%. Der nicht-triviale Fall, in dem also Einzelpersonen das *wir* verwenden, erscheint dann in folgenden Relationen: in der FAZ sind es 20 Vorkommen in 13 Texten (D: 1,5), in der FR 25 in 13 (D: 1,9), in der OV 23 in 12 (D: 1,9) und in der TAZ 39 in 16 (D: 2,4). Es fällt auf, daß hier ähnliche Durchschnittswerte erzielt wurden, mit Ausnahme vielleicht der FAZ, in der der Wert unter dem Durchschnitt (1,9) liegt. Insgesamt sind jedoch die hohen Werte für das TAZ-Teilkorpus auf den beschriebenen Fall der Unterzeichnung durch eine Gruppe zurückzuführen.

Schließlich muß noch auf die Indefinitpronomina eingegangen werden. Ich beschränke mich hier auf *man*, da die Vorkommen anderer Pronomen so gering ist, daß sie nicht weiter ins Gewicht fallen. In der FAZ sind es 30 Belege in 21 Texten (D: 1,4), in der FR sind es 27 in 18 (D: 1,5), in der OV 41 in 21 Texten (D: 2,0) und in der TAZ 32 in 13 Texten (D: 2,5). Das heißt also, daß in der TAZ zwar etwas seltener dieses Indefinitpronomen (bzw. seine Varianten) auftritt; wenn es jedoch erscheint, dann in einer über dem Durchschnitt liegenden Häufigkeit.

Im ersten Schritt der qualitativen Analyse werde ich im Anschluß an die von Holly vorgeschlagene Typologie die in den Leserbriefen verwendeten Personalpronomina und ihre Äquivalente untersuchen, um anschließend die besondere Form der *wir*-Kollektivierung einer genaueren Analyse zu unterziehen.

Wenn eine Typologie der Verwendungsweisen von Personalpronomina und ihren Äquivalenten entwickelt werden soll, so sind die funktionalen Leistungen der *ich*-Vorkommen als "Normalform" zu berücksichtigen. *ich* erscheint in den Texten in verschiedenen sequentiellen Positionen: in der Bezugnahme, in den die einzelnen Strukturmuster konstituierenden metakommunikativen Ausdrükken und ihren Äquivalenten, in der Entfaltung einer sekundären Argumentation und schließlich in Resümees. In der folgenden Typologie beschränke ich mich auf die Untersuchung sprachlicher Formen, die musterkonstitutiv sind: die Textsegmente also, in denen das zu verwendende Strukturmuster festgelegt wird [<2.4]. Dieses Vorgehen erlaubt es, ausgehend von der sequentiellen Struktur der Texte, alle empirisch evidenten Äquivalente zu bestimmen, unabhängig von bestimmten, vorab festgelegten Formen.

Die Vorkommen des *ich* bzw. des *wir* in musterkonstituierender Position erscheinen in unterschiedlichen syntagmatischen Umgebungen, wie die folgenden Beispiele zeigen:

(18) Völlig verständnislos stehe *ich* den Flugzeugpiloten und ihren Vorgesetzten gegenüber, ... (OV, 17.8.1984)

(19) Die Stellungnahme des Vorstehers des Sparkassen- und Giroverbandes in der F.A.Z. vom 11.Juli veranlaßt *mich* zu nachfolgender Erklärung: ... (FAZ, 24.7.1984)

(20) Über die Artikelserie "Werden wir noch erzogen?" von Pfarrer Anton Tumbrägel möchte *ich mich* ganz herzlich bedanken. (OV, 2.8.1984)

(21) Gestatten Sie *mir* noch ein Wort zu der Behauptung des Präsidenten der Bundesanstalt für Arbeit ... (FAZ, 21.7.1984)

(22) Der Leitartikel von Joachim Fest "Rechtsnihilismus" in der Ausgabe vom 11.Juli stellt die bedauerliche Symptomatik hervorragend dar. Warum dies nur gerade unter einer Regierung geschieht, die die Wende gerade von diesen Zuständen versprochen hatte, ist aber *meines* Erachtens nicht deutlich geworden. (FAZ, 25.7.1984)

(23) Zu der am 30.Juni im Feuilleton enthaltenen Nachricht über seinen Tod sei von *mir* als seinem Geburtstagszwilling nachgetragen, ... (FAZ, 19.7.1984)

18 stellt die einfachste Verwendungsweise von *ich* dar: In Subjektposition stehend und in Verbindung mit einem Verb. Diese Grundform wird in 19 verändert, indem eine syntaktische Form gewählt wird, in der das Personalpronomen im Akkusativ erscheint. Eine Variante der "Normalform" erscheint in 20, da die Verbindung von Modalverb und Infinitiv an die Stelle des finiten Vollverbs tritt. In 21 wurde eine Höflichkeitsform gewählt, die einen Dativ erforderlich macht. Anders verhält es sich mit 22: Hier fungiert die Nominalgruppe *meines Erachtens* als Erweiterung der Verbalgruppe. Relativierend wird zum Ausdruck gebracht, daß es sich um die Meinung des Autors handelt. In 23 handelt es sich in der Präpositionalgruppe um das Textsegment der Legitimation. Würde dieser Ausdruck weggelassen, handelte es sich hier um eine deagentivische Formulierung, auf deren Form später zurückzukommen sein wird. Jedoch ist zu berücksichtigen, daß Texte, die Legitimationen enthalten, immer auch Formen aufweisen, die auf den Autor verweisen: Die deagentivische Formulierung könnte dann auch als stilistische Variante gedeutet werden.

Die Diskussion der aufgeführten Beispiele erlaubt eine erste Beschreibung der *ich*-Vorkommen:

1. *Ich* + Verb
2. *Ich* + Modalverb + Infinitiv
3. Höflichkeitsausdruck + *ich*
4. Deagentivischer Ausdruck + Legitimation (*ich als ...*)

Bei der Diskussion der *wir*-Vorkommen ist darauf hinzuweisen, daß alle *wir*-Formen, in denen Gruppen als Autoren ausgewiesen sind, analog zu den *ich*-Vorkommen behandelt werden. Im folgenden geht es um die *wir*-Verwendung von Einzelpersonen:

(24) ... Denn, was ist denn neu an der Einschätzung, daß *wir* Frauen selbst Schuld sind, wenn *wir* vergewaltigt werden? (FR, 27.7.1984)

(25) Dank der taz - die bei aller Meinungsvielfalt ja ihre Akzente zu setzen weiß - wissen *wir* nun um Petra Kellys derzeitige Beschlußlage: ... (TAZ, 24.7.1984)

In beiden Beispielen wird eine Kollektivierung ausgedrückt. In 24 wird der referentielle Bezug explizit hergestellt, während 25 diesbezüglich vage bleibt. Diese Formen lassen sich so beschreiben:

5. *wir* + Verb + referentielle Bestimmung.

Nun stehen die Indefinitpronomina zur Diskussion.

(26) Bei dem Bericht über die Pressekonferenz (...) der Anwälte der sechs letzten Verhafteten fragt *man* sich, wessen Verteidiger diese eigentlich sind ... (TAZ, 31.7.1984)

(27) Mit Empörung muß *man* an sich schon als Marburger Student auf den Bericht der FR vom 17.Juli reagieren ... (FR, 21.7.1984)

(28) Das Gelbe vom Ei war es tatsächlich nicht, was sich der OV-Journalist in seinem Artikel geleistet hat. Eher sollte *man* es als journalistische Nachlässigkeit bezeichnen. (OV, 31.8.1984)

(29) Liebe taz-Leute, von Euch ist *man/frau* in der letzten Zeit ja einiges gewohnt. (TAZ, 23.7.1984)

man ist das mit Abstand am häufigsten erscheinende Indefinitpronomen, bisweilen erscheint *jeder* bzw. die Negationsformen *niemand* oder *keiner*. In 26 findet sich die einfachste Form: *man* mit finiter Verbform. Eine spezifische Variante stellt das Erscheinen von *man* zusammen mit dem Modalverb und der Infinitivform in 27 dar, während in 28 das Modalverb im Konjunktiv verwendet wird. In 29 schließlich ist eine nur im TAZ-Teilkorpus vorfindbare Variante des *man* aufgeführt: Der Ausdruck *man/frau* verweist auf feministische Sprachkritik, in der maskuline Formen mit geschlechterübergreifendem Bezug kritisiert werden (cf. Pusch 1984: 156). Für die Indefinitpronomina-Verwendung lassen sich folgende Varianten festhalten:

6. Indefinitpronomen + Verb
7. Indefinitpronomen + Modalverb + Infinitiv
8. Indefinitpronomen + Modalverb (Konj.) + Infinitiv

In dieser Auflistung fehlt das in attributiver Position stehende *jeder* bzw. *jede* wie im folgenden Beleg:

(30) Nach der Kriegserklärung Anfang Juli der anderen EG-Partner gegen Deutschland wegen des Reinheitsgebotes für Bier müßte *jeder Bürger* in Alarmbereitschaft versetzt sein. (FAZ, 24.7.1984)

Es ist offensichtlich, daß für die Form "*jede(r)* + Nomen" der Kollektivierungsbegriff nicht mehr in seiner ganzen Reichweite gültig ist, wird doch durch das auf Gruppen referierende Nomen der referentielle Bezug sicher hergestellt. Die Kollektivierung bezieht sich dann auf die explizit gemachten Referenzobjekte, die in den oben diskutierten Formen, in denen Indefinitpronomina erscheinen, offen bleiben. Eine besondere Variante stellt der folgende Ausdruck dar:

(31) Die dpa-Nachricht in der F.A.Z. vom 14.Juli über die Wiederentdeckung des Mindener Tropars ist so nicht richtig. Seit geraumer Zeit ist *in Fachkreisen* bekannt, daß ... (FAZ, 21.7.1984)

Die Präpositionalgruppe bleibt vage. Allerdings könnte die Vagheit auch nicht durch einen explizit auf Personengruppen referierenden Ausdruck wie *jedem Fachwissenschaftler* beseitigt werden. Für diese Form ergibt sich folgende Beschreibung:

9. *jede(r)* + Nomen (auf menschliche Gruppen referierend) + (Modalverb) (Konj.) + Verb (Infinitiv)

10. Präpositionalgruppe + deagentivische Verbkonstruktion.

Kommen wir nun zu solchen Formen, in denen keine Pronomina erscheinen:

(32) Der Ansicht des NATO-Oberkommandierenden Bernard Rogers, daß die NATO mit neuen chemischen Waffen ausgerüstet werden müßte, *muß* entschieden *widersprochen werden.* (FR, 19.7.1984)

(33) Öffentliche Bibliotheken sollen in Zukunft auch verstärkt Videokassetten ausleihen. So sehr das im Grundsatz als Gegengewicht zu dem kommerziellen Videokassettenverleih auch *zu begrüßen ist* ... (FR, 25.7. 1984)

(34) Dem sonst kundigen Artikel über die Veröffentlichung der erhaltenen Akten des Inquisitionsprozesses gegen Galilei (...) *sind* zwei Anmerkungen *hinzuzufügen*: ... (FR, 27.7.1984)

(35) Volle *Zustimmung* zum Leserbrief vom 20.Juli. (FR, 18.7.1984)

Deagentivische Formen können, wie in 32, passivisch ausgedrückt werden, während 33 und 34 durch die Verbindung finiter Formen von *sein* mit *zu* + Infinitiv als funktionale Äquivalente zu deuten sind. Zusätzlich ermöglichen beide Beispiele eine modale Lesart:

(33a) ... muß begrüßt werden

(34a) ... müssen zwei Anmerkungen hinzugefügt werden.

Eine andere Art der Substitution des Agens liegt in 35 vor, in der eine Nominalgruppe auch die Verbalgruppe ersetzt. Folgende Paraphrasen wären möglich:

(35a) Volle Zustimmung äußere *ich* zum Leserbrief vom 20.Juli.

(35b) Dem Leserbrief vom 20.Juli stimme *ich* voll zu.

In 35a wird die gewählte Form nur durch eine redundante Ergänzung legitimiert, während 35b durch die Verbalisierung des Nomens zeigt, daß der elliptische

Ausdruck durch die Nominalisierung von *zustimmen* akzeptabel ist. Die deagentivischen Formen können zusammengefaßt so beschrieben werden:

11. Modalverb + Partizip II + *werden*
12. *sein* + *zu* + Infinitiv
13. Ellipse (Verbsubstantivierung)

Schließlich sind noch die Formen zu diskutieren, in denen weder explizit noch implizit eine personale Referenz konstituiert wird:

(36) Die Behauptung, Bundesminister Dr. Heiner Geißler habe den Medizinischen Fakultätentag "geflissentlich übersehen" ..., ist falsch. (FR, 31.7. 1984)

(37) In Lohne setzten sich Eltern, Lehrer und Ratsherren zusammen, um über die Vergrößerung des Schulplatzes der Gertrudenschule zu beraten (...). Dieses Gespräch gibt es in Neunkirchen nicht. (OV, 20.7.1984)

In beiden Belegen erscheinen Behauptungen, die musterkonstitutiv sind. Die Einbeziehung einer explizit performativen Formel in einer Paraphrase kann den Bezug des Autors zu seinem Text deutlich machen.

(36a) Ich behaupte, daß die Behauptung, ... , falsch ist.

(37a) Unseres Wissens setzten sich in Lohne Lehrer, Eltern und Ratsherren zusammen, um über die Vergrößerung des Schulplatzes ... zu beraten. *Wir* stellen fest, daß es dieses Gespräch in Steinfeld nicht gibt.

Die explizit performativen Erweiterungen sowohl in 36a und 37a sind redundant. Vielmehr dürfte es für die Autoren hinreichend gewesen sein, die Kommentare als Behauptungen zu gestalten. Dieser Fall einer Auslassung kann so die Klassifikation ergänzen:

14. Behauptung

Die vorgeschlagene Klassifikation wird in der folgenden Tabelle 4 [141>] quantitativ hinsichtlich der Vorkommen in den Teilkorpora erweitert. Die Aufstellung bestätigt noch einmal die in der quantitativen Analyse gewonnene Beobachtung, daß sich die Variation der *ich*-Vorkommen in den Teilkorpora nicht signifikant unterscheidet. Wenn in der sprachlichen Gestaltung des musterkonstitutiven Segments Personalpronomina erscheinen, dann meistens die Individulisierungsformen: Am häufigsten sind jedoch die Behauptungen, Auslassungen also. Kollektiva sind verschwindend gering vertreten, und auch die Generalisierungen in Form von Indefinitpronomina oder deagentivischen Ausdrücken sind vergleichsweise selten. Hier fällt jedoch, insbesondere in der Form 11, die relativ große Anzahl der Vorkommen im FAZ-Teilkorpus auf, die auf eine distinguierte Wahl der stilistischen Mittel zurückzuführen ist. Signifikant ist jedoch die insgesamt große Anzahl von Behauptungen: In der eingangs aufgeführten Klassifikation Hollys ist sie nicht vorgesehen; auch die implizit in linguistischen Arbeiten zu beobachtende Normierung der als gut beurteilten *ich*-Form, in der sich das Subjekt selbst präsentiert, während es im *wir* und im *man* verschwindet (cf. Gdaniec 1987), läßt sich wohl nicht aufrechterhalten. Es sind vielmehr eine Vielzahl von Möglichkeiten zu konstatieren, von denen einige präferiert (1, 2, 14), andere jedoch kaum genutzt werden (3, 4, 5, 6, 9, 10), die insgesamt als funktionale Äquivalente zu betrachten sind.

Formen	FAZ	FR	OV	TAZ	Gesamt
1. *ich/wir* + Verb	7	8	11	14	40
2. *ich* + Modalv. + Infinitiv	6	4	3	8	21
3. Höflichkeitsausdruck + *ich*	2	1	1	-	4
4. Deagent. Ausdruck + Legitimation	1	-	-	2	3
5. *wir* + Verb + Nomen	-	1	-	1	2
6. Indefinitpron. + Verb	-	1	2	1	4
7. Indefinitpron. + Modalv. + Inf.	1	2	4	-	7
8. Indefintitpron. + Modalverb (+ Konj.) + Inf.	1	2	3	-	6
9. *jede/r* + Nomen + (Modalverb +) Verb	1	-	2	-	3
10. Präpositionalgruppe u. deagentivische Verbkonstruktion.	1	-	-	-	1
11. Modalverb + Partizip II + *werden*	6	1	1	-	8
12. *sein* + zu + Infinitiv	2	3	-	-	5
13. ellipt. Formen	2	1	-	-	3
14. Behauptung	20	20	21	22	83

Tabelle 4: Quantitative Verteilung der *ich*-Formen und ihrer funktionalen Äquivalente in musterkonstitutiven Segmenten der Texte des Korpus I

Hinsichtlich der Vorkommen von kollektivierenden bzw. generalisierenden Formen fällt auf, daß diese im TAZ-Teilkorpus mit einer Ausnahme nicht erscheinen. Dieses mag darauf zurückzuführen sein, daß die Kritik an dem Gebrauch dieser Form in der TAZ-Leserschaft weitgehend geteilt wird.

Im zweiten Teil der qualitativen Analyse soll nun geprüft werden, ob die *wir*-Vorkommen in den Teilkorpora unterschiedliche referentielle Eigenschaften besitzen. Mit der Verwendung des *wir* strukturieren die Schreiber ihren sozialen Raum, geben eine Selbsteinschätzung insofern, als ihre Interaktionspartner die Möglichkeit haben zu entscheiden, ob sie selbst sich diesem Inklusionsverhältnis zuordnen können oder nicht. Nun dürfte nicht immer eindeutig zu bestimmen sein, auf welche sozialen Gruppen im Sinne einer inklusiven Lesart des *wir* in den einzelnen Texten referiert wird, andererseits erlaubt aber die jeweilige Umgebung zumindest annäherungsweise eine Identifizierung. In einigen Textbelegen erfolgt dann auch eine Expansion des *wir* in *wir Deutschen* oder *wir Frauen*. Für die Analyse erweist es sich als sinnvoll, auch für die Vorkommen, denen derartige Präzisierungen fehlen, Expansionen zu formulieren, und zwar so, daß der expandierte Ausdruck im Text das *wir* substituieren kann. An einem Beispiel sei dieses Vorgehen demonstriert. Im Beleg (I:5) geht es um die Frage, ob Generalfeldmarschall Erwin Rommel heute noch ein Vorbild sein kann. Dann folgt die Formulierung: *Ich bin jedoch überzeugt, daß wir Erwin Rommel auch heute noch als Vorbild betrachten können.* Nun sind verschiedene Ausdrücke denkbar, die hier einzusetzen wären:

(38a) wir FAZ-Leser

(38b) wir Deutsche

(38c) wir, die wir ein Vorbild suchen

38a als Kollektivierung der die Zeitung Lesenden dürfte im allgemeinen für alle ambigen *wir*-Vorkommen möglich sein, es bleibt jedoch zu unspezifisch, da hier nur die Umgebung des Vorkommens, nicht aber die Textkohärenz berücksichtigt wird. 38b erweitert den Fokus auf die Gesamtheit der Deutschen, was zwar in Anbetracht der zur Diskussion stehenden Person Rommels als sinnvoll angenommen werden kann, sich jedoch auf die Thematik des Textes nicht rückbeziehen läßt. Als weniger unspezifisch dagegen erweist sich 38c in explikativer Lesart, weil hier die Kohärenz berücksichtigt wird; eine restriktive Lesart ist hier auszuschließen, da keine abgegrenzte Gruppe als mögliches Referenzobjekt im Text erscheint. In diesem Sinne dürfte 40c die adäquateste der diskutierten Expansionen sein.

In der nun folgenden, nach Teilkorpora geordneten Tabelle 5 [143>]über die Expansionen des inklusiven *wir* wurde jeweils die der Textkohärenz entsprechende Formulierung gewählt. (Im Text formulierte Expansionen sind mit aufgeführt, die rekonstruierten erscheinen in Klammern.)

Tabelle 5 zeigt, daß in der FAZ und in der OV die weitestgehenden Kollektivierungen vorgenommen werden, wie die Beispiele *Zeitgenossen* (T5: 5) oder *Menschen* (T5: 30) zeigen. Bei der OV fällt außerdem noch auf, daß in zwei Belegen auf regionale Gruppen referiert wird, angesichts der Verbreitung der OV eine recht geringe Anzahl. Interessant ist auch das Vorkommen (T5: 33): Im Text wird die Lage Deutschlands im zweiten Weltkrieg thematisiert, und zwar in einer die nationalsozialistische Politik positiv bewertenden Art und Weise. In der FAZ findet sich auch der einzige Beleg, in dem das *wir* auf nur zwei Personen referiert (T5: 1), nämlich den Autor und einen Jugendfreund, dessen Biographie thematisiert wird. Auch Beipiel (T5: 12) ist hervorzuheben, da hier der Schreiber die Perspektive der CDU einnimmt und Vorschläge zur Selbstdarstellung dieser Partei in Form einer imaginierten wörtlichen Rede unterbreitet. Die Kollektivierungsformen der FR weisen einige Generalisierungen auf, andererseits auch solche Formen wie *Rüstungskritiker* (T5: 19), mit denen auf Gruppen, die eine bestimmte politische Auffassung vertreten, referiert wird. Aber solche Expansionen bilden innerhalb der hegemonialkulturellen Presse doch eher die Ausnahme.

Als deutlich abgehoben von FR, FAZ und OV erweist sich das "Kollektivierungsprofil" in der TAZ. In neun Belegen erscheinen Expansionen, die sich auf Gruppen beziehen, die im weiteren Sinne die politischen Ziele der Alternativbewegung vertreten, etwa auch die Partei der Grünen. Hier scheint also das Bedürfnis nach Abgrenzung besonders groß zu sein: Wer an die TAZ schreibt, hat das Gefühl, er verkehre mit seinesgleichen, und dieser Identifikationswunsch drückt sich in weniger allgemeinen Kollektivierungsformen aus. Es dürfte kaum vorstellbar sein, daß in der TAZ Formen wie *wir Deutschen* anders als ironisch - wie in (T5: 51) - vorkommen. Das spezielle Leserpublikum dieser Zeitung artikuliert sich sehr viel expliziter als etwa das regional gebundene der OV.

FAZ:	(1)	wir (zwei)	*OV*:	(26)	wir (Deutsche)
	(2)	wir (Zeitgenossen)		(27)	wir (Menschen)
	(3)	wir (Zeitgenossen)		(28)	wir (Zeitgenossen)
	(4)	wir "Zweitfrauen"		(29)	wir (Zeitgenossen)
	(5)	wir Europäer		(30)	wir (Menschen)
	(6)	wir Ärzte vom Ärztlichen Arbeitskreis		(31)	wir (Eltern einer Kindergruppe)
	(7)	wir Deutsche		(32)	wir (Bürger des Kreises Vechta)
	(8)	wir Deutsche (2x)		(33)	wir (Bürger des Deutschen Reiches)
	(9)	wir (Deutsche und Franzosen)		(34)	wir (Zeitgenossen)
	(10)	unsere freiheitlich demokratische		(35)	wir (Deutsche)
		Grundordnung / wir(Beobachter)		(36)	wir (Steuerzahler)
	(11)	wir (Bundesbürger)		(37)	wir (Wahlbürger)
	(12)	wir (, die CDU)	*TAZ*:	(38)	wir (Alternative)
	(13)	wir (Deutsche)		(39)	wir (Wähler der Grünen)
	(14)	wir (, die wir Vorbilder suchen)		(40)	wir (, die wir der repräsentativen
FR:	(15)	wir (Kirchensteuerzahler)			Demokratie kritisch gegenüberstehen)
	(16)	wir (Christen)		(41)	wir (Wähler der Grünen)
	(17)	wir (Autofahrer), wir (Bundesbürger)		(42)	wir (Alternativtouristen)
	(18)	wir (, die wir Jugendliche erziehen)		(43)	wir (umweltkritischen Chemiker)
	(19)	wir (Rüstungskritiker)		(44)	wir (Männer und Frauen)
	(20)	wir Bundesbürger		(45)	wir (Alternative)
	(21)	wir Frauen		(46)	wir (Grüne)
	(22)	wir (Deutsche)		(47)	wir (Anti-AKW-Kämpfer)
	(23)	unsere abendländische Gesellschaft		(48)	wir (militante Anti-AKW-Kämpfer)
	(24)	wir (Bundesbürger)		(49)	wir (Zeitgenossen)
	(25)	wir (Deutsche)		(50)	wir (Grüne)
				(51)	wir gehorsamen Deutschen (2)
					wir als deutsche Wissenschaftler (5)

Tabelle 5: Vorkommen des inklusiven *wir* im Korpus I

So zeigt sich denn, wie auch die quantitative Analyse des *wir* ergeben hat, daß in der TAZ erscheinende Leserbriefe einen anderen sozialen Raum organisieren als die in anderen Zeitungen veröffentlichten, nämlich die oben beschriebene Verortung der Subjekte in Kollektiven einerseits und die Beschwörung der Zugehörigkeit zur alternativen Bewegung durch die Verwendung des engen, genaueren inklusiven *wir* andererseits.

Die Analyse der Pronomina der 1. Person und ihrer Äquivalente hat folgende Ergebnisse gebracht: Quantitativ interessant ist die Verteilung der *wir*-Vorkommen, da sie meist in der TAZ erscheinen. Dies ist auf den Trivialfall - Unterzeichnung durch eine Gruppe - zurückzuführen. Die Untersuchung der musterkonstitutiven Segmente hat gezeigt, daß individualisierte Formen (T5: *ich*, *wir*) sehr viel häufiger als kollektivierte bzw. generalisierte Formen vorkommen, während die Behauptungsreihung das vorgängige sprachliche Mittel zur Ausfüllung dieser Position darstellt. Die *wir*-Vorkommen wiesen, nach einer Expansionsanalyse, teilkorporaspezifische Variationen auf: Der referentielle Bezug war von der spezifischen Leserstruktur abhängig.

3.5.3. Eröffnungs- und Schlußformeln

Ein Brief ist ein Brief, für jedermann erkennbar, weil er charakteristische Initial- bzw. Finalpositionen aufweist, mit denen Briefschreiber ihre Beziehung zum Adressaten in mehr oder weniger standardisierten Formulierungen zum Ausdruck bringen. Ermert bezeichnet diese als Anrede- und Grußformel (1979: 103). Ich halte diese Begrifflichkeit insofern für problematisch, als damit unterstellt wird, daß in den Initial- bzw. Finalpositionen eines Briefes tatsächlich angeredet und gegrüßt wird. Es geht um konventionell gebrauchte Ausdrücke, die zwar die Form von Anrede und Gruß haben, die aber von Briefschreibern und -lesern nicht als solche gedeutet werden müssen. Deshalb schlage ich vor, von *Eröffnungs-* und *Schlußformeln* unter Akzentuierung der sequentiellen Position dieser Ausdrücke zu sprechen. Ermert schreibt weiter dazu in seiner Arbeit über Briefsorten:

> Sie (die Eröffnungs- und Schlußformeln; R.V.) wirken als Indikator für die Beziehungen, die der Briefschreiber zu dem -empfänger hat oder zu haben glaubt, und liefern einen Teil der Informationen, die die Kommunikationspartner im direkten Gespräch der kopräsenten Situation entnehmen und/oder durch parasprachliches Handeln und Verhalten übermitteln. (1979: 104)

Nun sind Leserbriefe nicht als "einfache" Briefe zu interpretieren [<31f], sondern eher in Beziehung zu anderen medialen Texten zu sehen. Zwar kann angenommen werden, daß nahezu jeder bei einer Redaktion eingehende Brief die charakteristischen Eröffnungs- bzw. Schlußformeln aufweist, sie fallen jedoch in der Regel der redaktionellen Bearbeitung zum Opfer.[1] Nun gibt es einige Belege aus der TAZ und der OV, die diese Positionen enthalten. Für die Analyse dieser Ausdrücke erweist es sich als sinnvoll, ihr Erscheinen auf die jeweilige Textstruktur zu beziehen, also auch die Frage zu prüfen, inwieweit diese Formeln schon auf die Funktion der von ihnen eingeleiteten bzw. abgeschlossenen Texte verweisen.

---

1 So heißt es in der Broschüre der FAZ, die der Selbstdarstellung dient: "Zwar sind fast alle veröffentlichten 'Briefe' nur Zitate aus Briefen. Denn ohne Kürzungen, zuweilen kräftige ..., wäre die Rubrik ... so unlesbar, wie es eine Zeitung wäre, die alle einlaufenden Nachrichten unredigiert veröffentlichte" (Alles über die Zeitung 1985: 47). Ich nehme an, daß auch die Eröffnungs- und Schlußformeln dieser Bearbeitung zum Opfer fallen.

Nr.	Eröffnungsformel	Schlußformel	Struktur-muster	Thematisie-rungsrichtung		Erschei-nungs-datum
				m	am	
OV 1	Sehr geehrte Frau O.,		Kom-	+ (LB)	-	29.8.
2	Liebe OV,		Kom-	+ (OV)	-	30.8.
3	Grüß Gott, liebe Eltern, die ihr im Besitz eines Kinderwagens mit "Einlage" seid.	In diesem Sinne wünscht Euch, liebe Eltern,eine gute Reise	Kom-	-	+	13.9.
TAZ4		Bis auf weiteres	Kom-	+ (TAZ)	-	19.7.
5		Mit sorgenden Grüßen	Kom-	+ (TAZ)		19.7.
6		mit unsolidarischen Grüßen	Kom-	+ (TAZ)		20.7.
7	Herzlichen Glückwunsch		Kom-	+ (TAZ)		20.7.
8		Herzliche Grüße	Kom-	-	+	23.7.
9	Liebe Tazzler/innen,		Kom-	+ (TAZ)		23.7.
10		So long, keineswegs solidarisch	Kom-	-	+	23.7.
11	Liebe taz-Leute,		Kom-	+ (TAZ)		23.7.
12	Liebe taz-Leute,	Bis auf weiteres, vielen Dank bisher	Erg	-	+	24.7.
13	Lieber Cravallo!		Kom-	+ (Art)	-	24.7.
14	Liebe tazler,	Viele Grüße	Kor	+ (Art)	-	24.7.
15		Viel Liebe für euch alle	Kom-	-	+	24.7.
16		Dein (Name, Ort)	Kom-	- (Art)	-	24.7.
17	Liebe taz!	Es lebe die 20-Stunden-Woche	Erg	+ (Art)	-	25.7.
18	Liebe Männer, liebe Frauen!	Mit netten Grüßen	Kom-	-	+	25.7.
19	Liebe Leute!	mit freiheitlichen Grüßen	Kom-	-	+	26.7.
20	B.S.,		Kom-	-	+	27.7.
21	Liebe Freunde,		Kom-	+ (Art)	-	27.7.
22	Tazlerinnen und Tazler,	mit freundlichen Grüßen	Kom-	+ (Art)	-	27.7.
23	Hallo Freunde von der taz:	So long, tschüß	Kom-	+ (TAZ)		27.7.
24	Liebe Freundinnen und Freunde bei der taz,	Mit solidarischen Grüßen und in der Hoffnung auf bessere Berichterstattung	Kom-	+ (TAZ)	-	31.7.
25	"Genossin und Kollegin" T.!	So long, "Genossin", wenn solche Frauen wie Du die Revolution machen werden, freuen sich die Säcke aller Länder!	Kom-	+ (LB)	-	1.8.
26	Liebe taz-Sportler/innen,	Herzliche Grüße	Kom-	+ (TAZ)	-	1.8.

Tabelle 6: Eröffnungs- und Schlußformeln in Korpus I[1]

Tabelle 6 erfaßt alle Vorkommen im Korpus I. Zunächst fällt auf, daß in 13 von 19 belegten Vorkommen die Eröffnungsformel unter Verwendung von *liebe* rea-

1 Tabelle 6 enthält folgende Abkürzungen: *am*: außermedial, *Art*: Artikel , *Erg*: Ergänzung, *Kom-*: negative Kommentierung, *Kor*: Korrektur, *LB*: Leserbrief und *m*: medial.

lisiert wird; nach der Klassifikation von Ermert, der zwischen förmlicher, weniger förmlicher und zwangloser Anrede unterscheidet (1979: 106), indiziert *liebe* meist die zwanglose Anrede; es kann jedoch auch im nicht-förmlichen Bereich erscheinen. Dieser Befund ist insofern erstaunlich, als die Kommunikation eines einzelnen mit einer Institution auf den ersten Blick als förmlich einzuschätzen ist. Nur einmal erscheint die für eine förmliche Beziehungsdefinition charakteristische Formel *Sehr geehrte Frau O.* (T6: 1). Das hier konstatierte Problem kann präzisiert werden, wenn die Verteilung der Vorkommen in den beiden Zeitungen in den Blick genommen wird: Sind es in der OV 3 von 48 Belegen, in denen eine Eröffnungsformel erscheint, so sind es in der TAZ 16 von 51 Belegen, also über 30%. Bevor diese zeitungsspezifische Verteilung weiter behandelt wird, sei ein Blick auf die Schlußformeln geworfen. Am häufigsten wird der Ausdruck *Grüße* verwendet, der in 8 von 17 Vorkommen erscheint, jeweils mit unterschiedlichen Attributen versehen. Dabei fällt wiederum die unproportionale Verteilung auf: Während in der TAZ 16mal eine Schlußformel verwendet wird (also ebenfalls über 30 Prozent), kommt in der OV nur eine einzige vor, und diese in einem Beleg (T6: 3), in der die Zuordnung eines Ausdrucks zu den genannten Formeln problematisch ist, da er nicht vom übrigen Text abgesetzt sind. Schon von der quantitativen Verteilung her - von 37 Vorkommen insgesamt stammen nur 4 aus der OV - kann die These gestützt werden, daß fast ausschließlich TAZ-Leserbriefe den für "normale" Briefe charakteristischen Rahmen von Eröffnungs- und Schlußformeln auch als veröffentlichte aufweisen.

Für die qualitative Analyse ist ein Bezugssystem erforderlich, das Aspekte sowohl der Thematisierungsrichtung als auch der strukturellen Eigenschaften der durch Eröffnungs- und Schlußformeln ausgezeichneten Texte berücksichtigt hat. Im Bereich der Thematisierung dürfte die Richtung der Texte - oben hatte ich die mediale von der außermedialen Richtung eines Leserbriefs unterschieden [<44]-, im Bereich der Struktur die Beziehung zwischen den verwendeten Formeln und dem jeweils realisierten Strukturmuster der Texte relevant werden [<2.4). Zu-nächst untersuche ich das zuletzt beschriebene Verhältnis, um mich dann mit der Thematisierungsrichtung zu beschäftigen.

Zwei Fälle von Eröffnungs- und Schlußformeln sind zunächst zu unterscheiden: nämlich die Anrede der Redaktion einer Zeitung von der ihrer Leser. Die überwiegende Anzahl der Eröffnungs- und Schlußformeln erscheint in negativ kommentierenden Texten, lediglich zwei sind positiv kommentierenden und jeweils einer korrigierenden bzw. informierenden Texten zuzuordnen. In einem ergänzenden Text (T6: 12) erscheint die häufig anzutreffende Formel *Liebe Leute*. Darin wird eine Beziehungsdefinition ausgedrückt, die charakteristisch für die Gegenkultur der Alternativbewegung sein dürfte: Einzelne oder Gruppen wenden sich an andere, die sich als Kollektive verstehen, und drücken so ihre Solidarität mit der vom Adressaten ausgeübten Praxis aus. Daß es sich dabei um eine grundsätzlich artikulierte positive Würdigung handelt - man könnte von einem Minimalkonsens sprechen -, belegen die Vorkommen auch in Texten, in denen auch die Veröffentlichungspolitik der TAZ kritisiert wird (cf. T6: 11). Funktionale Äquivalente zu dieser Formel sind etwa *Liebe Tazzler/innen* (T6: 9) und ähnliche (T6: 14, 17, 26). Zu diesen gehören auch die Belege, in denen das Nomen *Freund* erscheint, wie in *Liebe Freunde* (T6: 21). Diese Ausdrücke - auch die Belege 22 und 23 - ersetzen das eher unspezifische Nomen *Leute* durch eines, das die positive Adressatenbeziehung als einen wesentlichen Bestandteil der Bedeutung von *Freund* ausnutzt. Diese von den Schreibern vollzogene Charakterisierung ihres positiven Verhältnisses zum alternativen Projekt TAZ scheint, jedenfalls dann, wenn sie so explizit gemacht wird, unabhängig sowohl von den strukturellen Eigenschaften als auch vom Adressaten der Kritik ihrer Texte zu sein.

Einzelne Personen werden dreimal angesprochen. In (T6: 13) eröffnet *Lieber Cravallo* eine heftige Polemik gegen einen TAZ-Beitrag und kann deshalb nur als Ironie verstanden werden; dasselbe Stilmittel verwendet die Autorin von (T6: 25), die die Unterzeichnungsformel ihrer Adressatin ironisierend mit Anführungszeichen zitiert: "*Genossin und Kollegin*" *Theil!* In (T6: 20) erfährt die kritisierte Leserbriefschreiberin eine Anrede in Form einer - von ihr selbst auch zur Unterzeichnung des Briefes verwendeten - Abkürzung von Vor- und Nachnamen. Der Verzicht auf eine Formel deutet schon an, daß hier die Autorin die Beziehung zur Adressatin negativ definiert. Fraglich bleibt, ob (T6: 7) *Herzlichen Glückwunsch* als Anrede zu klassifizieren ist, fehlt doch die Bezeichnung des Adressaten. Andererseits erscheint der Ausdruck deutlich vom Text abgehoben in einer besonderen Zeile, und implizit erschließt sich der Adressat der negativen Kommentierung, die TAZ-Redaktion, im dann folgenden Text: (T6: 7) müßte ironisch gelesen werden. Gleichermaßen als ironisch erweist sich (T6: 3), in der ein bestimmter Leserkreis der OV angesprochen wird. Die in Norddeutschland unübliche Begrüßungsformel *Grüß Gott* sowie der Relativsatz signalisieren eine ironische Betrachtung des fokussierten Problems. Dies zeigt sich auch in der Schlußformel: Nachdem der Autor gezeigt hat, daß im Landkreis Vechta eine "*gute Reise*" mit Kinderwagen nicht möglich sein wird (wenn die Bundesbahnstrecke Delmenhorst-Bramsche stillgelegt ist), pointiert er, indem er die Grußformel mit *wünschen* ironisch zitiert, abschließend das von ihm thematisierte Problem. Weder Anrede- noch Grußformel sind optisch herausgehoben, sie sind als Versatzstücke in den Text integriert, um eine ironisch formulierte negative Kommentierung zu realisieren, so daß eine Subsumption unter die hier diskutierten Briefrahmenformeln nicht sinnvoll wäre.

Die Schlußformeln, die nur bei etwas mehr als der Hälfte der Vorkommen in Verbindung mit der Eröffnungsformel erscheinen, werden meist als *Gruß* formuliert. Unterschiedlich ist dabei die Verwendung von Adjektiven, mit denen die Form der Grüße differenziert wird. So erscheinen die Adjektive *herzlich*, *freundlich*, *nett* und *viel* in dieser Umgebung als funktionale Äquivalente, weil mit ihnen die positive Deutung der Schlußformeln nur unwesentlich variiert wird. Im Gegensatz dazu erscheint eine Formulierung *mit sorgenden Grüßen* (T6: 5) als interpretationsbedürftig: Mit Orientierung auf die Veröffentlichungspolitik der TAZ versichert der Schreiber den Adressaten seine grundsätzliche positive Einstellung, sieht aber die Entwicklung der Zeitung mit Sorge. In ähnlicher Weise ist auch (T6: 24) zu deuten; hier wird allerdings das Verhältnis zur TAZ explizit gemacht. Im Ausdruck *mit unsolidarischen Grüßen* (T6: 6) erfährt der Wertstandard der Solidarität eine explizite Verweigerung, nachdem der Autor der Zeitung eine unsolidarische Berichterstattung vorgeworfen hatte.

In den Schlußformeln finden sich also Hinweise auch darauf, wie der Text, hier eine negative Kommentierung, zu lesen ist, ob die Kritik an der Zeitungsberichterstattung so grundsätzlich ist, daß - wie im letzten Fall - eine nicht der üblichen Beziehungsdefinition entsprechende Schlußformel artikuliert wird. In diesem Sinne dürfte auch das *Bis auf weiteres* in (T6: 4) interpretiert werden: Die Schreiber erwarten vom Medium auch in der Zukunft eine negativ zu kommentierende Berichterstattung. Die Unterschiede in der Verwendung von Schlußformeln relativ zu den Strukturmerkmalen in den entsprechenden Leserbriefen zeigt deutlich der Ausdruck *Bis auf weiteres, vielen Dank bisher* in (T6: 12), wo ebenfalls die eben diskutierte Formulierung erscheint, allerdings mit einem Zusatz: Hier erfaßt die Schlußformel präzise die strukturellen und inhaltlichen Eigenschaften des Textes, in welchem ein Strafgefangener sein Abonnement zwar abbestellt, aber bei Rückkehr in das alltägliche Leben dessen Wiederaufnahme in Aussicht stellt.

Drei Leserbriefe beziehen sich auf Beiträge von einzelnen Autoren. In (T6: 16) erscheint das Vertrautheit signalisierende *Dein* mit dem vollen Namen des Autors. Einen Sonderfall stellen (T6: 10) und (T6: 25) dar: (T6: 25) ist eine direkte Replik auf (T6: 10) und nimmt sowohl die Grußformel *so long* als auch das abschließende Postskriptum sowie den Nachtrag auf. Die Ironie des Formelzitats signalisieren die Anführungszeichen bei "*Genossin*", inhaltlich das Aufgreifen der in (T6: 10) formulierten proletarischen Frauenbewegungsposition. Auch Postskriptum und Nachtrag orientieren sich an den Inhalten des Bezugstextes. Wie schon oben gezeigt, erweist sich auch hier die sprachliche Realisierung der Grußformel als durch die Textstruktur determiniert, darüber hinaus jedoch auch als Spiel mit den Formen, die als Zitate ironisch verwendet werden.

Abschließend sei noch auf (T6: 17) eingegangen: *Es lebe die 20-Stunden Woche!*, die Formulierung einer politischen Forderung, mitnichten aber eine konventionelle Schlußformel. Andererseits ist diese, deutlich vom Text abgesetzt, als Finalposition der Musterrealisierung erkennbar. Inhaltlich müßte sie wohl als Resümee charakterisiert werden, im Kontext mit der Anrede sollen wohl auch Gemeinsamkeiten mit der in der Zeitung vertretenen Position artikuliert werden. Auf dem Hintergrund, daß dieser Beleg als einziger einen positiv kommentierenden Beitrag abschließt, gleichzeitig eine inhaltliche Zusammenfassung und eine Beziehungsdefinition leistet, muß offen bleiben, ob die Klassifizierung als Schlußformel berechtigt ist.

Die Diskussion der Beispiele hat gezeigt, daß trotz der geringen Zahl von

Vorkommen eine Vielfalt von Formen zu beobachten war. Es zeigte sich, daß die jeweils konkrete Gestaltung der Eröffnungs- und Schlußformeln abhängig ist von den strukturellen Eigenschaften der Texte sowie deren Richtung. Insofern liefern auch diese Textsegmente Hinweise für die für einzelne Texte zu entwikkelnde Lesart.

3.5.4. Personalpronominagebrauch II: Anredepronomina

Ein exklusives Mittel, um die Beziehungen zwischen Teilnehmern an verbaler Interaktion auszudrücken, stellen die Anredepronomina dar. Im Deutschen stehen dabei die Formen *du* als Ausdruck für ein vertrautes Verhältnis zwischen Personen und *Sie* für ein eher distanziertes Verhältnis zur Verfügung: die entsprechenden Pluralformen lauten *ihr* und *Sie*. Diese Formulierung setzt schon eine Abstraktion voraus, denn das *Sie* erscheint in grammatischer Sicht immer in pluralischen Umgebungen (cf. Schubert 1985). Man könnte auch sagen, daß Singular und Plural hier unmarkiert bleiben. Es ist jedoch notwendig, zwischen singularischem und pluralischem *Sie* zu unterscheiden: Im folgenden wird *Sie* durch Indizes markiert (Sie_{sg} und Sie_{pl}). Um die Leistungen der Anredepronomina herauszuarbeiten, unterscheidet Kohz (1982: 23) zwischen Funktionalität und Relationalität. Ihre Funktionalität liegt darin, daß mit ihrer Hilfe Verhältnisse aufgebaut und Rollenzuweisungen artikuliert werden. Indem sie jedoch auch soziale Strukturen als präformierte widerspiegeln, ist ihnen gleichermaßen ein relationales Merkmal zuzuschreiben. Wenn also ein Schreiber in einem Kommunikationsprozeß sich der Anredepronomina bedient, führt er zugleich die sozial standardisierten Beziehungsdefinitionen ein. Gerade vor dem Hintergrund der Tatsache, daß die eben diskutierten Eröffnungs- und Schlußformeln in der großen Mehrzahl der hier untersuchten Belege fehlen, erweist sich die Untersuchung der Anredepronomina als notwendige Ergänzung angesichts der in jedem kommunikativen Prozeß artikulierten Beziehungsdefinition.

Die Untersuchung beginnt mit der quantitativen Verteilung der Pronomina im vorliegenden Korpus, um so eine qualitative Analyse vorzubereiten. In Tabelle 7 sind die im Korpus I erscheinenden Anredepronomina unter Einschluß der Possessivpronomina erfaßt [150>].

Ein Blick auf die Gesamtverteilung im Rahmen der quantitativen Analyse der Anredepronomina zeigt zunächst, daß sie vor allem in Texten der TAZ erscheinen, immerhin in deutlich mehr als der Hälfte der vorliegenden Belegtexte (61%), während in der FAZ der prozentuale Anteil bei etwa 24,5%, in der OV bei etwa 12% und bei der FR bei lediglich 2,5% liegt. Entsprechend hoch ist auch der Anteil der Gesamtbelege in der TAZ im Verhältnis zu den anderen Zeitungen: Während in der TAZ 76,5% der Anredepronomina erscheinen, sind es in der OV 15%, in der FAZ 8,5% und in der FR nur 0,5%. Diese erste Übersicht zeigt, daß in der TAZ die Zahl der Anredepronomina deutlich am größten ist, während in der FR nur eine verschwindend geringe Zahl festzustellen ist.

Teil-korpus	Anzahl der Belegtexte (Texte insgesamt; v.H.: 100 = 41)	*du*-Vorkommen (Zahl der Belegtexte)	*Sie*$_{sg}$-Vorkommen (Zahl der Belegtexte)	*Ihr*-Vorkommen (Zahl der Belegtexte)	*Sie*$_{pl}$-Vorkommen (Zahl der Belegtexte)	Gesamt (v.H.: 100 = 180)
FAZ	10 (52; 24,5%)	-	2 (2)	-	13 (8)	15 (8%)
FR	1 (50; 2,5%)	-	1 (1)	-	-	1 (0,5%)
OV	5 (47; 12%)	-	5 (1)	10 (1)	12 (3)	27 (15%)
TAZ	25 (51; 61%)	55 (6)	6 (1)	74 (18)	2 (1)	137 (75,5%)
	41	55 (6)	14 (5)	84 (19)	27 (12)	180

Tabelle 7: Verteilung von Anredepronomina in den Teilkorpora

Ein Blick auf die quantitative Verteilung der hier ausgewerteten Pronomina ist sehr aufschlußreich: Das *Du* erscheint ausschließlich in der TAZ, - mit 55 Vorkommen ist es in diesem Teilkorpus außerordentlich häufig vertreten -, während das *Ihr* sowohl in der TAZ - und hier sehr oft (74 Belege) - als auch in der OV erscheint, hier auch mit recht hohem Anteil (10 Belege). Ein Blick auf die Relation zwischen dem *Ihr* und den Textexemplaren, in denen es erscheint, relativiert diese ersten Feststellungen wieder: Während das *Ihr* in 18 Texten aus dem TAZ-Teilkorpus erscheint, 35%), taucht es in nur einem OV-Text auf, dort allerdings gehäuft (I:23), bezogen auf das OV-Teilkorpus jedoch nur zu etwa 2%. Während also in der TAZ in der überwiegenden Mehrzahl der Fälle die Vertrautheitsformel im Singular oder Plural erscheint, taucht diese Form der Anrede in anderen Zeitungen nur als Ausnahme auf. Die daraus ableitbare Schlußfolgerung, daß in den anderen Zeitungen das Distanz signalisierende *Sie*$_{sg}$ bzw. *Sie*$_{pl}$ die vorgängige Anredeform ist, erweist sich als zwingend, wenn die entsprechenden Verteilungen betrachtet werden. In der FAZ und der FR sind es jeweils 100% der Vorkommen, in der OV aus den eben beschriebenen Gründen nur 42%. Angesichts der quantitativen Dominanz der Vertrautheitsform in der TAZ sind die 8 Vorkommen des *Sie*$_{sg}$ bzw. *Sie*$_{pl}$ im Teilkorpus erklärungsbedürftig, zumal sie nur in zwei Textbelegen erscheinen.

Diese erste Orientierung anhand der quantitativen Verteilung der Vorkommen hat gezeigt, daß ein signifikanter Unterschied besteht zwischen den Anredekonventionen in den drei hegemonialkulturellen Zeitungen einerseits, die durch die Verwendung der Höflichkeitsform gekennzeichnet sind, und denen der gegenkulturellen Zeitung andererseits, in der hauptsächlich die Vertrautheitsform erscheint.

Die qualitative Analyse geht von den Vorkommen in den einzelnen Teilkorpora aus. Zunächst geht es um die Frage, mit wem die Leser kommunizieren, wenn sie Anredepronomina verwenden. In einem ersten Schritt werden die Umgebungen, in denen die Formen erscheinen, hinsichtlich ihrer sequentiellen Funktion für die Realisierung eines Strukturmusters bestimmt. Diese Analyse erlaubt dann, entsprechende Formen, die in Texten ohne Personalpronomina erscheinen, zum Vergleich heranzuziehen: Die funktionalen Äquivalente werden also aus dem Material gewonnen. Abschließend erfolgt die Würdigung der Ergebnisse.

In der FAZ erscheint in 13 Belegen das pluralische *Sie*$_{pl}$. Damit dürften wohl in erster Annäherung diejenigen gemeint sein, die an der Zeitung mitarbeiten. Eine weitergehende Deutung stützt sich auf die Wahl des Rubriktitels: Die Leser wenden sich, legitimiert durch die Überschrift der Rubrik, an die Herausgeber der FAZ. In den meisten Fällen (9 von 14) erscheint *Sie*$_{pl}$ in possessiver Verwendung, etwa in Verbindung mit einem Textverweis:

(39) Zu *Ihrem* Kommentar... (FAZ, 19.7.1984)

Diese Lesart legt auch der folgende Beleg nahe:

(40) Zu *Ihrem* Kommentar...ist festzustellen, daß *der Verfasser* einen gedanklichen "Salto mortale" macht. Als Anhänger der Marktwirtschaft stimme ich *Ihrem* Satz voll und ganz zu. Dann muß in Konsequenz aber auch bedacht werden, was *Sie* nicht gemeldet haben: ... (FAZ, 23.7. 1984)

Der Verfasser von 39 trifft hier eine Unterscheidung zwischen den Adressaten des Textes, eben den Herausgebern und dem Verfasser eines Artikels. Die Formulierung legt in dieser Form eine pluralische Lesart, also *Sie*pl, nahe. Eine singularische hingegen müßte deutlich machen, daß der Verfasser des Artikels der Adressat ist: Der Autor hätte wählen können zwischen einer Form, die den Verfasser mit Namen nennt, oder einer, in der das *Sie* desambiguiert wäre, etwa *Sie als Verfasser*. Der in 40 zu beobachtende Wechsel zwischen Verfasser und Adressat hingegen bestätigt die vorgeschlagene Lesart, das *Sie* auf die Herausgeber der FAZ zu beziehen. An 40 lassen sich auch sequentielle Aspekte deutlich machen: *Sie* erscheint possessiv im Textverweis, dann, gleichfalls possessiv, in der Texterwähnung, und schließlich in einer Abkürzung einer Ergänzung, die hier allerdings der negativen Kommentierung untergeordnet ist.

Ambig ist auch der folgende Beleg:

(41) Peter Hort berichtet in der F.A.Z. vom 4. Juli über vielfältige Bau- und Dachschäden. ... Weder in *Ihrem* Bericht noch in dem Bericht ... (FAZ, 21.7.1984)

In 41 wird explizit auf den Autor des Bezugsartikels verwiesen; sodann erscheint der Ausdruck *Ihrem Bericht*, der nach Ansicht des Leserbriefverfassers inhaltliche Lücken aufweist; am Ende des Textes schließlich bezieht er sich noch einmal namentlich auf den Autor, um eine Texterwähnung einzuleiten. In diesem Fall erscheint die Zuordnung der Vorkommen zur distanzierten Singularform *Sie*$_{sg}$ angesichts des gleichzeitigen Erscheinens des Namens des Verfassers des Bezugsartikels plausibel.

Die Höflichkeitsformen im FAZ-Teilkorpus erscheinen in den Segmenten des Textverweises und der Texterwähnung. Im folgenden seien einige Äquivalente für Textverweise notiert:

(42) Zu dem Kommentar ... (FAZ, 20.7.1984)

(43) Diffamierende Aussagen des kommunistischen Regimes in Polen verwirren einige richtige Angaben in dem Bericht "Deutsche, Eingedeutschte und andere" (...). (FAZ, 20.7.1984)

(44) Die F.A.Z. nimmt am 14.Juli unter dem Titel "Kasse macht sinnlich" ... Stellung ...(FAZ, 21.7.1984)

(45) Der Bericht in der F.A.Z. vom 5.Juli über die letzte Sitzung der Rektorenkonferenz ... (FAZ, 21.7.1984)

Alle Beispiele sind dadurch gekennzeichnet, daß die Höflichkeitsform *Sie* substituierbar wäre. In 42, 43 und 45 wäre eine possessivische Form zu ersetzen, in 44 eine pronominale. Wie ist nun die angedeutete Variation zu klären, genauer: warum erscheinen in den Belegen 43 bis 45 keine Anredeformen? Der Grund könnte darin liegen, daß diejenigen Leserbriefschreiber, die den Rubriktitel ernst nehmen, sich für die Verwendung der Höflichkeitsform entscheiden, während die anderen schon den eigentlichen Adressaten, die FAZ-Leserschaft, im Schreiben antizipieren und es nicht für nötig erachten, besondere Vorkehrungen - eine formelle Beziehungsdefinition explizit auszudrücken - zu treffen. Andererseits begeben sie sich der Möglichkeit, Personen, die Herausgeber eben, auch vor der FAZ-Öffentlichkeit für Fehler und Versäumnisse etc. verantwortlich zu machen.

Nun zu einigen Äquivalenten bei der Texterwähnung:

(46) Bremer schreibt, die Oberschlesier wiesen sich weder in Sprache noch in Kultur und Tradition als Deutsche aus ... (FAZ, 20.7.1984)

(47) Auf etwa 40 000 zusätzliche Arbeitsplätze im nächsten Jahr und etwa 50 000 zusätzliche im Jahr 1986 schätzt der neue Präsident der Bundesanstalt für Arbeit, Heinrich Franke, den Beschäftigungseffekt bei der Einführung der 38,5 Stunden-Woche in der Metallindustrie (...). (FAZ, 21.7.1984)

(48) Zu *Ihrer* Veröffentlichung (...) kann ich nur sagen, die F.A.Z lügt wie gedruckt, soweit ... (FAZ, 24.7.1984)

(49) Die Glosse (...), in der über die "spröde Behandlung" regierungsfrommer Journalisten geklagt und der Bundesminister wegen eines "sicher gut bezahlten Werbevertrags" mit dem "notorischen Gegner der jetzigen Regierung", Henri Nannen, gerügt wird, ... (FAZ, 24.7.1984)

Die in 46 verwendete Ausdrucksmöglichkeit - Nennung des Namens des Autors und Verbform - erscheint als eine angemessene Variante: Der Autor des Bezugsartikels wird distanziert genannt, man schreibt nicht an ihn, sondern über ihn. In 46 - übrigens auch in 48 und 49 - wäre die Substitution einer pronominalen Höflichkeitsform sowohl in singularer als auch in pluraler Verwendung möglich, in 47 jedoch nicht: Dort erscheint eine Texterwähnung zweiter Ordnung. Eine entsprechende, explizitere Paraphrase wäre möglich, wenn etwa erschiene:

(47a) Sie zitieren (...) den neuen Präsidenten der Bundesanstalt für Arbeit, Heinrich Franke, der ...

Gerade die Nennung von Position und Institution des Zitierten setzt in Verbindung mit der Bezugnahme die Texterwähnung zweiter Ordnung voraus, die dem Zeitungsleser nicht explizit gemacht zu werden braucht. Daß die Form 47 gewählt wurde, dürfte neben den angedeuteten sprachökonomischen Gründen auch darin liegen, daß der Autor die Verantwortung des Zitierten in Frage stellt. Als weitergehende Distanzierung ist der in 48 erscheinende Wechsel vom possessiven Sie_{pl} im Textverweis zur Bezeichnung der Institution in der als Kommentar fungierenden, eine Texterwähnung einleitenden, wertenden Behauptung zu deuten. Einerseits wird die Verantwortlichkeit der Institution für wahrheitsgemäße Berichterstattung reklamiert, andererseits erscheint diese dann als Agens in dem eine Unaufrichtigkeit unterstellenden phraseologischen Ausdruck (*lügt wie gedruckt*). In 49 schließlich wird die Texterwähnung in passivischer Form ausgedrückt, die Verantwortung vom Artikelautor implizit auf die Institution übertragen.

Das häufig in den Belegen aus dem FAZ-Teilkorpus erscheinende Sie_{pl} ist im wesentlichen auf die durch die Überschrift der Rubrik "Briefe an die Herausgeber" gesetzten Rahmenbedingungen zurückführbar, gestützt zudem noch durch die Konventionalisierung des Sie_{pl} im Verkehr mit Institutionen bzw. Organisationen. Im wesentlichen wird es benutzt, um die Textsegmente der Bezugnahme und der Texterwähnung zu realisieren. Funktional erscheinen die Herausgeber als Adressaten, denen gegenüber die Leser die Wahrheit von Informationen oder die Angemessenheit von Wertungen einklagen, und zwar explizit, da auch die Leserbriefschreiber, die eine "realistischere" Sicht der Kommunikationssituation bevorzugen, indem sie auf die scheinbar persönlichere Adressierung an die Herausgeber verzichten, sich auf dieselben Wertstandards beziehen.

Der in der FR erscheinende einzige Beleg ist oben als singularische Höflichkeitsform analysiert worden. Adressat eines am 19.7.1984 veröffentlichten Leserbriefs ist die Autorin des Bezugsartikels, gleichfalls eine Leserbriefschreiberin, die zunächst namentlich genannt wird unter Verwendung der Anredeform *Frau*. Im Text nun zeigt der Schreiber, daß er die im Bezugsartikel artikulierte Kommentierung der Überlegungen zu einer Reform des Scheidungsrechts für ungerecht hält, um sich, in einem Resümee, mit einer rhetorischen Frage direkt an die Autorin zu wenden:

(50) Wären Sie mit so einer Ungerechtigkeit einverstanden? Das möchte ich auch die Politiker, Richter und Rechtsanwälte fragen, die sich mit so großen Worten gegen die Reform des Scheidungsrechts stemmen. (FR, 19.7.1984)

Indem der Schreiber abschließend die Frage auch an *Politiker, Richter und Rechtsanwälte* richtet, zeigt er, daß er das von ihm aufgegriffene Problem nicht als individuelles ansieht. Funktionale Äquivalente zu dieser Gestaltung des Resümees seien im folgenden zur Kontrolle des Vorkommens herangezogen.

(51) Jetzt sollten wir wissen, daß christlichen Kirchen nur der eine Weg gewiesen ist, der vom Friedensdienst mit Waffen wegführt zum gewaltlosen Friedensdienst ohne Waffen. (FR, 19.7.1984)

(52) Ein "umweltfreundliches" Auto kann es nicht geben. (FR, 20.7.1984)

Die beiden aufgeführten Beispiele enthalten, wie das oben für dieses Segment als charakteristisch herausgestellt wurde, relativ allgemeine Behauptungen. In diesem Sinne ist auch das oben diskutierte Vorkommen als stilistisches Mittel zu deuten, mit dem eine Verallgemeinerung des bearbeiteten Problems gelingt.

Um die Darstellung übersichtlich zu halten, werde ich die Anredeformen in den beiden anderen Teilkorpora nicht so gründlich behandeln. Die Analyse hat gezeigt, daß das Erscheinen von Anredeformen im Zusammenhang mit dem Geltungsanspruch der Argumentation einerseits und den durch die Zeitung vorgeschlagenen Rahmen der Leserbriefkommunikation andererseits zu suchen ist. Auf diese Aspekte hin werde ich die Vorkommen in OV und TAZ im folgenden analysieren und auf die Einbeziehung von funktionalen Äquivalenten verzichten, da ich mir davon keinen den Analyserahmen erweiternden Ertrag verspreche.

In der OV finden sich in einem Beleg fünf Vorkommen der singularischen Höflichkeitsform, die insofern eindeutig als Singular zu bestimmen sind, da sie in einem persönlich adressierten Text erscheinen, der an die Autorin eines früher erschienenen Leserbriefs gerichtet ist. Drei der Vorkommen dienen dazu, Ergänzungen, die als Stützung einer negativen Kommentierung dienen, einzuleiten: *hätten Sie herausgefunden*, *können Sie nachlesen*, *finden Sie*. Der Adressatin wird vorgehalten, sich nicht hinreichend informiert zu haben. Da der Autor des Textes als Hochschullehrer ausgewiesen ist (*Prof. Dr. B. L.*), dürften diese Vorkommen als massive Vorwürfe gegenüber der Adressatin zu lesen sein, nicht nach wissenschaftlicher Gepflogenheit umfassend die Literatur gesichtet zu haben. In einem Fall erscheint *Sie* im Segment der Texterwähnung (*Sie wünschen*); und schließlich findet es sich in einem abschließenden Hinweis (*Könnte Ihnen Herr Prof. Dr. A. Interessantes berichten*) auf weitere Informationsquellen. In den drei anderen Belegen erscheint *Sie*$_{\text{pl}}$. Während in zwei Belegen die Institution OV Adressat der Schreiben ist, erscheint die Zuordnung der sechs Vorkommen in (I:20) zur *Sie*$_{\text{pl}}$-Lesart problematischer. Zwar dürfte das erste Vorkommen in der Bezugnahme auf die OV referieren, jedoch ist die Klassifizierung der anderen Vorkommen deutlich davon zu unterscheiden. Der Schreiber präsentiert sich als Fremdenführer, der den generalisierten anderen, seien es die OV-Leser oder die Zeitungsredakteure, durch die Stadt Celle führt. So müssen diese Belege, die in einem als Expansion des Musters Korrektur zu lesenden abschließenden Schlußteil erscheinen, eher als *Sie*$_{\text{pl}}$ gelesen werden. Auch als ein singulärer Fall ist der Beleg (I:23) zu lesen. Immerhin erscheint hier neunmal das *Ihr*. Der Schreiber gibt den Eltern von Kleinkindern im Landkreis

Vechta ironisch Empfehlungen für Reisen mit dem Kinderwagen und bedient sich dabei konsequent der Vertrauheitsform.

Bevor nun die Vorkommen in der TAZ untersucht werden, seien abschließend die wichtigsten Ergebnisse der bisherigen Analyse zusammengefaßt. In der FAZ waren die relativ zahlreichen Belege, in denen die Höflichkeitsform erschienen war, zurückzuführen auf den durch die Zeitung formulierten Rahmen. Offensichtlich evozieren die davon unterschiedenen Rahmenformulierungen in der FR und OV ein anderes Anredeverhalten: Wir hatten es hier mit "singulären" Texten zu tun, mit solchen, in denen sich die Anredepronomina häuften und hauptsächlich individuell als Stilmittel eingesetzt wurden.

In der TAZ, das war ein Ergebnis der quantitativen Analyse, erscheinen im Vergleich zu den hegemonialkulturellen Medien häufiger Anredeformen. Und signifikant am häufigsten erscheinen die Vertrautheitsformen in singularischer und pluralischer Verwendung, um entweder eine Beziehung zu Einzelpersonen, also Autoren von Artikeln oder Leserbriefen, herzustellen, oder auf die Instituton TAZ zu referieren, auf die sich die Schreiber als Vertraute beziehen; bzw. der gegenüber sie auf der Grundlage von angenommener Solidarität gegenüber dem Projekt TAZ auch Ansprüche formulieren können. So wird die Verantwortung der Zeitung für einen bestimmten Bericht im folgenden Beleg auch explizit reklamiert: Im Resümee schreiben die Autoren:

(53) Entsprechende Reaktionen wird auch Euer einseitiger Artikel nach sich ziehen. Habt Ihr das gewollt??? (TAZ, 19.7.1984)

53 macht deutlich, in welcher Weise die im vorherigen Abschnitt diskutierten Schreibweisen auch die Form einzelner Textsegmente bestimmen. Der Vorwurf der Einseitigkeit gegenüber der TAZ-Redaktion gewinnt seine Schärfe durch die im Text enthaltenen impliziten Typisierungen, die das Erscheinen der vertrauten Anredeform trotz einer heftigen Polemik plausibel machen. Die Verwendung der pluralen Vertrautheitsform *ihr* verweist auf die vom Autor vorgenommene Typisierung der TAZ als einem alternativen Projekt, indem die Verantwortung für einzelne Artikel der Redaktion insgesamt übertragen wird. Ein Blick auf die Verteilung des *du* im Teilkorpus bestätigt diese These: Nur selten werden Einzelpersonen angeredet. In einem Beleg (vom 20.7.1984) substituiert das *du* die Pluralform *ihr*. Jedoch zeigt sich, daß die meisten Texte sich an die TAZ als Institution wenden - in der Regel geht es um die Kritik des Mediums -, und nur ganz selten wird die Unterscheidung zwischen Redaktion und Autor eines Artikels vorgenommen.

Es fällt jedoch auf, daß in jeweils einem Text die Singular- bzw. Pluralform des distanzierten *Sie* erscheint. Während die sechs Vorkommen der Sie_{sg}-Form in einem Beleg (vom 27.7.1984) als Ironie eingeschätzt werden können, erweisen sich die drei Vorkommen des Sie_{pl} in einem anderen (vom 19.7.1984) als ein Bruch mit den TAZ-Konventionen. Die von anderen Autoren unterstellte Solidarität scheint hier aufgekündigt. Gegen diese Deutung muß jedoch ein Einwand geltend gemacht werden: Die Autorinnen unterzeichnen für *den*

Bundesvorstand der Interessengemeinschaft der mit Ausländern verheirateten Frauen, eine Gruppe, die nicht unmittelbar der Alternativbewegung zuzuordnen ist, jedenfalls vom selbst gewählten Namen her (cf. *Initiativgruppe*, *Bürgerinitiative* etc.). Die Vermutung, es handle sich hier um einen Konflikt zwischen hegemonial- und gegenkulturellen Beziehungskonventionen, wird jedoch durch die Lektüre nicht gestützt, verwenden die Autorinnen doch Ausdrücke, die sie als Kennerinnen links-alternativer Politik ausweisen: Es finden sich so charakteristische Begriffe wie *Diskussionen führen* und *Bündnisbreite*. So erweist sich bei genauerer Prüfung die festgestellte Abweichung von den üblichen Anredeformen als signifikanter Indikator für eine tiefgreifende Kritik an der TAZ, genauer: Indem das *Du* verweigert wird, kündigen die Autorinnen die Solidarität mit der Arbeit der TAZ auf.

Zusammenfassend können folgende Punkte festgehalten werden: Es gibt eine signifikante Variation der Höflichkeitsformen in den einzelnen Teilkorpora: Während in der FAZ der von der Redaktion formulierte Rahmen die relativ große Zahl der $\textit{Sie}_{\mathrm{pl}}$-Belege evoziert, ist die vergleichsweise geringe Anzahl dieser Form im FR- und im OV-Teilkorpus auf die anderen Rahmenbedingungen zurückzuführen. Die große Anzahl der *ihr*-Vorkommen im TAZ-Teilkorpus ist auf eine grundsätzliche Definition der sozialen Beziehungen zurückzuführen. Der in einigen Aufsätzen zur Veränderung des Anredeverhaltens (cf. Bayer 1979, Bausinger 1979) konstatierte Trend zur Informalisierung ist für die Leserbriefkommunikation nicht feststellbar; vielmehr erweist sich der informelle Umgangston in TAZ-Leserbriefen als ein zur Abgrenzung von hegemonialkulturellen Ausdrucksformen taugliches Mittel.

3.5.5. Zusammenfassung

Die Analyse von sprachlichen Interaktionsindikatoren, den in den Textendzeichen enthaltenen Informationen über Leserbriefschreiber einerseits und der Eröffnungs- und Schlußformeln sowie der Personalpronomina andererseits, hat die Unterschiede in den sozialen Konstellationen der einzelnen Teilkorpora deutlich gemacht: Während in den hegemonialkulturellen Medien eine formelle, distanzierte Beziehung des Lesers zu seiner Zeitung unter Verwendung der Höflichkeitsformen aufgebaut wurde, erwies sich die Vertrautheitsform als gegenkulturell konventionell. Allerdings kann die Behauptung, dem *du* komme eine distinktive, die Gruppenidentität sichernde Funktion in gegenkulturellen Zusammenhängen zu, gestützt werden: Da die soziale Umgangsform hier nicht von einer bestimmten politischen Praxis abgespalten werden kann, erweist sich diese Verwendung als charakteristische Ausdrucksform im links-alternativen Bereich. Anders ausgedrückt: Wenn Personalpronomina der 2. Person in Leserbriefen erscheinen, konnotieren diese Formen die soziale Organisation links-alternativer Praxis. Diese charakteristischen Artikulationsformen konnte ich auch in der Untersuchung der Autorinformationen von den hegemonialkulturellen abgrenzen: Während in der TAZ Gruppen wie Bürgerinitiativen, Aktionsgruppen und poltische Organisationen einerseits und Einzelpersonen - es wurden der ganze Name, der Vorname oder ein Pseudonym veröffentlicht - als Leserbriefunterzeichner zu finden waren, dominierten in den anderen Zeitungen die jeweils mit Nachnamen aufgenommenen Einzelpersonen, teilweise als Funktionsträger oder Inhaber von Titeln. Die große Anzahl der *wir*-Vorkommen im TAZ- Teilkorpus war ja auf dieses spezifische Unterzeichnerprofil zurückzuführen. Keine deutliche Abgrenzung war bei den Personalpronomina der 1. Person im Singular möglich, obwohl zu erwarten gewesen wäre, daß das Selbstverständnis der Autoren in gegenkulturellen Texten deutlich ausgedrückt wird. In der Auswertung dieser Vorkommen waren nur geringe Variationen festzustellen: Sie waren im wesentlichen auf die unterschiedlichen Rahmenbedingungen in den Zeitungen zurückzuführen. Schließlich hatten sich - in der Diskussion der Eröffnungs- und Schlußformeln - unterschiedliche Texteingriffsstrategien der einzelnen Zeitungen gezeigt: Das deutliche Übergewicht dieser Textelemente in der TAZ läßt auf einen auch von der Institution gewünschten Konsens im Ausdrücken von vertrauten Beziehungen schließen. Die herausgearbeiteten Unterschiede in der Strukturierung des sozialen Raums in Leserbriefen haben deutlich gemacht, daß die gewählten Konnotatoren durchaus geeignet waren, die soziale Differenzierung in den Teilöffentlichkeiten herauszuarbeiten.

Die von Autoren gewählten Interaktionsindikatoren haben Folgen für die Organisation der Texte. Die Verwendung von Personalpronomina der ersten Person und von Anredepronomina hat weitreichende syntaktische Konsequenzen - zumindest dann, wenn die genannten Formen in der Subjektposition erscheinen. In der Analyse der *ich*-Verwendung und den empirisch beobachteten funktionalen Äquivalenten wurden die möglichen Variationen in der sprachlichen Präsentation des schreibenden Subjekts deutlich. Nun könnte eine Beziehung zwischen der Verwendung von solchen Interaktionsindikatoren und den sprachlichen Ausdrucksformen von Schreibweisen hergestellt werden. Die Strukturierung des sozialen Raums ist ein wichtiger Aspekt der Textproduktion, für den, wie für die ideologischen Schreibweisen auch, die Möglichkeit besteht, entweder auf standardisierte Beziehungsdefinitionen zurückzugreifen oder aber andere, nicht-konventionelle Ausdrucksformen zu verwenden. Insofern ist die Analyse der Interaktionsindikatoren auch ein Aspekt der Beschreibung von Schreibweisen, und zwar in Hinblick auf die in Texten notwendige Einbeziehung des Adressaten.

Die Strukturierung des sozialen Raums weist signifikante Unterschiede auf: Für eine vergleichbare Standardkonstellation, nämlich den Kommunikationsprozeß eines einzelnen oder einer sozialen Gruppe mit einer Institution, einer Zeitungsredaktion, und darüber hinaus auch mit dem Publikum der Teilöffentlichkeit, wird im gegenkulturellen anders als im hegemonialkulturellen Milieu bearbeitet. Als Interpretationsfolie bietet sich hier die Lebensweltkonzeption in der Formulierung von Schütz/Luckmann (1975) an. Sie ermöglicht die Unterscheidung von unmittelbarer und mittelbarer Erfahrung, der Du- und der Ihr-Beziehung. Während die Du-Beziehung auf der Grundlage von face-to-face-Interaktionen konstituiert wird, ist die Ihr-Beziehung vom Wissen der Gesellschaftsmitglieder um die Sozialwelt abgeleitet: "In der Ihr-Beziehung verhalte ich mich auf Grund meines Wissens von der Sozialwelt" (Schütz/Luckmann 1975: 89), d.h. die Gesellschaftsmitglieder nehmen Idealisierungen und Typisierungen ihres Gegenüber vor. Nun handelt es sich bei der Kommunikation mit einer Institution um eine anonyme Beziehung. Im Falle einer Zeitungsredaktion ist dies dahingehend zu relativieren, daß die Leser zwar nicht die Person "kennen", wohl aber die Zeitung und deren Kommunikationsangebot, auf das sie sich mit ihren Typisierungen beziehen können. In diesem Sinne erweisen sich die herausgearbeiteten Differenzen als kulturell abhängige Typisierungen, die Vertrautheitsform, die als signifikanter Interaktionsindikator der TAZ herausgearbeitet wurde, zeigt sich so nicht als eine Form faktischer Vertrautheit im Sinne einer Du-Beziehung, sondern als Ausdrucksform eines sozialen Selbstverständnisses in einer Konstellation, in der hegemonialkulturell das förmliche *Sie* konventionalisiert ist. Nun funktioniert das *Du* in der TAZ nicht beliebig, es ist auch an bestimmte politische Inhalte und eine gesellschaftliche Praxis gebunden, zumindest aus der Sicht der linksalternativen TAZ-Leser.

Man könnte diesen Zusammenhang auch so formulieren: Die TAZ und ihre Leser verwenden das *Du*, ohne miteinander vertraut zu sein. Die Verwendung dieser Form hat die Funktion, das Wir-Gefühl dieser sozialen Gruppe zu stabilisieren. Das hängt sicher auch mit der Tatsache zusammen, daß die TAZ als einzige der hier untersuchten Zeitungen einen relativ kleinen, ideologisch weitgehend homogenen Leserkreis erfaßt. Würden andere vergleichbare Zeitungen herangezogen, wären wahrscheinlich ähnliche Beobachtungen zu machen. Jedoch reicht hier die Feststellung von solchen Idealisierungen der sozialen Beziehungen sicher nicht aus, um die Selbstdefinitionen einer sozialen Gruppe hinreichend zu bestimmen: Es müssen andere, ideologische Typisierungen hinzutreten, die für das Selbstverständnis charakteristisch sind.

Es ist deutlich geworden, daß die Variationen der Interaktionsindikatoren nur mit Einschränkung Rückschlüsse auf eine besondere, andere Qualität der sozialen Beziehungen zulassen; vielmehr sind sie als kulturell organisierte Ausdrucksformen zu begreifen, mit deren Hilfe Abgrenzungen zu anderen kulturellen Milieus vorgenommen werden.

3.6. Ergebnisse der Konnotationsanalyse

Die Gliederung dieses Kapitels hatte ich aus der Heuristik des Konnotationskonzepts abgeleitet. In der Hypothese war formuliert worden, daß in den Texten des Korpus I sprachliche Formen enthalten sind, die als Indikatoren für eine durch die Texte ausgedrückte soziale Praxis anzusehen sind und insofern als geeignet erscheinen, zum Ausgangspunkt der Konnotationsanalyse zu werden:

die Konnotatoren. Diese Hypothese setzte voraus, daß Leserbriefrubriken in verschiedenen Zeitungen unterschiedlich gestaltet werden, daß also für eine bestimmte Zeitung und die durch ihre Verbreitung konstituierte Teilöffentlichkeit je besondere Bedingungen gelten, die die Wahl von Inhalt und Schreibweise von veröffentlichten Texten in besonderer Weise einschränken. Aus dieser Annahme wurde die interne Strukturierung des Kapitels abgeleitet: Der Analyse der Präsentation der Leserbriefrubrik folgte die Bestimmung der Themen; für die Analyse von Ausdrucksformen ideologischer Einstellungen habe ich die Kategorie der Schreibweise eingeführt, und die Rekonstruktion der sozialen Beziehungen konzentrierte sich auf die Verteilung von Interaktionsindikatoren. Nun muß die Frage beantwortet werden, ob aufgrund der in den Teilen 3.3 bis 3.5 durchgeführten qualitativen und quantitativen Analysen sich relativ stabile soziale Praxen beschreiben lassen, die voneinander abgrenzbar sein sollten.

Relativ deutlich läßt sich die Leserbriefrubrik der gegenkulturellen TAZ von den anderen abgrenzen. Während die Leserbriefen zugewiesene Bedeutung, wie wir gesehen haben, ähnlich groß ist wie in der FAZ, zeigt schon die äußere Gestaltung dieser Seite durch das Einrücken von Cartoons, Karikaturen etc. ein ganz spezifisches, den Unterhaltungswert der Texte noch hervorhebendes Konzept. Auch das thematische Profil erwies sich als deutlich unterschiedlich: Insbesondere werden für die Gegenkultur typische Fragen behandelt. Dem entsprechen auf der Ebene der ideologischen Schreibweisen ganz charakteristische Modi der Textorganisation, nämlich die immer wieder deutlich zum Ausdruck kommende Schreibweise "Solidarität mit Gleichgesinnten"; in diesem Zusammenhang ist auch noch einmal auf die große Zahl von Typisierungen hinzuweisen. Die Analyse der Interaktionsindikatoren zeigte, daß insbesondere die Konventionalisierung des gegenseitigen Duzens empirisch evident ist. Resümierend läßt sich also hier ein gegenkulturelles Ensemble von Konnotatoren auf verschiedenen Ebenen bestimmen, die in ähnlicher Form auch in anderen gegenkulturellen Medien nachzuweisen sein dürften.

Die Leserbriefrubriken der hegemonialkulturellen Zeitungen FAZ, FR und OV weisen im Vergleich, wenn auch nicht so tiefgreifend, Unterschiede auf. Insbesondere die Rubrik der Lokalzeitung OV ist deutlich von den beiden überregionalen Blättern zu unterschieden. Dies läßt sich insbesondere an den ausgewählten Themen sowie an der als "Orientierung auf Lokales" bezeichneten Schreibweise festmachen, während allgemeine Themen eine unspezifische Bearbeitung durch die Schreiber erfuhren. Auch ein anderes Charakteristikum, nämlich der Abdruck der Adresse der Autoren, muß in diesem Zusammenhang nochmals angeführt werden. Bei den überregionalen Zeitungen dominieren die allgemeinpolitischen Themen, während sich vor allem bei den Schreibweisen Unterschiede in der ideologischen Orientierung herausarbeiten ließen. Aber auch bei den Rahmenformulierungen, die sich bei der FAZ bis in die Verwendung der Höflichkeitsform hinein verfolgen läßt, bei der Markierung der Unterzeichnernamen durch Titel und Beruf bzw. Funktion sowie bei quantitativen

Aspekten, wie Länge der abgedruckten Texte, ließen sich signifikante Unterschiede feststellen. Hinzu kommt die durch die FAZ den Leserbriefen zugeschriebene große Relevanz. In Hinblick auf die Interaktionsindikatoren ist jedoch kaum eine Differenz in den Teilöffentlichkeiten auszumachen. Diese Befunde rechtfertigen die Annahme, daß hier verschiedene, voneinander unterscheidbare Konnotationsstrukturen beschrieben wurden. Dies schließt allerdings nicht aus, daß einzelne Texte sowohl in der FR, als auch in der FAZ oder in der OV hätten erscheinen können; für die große Mehrzahl läßt sich allerdings festhalten, daß sie eindeutig einer Zeitung zugerechnet werden können. Ich schlage deshalb vor, zunächst die in diesem Kapitel bisher herausgearbeiteten sprachlichen und nicht-sprachlichen Unterschiede im soziologischen Sinn als Distinktion ausdrückende Merkmale im Sinne Bourdieus zu bezeichnen. Dabei ist von einem soziologischen Begriff der Distinktion auszugehen, mit dem ein Unterschiede setzendes Verhalten, sei es beabsichtigt oder nicht, bezeichnet wird (Bourdieu 1979: 62). Nun dürfte, das zeigt Bourdieus Untersuchung sehr deutlich, jedes soziale Verhalten "Unterschiede setzen". Das gilt natürlich auch für das sprachliche. In dem strukturalistischen Konzept, das das Erscheinen einer sprachlichen Form als eine Auswahl aus Alternativen interpretiert, wird es möglich, Distinktion ausdrückende sprachliche Merkmale zu erfassen. Die in diesem Kapitel herausgearbeiteten Variationen von Formen im Korpus drücken soziale Unterschiede aus: So ist das Erscheinen von *ich* in Leserbriefen nicht spezifisch für die Texte in den Teilkorpora, wohl aber das *du* und das *Sie*$_{sg}$ bzw. *Sie*$_{pl}$, dem eindeutig eine solche unterscheidende Funktion zuzuschreiben ist. Voraussetzung für eine solche Zuordnung ist die Untersuchung der Variationen eines Merkmals in bestimmten begrenzten Textkorpora, so daß auch die Alternativen mitzuberücksichtigt werden können. Die Zuweisung des Prädikats "Distinktion ausdrückendes Merkmal" geht also über die Deskription hinaus und meint in diesem Zusammenhang die signifikante Variation einer sprachlichen Form in den einzelnen Teilkorpora. Am Beispiel des *du* wurde die soziale Dimension dieses Merkmals aufgewiesen [<3.5.4].

Für die hier behandelte Problematik verweisen die Distinktion ausdrückenden Merkmale in den einzelnen Teilkorpora auf unterschiedliche soziale und politische Bedingungen der in der jeweiligen Teilöffentlichkeit vorgängig ausgeübten sozialen Praxis. Am Beispiel der zeitungsspezifischen ideologischen Schreibweisen der TAZ [<3.4.5] wurde deutlich, daß hier eine politische Praxis verfolgt wurde, die mit den anderen Teilöffentlichkeiten nicht in Einklang zu bringen ist. Die gleiche Beobachtung konnte bei der Analyse der in den Texten zum Ausdruck kommenden sozialen Beziehungen gemacht werden. Anders ausgedrückt: Die durch die Texte definierten sozialen und politischen Räume sind höchst unterschiedlich, sie dürften auf die oben grob beschriebenen sozialen Milieus beziehbar sein [<78ff].

Nun stehen für die Unterscheidung von gegen- und hegemonialkultureller Leserbriefrubrik eine ganze Reihe von Merkmalen, die Distinktionen ausdrükken. Jedes einzelne, aber auch das Ensemble verweist also auf die jeweils unterschiedliche soziale Einbindung der Texte. Das Konnotationskonzepts erlaubte eine systematische Verbindung zwischen Texten und ihrem sozialen Zusammenhang: Mit diesem Konzept wird es möglich, ein Ensemble der Distinktion ausdrückenden Merkmale zu erfassen und einheitlich als Ausdruck von gegen- oder hegemonialkultureller Praxis zu deuten. Mit anderen Worten: Der Comic auf der TAZ-Leserbriefseite, das *wir*, das für eine Autorengruppe steht, das *ihr*, mit dem Ansprüche an die Zeitung gestellt werden, die als "Solidarität mit Gleichgesinnten" bezeichnete Schreibweise: all diese textuellen Erscheinungen konnotieren eine gegenkulturelle Praxis; genauso wie das höfliche *Sie*, das Fehlen von explizit formulierten typisierten Erwartungen an eine Zeitung, die Einzelpersonen, die unterzeichnen und sich als *ich* einbringen, eine hegemonialkulturelle Praxis konnotieren.

4. Texte im Diskurs: Eine gegenkulturelle Leserbriefdebatte

Nachdem im vorangegangenen Abschnitt einige charakteristische Aspekte gegenkultureller Schreibweise herausgearbeitet wurden, werde ich mich in diesem Kapitel mit einer Leserbriefdebatte befassen, die in den Monaten September bis November 1980 in der TAZ geführt wurde. Das hat eine Erweiterung des Analysespektrums zur Folge. Während ich mich zuvor im wesentlichen mit Aspekten der Struktur und der Schreibweise von Leserbriefen befaßt habe, also den kommunikativen Aspekt der Beziehung von Leserbriefen zum Bezugsartikel zwar kategorial berücksichtigt - Leserbriefe als supplementäre Texte [<35] -, aber nicht ausgeführt habe, wird mit der Veränderung des Gegenstandes nun auch dieser Gesichtspunkt einzubeziehen sein. Man könnte die Perspektivenverschiebung in der Untersuchung auch als einen Prozeß der abnehmenden Abstraktion darstellen: Wurden im Kapitel 2 Leserbriefe als Texte strukturell beschrieben, so erweiterte Kapitel 3 den Zugriff auf den Zusammenhang von gesellschaftlicher und sprachlicher Praxis; in diesem Kapitel schließlich wird es um eine Leserbriefdebatte in der TAZ gehen, eine Zeitung, die Teil der gegenkulturellen Öffentlichkeit ist. Mit dieser Wahl wird auch eine präzisere Behandlung des Themas der Debatte erforderlich: Es wird zu zeigen sein, in welcher Weise die hier behandelten Texte auf die gesellschaftliche Praxis verweisen und diese organisieren. Diese Absicht macht eine Erweiterung des begrifflichen Rahmens einerseits und des analytischen Zugriffs andererseits erforderlich: Es gilt, die empirischen sprachlichen Formen in ihrer sozialen Dynamik zu rekonstruieren. Da es mir um die Bearbeitung eines historischen, einmaligen und interaktiven Prozesses im Medium der Schrift geht, werde ich zu Beginn des Kapitels einen Begriff von Diskurs als gesellschaftlich organisiertes veröffentlichtes Reden und Schreiben entwickeln, um gleichsam entlang den analytischen Anstrengungen ein Paradigma von Diskursanalyse zu entfalten. Dieses Vorgehen bietet sich auch deshalb an, da das Interesse an einer historischer Textanalyse ein schematisches Herangehen geradezu verbietet: Es wird vielmehr ein komplexerer Deutungsprozeß zu entwickeln sein, der an den Eigenarten und Besonderheiten des Materials ansetzt und von dort ausgehend Fragen und Probleme behandelt.

Die Analyse wird sich auf die Probleme einer Leserbriefdebatte beschränken, weil erstens eine explorative Studie zu einem bestimmten Phänomen erst die Voraussetzungen für eine Erweiterung des Gegenstandsbereichs schafft[1] und zweitens der methodische Bezug zum Diskursbegriff gleichfalls eine solche

1 Bucher (1986: 161-166) hat sich mit einer aus acht Texten bestehenden Leserbriefdebatte befaßt. Wegen dieses geringen Umfangs werde ich seine Ausführungen nur am Rande berücksichtigen.

Konzentration erforderlich macht; größere Datenmengen in diesem Stadium der Analyse würden eher Probleme - etwa solche der Materialsichtung und Abgrenzung - schaffen als zur Beantwortung der aufgeworfenen Fragen Entscheidendes beitragen. Ich werde in diesem Kapitel zunächst den begrifflichen Rahmen meines Diskurskonzepts skizzieren (4.1), um im Anschluß daran einen ersten Überblick über das Material zu liefern und den Status des Ereignisses zu bestimmen (4.2). In 4.3 wird eine Konnotationsanalyse der Debatten-Leserbriefe vorgelegt, während die Teile 4.4 und 4.5 der Detailanalyse von kommunikativen Prozessen innerhalb der Debatte vorbehalten sind. Die Ergebnisse der Untersuchungen werden abschließend zusammengefaßt (4.6).

4.1. Der kategoriale Rahmen: Zum Begriff des Diskurses

Der Diskurs-Begriff wird in der Sprachwissenschaft in unterschiedlicher Weise verwendet: So verzeichnet Lewandowski (1984) zwei Begriffsvarianten, der erstens - in Anlehnung an Habermas (1971) - im Sinne von 'metakommunikative Verständigung über implizit vorausgesetzte Sinnzusammenhänge' und zweitens - in Anlehnung an Wunderlich (z. B. 1976) - im Sinne von 'dialogischer mündlicher Text' verwendet wird. Bußmann (1983: 104) notiert zusätzlich - im Anschluß an Bellert (1971) - die Verwendung im Sinne von 'kohärenter Text'. Die genannten Begriffsbestimmungen konkurrieren auf verschiedenen Ebenen: Während die Habermassche Deutung auf Metakommunikation zielt, leisten die beiden anderen Definitionen die Orientierung auf linguistische Einheiten. Nun zeigt sich bei näherer Betrachtung dieser Ansätze, daß sie als universalistische konzipiert sind, es also um die Beschreibung von allgemein gültigen Eigenschaften kommunikativer Prozesse geht. Dagegen möchte ich den Diskurs-Begriff im Rahmen einer historischen Textanalyse entwickeln.[1]

Ich greife zunächst einen Vorschlag von Maas (1984) auf, den Diskurs-Begriff systematisch in die linguistische Begrifflichkeit zu integrieren.

> Er (der Terminus Diskurs; R.V.) dient hier als heuristischer Begriff, der den Bezugsrahmen für eine Analyse liefert und deren Gegenstand umreißt, die jenseits der formalen Struktur von Sätzen (dem korrelativen Gegenstandsbegriff der Grammatiktheorie) eine bestimmte Sprachpraxis in ihren Äußerungen aufsucht ... Relativ zu den untersuchten Texten spielt der Begriff Diskurs eine analoge Rolle zu dem formalen Sprachbegriff der Linguistik: So wie die Grammatik die Struktur der Sätze charakterisiert, die in einer Sprache möglich sind (und diejenigen ausscheidet, die nicht dazugehören), so charakterisieren die Diskursregeln die Äußerungen (Texte), die in einer bestimmten Praxis möglich sind. (1984: 232)

Sprachliche Äußerungen, Texte, sind eben keine Erscheinungsformen der "parole", keine bloße Auswahl aus einem Zeichenrepertoire, sondern sind eingebunden in eine gesellschaftliche Praxis, hier verstanden als die in sozialen

1 Ich orientiere mich i.f. an den Ansätzen historischer Diskursanalyse; eine Abgrenzung von anderen diskursanalytischen Traditionen habe ich in Vogt 1987a vorgenommen.

Verbänden organisierte Produktion und Reproduktion des menschlichen Lebens. Menschliche Lebenszusammenhänge sind ohne durch sprachliche Zeichen vermittelte symbolische Prozesse nicht vorstellbar: Die sprachliche Praxis ist immer auch eine soziale. Die historischen und sozialen Bedingungen des Sprechens werden mit dem Diskursbegriff erfaßt: Es geht um die Restriktionen des Sagbaren, so daß die Analyse des Ausgedrückten auch die Rekonstruktion des Möglichen erforderlich macht.

Mit dem Begriff der Diskursregeln wird das Verhältnis von in einer Praxis realisierten sprachlichen Äußerungen und dem sich daraus ergebenden Potential erfaßt. Diese an Wittgenstein orientierte Vorstellung impliziert einen Regelbegriff, der nicht so sehr Relationen definiert, sondern der vielmehr das jeweils konkret Konventionelle erfaßt und das Nicht-Konventionelle davon abgrenzen kann. Ein solches Verständnis kann weiter expliziert werden mit Hilfe des Begriffs der Diskursformation: Darunter verstehe ich in Anlehnung an Foucault (1969: 182) das Verhältnis einer begrenzten Menge von sprachlichen Äußerungen bzw. Texten zu den Bedingungen, die sie charakterisieren. Texte erscheinen nicht willkürlich, sie sind in formaler und inhaltlicher Hinsicht an ihre Entstehungsbedingungen gebunden. Beispiele solcher Systeme sind etwa die verschiedenen Wissensbereiche wie Medizin, Ökonomie, Naturgeschichte etc., Bereiche also, in denen gesellschaftliches Wissen erarbeitet, reproduziert und verändert wird, die wiederum Ausdrucksformen von jeweils spezifischen diskursiven Verhältnissen sind. Diese Verhältnisse werden durch ein Ensemble von Aussagen konstituiert. Foucault faßt den Terminus Aussage als Funktion auf, die jenseits aller manifesten Formen zu suchen ist: Sie entziehe sich damit einer syntaktischen und semantischen Untersuchung, die eher in der Lage sei, latente Formen der Aussage zu erfassen. Dem entspricht auch die Vorstellung Foucaults, daß zwischen einer Aussage und ihrer Materialisierung zu unterscheiden sei:

> Statt etwas ein für allemal Gesagtes ... zu sein, erscheint die Aussage gleichzeitig, wie sie in ihrer Materialität auftaucht, mit einem Statut, tritt in ein Raster ein, stellt sich in Anwendungsfelder, bietet sich Übertragungen und möglichen Modifikationen an, integriert sich in Operationen und Strategien, in denen ihre Identität aufrechterhalten bleibt oder erlischt. (1969: 153).

Materialisierte Aussagen sind also nicht in Hinblick auf ihre formale Gestalt zu untersuchen, sondern in Hinblick auf die bereits mit ihrem Erscheinen konstituierten Verwendungsbedingungen, auf ihr Statut. Darüber hinaus existieren sowohl synchrone als auch diachrone Bezüge, ein Raster, das unabhängig von der konkreten Form einer Aussage ihr zugewiesen werden kann. Der Schritt zur Funktionsbestimmung einer Aussage ist dann getan, wenn nach ihrer Relevanz innerhalb der sie hervorbringenden Verhältnisse gefragt wird. Zudem wird eine Aussage, hat sie erst einmal konkrete Gestalt angenommen, für andere verfügbar, modifizierbar und möglicherweise auch überflüssig. Eine Aussage steht nie allein, sie ist vielmehr in ein System von Aussagen integriert und steht zu den anderen Elementen des Systems in einer bestimmten Beziehung. Ob jedoch mit der materialisierten Form der Aussage auch schon andere bzw. alle Aussagen des Systems erscheinen, ist fraglich; aus heuristischen Gründen jedoch sind diese Aussagensysteme mit zu berücksichtigen.

Zur Präzisierung des Terminus Aussage greife ich auf einen Vorschlag von Dreyfus/Rabinow (1982: 69 ff.) zurück. Sie führen die Unterscheidung von alltäglichen und seriösen Sprechakten ein, indem sie die Erkenntnisinteressen Foucaults mit denen Searles vergleichen. Während Searle sich für die Gelingensbedingungen alltäglicher Sprechakte inteessiere, konzentriere sich Foucault auf jene Typen von Sprechakten, die von der lokalen Situation und von dem gemeinsamen Hintergrund des Alltags losgelöst seien und so einen relativ autonomen Bereich bildeten. Diese Sprechakte charakterisieren Dreyfus/Rabinow als seriöse. Vor dem Hintergrund der wissenschaftsgeschichtlichen Arbeiten Foucaults gelingt den Autoren eine überzeugende Präzisierung des Terminus Aussage, da sie die besonderen Bedingungen von wissenschaftlicher Öffentlichkeit berücksichtigen. Ich werde den Terminus seriöser Sprechakt zunächst in diesem Sinn verwenden und ihn weiter unten in Hinblick auf die Analyse von Leserbriefen umformulieren.

Wir können jetzt das Verhältnis von Text und seriösem Sprechakt in diesem Sinne konkretisieren. Ein Text wird als Ausdruck von seriösen Sprechakten aufgefaßt, als deren Materialisierung;[1] und indem diese als in Schrift gefaßte erscheinen, wird es möglich, sie einem bestimmten Wissenssystem zuzuordnen. D.h. ich nehme an, daß im Text seriöse Sprechakte wiederholt werden bzw. in neuer Kombination erscheinen: Texte sind jeweils Supplemente, sie verweisen auf vorher Formuliertes, Geschriebenes und Gesagtes. Texte geben ihren Supplementcharakter zu erkennen, weil sie von Zeit, Ort und Bedingung ihres Erscheinens abhängig sind. Anders ausgedrückt: Indem Texte als konkrete historische Produkte aufgefaßt werden, in denen seriöse Sprechakte materialisiert sind, wird unter Berücksichtigung des textkonstitutiven Zusammenhangs die Rekonstruktion der Wissenssysteme möglich, die sich aus anderen Texten dieses Zusammenhangs ergibt. Seriöse Sprechakte stellen also Formen dar, in denen sich gesellschaftlich organisiertes Wissen konstituiert bzw. reproduziert. Einen Vorschlag, mit dem eine Differenzierung der für die diskursiven Verhältnisse einschlägigen Praxisbereiche möglich wird, hat Link (1986) unterbreitet. Im Anschluß an die Marxsche Theorie der Arbeitsteilung konstruiert Link analog zur Ausdifferenzierung von Spezialpraktiken bestimmte Wissensbereiche, die nun ihrerseits als diskursive Praktiken deutliche Unterschiede aufweisen (1986: 3). Die Spezialisierung wäre etwa auf der Ebene wissenschaftlicher Disziplinen

1 Foucault spricht in diesem Zusammenhang von der "Transkription einer Aussage" (1969: 147). Da jedoch die Bezeichnung *Transkription* in der Sprachwissenschaft im Sinne von 'die Umsetzung von Gesprochenem in das Medium der Schrift' wohl eingeführt ist, ziehe ich es vor, von der "Materialisierung seriöser Sprechakte" zu sprechen.

zu suchen, also als juristischer, philologischer, medizinischer Diskurs. Diese verschiedenen, speziellen Formen können sich auch überlagern, können in einzelnen Elementen übereinstimmen: Den speziellen Diskursen steht der Interdiskurs gegenüber, der durch einen großen Allgemeinheitsgrad gekennzeichnet ist. Als Beispiele für den Interdiskurs führt Link journalistische und politische Diskurse an.

Für die Ebene des Interdiskurses nun, der ja größtmögliche Allgemeinheit impliziert, ist der in der Ethnomethodologie entwickelte Begriff von Alltagswissen - also die gesellschaftlich organisierte Konstitution von symbolisch vermittelten Sinnzusammenhängen - ein geeigneter Ausgangspunkt: In dieser Perspektive werden zwar die Konzepte der handelnden Subjekte erfaßt, nicht aber die Organisation interdiskursiver Verhältnisse bzw. der in den seriösen Sprechakten erscheinenden Wissensbestände. In welchem Zusammenhang stehen nun die Begriffe Alltagswissen und Interdiskurs? Zwar verfügt jedes Subjekt einer Gesellschaft über so etwas wie Alltagswissen, das heißt jedoch nicht, daß es das Recht an der Teilnahme am Interdiskurs hat. Denn zu der Bestimmung der diskursiven Verhältnisse gehört auch die Beschreibung der jeweils geltenden Beschränkungen. Dazu gehören Aspekte wie Rederecht, Wahl des Gegenstands und Freiheit zu einer Perspektive. Diese Beschränkungen lassen sich gut am Beispiel von Leserbriefen illustrieren: Mit der Veröffentlichung von Leserbriefen erhalten Subjekte im journalistisch-politischen Diskurs ein Rederecht, das ihnen von den über diesen Diskurs verfügenden Institutionen, den Zeitungsredaktionen, zugestanden wird. An dieser Stelle wird das den Leserbrief konstituierende Alltagswissen auf eine andere Ebene, eben den durch die Zeitung insgesamt konstituierten Diskurs, transformiert, dem öffentlichen Zugriff ausgesetzt. Eine wesentliche Konstitutionsbedingung für Texte im Diskurs stellt ihre Öffentlichkeit dar, also ihre potentielle Zugänglichkeit für andere Subjekte. Die Entscheidung über das Rederecht ist fundamental für Diskurse, die die politische Praxis organisieren. So sind parteipolitische Äußerungen nur durch Mitglieder bzw. legitimierte Funktionsträger einer Partei möglich, während innerhalb der Alternativbewegung den "Betroffenen" Rederecht erteilt wird, nicht aber Repräsentanten traditioneller politischer Parteien [<83f].

Nun kann die Bestimmung von Diskursen nicht bei der formalen Zuordnung von seriösen Sprechakten und Wissensbereichen stehenbleiben, es ist vielmehr notwendig, auch die Inhalte dieser Wissensbereiche zu berücksichtigen. Für die Textanalyse hatte ich den Begriff des Textthemas eingeführt [<34f] und hatte den Aspekt der Perspektive als ideologische Schreibweise weiter differenziert [<101f]. Der Zugriff auf einen Gegenstand erfolgt so aus der Perspektive von Ideologien, orientiert sich also an bestimmten, innerhalb der Auseinandersetzung um die Deutung sozialer Sachverhalte entwickelten Positionen. Solche normativ wirkenden, auf Ideologiefragmenten beruhenden inhaltlichen Stellungnahmen möchte ich als *Diskurspositionen* bezeichnen. In Leserbriefen ist etwa die jeweils zentrale These, die gestützt und abgegrenzt werden muß, als Ausdruck einer Diskursposition zu interpretieren. Die bisher vorgeführte Analyse hat zudem gezeigt, daß es ein Spektrum von Meinungen zu einem bestimmten Thema gibt, so daß eine in einem Text ausgedrückte Diskursposition auch auf andere, konkurrierende verweist. Die Annahme, daß es bestimmte Diskurspositionen gebe, erlaubt eine Präzisierung des oben eingeführten Begriffs der diskursiven Verhältnisse dahingehend, daß diese aus einem Ensemble von Diskurspositionen bestehen und ihren Ausdruck in Texten finden. Diese Überlegung macht auch eine Modifizierung des Begriffs des seriösen Sprechakts erforderlich, den ich oben aus heuristischen Gründen eingeführt hatte, insofern Texte nun als Ausdruck von Diskurspositionen erscheinen. Die Vorstellung, Texte als Manifestationen von seriösen Sprechakten anzusehen, beinhaltet die Beachtung aller auf der Ebene des Sprechakts liegenden Formen eines Textes, so daß eine Entscheidung darüber, welche Thesen und Behauptungen für einen Text konstitutiv sind, nicht getroffen werden könnte.[1] Nun impliziert der Begriff des Sprechakts die Unterscheidung von propositionalem und illokutivem Akt. Während ich dem propositionalen Aspekt mit dem Terminus Diskursposition erfaßt habe, möchte ich für die illokutive Kraft eines Textes den Begriff der *Diskursstrategie* verwenden: Damit bezeichne ich die Art und Weise, wie Positionen in einen Diskurs eingebracht werden.[2]

Nun ist auf das Verhältnis der beteiligten Subjekte , Schreiber und Leser, einzugehen. Im Foucaultschen Konzept erhält der Rezipient das Recht, sich die Texte unabhängig vom Produzenten anzueignen. Dieser, terminologisch als Autor gefaßt, wird uninteressant, weil er von seinem Produkt getrennt ist, das nunmehr als Materialisierung einer diskursiven Position zu lesen ist.

Texte besitzen zwar auch eine Subjektposition - z.B das *ich* -, die aber leer bleibt und von verschiedenen Individuen ausgefüllt werden kann. Mit dieser Figur werden verschiedene Lesarten eines Textes möglich, weil jeder Leser die leere Stelle verschieden besetzen kann. Mit dem Eintritt in einen Diskurs verschwindet der Autor; es bleiben die manifesten und latenten Strukturen des Textes und die Möglichkeit des Lesers, ihn auf sein Potential an diskursiven Positionen hin zu befragen. Im Foucaultschen System verschwinden die handelnden Subjekte, ihre Texte sind von ihnen abgezogen und erscheinen als unabhängige Größen, dem Rezipienten zur freien Verfügung. In Leserbriefen gehören ja die expliziten Hinweise auf die Autorschaft bestimmter Personen mit zu den konstitutiven Merkmalen des Textmusters. Die Autorinformationen be-

---

1 An diesem Punkt der Entwicklung des Diskurs-Begriffs entferne ich mich von Foucault, der für seine Diskursanalysen einen "fröhlichen Positivismus" beansprucht, den er aber faktisch gar nicht durchzuhalten imstande ist. Für eine Sprachanalyse ist jedoch sein Instrumentarium zu grob, so daß es hier verfeinert werden muß. Bei der beabsichtigten Analyse kann es nicht darum gehen, "positivistisch" die sprachlichen Formen zu beschreiben, sondern es geht um ihr Verhältnis zu den durch sie ausgedrückten Diskurspositionen.

2 Diese Unterscheidung werde ich in Teil 4.4 präzisieren. Cf. zu diesem Zusammenhang auch Link 1982, der diese Terminologie vorgeschlagen hat.

legen jedoch nur die Tatsache, daß die formulierten Diskurspositionen durch eine nicht der Redaktion angehörenden Person eingebracht worden sind. Im Mittelpunkt von Leserbriefen stehen nicht die Autoren, sondern die ideologischen Positionen. Es stellt sich die Frage, ob dieser radikale Zugriff auf die manifesten Texte in jedem Fall aufrecht erhalten werden soll. Denn mit dieser Orientierung wird das schreibende Subjekt als in Diskursen befangen und nicht als eigenständig handelndes modelliert: Daß die Subjekte bzw. Autoren dennoch agieren, den Diskurs durch die Wahl einer bestimmten Schreibweise beeinflussen oder initiieren, Aktionen durchführen, ist in diesem Zusammenhang hervorzuheben.

Welches Verhältnis besteht zwischen Diskursen und der sozialen Praxis? Foucault unterscheidet zwischen dem primären System der wirklichen Beziehungen - den Beziehungen zwischen Institutionen, Techniken und Gesellschaftsformen, man könnte auch sagen, der sozialen Praxis -, dem sekundären System von reflexiven Beziehungen - das, was die handelnden Subjekte als ihr eigenes Verhalten definieren, dem entspricht die Ebene des Alltagswissens - und dem tertiären System diskursiver Beziehungen - der Art und Weise, wie Diskurse geführt werden, der diskursiven Praxis eben (cf. Foucault 1969: 69f.). Einerseits werden die diskursiven Beziehungen durch die beiden anderen Systeme bestimmt, andererseits wirkt die diskursive Praxis auch auf die sekundären und primären Praxisformen zurück. Gegenkulturelle Praktiken wie die Mitarbeit an einem alternativen Projekt sind aus der Kritik der hegemonialkulturellen Praxis entwickelt worden, einer Kritik, die sich zunächst auf der Ebene des Diskurses artikulierte - durch einschlägige Erfahrungen den konkreten Praktiken und ihrer Verarbeitung im Alltagswissen vorbereitet -, und dann, über die Ebene des Alltagswissens vermittelt, in der konkreten Gestaltung eines solchen Projekts seinen Ausdruck findet. Der Terminus diskursive Praxis bezeichnet die Art und Weise, in der Diskurse innerhalb einer Gesellschaft oder innerhalb gesellschaftlicher Subsysteme organisiert sind. Für die TAZ heißt das beispielsweise, daß sie einen gegenkulturellen Interdiskurs organisiert - im Gegensatz zum hegemonialkulturellen, der in Zeitungen wie FAZ, FR, OV u.a. geführt wird. Beide Formen des Interdiskurses stehen in einem bestimmten Verhältnis zueinander. Dominierend ist die hegemonialkulturelle diskursive Praxis, denn die gegenkulturelle Artikulationsformen sind mit den dominierenden verknüpft: Das in Anspruch genommene Anders-Und-Besser-Sein funktioniert nur auf der Grundlage der Akzeptanz gegebener Strukturen.

> oppositionelle gruppen besitzen nicht einfach ein anderes diskurssystem und einen anderen interdiskurs als die kulturelle hegemonie. sie besitzen nicht eine völlig andere wissenschaft, kunst, systematik usw. sie besitzen das alles höchstens 'in ansätzen' ... dennoch können sich antihegemoniale gruppen und individuen unterscheiden und unterscheiden sich in der tat. das geschieht durch eine andere wertung innerhalb der gleichen struktur. (kultuRRevolution 1986: 71)

Wir müssen davon ausgehen, daß in struktureller Hinsicht der gegenkulturelle mit dem hegemonialen Diskurs übereinstimmt, daß Elemente übernommen werden und daß zwar die Transformierbarkeit innerhalb der gesamten Formation gewährleistet ist - man vergleiche dazu die Entwicklung der Paritätsforderung -, daß jedoch das oppositionelle Potential über die Strukturen der Formation des hegemonialen Diskurses jederzeit reintegrierbar ist. Die Unterschiede zwischen beiden Formen lassen sich auch an der Gestaltung der Leserbriefrubrik zeigen. Oben habe ich gezeigt, daß sowohl die Präsentation von Leserbriefen [<3.3.1] als auch das thematische Profil in den untersuchten Zeitungen [<3.3.3] deutliche Unterschiede aufwiesen. Insbesondere die Bewertung von Leserbriefen durch die TAZ unterschied sich von der in anderen Zeitungen, so daß auch die Organisation von Leserbriefkommunikation als Form diskursiver Praxis charakterisiert werden kann.

Der Diskurs-Begriff hat an Kontur gewonnen, so daß ich nun eine Zusammenfassung des bislang Ausgeführten vortragen kann. Unter *Diskurs* verstehe ich allgemein veröffentlichtes Reden und Schreiben zum Zwecke der Produktion und Aneignung von gesellschaftlichem Wissen. Diskurse sind bezogen auf die spezifischen Wissensbereiche und den darin praktizierten Formen der Konstitution, Distribution und Rezeption von Wissen. In den verschiedenen Bereichen gibt es jeweils unterschiedliche Bedingungen von Öffentlichkeit, die sich auf die jeweils konkrete sprachliche Gestaltung von Texten auswirken. Diese Festlegungen reichen von der Wahl eines Textmusters bis hin zu den akzeptierbaren Schreibweisen und zulässigen Fragestellungen. Für den gegenkulturellen Interdiskurs, zu dem die Leserbriefkommunikation in der TAZ gehört, gelten die von der Zeitung festgelegten Bedingungen der Erteilung des Rede- bzw. Schreibrechts und die jeweils konkrete Veröffentlichungspraxis. Für diesen Zusammenhang hatte ich den Begriff der diskursiven Praxis eingeführt. Auf dieser Ebene liegen auch die Entscheidungen über den Rahmen möglicher Inhalte, die in den Texten vorgetragen werden können, also den jeweils zulässigen Diskurspositionen und -strategien. Die Ebene der diskursiven Praxis unterscheidet sich von der der alltagssprachlichen; beide sind Bereiche sozialer Praxis. Diese Entwicklung des Diskurskonzepts bewegt sich etwa in dem Rahmen, in dem auch Link (1982) oder die Zeitschrift "kultuRRevolution" (1986) arbeiten, wenn auch mit anderen inhaltlichen Schwerpunkten. Dagegen unterscheidet es sich von Ansätzen wie denen von Reucher oder Kress. Reucher (1986: 18) konstruiert seinen Diskurs-Begriff als Tiefenstruktur des gesellschaftlichen Codes, der jedoch ein Veränderungspotential der sprachlichen Oberfläche der Codes hat. Es fehlt jedoch eine Präzisierung hinsichtlich der jeweils spezifischen Diskursbereiche, zudem reflektiert er nicht den Bezug zur sozialen Praxis. Kress (1985: 32) hingegen unterscheidet den Text als eine linguistische Einheit vom Diskurs als einer sozialen Einheit, wobei ein Text einem oder mehreren Diskursen zugeordnet werden kann. In Übereinstimmung mit dem hier vertretenen Konzept geht Kress davon aus, daß Diskurse sich nicht außerhalb von Texten manifestieren können. Sprachliche Formen in den Texten verweisen auf jeweils spezielle Diskurse, die jedoch nicht weitergehend spezifiziert sind. Kress bearbeitet nicht die Möglichkeiten der Differenzierung seines Konzepts und bleibt deshalb hinter dem hier Vorgetragenen zurück.

Gerade der Bezug zu sozialer Praxis fehlt dem von Geier (1985) vorgeschlagenen Konzept von Intertextualität, in dem der Bezug von Texten zu anderen im Vordergrund steht.[1]

> Vielmehr scheinen Texte meist zu entstehen durch einen vielschichtigen Prozeß ständigen Umschreibens, Neuarrangierens, Umdeutens, Rezitierens etc., durch den andere, bereits vorliegende Texte und Textteile verarbeitet werden, um mit der Sprache, wie sie immer schon in der Vielfalt von Texten vorliegt, einen eigenen neuen Text zu produzieren. Das Spiel der zitationellen Verweise und textuellen Transformationen ist die Bedingung jedes signifikanten Funktionierens. (1985: 97)

Zwei wesentliche Bestimmungen von Texten lassen sich diesem Zitat entnehmen: Erstens gibt es immer schon Vor-Texte, die die Gestaltung eines konkreten Textes beeinflussen, und zweitens erscheint die Textproduktion als an diesen vorgängigen Formen orientiert. Nun gibt es mindestens zwei Sorten von Vor-Texten, inhaltliche und formale; inhaltlich insofern, als das Ausgedrückte auf Texte mit ähnlicher oder gleicher thematischer Orientierung verweist, formal insofern, als das Ausgedrückte durch einen Rahmen bestimmt ist. Diesen Rahmen hatte ich für Leserbriefe in Kapitel 2 herausgearbeitet: Sie sind Ausdrucksformen eines spezifischen Textmusters, das ja auch die für supplementäre Texte charakteristischen Formen des Textverweises beinhaltet. Dieser enge Supplement-Begriff erfährt in Geiers Konzept eine Erweiterung in dem Sinne, daß alle Texte Supplemente sind. Damit gelingt es ihm aber auch, die Frage nach der Form eines Textes als eine zentrale auszusparen, sie nur beiläufig zu behandeln. Die Analyse einer Müntzer-Predigt operiert beispielsweise mit einem unhinterfragten Verständnis des Textmusters "Predigt", das fast selbstverständlich als Rahmen der Interpretation einer Bibelstelle erscheint. Für die inhaltlichen Vor-Texte hatte ich in diesem Teil den Vorschlag unterbreitet, sie als Ausdrucksformen von Diskurspositionen zu deuten. Geier dagegen verfolgt in seinen Analysen, wie etwa der schon erwähnten Müntzer-Predigt, das Ziel, die Präsenz von anderen Texten im untersuchten nachzuweisen. So befragt er die Müntzersche Bibelauslegung in Hinblick auf die Verarbeitung und Umdeutung einer Bibelstelle, indem er den Transformationsprozeß eines Ereignisses (einen Traum Nebukadnezars) in dreizehn Stufen rekonstruiert (cf. 1985: 94ff.). Lediglich auf einer dieser Stufen geht es ihm um die Bedingungen, die den konkreten Text evoziert haben. Diese bilden nur einen Aspekt der Analyse, nicht aber den Schwerpunkt. Zudem gibt es eine erhebliche Differenz bei der Wahl des Gegenstandes, denn Geier beschäftigt sich mit Texten, die spezialisierten Diskursen zugeordnet werden können: dem poetischen, philosophischen, psychologi-

1 Das Intertextualiätskonzept ist vorwiegend in literaturwissenschaftlichen Arbeiten entwickelt worden. Für eine Bestimmung von Ebenen des Begriffs: cf. Lachmann 1984.

schen und theologischen. Diese sind in den jeweiligen Wissenbereichen hinreichend behandelt, die Rekonstruktion kann beispielsweise auf Ergebnisse philologischer Arbeit zurückgreifen. Für die Analyse von interdiskursiven Texten wie Leserbriefen stellen sich Probleme, die meines Erachtens durch die Idee von Intertextualität nicht hinreichend geklärt werden können: Der Supplementcharakter von Leserbriefen ist evident, die inhaltlichen Bezüge werden eher möglich durch einen Vergleich mit ähnlichen Texten, auf die der Ausgangstext jedoch nur implizit verweist. In Hinblick auf die hier verfolgte Fragestellung dürfte das vorgetragene Diskurskonzept angemessener sein als das der Intertextualität, da neben der Ebene des Textes auch die Texte evozierenden Verhältnisse berücksichtigt werden.

Texte, so wäre zu resümieren, erscheinen als Elemente der Sprachpraxis, insofern sie aufgrund ihres Themas, des Zeitpunkts und des sozialen und politischen Raums auf bestimmte diskursive Verhältnisse verweisen. Die Analyse des Diskurses hat die Aufgabe, diese reflexiven Eigenschaften der Texte zu untersuchen. Es geht also um die Rekonstruktion des sozialen und des politische Raum, in dem sich ein Diskurs konstituiert, und um die Bestimmung seiner Dynamik, seine Wirkungen auf die sprachlichen und sozialen Verhältnisse, in denen er funktioniert. Die Methodik der Diskursanalyse kann nicht abstrakt vorgegeben werden, sie ist am konkreten Material zu entwickeln. Bei der Auseinandersetzung mit Texten in diesem Kapitel werde ich das Diskurs-Konzept als Rahmen benutzen, auf den die Ergebnisse der Analysen bezogen werden. Zunächst werde ich ganz allgemein die Texte der Leserbriefdebatte vorstellen und ordnen, um weitergehende Fragestellungen zu entwickeln (4.2), die ich dann in speziellen Untersuchungen von Aspekten der Debatte weiter verfolgen werde (4.3 - 4.5).

4.2. Die "Sexismus-Debatte" in der TAZ: Überblick, Klassifikation und begrifflicher Rahmen

Die sogenannte Sexismus -Debatte in der TAZ nahm ihren Anfang am 12.9. 1980 mit der Veröffentlichung eines Artikels mit dem Titel "Eine Traumfrau zieht sich aus", in der ein Pseudonymus "Gernot Gailer" sich kritisch und provokativ mit der linken Sexualmoral[1] auseinandersetzte, genauer: Es ging um die Zulässigkeit von sexuellen Männerphantasien. Gailer bekennt sich zu frauenfeindlichen, sexistischen Sexualphantasien, in denen Frauen nur als Sexualobjekte vorkommen. Eine Woche später erschien der Artikel "Phantasie an die Macht"

1 Die Bestimmung einer konkreten gegenkulturellen Sexualmoral, die sich von der hegemonialkulturellen abhebt, dürfte recht schwierig sein. Mir geht es in diesem Zusammenhang um die Verbindung von sexuellen und politischen Postulaten, exemplarisch zusammengefaßt im Topos von der "Befreiung", die sich sowohl auch das Politische als auch das Sexuelle bezog (cf. Abschnitt 4.4.4).

von Gudula Lorez, in dem sich die Autorin gegen die Verdinglichung von Frauen in der männlichen Sexualität bzw. deren Phantasien wendete. Dieser Text war als Kontrast zum Gailer-Artikel in die Zeitung gebracht worden. Am 19.9.1980 erschienen dann die ersten Leserbriefe zum Gailer-Artikel. Bis Mitte Oktober folgten insgesamt noch 50 Leserbriefe, in denen in unterschiedlicher Weise auf diesen Text Bezug genommen wurde. Die Veröffentlichung von pornographischen Comics, die mit Zitaten aus der Debatte verknüpft waren, auf der Leserbriefseite vom 5.11.1980 löste eine heftige Krise innerhalb des TAZ-Projekts aus: Die in der TAZ mitarbeitenden Frauen traten wegen dieser Veröffentlichung in einen Streik. Durch eine Modifikation des Projektstatuts - die paritätische Verteilung von Stellen an Männer und Frauen und das Mitspracherecht der Frauen bei allen Artikeln, in denen frauenspezifische Probleme behandelt werden - konnte die Krise des Projekts überwunden werden.

Ich betrachte diese Auseinandersetzung als ein *diskursives Ereignis*, das die Merkmale der relativen Abgeschlossenheit, der inhaltlichen Kohärenz und der Einmaligkeit aufweist. Der Terminus "diskursives Ereignis" richtet das Interesse auf die inhaltlichen Eigenschaften, indem ein Bezug zu jeweils anderen, ähnlichen Ereignissen hergestellt wird.[1] Die Charakterisierung des Materials macht bereits auf einige Fragen aufmerksam, die für eine weitere Entfaltung der Analyse von gewisser Bedeutung sind:

- Warum zieht ein Artikel eine solche Debatte nach sich?
- Welches sind die Thesen des Autors, die die TAZ-Leser dazu veranlassen, sich so zahlreich darauf zu beziehen?
- Welcher Zusammenhang besteht zwischen dem Ausgangspunkt - der Veröffentlichung des Gailer-Artikels - und den Konsequenzen - Revision des Projektstatuts?
- Gibt es eine Struktur innerhalb der Debatte?
- Auf welcher Ebene verläuft die Auseinandersetzung?

Im folgenden sollen die Bezugsartikel und die dazu erschienenen Leserbriefe einer ersten Analyse unterzogen werden. Ich werde in diesem Abschnitt die groben Strukturen der Debatte herausarbeiten, indem ich die in den Texten vertretenen Positionen charakterisiere. Dieses Vorgehen bietet sich an, weil es einen Zugang zu den Texten im Zusammenhang leistet. Eine zu frühe Mikroanalyse würde die Vernetzung der Texte in der komplexen Debatte nicht hinreichend deutlich machen. Zudem gibt eine solche Übersicht dem Analysierenden die Möglichkeit, seine Lesart der Debatte insgesamt vorzustellen, bevor in weiteren Analysedurchgängen spezifischeren Problemen nachgegangen werden kann. Mit diesem Vorgehen greife ich auf in gesprächsanalytischen Arbeiten

---

1 Für die linguistische Analyse kann eine Unterscheidung von wichtigen und unwichtigen Ereignissen (wie etwa von der kultuRRevolution 1986: 71 vorgeschlagen) nicht akzeptiert werden: Grundsätzlich kann jede Ausdrucksform von Sprachpraxis in Hinblick auf ihre Einbindung in Diskurse untersucht werden.

übliche Analyseschritte (cf. etwa das Vorgehen von Kallmeyer 1981) zurück: Eine sequentielle Analyse erlaubt eine erste Organisierung des Materials sowie die Erarbeitung feinerer Fragestellungen, die in den weiteren Teilen dieses Kapitels verfolgt werden. Damit ist keine Analogisierung von mündlicher und schriftlicher Kommunikation beabsichtigt; ich versuche vielmehr, die Leserbriefdebatte als Prozeß aufzufassen und greife auf Methoden zurück, die zu dessen Erfassung geeignet zu sein scheinen, immer die grundsätzliche andere Qualität des Materials berücksichtigend.

Ich werde mich zunächst mit den Bezugsartikeln auseinandersetzen (4.2.1), anschließend den Verlauf der Debatte rekonstruieren (4.2.2), um auf dieser Grundlage einen Klassifikationsvorschlag für die Leserbriefe zu unterbreiten (4.2.3). Abschließend werde ich die Debatte als sozialen Konflikt interpretieren und das weitere Vorgehen in den übrigen Abschnitten dieses Kapitels bestimmen (4.2.4)

4.2.1. Die Bezugsartikel der "Sexismus-Debatte"

In diesem Teil werde ich die wesentlichen Thesen der beiden Bezugsartikel zusammenfassen. Am 12.9.1980 erschien in der TAZ der Artikel "Eine Traumfrau zieht sich aus" von dem Pseudonymus "Gernot Gailer" (Er ist als erster Beleg des Korpus II im Anhang zu finden: *BA*). In der vom Text abgesetzten redaktionellen Einleitung wird darauf hingewiesen, daß es sich um den gekürzten Vorabdruck eines Beitrags für die Zeitschrift "Ästhetik und Kommunikation" handelt. Außerdem erfährt der Leser, daß über den Text in der TAZ-Redaktion "ein heftiger Streit entbrannt" ist. Darüber hinaus wird der Abdruck eines Beitrags über "Männerphantasien" von Gudula Lorez in Aussicht gestellt. In dieser Ankündigung wird also das Diskussionspotential des Textes hervorgehoben, das dann bereits im Texttitel und in der Wahl des Pseudonyms deutlich zum Ausdruck kommt: Es geht um Sexualität.[1] Der Artikel selbst ist in fünf Abschnitte unterteilt, die mit Zwischenüberschriften versehen sind. Der erste Abschnitt mit dem Titel "Variationen auf ein altes Thema 1" enthält die Darstellung von sexuellen Handlungen eines Mannes aus der Perspektive eines Ich-Erzählers mit zwei Frauen. Im zweiten Teil, "Mein schwarzer Koffer" betitelt, bekennt sich der Autor zu seinen Phantasien, indem er den "gefährlichen" Inhalt seines Koffers auspackt: Die Bilder nackter Frauen aus einschlägigen Männermagazinen, die er alle mit den Augen "besessen" habe. Den Konflikt seiner Phantasien mit links-alternativen Normen faßt er so zusammen: "Auf so was steh ich. Davor haben die Linken Angst. Ich auch, wenn's zu öffentlich wird". Im darauf folgenden dritten Abschnitt "Zeitraffer" erinnert er daran, daß eine wesentliche These der Studenten-

1 Schon die Wahl des Pseudonyms "Gernot Gailer" verweist auf den sexuellen Gehalt des Textes: *Gernot* in der Bedeutung von 'Speerschwinger' (ahd. *ger*: 'Speer' und *huôtôn*: 'schwingen'), *Gailer* als homophoner Ausdruck des Komparativs von *geil* im Sinne von 'gierig nach geschlechtlicher Befriedigung'.

bewegung die vom Zusammenhang von Sexualität und Politik gewesen sei. In der Beschreibung der Entwicklung der Zeitschrift "konkret" wird die Trennung von Sexualität und Politik auf den Begriff gebracht: "Mit der endgültigen Vertreibung der nackten Frauenkörper aus den linken Publikationsorganen steht endgültig fest: Sex und Politik ging nie, geht nicht und wird auch nie gehen". Statt dessen sei bei den Linken an die Stelle von Lust die Theoretisierung der Sexualität getreten. Im dann folgenden vierten Teil "Die Krönung der Auslese" beschäftigt sich der Autor mit dem 1979 erstmals erschienen Sonderheft "Sexualität konkret". Enttäuscht stellte er fest, daß "keine Schweinereien" zu finden seien, vielmehr die Mehrzahl der Autoren Wissenschaftler sind. Exemplarisch beschäftigt er sich dann mit einem Artikel des Sexualwissenschaftlers Volkmar Sigusch, in dem dieser "freie Liebe, Ehe auf Zeit, Partnertausch, Gruppensex und Singles-Bewegungen" als "Sumpfblüten zerstörter Sinnlichkeit" bezeichnet. Gailer kommentiert diese Behauptung so: "Das hat gesessen. Ich bin zerschmettert. In der Hölle. Der Hölle der Linken." Schließlich bekennt der Autor im fünften letzten Abschnitt, "Peepshow" betitelt, daß er lieber in die Peepshow gehe - als weiter in der Hölle der Linken zu verweilen[1] -, in der er unbehelligt seinen Phantasien nachgehen könne. Er nutzt diese Passage, um sich explizit von der Frauenbewegung abzugrenzen: "Und: die eigentlich Unterdrückten sind doch wir. Wir Männer." Die Figur von Politparolen zitierend, fordert er ironisch: "Nieder mit der Frauenbewegung. Für mehr Peepshows."

Eine knappe Woche später, am 18.9.1980, erschien der Artikel von Gudula Lorez "Phantasie an die Macht" auf zwei Druckseiten. In einer einleitenden, fett gedruckten Anmerkung stellt die Autorin einen Bezug zum Gailer-Artikel her: Ihr Artikel sei für genau diese Denk-Kaliber geschrieben, für Phantasierer, die Frauen erniedrigten. Im Text vertritt die Autorin die These, daß die Sexualität der Männer in eine Krise geraten sei, weil die Frauen die ihnen zugewiesene Rolle nicht mehr akzeptierten. Vielmehr seien die Frauen unabhängig von den Männern dabei, eigene, ihnen gemäße Formen der Sexualität zu entwickeln. Die Autorin des Artikels beschäftigt sich mit den Formen männlicher und weiblicher Sexualität, sowie mit männlichen bzw. weiblichen Sexualphantasien. Die Sexualität der Männer wird als auf den Penetrationsakt "reduziert" charakterisiert, als "armselig" und "traurig". Der so vollzogene Geschlechtsverkehr sei eine Erniedrigung und Beleidigung für die Frau, die sich dagegen zur Wehr setze. Die an diese Form der Sexualität gebundenen Männerphantasien entsprächen dem: Sie werden als "einseitig", "verkürzt" und "verstümmelt" charakterisiert. Frauen erschienen in ihnen nicht als Menschen, sie seien vielmehr auf ihre primären und sekundären Geschlechtsorgane reduziert. Zudem seien die männlichen-

1 Diese Deutung wird zumindest in der TAZ-Veröffentlichung nahegelegt. Die in der Zeitschrift "Ästhetik und Kommunikation" abgedruckte längere Fassung zeigt jedoch, daß an dieser Stelle seitens der TAZ-Redaktion eine grob sinnentstellende Kürzung vorgenommen wurde (cf. Abschnitt 4.4.4).

Phantasien Ausdruck für bestehende Gewaltverhältnisse, und in dem Maße, wie sich Frauen männlicher Sexualität entzögen, steigere sich die in ihnen erscheinende Gewalt. Der Vergewaltigungsbegriff erfährt eine Ausdehnung auf jegliche Herrschafts- und Gewaltsituation. Damit wird eine Verbindung zu Frauenphantasien möglich: Zwar würden auch Frauen Vergewaltigungen phantasieren, sie könnten jedoch, anders als in der Wirklichkeit, nach ihrem Willen über die vorgestellte Situation verfügen. Wie die Sexualität von Frauen vielfältiger, reicher sei als die von Männern, so auch ihre Phantasien: Sie, die Frauen, phantasierten anders, grenzenloser und selbstbewußter als Männer.

Es geht also in beiden Texten - vereinfachend ausgedrückt - um Sexualität. Die Bedeutung des Begriffs Sexualität kann nicht auf ein biologisch bestimmtes Antriebsverhalten reduziert werden, aus dem soziale Einrichtungen und gesellschaftliche Beziehungen unmittelbar abgeleitet werden könnten (Ehe, Prostitution,), es handelt sich vielmehr um ein unspezialisiertes Grundbedürfnis, "das der kulturellen Fügung durch Normen und Institutionen bedarf, die kulturell veschieden sind und daher nicht den Charakter unveränderlicher moralischer Werte haben" (Bernsdorf 1973: 685). Der menschliche Fortpflanzungstrieb ist kulturell überformt, von kulturellen Normen und Werten abhängig.[1] In den beiden genannten Texten geht es um normative Fragen, also darum, wie Sexualität sein sollte, und wie sie praktiziert wird. Während im Gailer-Text Positionen der Frauenbewegung angegriffen werden, erfolgt im Lorez-Text eine Kritik männlichen Sexualverhaltens und eine Verteidigung feministischer Positionen, die in dem Vorwurf des Sexismus - der Diskriminierung von Frauen aufgrund ihrer Geschlechtszugehörigkeit - kulminiert. Der Terminus *Sexismus* wurde später zum inhaltlichen Kennwort für das diskursive Ereignis.

4.2.2. Die Leserbriefe der "Sexismus-Debatte"

Die in den beiden Bezugsartikeln aufgestellten Thesen zur männlichen bzw. weiblichen Sexualität stecken den inhaltlichen Rahmen der Auseinandersetzung ab. Es wird bei den diese Artikel kommentierenden Leserbriefen auch zu fragen sein, welche Positionen aus den Bezugstexten aufgegriffen werden. Bei der sequentiellen Analyse der Leserbriefe sind zwei Aspekte zu beachten: der temporale und der strukturelle Aspekt. Als Gliederungskriterium für die zeitliche Abfolge bietet sich die Ordnung der Texte nach Erscheinungsdatum an: Die jeweils in einer Ausgabe veröffentlichten Briefe werden als ein Element in der Entfaltung der Debatte aufgefaßt. Terminologisch könnten diese Elemente als "Zug" gefaßt werden.[2] Der Terminus ist erklärungsbedürftig, handelt es sich doch bei den an einem Tag erschienenen Briefen um eine Zusammenstellung der TAZ-Leserbriefredaktion und nicht um eine von den Autoren beeinflußte. Ein

1 Zur Problematisierung des Begriffs auch im Zusammenhang sprachwissenschaftlicher Interessen: cf. Januschek/Vogt 1986: 4f.

2 Diese Begrifflichkeit wählt Bucher 1986, ohne aber deren Implikationen zu reflektieren (150).

"Zug" ist auf Handelnde angewiesen, möglicherweise auch auf Spielregeln und insofern für den hier betrachteten Sachverhalt ein nicht unproblematischer Begriff. Mit der Wahl dieses Terminus wird die Möglichkeit eröffnet, die Strategien von TAZ-Leserbriefredakteuren zumindest hypothetisch zu berücksichtigen; es fehlen jedoch die "Gegenzüge" des "Spielpartners". Angesichts der Komplexität des diskursiven Ereignisses versagt jedoch die Spielanalogie, so daß es angemessener sein dürfte, den Terminus "Schritt" einzuführen, der, obwohl auch metaphorisch belastet, besser geeignet zu sein scheint, die Dynamik der Debatte zu erfassen, die sich eben auch hinter dem Rücken der Handelnden entfaltet. Mehrere Schritte werden zu einzelnen Abschnitten, "Phasen", der Debatte zusammengefaßt. Insgesamt lassen sich drei Phasen voneinander abgrenzen.

Die folgende Beschreibung des Verlaufs der Debatte wird an den drei Phasen ansetzen und die einzelnen Schritte innerhalb der Debatte nachvollziehen, also die durch die Erscheinungsdaten bestimmte Abfolge der Texte rekonstruieren. Die einzelnen schrittkonstitutiven Texte werden in struktureller Hinsicht erfaßt, so daß sich sukzessive Klassifizierungskriterien ergeben.

Die erste Phase der Debatte wird mit der Veröffentlichung von acht Briefen und einem Aufruf am 19.9.1980 eingeleitet, die sich auf den Bezugsartikel Gailers bzw. sein Erscheinen in der TAZ beziehen. Ein Betreff, in dem der Titel des Bezugsartikels von Gernot Gailer in Anführungsstrichen aufgeführt ist, leistet einen eindeutigen Textverweis. Die Seitenüberschrift "'Ich falle echt vom Hocker ...'", ein Zitat aus einem der Briefe auf der Seite, deutet schon die kritische Tendenz in den abgedruckten Texten an. In acht von neun Texten werden - überwiegend von Frauen - sowohl die Veröffentlichung des Bezugsartikels als auch die darin vertretenen Positionen einer heftigen Kritik unterzogen: Der Artikel sei "frauenfeindlich" und seine Veröffentlichung mit dem Konzept der TAZ nicht vereinbar (z.B. II:1). Lediglich ein Text (II:3), für den ein Mann als Autor zeichnet, bezieht sich positiv sowohl auf die Veröffentlichung des Bezugsartikels als auch auf seine inhaltlichen Positionen.

Für die Klassifizierung ergeben sich neben den funktionalen Bezügen schon in diesem ersten Schritt weitere wichtige Kriterien: So erscheint eine Differenzierung nach dem Geschlecht der Unterzeichner naheliegend. Zudem ist zu unterscheiden nach dem Gegenstand der Texte, da bereits im 1. Schritt neben die negative Kommentierung des Bezugsartikels die der Veröffentlichungspolitik der TAZ tritt. Ein weiterer Gesichtspunkt ist das Verhältnis der Leserbriefe zum Bezugsartikel: Die Texte, in denen eine inhaltliche Auseinandersetzung mit den Thesen Gailers geführt wird, sind von solchen zu unterscheiden, in denen lediglich kurz auf den Text verwiesen wird. Diese Differenzierung läßt sich explizieren als Bezug des Textes zur Debatte:[1] Es ist zu unterscheiden zwischen solchen

---

1 Diese Kategorien habe ich bei meiner ersten Auseinandersetzung mit diesem Material verwendet; cf. Vogt 1985: 215.

Texten, die mit dem Eintritt in die Debatte ihre Nichtbeteiligung erklären, bei denen also eine inhaltliche Diskussion ausgeschlossen wird, und solchen, in denen Inhaltliches zur Debatte beigetragen wird.

In den Texten des zweiten Schritts (23.9..1980) wird darauf verwiesen, daß der Artikel auch eine Anregung zur Reflexion sein könne. Mit den Beiträgen werden neue Positionen eingeführt, persönliche Bekenntnisse artikuliert. Zudem wird zum ersten Mal die Debatte selbst thematisiert.

Am 24.9.1980 (3. Schritt) erscheinen acht Texte. Zwei davon sind außergewöhnlich. In (II:7) wird eine Passage aus Hesses "Siddhartha" zitiert, ergänzt durch einen direkt an den Autor Gailer gerichteten Hinweis. Das Gedicht "Kleine Liebesgabe für die Sexküche" (II:8), ohne Namensangabe, propagiert gegenüber den Autoren Gailer und Lorez die Vorteile der Selbstbefriedigung gegenüber der Schreibtätigkeit. Der Vorwurf der Frauenfeindlichkeit wird in vier Texten, die von Frauen verfaßt wurden, erhoben. Gemeinsam ist diesen Texten auch der Vorwurf an die TAZ, den Gailer-Text überhaupt veröffentlicht zu haben. Dagegen heben sich die beiden von Männern geschriebenen Texte deutlich ab: So besteht der Autor des Belegs 48 aus Kapitel 4 [4.5.2>] darauf, daß eine Veränderung der Realität nicht durch deren Tabuisierung möglich sei und kritisiert insbesondere die Schreiberinnen, die alle Register der reaktionären Spießermoral zögen.

Am 25.9.1980 (4. Schritt) erscheinen drei Texte, die unterschiedliche Konzepte von Emanzipation in die Debatte einbringen. Am 30.9.1980 schließlich, dem 5. Schritt der Debatte, erschien eine Bildserie von 40 Bildern, die sich hinsichtlich ihres Fokus unterscheiden und insgesamt eine Art Film darstellen. Es handelt sich dabei um die Darstellung der Träume eines an einem Sockel schlafenden Mannes. Diese unbetitelte Bildserie erfaßt in ästhetischer Form das Thema der Sexismusdebatte: Phantasien sind subjektive Leistungen, ihre gesellschaftlichen Bedingungen jedoch bleiben unberücksichtigt. Vor dem Hintergrund der in den ersten Schritten der Debatte entfalteten Positionen wird mit dieser Seite positiv zum Gailer-Aufsatz Stellung bezogen: Das Interesse der Phantasien richtet sich auch auf die sekundären Geschlechtsmerkmale der Frau, die zum imaginären Lustobjekt wird.

Mit diesem Schritt endet die erste Phase der Debatte, der ersten von drei größeren Einheiten innerhalb der Debatte, die als relativ abgeschlossen angesehen werden können. Die Positionen sind mit dem Erscheinen des 5. Schritts weitgehend abgesteckt: Einerseits erfolgt - vor allem durch Frauen - eine Kritik sowohl der Positionen Gailers als auch der Veröffentlichungspolitik der TAZ, während in den anderen Texten - hauptsächlich von Männern - die Forderung nach offener Diskussion aufgestellt wird. Diese Positionen werden auch noch in später erscheinenden Texten aufgegriffen, jedoch liegt der Schwerpunkt bei den folgenden Schritten auf einer intensiveren Auseinandersetzung mit den Problemen. Zudem erfolgt der 6. Schritt nach einem Eingriff von außen: Teilnehmerinnen der Berliner Sommeruniversität hatten den Abdruck einer kritischen

Resolution auf der ersten Seite der TAZ vom 2.10.1980 durchgesetzt. Die zweite Phase beginnt also mit dem 6. Schritt.

Am 2.10.1980 erschien die nächste Diskussionsseite, eingeleitet mit einer Erklärung der TAZ-Frauen - aller im Projekt mitarbeitenden Frauen -, in der diese, unter Verweis auf Diskussionen während der Frauen-Sommeruniversität[1] in Berlin, einräumten, daß sie es bislang versäumt hätten, ihre Position in der TAZ zu veröffentlichen (II:9). Zudem enthält die Erklärung einen Hinweis auf eine Resolution, die während der Sommeruniversität verfaßt und an diesem Tag in der TAZ auf der ersten Seite abgedruckt wurde (II:10). Die Resolution faßt im wesentlichen die Argumente zusammen, die bislang von den meisten Debattenteilnehmerinnen vorgetragen worden waren. Wegen der Frauenverachtung, die in dem Gailer-Artikel zum Ausdruck komme, sei er gegen die Frauenbewegung gerichtet. Der TAZ wird vorgeworfen, den Artikel kommentarlos abgedruckt und damit eine solidarische Auseinandersetzung mit der Frauenbewegung verhindert zu haben. Es schließen sich Forderungen an die TAZ an, die in einer Boykottandrohung gipfeln. Mit dieser Resolution werden also auch die bislang artikulierten individuellen Reaktionen von Debattenteilnehmern und -teilnehmerinnen, sei es die Kündigung des Abonnements oder deren Androhung, auf eine neue, kollektive Ebene gehoben. Die Resolution zeigt zudem, daß die Auseinandersetzung mit dem Gailer-Artikel auf der Leserbriefseite der TAZ nur ein Ausschnitt der innerhalb der Alternativbewegung geführten Diskussionen um das Thema und um die Funktion der TAZ als alternativer Tageszeitung war. Durch den Abdruck von Texten, die von TAZ-Redakteurinnen verfaßt wurden, erhält die Debatte eine neue Qualität. Explizit weisen "die taz-Frauen" in ihrer redaktionellen Erklärung auch darauf hin, daß der Gailer-Artikel keineswegs über ihre Köpfe hinweg erschienen ist: "Wir taz-Frauen haben lange und ausführlich über ihn diskutiert, haben dabei gemerkt, wie brisant das Thema ist und waren deshalb alle dafür, daß er veröffentlicht werden sollte. Wir wollen die Diskussion!" Von den sechs auf der Leserbriefseite veröffentlichten Texten wird vier von TAZ-Mitarbeiterinnen verfaßten Texten eine Würdigung des Bezugsartikels versucht. So setzt sich die Autorin von (II:11) mit der Aggressivität der Leserbriefschreiberinnen auseinander: Indem sie aggressiv reagierten, könnten sie eben nicht aus dem Bedrohungszirkel, der sich aus dem Verhältnis von Frauen zu Männern ergebe, heraustreten. Im Text geht es nur am Rande um den Bezugsartikel, vielmehr werden allgemeine Thesen zum Verhältnis der Geschlechter entwickelt. Das Besondere an den Beiträgen der TAZ-Frauen ist, daß die Beurteilung des Bezugstextes durch die Autorinnen sich nicht wesentlich von den in den vorher erschienenen kritischen Positionen unterscheidet. Jedoch ziehen sie eine andere Konsequenz, indem sie die bei der TAZ-internen Diskus-

1 Die "Sommeruniversität" wurde m.W. zu Beginn der 80er Jahre jeweils Ende September/ Anfang Oktober in Berlin als Veranstaltungsangebot von Frauen für Frauen durchgeführt; auch die Themen waren geschlechtsspezifisch ausgewählt.

sion getroffene Entscheidung zu legitimieren suchen. Der Unterschied liegt also in ihrer Perspektive als an der Veröffentlichung Beteiligte.

Am 6.10.1980 (7. Schritt) erschienen zwei Texte, in denen sich zwei Autoren aus einer biographischen Perspektive mit dem Thema Männer-Sexualität und Männer-Phantasien befassen. Der Autor von (II:12) beispielsweise bekennt sich zu sexistischen Sexualphantasien, ist jedoch der Meinung, nur weiterzukommen, wenn er sich seiner Phantasien bewußt ist. So wird ein positiver Bezug zur Veröffentlichung der Ausgangsartikel verstärkt. Am 8.10.1980 schließlich, dem 8. Schritt der Debatte, erscheinen 10 Texte, an denen sich die bislang skizzierte Dynamik der Entwicklung deutlich ablesen läßt. So ist (II: 15) der feministischen Kritik zuzuordnen, sie reproduzieren die bis zu diesem Zeitpunkt vorgetragenen Argumente einschließlich der Androhung von Konsequenzen wie Abonnementskündigungen. In einem anderen, von einer Frau unterzeichnetem Text (II:14) wird genau diese Argumentation kritisiert: "Die wütenden Aufschreie der meisten Zuschriften zeigen, wie verdrängt dieses Thema noch ist." Ein Mann wehrt sich gegen die Unterstellung, alle Männer hätten solche Phantasien wie Gailer - dies war in Männerbekenntnissen behauptet worden (II:13). Er schließt sich der feministischen Forderung an, "solchen brutalen Porno-Quatsch" in der TAZ nicht zu veröffentlichen. Auch die Debatte selbst wird thematisiert: So artikuliert der Autor von (II:16) zwar Erstaunen über Intensität und Schärfe der Gailer-Diskussion, er behauptet aber unter Rückgriff auf individuelle Diskussionserfahrung, daß diese Debatte nicht besonders originell sei. Auch die Funktion der TAZ in der Debatte wird zum Gegenstand eines Textes, in dem der Autor die TAZ gegenüber Boykottandrohungen verteidigt und auf die Möglichkeit hinweist, in dieser Zeitung eine offene Auseinandersetzung führen zu können.

Am 10.10.1980 erscheinen vier Beiträge (9. Schritt). Ein Leser hat ein Gedicht aus dem 19. Jahrhundert ausgewählt, das, mit einem lakonischen Kommentar versehen, unter der Überschrift "Wie die Alten sungen ..." veröffentlicht wird. In einem weiteren Brief meldet sich eine Sanyassin[1] zu Wort, die den Gailer-Artikel zum Anlaß genommen hat, die TAZ erneut zu bestellen und abschließend die TAZ auffordert, "noch viel Gelegenheit (zu geben), die Sau rauszulassen". Die Reaktionen auf den Gailer-Artikel veranlassen den Autor von (II:16), die Frage nach den Tabus in linken Beziehungen zu stellen. Er hat den Eindruck, daß vieles "geheim" bleibt, und genau diese Geheimnisse sind für ihn "spannend". So schließt sein Text in der Aufforderung an Leserinnen: "Versucht doch mal, auch aus euren soften Freunden Gernot Gailer herauszukitzeln!" Die Diskussion um den Gailer-Artikel steht im Mittelpunkt eines weiteren Beitrags. Der Autor wendet sich gegen die "Provokationen" der TAZ-Redaktion und zeigt an weiteren Beispielen, daß dahinter so etwas wie eine Strategie stehe, die aber notwendige Diskussionen über Männerphantasien eher verhindere. So unterstützt er auch die feministische Kritik an Gailer. Der Text schließt mit der Forde-

1 Eine bzw. ein *Sanyassin* gehört zur Sekte des Inders Bhagwan.

rung: "Macht das Private Öffentlich - Nieder mit dem Männlichkeitswahn!" Am 14.10.1980 werden zwei Texte von Männern veröffentlicht (10. Schritt). In einem langen Beitrag geht es wieder um die Diskussion des Gailer-Artikels: Während der Autor die Thesen Gailers für diskutabel hält, beurteilt er die Leserreaktionen darauf als negativ, weil in ihnen ein nicht zu rechtfertigendes Feindbild zum Ausdruck komme. Sowohl Männer als auch Frauen hätten Gewaltphantasien und sollten sich dazu bekennen. Er wirft den TAZ-Lesern vor, Schwierigkeiten beim Dekodieren ironischer Texte zu haben und spricht sich gegen permanente Heuchelei und Versteckspielen aus. Am 17.10.1980, dem 11. Schritt der Debatte, erscheint noch ein einzelner längerer Beitrag, der die 2. Phase der Debatte abschließt. Sein Autor stellt im Anschluß an die Beiträge des 7. Schritts die These auf, daß sexuelle Gewaltphantasien regelmäßiger Bestandteil des unbewußten Seelenlebens von allen sei. Allerdings äußert der Autor die Erwartung, daß der Text, da er zu theoretisch geraten sei, nicht abgedruckt werde; statt dessen hofft er auf eine TAZ-interne Diskussion. Darauf antwortet ihm der Leserbriefredakteur: "Lieber Johannes, nach den vielen persönlichen und 'praxisbezogenen' Beiträgen sowie einiger Ergüsse 'aus dem hohlen Bauch' kann ein bißchen Theorie wohl nichts schaden. Darum drucken wir deinen Beitrag hiermit ab."

Mit dem 11. Schritt scheint die Auseinandersetzung um den Gailer-Artikel zu enden, denn erst knapp drei Wochen später wird die Debatte mit dem 12. Schritt fortgesetzt: Einer - wie noch zu zeigen sein wird - dramatischen Zuspitzung der Debatte. Die zweite Phase endet an dieser Stelle, die Diskussion war differenzierter geführt worden, die Probleme, die im ersten Abschnitt aufgeworfen wurden, waren nun gründlicher bearbeitet und zu einem Abschluß gebracht.

Am 5.11.1980 erschien auf der Seite 3 eine Zusammenstellung von anonymen Leserzuschriften. Im oberen Teil wurden Karikaturen aus der amerikanischen Frauenzeitschrift "PASCALINE" abgedruckt. Die Bilder zeigen Frauen, die sadistische Sexualpraktiken mit Männern ausüben: Der Mann erscheint als das unterdrückte, gewalttätig behandelte Wesen. Die einzelnen Bilder sind mit Zitaten aus der Debatte um den Gailer-Artikel versehen. Über zwei dieser Bilder haben "2 Frauen aus der taz" einen Text plaziert, in dem sie ihren Protest gegen die Veröffentlichung "dieser Ausschnitte aus einem Porno" ausdrücken. Die zweite Leserzuschrift, im unteren Teil der Seite plaziert, besteht aus zwei einem Sexversandhauskatalog entnommenen Seiten, die mit einem handschriftlichen Kommentar versehen sind, sowie einem Briefumschlag. Eine Pseudonyma "Beate"[1] empfiehlt dem "lieben Gernot" die Verwendung von Ersatzgeräten, die - mit weiblichen Eigennamen bezeichnet - den Vorteil hätten, immer auf ihn zu warten und "weder Courage noch Emma oder taz" zu lesen (II:19).

An dieser Stelle ist nach dem Status beider Zuschriften bzw. dem Status dieses 12. Schritts zu fragen. Zweifellos sind diese Zuschriften als Leserbriefe zu

1 Hier handelt es sich um eine Anspielung auf das Versandhaus "Beate Uhse", das sich auf den Vertrieb von Waren spezialisiert hatte, die im weiteren Sinne mit Sexualität zu tun haben.

klassifizieren, auch wenn sie sich sonst nicht üblicher Formen der Meinungsartikulation bedienen. Sie verweisen eindeutig auf die vorausgegangene Debatte: Im ersten Teil wird die feministische Kritik an Gailer ironisiert, im zweiten die Gailerschen Phantasien. Darüber hinaus jedoch wird durch den Abdruck insbesondere der Karikaturen die Diskussion um die Veröffentlichungspolitik der TAZ zugespitzt: Dem Erscheinen dieser Seite folgte eine heftige Debatte um die Strukturen des TAZ-Projekts. Der besonderen Bedeutung dieses Schritts ist auch in der Klassifizierung Rechnung zu tragen, indem nicht die beiden Beiträge, sondern die Seite als ganze berücksichtigt wird. Sie steht auf einer Ebene mit den oben behandelten Bezugsartikeln, ist also wiederum als Ausgangspunkt einer Debatte und der damit verbundenen Verlagerung des inhaltlichen Schwerpunkts der Texte zu deuten. Die Einordnung der Seite insgesamt in das Leserbriefkorpus II ist mit den auf die vorhergegangene Debatte verweisenden Inhalten zu begründen.

Am 6.11.1980, also einen Tag nach dem Erscheinen der provokativen Karikaturen, nehmen zwei TAZ-Redakteure und ein Pseudonymus unter der Überschrift "Schwänze sind zum Zerfließen da" Stellung zur Veröffentlichung der beiden anonymen Zuschriften (12. Schritt). Im Text (II:20) wird die Geschichte der Gailer-Kontroverse aus einer internen Perspektive behandelt. Der Autor hält die Richtung der Provokation für nihilistisch: Der Ansatz sei mißglückt, die Reaktionen darauf, insbesondere von Frauen, seien vorhersehbar gewesen, weil im Artikel die Thesen "plumper nicht hätten formuliert werden können". Der Autor versucht, die Auseinandersetzung auf ein höheres Niveau zu heben, indem er zum Zusammenhang von Sexualität und Macht Thesen entwickelt, um den "derzeit reichlich verfahrenen Sexismus-Karren in der taz wieder aus dem Dreck zu ziehen". In eine andere Richtung zielt der Beitrag von "Enrico Morricone"[1] - ein Pseudonym - (II:21), der eine heftige Reaktion von Seiten der Feministinnen auf die Veröffentlichung der Comics prognostiziert. Mit polemischer Schärfe attackiert der Schreiber die Frauen der Frauenbewegung, die er als "Wegbereiterinnen einer geschlechtlichen Monokultur" bezeichnet. Schließlich ist noch ein Text abgedruckt, in dem der für die Seite am 5.11. Verantwortliche Stellung bezieht (II:22). Er habe mit dem Abdruck des "Pornos" zeigen wollen, daß den Linken auf eine Menge elementarer Fragen die Antworten fehlten. Statt dessen würden überflüssige Kontroversen geführt. Und mit den Comics sowie den dazu formulierten Bildunterschriften würde eine treffende Zustandsbeschreibung geliefert. Der Text schließt mit einer Anspielung auf das "Götz"-Zitat: "Wer mich immer noch nicht verstehen will, der kann mich ...".

Die Brisanz der am 5.11.1980 veröffentlichten Seite wird schließlich am 7.11.1980 deutlich: Auf Seite 1 der TAZ erscheint eine "Erklärung der taz-Frauen" mit dem Titel "Wir streiken". Zur Begründung ihres Schrittes führen die

---

1 Enrico Morricone ist ein italienischer Komponist, der u.a. die Filmmusik zum berühmten Western "Spiel mir das Lied vom Tod" geschrieben hat.

Autorinnen an, daß die Diskussionsseite vom 5.11. nur der Auslöser für ihren Schritt gewesen sei, Forderungen für eine Veränderung der Arbeits- und Produktionsbedingungen zu entwickeln. Dieser dramatische Schritt steht im Zusammenhang mit anderen Ereignissen: Am 4.11. hatten die Berliner Frauenprojekte beschlossen, nicht mehr mit der TAZ zusammenzuarbeiten; diesem Beschluß hatte sich auch die feministische Monatszeitschrift "Courage" angeschlossen. Zudem hatten am 6.11. Frauen der Frauenbewegung eine Protestaktion in den Redaktionsräumen durchgeführt, in deren Verlauf Geräte zerstört wurden. Hinzu kamen Aufrufe zum Boykott der TAZ. Die skizzierten Reaktionen verweisen auf die Probleme der Institution TAZ, ihrem basisdemokratischen Anspruch gerecht zu werden. Zudem ist der Wechsel der Handlungsebenen einschneidend: Wurden vorher die Auseinandersetzungen auf der sprachlichen Ebene geführt, so werden jetzt Aktionen durchgeführt, die Frauen streiken, und die Darstellung dieser Ereignisse tritt jetzt an die Stelle der normativen Auseinandersetzung. Der Streik der TAZ-Frauen wird zu einem weiteren Bezugspunkt in der sich inhaltlich transformierenden Debatte. In diesem Sinne gehört der Streik der TAZ-Frauen zum 14. Schritt in der Debatte.

Während die Krise des TAZ-Projekts an diesem Tag offensichtlich wird, erscheint am gleichen Tag ein weiterer Leserbrief auf der dritten Seite: Der Beitrag eines Strafgefangenen zur Sexualitätsdebatte. In diesem außergewöhnlich langen Text thematisiert der Autor die sexuellen Probleme von Strafgefangenen. Mit diesem als Ergänzung zu klassifizierenden Text wird die durch den Gailer-Artikel evozierte Sexualitätsdebatte im 15. Schritt abgeschlossen.

Der 16. Schritt der Debatte, veröffentlicht am 12.11.1980, zeigt sehr deutlich die Verschiebung der Inhalte. In drei Texten erklären sich Frauen mit dem Frauenstreik solidarisch. In zwei Texten von TAZ-Redakteuren wird die interne Krise behandelt: So stellt der Autor von (II:23) die Behauptung auf, die TAZ sei verwahrlost. In beiden Beiträgen werden die Arbeitsbedingungen im Projekt kritisch behandelt: Die Veröffentlichung des Gailer-Artikels sowie der Diskussionsseite vom 5.11. werden als Beispiele für unkoordiniertes Arbeiten angeführt. Ein TAZ-Leser lobt den offenen Charakter der von der Zeitung initiierten Diskussionen, zieht als Beispiel die Gailer-Diskussion heran und fordert die streikenden Frauen auf, sich "für die Erhaltung und Verbesserung" der TAZ einzusetzen. Die nächsten Texte erscheinen am 14.11.1980, sie sind ausschließlich von Frauen verfaßt (17. Schritt). Eine Leserin wendet sich an die "Lieben Frauen aus der taz" (II:24) und wirft den Adressatinnen vor, sich nicht hinreichend gegen den Chauvinismus der TAZ-Redakteure gewehrt zu haben. Interessant an diesem Text ist die Tatsache, daß die Autorin zeitweise bei der TAZ arbeitete, dann aber wegen der am 5.11. erschienenen Seite gekündigt hatte. Die drei anderen Texte dieses Schrittes sind von Redakteurinnen geschrieben.

Wie entwickelt sich nun der Frauenstreik? Die Frauen treffen sich täglich, um Veränderungsvorschläge für die Zeitung zu diskutieren. In der Woche vom 10.11. bis zum 14.11.1980 erscheint täglich ein Streikbericht, in denen über grundsätzliche Diskussionen berichtet wird. Der Streik wurde nach einem Sonderplenum der TAZ-Mitarbeiter am 17.11.1980 beendet. Wesentliches Ergebnis ist der "Frauenbeschluß", in dem vorgesehen wird, 52 % aller Planstellen in der TAZ durch Frauen zu besetzen, d.h. bei Neueinstellungen eben Frauen bevorzugt einzustellen. Außerdem wurde den TAZ-Frauen ein Vetorecht zugestanden bei allen "Texten oder Bildern, die Sexualität von oder mit Frauen, den weiblichen Körper, die Frauenbewegung, Fantasien, die Frauen betreffen, oder ein Frauenbild als Klischee zum Gehalt haben". Mit diesem Beschluß wurde institutionell die Krise des Projekts aufgefangen, die Frauen arbeiteten wieder mit.

Mit dem Konsens des TAZ-Plenums und der Reintegration der TAZ-Frauen ist der aus Anlaß der Sexismusdebatte aufgebrochene Konflikt beendet. Obwohl in den folgenden Wochen (bis etwa Mitte Dezember) immer wieder auf die Debatte verwiesen wird, dürfte doch die Sexismusdebatte mit diesem Beschluß beendet sein, so daß nur noch die Diskussionsseite vom 18.11.1980 Aufnahme in das Korpus II findet, weil hier noch nicht die Ergebnisse des TAZ-Plenums behandelt werden, sondern mit den Gegenständen "Comic vom 5.11.80", "Frauenstreik" und "Krise der TAZ" die Schwerpunkte der dritten Phase aufgegriffen werden (17. Schritt). In dem mit dem Satz "Ich steh zu meinen Ferkeleien!" überschriebenen Text meldet sich der TAZ-Leser, der den Comic eingesandt hat, zu Wort (II:25). Der Text, mit zahlreichen "Säzzer"-Kommentaren versehen, versucht, die einmal erfolgreiche Provokation mit Behauptungen wie "Ich empfinde mich oft als Feminist!" zu wiederholen. Im Mittelpunkt steht jedoch der Streik der TAZ-Frauen, auf den in kontroverser Weise Bezug genommen wird. In anderen Texten behandeln die Autoren ihr unterschiedliches Verhältnis zur TAZ.

Diese letzten in das Korpus II aufgenommenen Texte schließen die dritte Phase der Debatte ab, ohne daß behauptet werden könnte, daß die Auseinandersetzung um die Strukturen der TAZ bereits beendet gewesen wäre: Bis in den Dezember hinein erschienen Leserbriefe, in denen genau diese Problematik thematisiert wurde. Die Entscheidung, den Fortgang der Debatte nicht mehr weiter zu berücksichtigen, ist in Hinblick auf die Bearbeitung der durch die Veröffentlichung der Bezugsartikel aufgeworfenen Probleme begründet, es bleibt jedoch die Frage nach der Auseinandersetzung um die TAZ-Politik, die noch weiter geführt wird.

Die wesentliche Einschnitte, in denen der Rahmen einer Leserbriefdebatte überschritten wurde, waren einmal die am 2.10.1980 veröffentlichte Resolution der Frauen von der Berliner Sommeruniversität, die Besetzung der TAZ-Redaktionsräume am 6.11.1980 und der daran anschließende Streik der TAZ-Frauen mit dem Abschluß der Veränderung des Projektstatuts. Diese Ereignisse zeichnen sich dadurch aus, daß die auf der diskursiven Ebene entfaltete Auseinandersetzung in Aktionsformen konkreter politischer Praxis umgesetzt wurden. Mit dem Ergebnis dieser Aktionen, dem veränderten Projektstatut, wurde die diskursive Praxis einschneidend verändert. Mit der Veröffentlichung des

Gailer-Artikels und dem schon erwähnten Beschluß sind auch die Grenzen dieses diskursiven Ereignisses im engeren Sinne angegeben, während Voraussetzungen und Folgen im weiteren Sinne dazu gehören.

Abschließend möchte ich mich mit der Bezeichnung für das beschriebene diskursive Ereignis beschäftigen. Ich hatte bislang die Bezeichnung "Sexismus-Debatte" verwendet und möchte diese nun rechtfertigen. Einen ersten Ansatzpunkt liefert die Sichtung der denotierenden Ausdrücke in den untersuchten Texten selbst. Häufig erscheint *Diskussion* (in sechs Belegen), zweimal *Debatte*, einmal *Streit* und *radikales Gespräch*. In einem Beleg wird behauptet, es handle sich nicht um eine *Diskussion*, vielmehr würden die Meinungsgegner verunglimpft und der Autor wählt dann den Ausdruck *verbale Schlammschlachten*, um auf die Auseinandersetzung zu referieren. Ich hatte vorläufig das Denotat *Debatte* verwendet und möchte diese Wahl im folgenden begründen.

Debatte konkurriert mit Ausdrücken wie *Diskussion*, *Streit* und *Auseinandersetzung* und denotiert 'Meinungsaustausch', 'Diskussion' und 'heftiger Streit' (cf. Handwörterbuch der deutschen Gegenwartssprache: 105), während *Streit* einerseits das 'Führen eines heftigen Wortwechsels (mit Handgreiflichkeiten) mit jemand über unterschiedliche Meinungen und Standpunkte und miteinander kollidierende Interessen', andererseits die '(heftige) Diskussion' bzw. den 'Austausch verschiedener Meinungen' bezeichnet (cf. Handwörterbuch der deutschen Gegenwartssprache: 1119). Offensichtlich handelt es sich in der hier vorliegenden Problematik um den 'Austausch von unterschiedlichen Meinungen', und die genannten Denotate unterscheiden sich hinsichtlich der Intensität dieses Austauschs. *Diskussion* erscheint schwächer als *Streit*, und dieses Nomen wurde weiter intensiviert in der Bedeutung von *Auseinandersetzung*. Wie ist nun *Diskussion* zu beschreiben? Grimm/Grimm etwa formulieren: "aussprache, mündlicher oder schriftlicher, meist kontroverser meinungsaustausch als einzelner akt oder als gesamtheit von äußerungen zum gleichen thema" (1984: 1141). Das Merkmal 'kontrovers' bezüglich der ausgetauschten Meinungen, Positionen und Standpunkte ist also dem Denotat *Diskussion* inhärent. *Debatte* ist teilweise als Synonym aufzufassen, allerdings auch intensiviert etwa durch 'Wortgefecht', darüberhinaus auch 'Gegenstand und Inhalt einer Diskussion' (cf. Grimm/Grimm: 461f.). Abzugrenzen wären etwa davon durch bestimmte Formen und Regeln organisierte verbale Auseinandersetzngen in bestimmten Einrichtungen, etwa im Parlament.

Für den hier untersuchten Zusammenhang erscheint das Denotat *Debatte* als am besten geeignet, weil es gegenüber *Diskussion* intensiviert ist hinsichtlich der Art und Weise des Meinungsaustauschs, während *Streit* und *Auseinandersetzung* den besonderen Charakter des Meinungsaustauschs nicht erfassen. Für den hier skizzierten Zusammenhang läßt sich zusammenfassend folgende Bedeutungsbeschreibung formulieren: *Debatte* wird hier verstanden als 'heftiger, kontroverser Meinungsaustausch zu einem bestimmten Thema in schriftlicher Form'.

4.2.3. Klassifikatorische Aspekte der Leserbriefdebatte

Es ist offensichtlich, daß bei der Überprüfung des referentiellen Rahmens der Bezugsartikel von Gailer am häufigsten genannt wird. In der ersten Phase der Debatte wird in allen Texten darauf verwiesen, während der Artikel von Lorez lediglich zweimal erwähnt wird. In der zweiten Phase ist dieses Verhältnis verschoben: Der Lorez-Artikel wird sogar zweimal zentral bearbeitet, der Gailer-Artikel wird in mehreren Texten nicht erwähnt, steht jedoch weiterhin im Mittelpunkt der meisten Texte. Bei den Verweisen auf Leserbriefe ist naturgemäß während der zweiten Phase eine im Vergleich zur ersten Phase deutliche Zunahme zu beobachten. Umgekehrt erfährt die Frage, ob die Veröffentlichung des Textes in der TAZ angemessen war, im wesentlichen in der ersten Phase Beachtung, in der zweiten Phase tritt sie deutlich zurück. Ein Einschnitt wird mit dem Beginn der dritten Phase erkennbar: Nun treten andere Themen in den Vordergrund. Während die Auseinandersetzung um die Leserbriefseite vom 5.11.1980 noch als Fortsetzung der Gailer-Debatte angesehen werden kann, zeigen die anderen Texte mit dem Schwerpunkt "Frauenstreik" bzw. "interne Organisation der TAZ" eine deutliche Wendung der Debatte an. Nur noch selten wird auf den Gailer-Text verwiesen, Leserbriefe, Lorez-Artikel und Veröffentlichungspraxis, die Schwerpunkte der ersten beiden Phasen, sind nicht mehr Bestandteil des referentiellen Rahmens. Die Verlagerung des Debattenschwerpunkts läßt sich also auf der Ebene der Textverweise nachweisen.

Bei den Strukturmustern können wir insbesondere in den ersten beiden Phasen einen deutlichen Schwerpunkt bei der negativen Kommentierung feststellen, während die positive Kommentierung nur relativ selten zu beobachten ist; Ergänzungen sind nur wenige zu verzeichnen, und die ausschließlich in der zweiten Phase. Bei den negativen Kommentierungen muß differenzierend das Merkmal der Aufkündigung der Diskussion mitbedacht werden. Dieses Merkmal erscheint gehäuft in der ersten Phase der Auseinandersetzung, während es in der zweiten Phase nur noch einmal auftaucht. Dabei heißt negative Kommentierung nicht unbedingt, daß gesagt wird, der Gailer-Artikel sei schlecht, vielmehr können auch Leserbriefreaktionen kritisiert werden, wenn sie im Textmittelpunkt stehen. In der dritten Phase schließlich verschiebt sich der Schwerpunkt, es sind häufiger Ergänzungen zu verzeichnen, positive und negative Kommentierungen sind annähernd ausgeglichen verteilt, und es ist sogar auch ein Korrektur-Brief zu verzeichnen, der einzige, der im Korpus II enthalten ist. Interessant ist das Verhältnis von verwendetem Strukturmuster und Geschlecht der Autoren in den ersten beiden Phasen: Während in der ersten und zweiten Phase nur jeweils eine Frau positiv das Erscheinen des Gailer-Artikels kommentiert, dagegen immerhin sechs Männer, häufen sich hier in der ersten Phase die negativen Kommentierungen von Frauen, während die der Männer deutlich darunter liegen. Ihr Anteil erhöht sich erst in der zweiten Phase, allerdings bei unterschiedlichen Bezügen. Das Verhältnis von Textform und Geschlecht der Autoren ist in der dritten Phase nicht mehr auffällig. Ein spezielles Problem stellt das Erscheinen von Texten von TAZ-Autoren dar, das insbesondere zu Beginn der zweiten Phase und im Verlauf der dritten Phase zu beobachten ist. Auffällig ist, daß die Intervention von TAZ-Autoren im Zusammenhang steht mit den für die TAZ-Redakteure kritischen Momenten: Anfang Oktober mußten sie sich der Kritik von empörten Frauen stellen, im November schließlich erhielt die Debatte durch die Redaktionsbesetzung und den Streik der TAZ-Frauen eine praktische Wendung.

Unter funktionalen Aspekten ist eine Differenzierung hinsichtlich der Richtung der Kritik vorzunehmen: Da sind zunächst die inhaltlichen Auseinandersetzungen um die Eigenschaften und Qualitäten von sexuellen Männerphantasien unter Verweis auf einen der beiden Bezugsartikel oder aber auf Leserbriefe zu unterscheiden von solchen Texten, in denen die Veröffentlichungspolitik der TAZ positiv oder negativ kommentiert wird. Diese mediale Richtung der Kritik ist besonders im ersten Teil der Debatte zu erkennen, sie geht im zweiten Teil zurück und wird im dritten Teil mit der Verschiebung des referentiellen Rahmens auf den Frauenstreik bzw. die Krise der TAZ zum zentralen Auseinandersetzungspunkt, während die Kontroverse um Männerphantasien in der zweiten Phase ihren Höhepunkt erreicht und in der dritten Phase fast keine Rolle mehr spielt. Einen besonderen Fall stellen die Texte dar, in denen die Auseinandersetzung um den Gailer-Text verweigert wird bzw. - in Richtung auf das Medium - die TAZ kritisiert und das bestehende (Abonnements-) Verhältnis aufgekündigt wird.

4.2.4. Die Sexismus-Debatte: Zwei soziale Konflikte

In diesem Abschnitt werde ich die Strukturen der Sexismus-Debatte mit Hilfe von Klassifikationskriterien aus dem Forschungsgebiet "sozialer Konflikt" mit dem Ziel explizieren, weitergehende Fragestellungen für die noch ausstehenden analytischen Untersuchungen zu formulieren. Unter einem *sozialen Konflikt ist* in soziologischer Terminologie eine Auseinandersetzung beliebiger Intensität und Gewaltsamkeit zu verstehen (cf. Dahrendorf 1972b: 748).[1] Nun bedarf dieser Begriff wegen seiner Offenheit eine Präzisierung: Es ist zunächst die Frage zu stellen nach den sozialen Einheiten, in denen Konflikte entstehen; sodann sind die Ausdrucksformen und schließlich die Lösungsmöglichkeiten des Konflikts zu untersuchen. Für den hier untersuchten Konflikt lassen sich vor dem Hintergrund dieser Festlegungen folgende Feststellungen treffen: In der im Medium TAZ geführten Sexismus-Debatte geht es um zwei Konflikte: nämlich

1 Im folgenden greife ich auf zwei konflikttheoretische Ansätze (Dahrendorf und Rapaport) zurück, weil sie hinsichtlich des Materials am geeignetsten erscheinen. Eine Sichtung auch neuerer Literatur ergab keine neuen Aspekte (cf. Schellenberg 1982). Auch die linguistische Analyse von Konflikten half nicht weiter, da hier nur verbale Interaktion untersucht wird (cf. Schank/Schwitalla 1987).

erstens um einen normativen Konflikt über die Zulässigkeit der öffentlichen Formulierung von Männerphantasien innerhalb der links-alternativen Gegenkultur und zweitens um einen institutionellen Konflikt um die Organisation des alternativen Projetks der TAZ. Während der erste wegen seiner Nichtlösbarkeit[1] in Form von Leserbriefbeiträgen geführt wurde, enthält der zweite neben der schriftlichen verbalen Auseinandersetzung auch konkrete soziale Aktionen wie den Streik der TAZ-Frauen und konnte in der Modifizierung des Redaktionsstatuts schließlich auch gelöst werden. Beide Konflikte sind eng miteinander verknüpft.

Mit einer weiteren Differenzierung lassen sich diese Konflikte unterscheiden. In der soziologischen Konfliktforschung wird unterstellt, daß sich jeweils zwei Parteien mit divergierenden Interessen gegenüberstehen; wenn eine dritte hinzutritt, wird sie in der Regel mit einer der anderen Parteien eine Koalition eingehen. Ein Konflikt ist als eine Beziehung von zwei Elementen anzusehen, die durch objektive bzw. subjektive Gegensätzlichkeit gekennzeichnet ist. Als sozial kann eine solche Konstellation nur bezeichnet werden, wenn sie aus der Struktur einer sozialen Einheit abgeleitet werden kann, also überindividuell ist (cf. Dahrendorf 1972a: 23f.). Zudem geht es in den Konflikten immer um das Erringen bzw. Verteidigen von Machtpositionen. Für die weitere Beschreibung erweist sich also zunächst die Bestimmung der Parteien, ihrer Interessen sowie des zu erwartenden Gewinns als sinnvoll.

Es muß die soziale Einheit bestimmt werden, in der die unterschiedlichen Positionen verankert sind; und es müssen die zwei Parteien bestimmt werden, die sich gegenüberstehen. Nun überlagern sich in der Debatte ja ein institutioneller und ein normativer Konflikt. Für beide müßten zunächst die Konfliktparteien sowie deren Ziele bestimmt werden. Am institutionellen Konflikt sind die in der Institution TAZ Arbeitenden beteiligt, in der Zuspitzung des Frauenstreiks stehen sich Frauen und Männer gegenüber, die im TAZ-Projekt mitarbeiten. Jedoch zeigen die Verlautbarungen aus der TAZ-Redaktion, daß diese Gegenüberstellung nur ein Oberflächenphänomen darstellt, offensichtlich sind die internen Konliktparteien anders zu bestimmen, nämlich in Hinblick auf Strategien zur Durchsetzung von konkurrierenden Konzepten für die Gestaltung der Zeitung. Nun gehören zu den Parteien nicht nur die Redakteure, sondern auch die links-alternative Leserschaft, die in diese Auseinandersetzung, wie gezeigt, heftig eingreift. Daß dabei die Opposition "Frauen" vs. "Männer" eine gewisse Rolle spielt, ist evident. Diese Gegenüberstellung ist jedoch nicht hinreichend. Auf jeden Fall ist bei der Verlaufsbeschreibung die Veränderung innerhalb der TAZ-Redaktion zu berücksichtigen.

Im normativen Konflikt um die Zulässigkeit von Männerphantasien spielt wie-

1 Normative Konflikte können letztlich nur formal entschieden werden, etwa durch Entscheidungen der Legislative. Ein Konsens über die Sexualität betreffenden Normierungen erscheint mir nicht herstellbar zu sein.

derum die Geschlechtszugehörigkeit der Debattenteilnehmer eine gewisse Rolle, andererseits erfaßt diese Gegenüberstellung die aufgewiesenen Strukturen nicht ausreichend. Ziel dieser Debatte ist der Versuch der Konfliktparteien, normative Positionen im links-alternativen Diskurs durchzusetzen. Seitens der Frauenbewegungskritiker dürfte es sich um einen manifesten Protest gegen die Hegemonie von Frauenbewegungspositionen im links-alternativen Diskurs handeln.

Noch deutlicher treten die Differenzierungen hervor, wenn der Verlauf der beiden Konflikte untersucht wird. Dahrendorf (1972a: 35f.) unterscheidet drei Etappen eines Konflikts: Die erste Etappe ist durch die strukturelle Ausgangslage selbst gekennzeichnet, während in der zweiten die eigentliche Kristallisierung sich vollzieht, in dem Bewußtwerden von latenten Interessen, in der faktischen Organisation von Quasi-Gruppierungen: In der dritten Etappe schließlich liegen dann die Konflikte offen zutage. Die dritte Etappe kann hinsichtlich ihres Verlaufs weiter differenziert werden. Durch ein Ereignis wird der Konflikt ausgelöst, die Parteien versuchen dann, die aufgeworfenen Probleme zu behandeln mit dem Ziel, Lösungsmöglichkeiten zu entwickeln.

Bezogen auf die hier zu unterscheidenden Konflikte erweist sich dieses Verlaufsmodell als besonders fruchtbar: Der institutionelle Konflikt hat ganz andere Voraussetzungen als der normative, da die strukturelle Ausgangslage sich erst mit dem Beginn des regelmäßigen Erscheinens der Zeitung entfalten kann, also erst seit April 1979, während die normative Debatte um Männerphantasien eine weitaus längere Geschichte hat, die in den Zusammenhang der Behandlung von Sexualitätsthemen in der links-alternativen Gegenkultur zu stellen ist. Die beiden Konflikte haben also unterschiedliche Verläufe: Wie sind diese zu rekonstruieren, in welchem Stadium des Ablaufs wird die Sexismusdebatte wesentlich?

Für den institutionellen Konflikt sind diese Fragen noch relativ einfach zu beantworten: Mit dem Frauenstreik und der Verabschiedung des Redaktionsstatuts Mitte November tritt er in seine entscheidende dritte Etappe, die mit der Konfliktlösung beendet wird. Die Sexismusdebatte selbst kann der Kristallisierungsetappe zugerechnet werden, es ist jedoch anzunehmen, daß dazu noch andere kommunikative Ereignisse zu zählen sind, in denen die TAZ-Veröffentlichungspolitik thematisch gemacht wird. Der normative Konflikt knüpft an frühere Auseinandersetzungen an, ist möglicherweise schon in der dritten Phase; jedoch bleibt er ungelöst. Es bleibt vermutlich bei längerfristiger Beobachtung der Themenentwicklung nur die Möglichkeit, das Ende einer Auseinandersetzung zu konstatieren, wenn bestimmte Themen für längere Zeit nicht aufgegriffen wurden. Angesichts der heftigen Auseinandersetzung dürfte plausibel sein, daß es sich hier bereits um einen entfalteten Konflikt handelt, für den die anderen Phasen nur unter Berücksichtigung einer langfristigen Perspektive rekonstruierbar sind.

Für die Formen der Konfliktaustragung greife ich auf Rapaports Unterscheidung von "Kämpfen", "Spielen" und "Streitgesprächen" als Konfliktformen zurück (1974: 222ff.). Während der normative Konflikt als Streitgespräch, eben als Debatte mit verbalen Mitteln, geführt wurde, umfaßt die Austragung des institutionellen Konflikts auch nicht-verbale Auseinandersetzungsformen, für die Rapaport die Unterscheidung von Kampf und Spiel vorsieht. Während der Kampf die Existenz von Feinden voraussetzt und das Ziel der Konfliktparteien darin besteht, diese zu vernichten, geht es im Spiel um die Dominanz von Gegnern in einer gegebenen Konstellation. Aufgrund dieser Präzisierungen können die nicht-verbalen Aktionsformen als Spiel klassifiziert werden, obgleich die Heftigkeit der Auseinandersetzung eine andere Zuordnung nahelegt. Jedoch verbleibt die Auseinandersetzung in der links-alternativen Gegenkultur, die Konfliktparteien erreichen schließlich einen Kompromiß.

Ein weiteres der von Rapaport (1974: 214-222) vorgeschlagenen Klassifikationsmerkmale[1] sei im folgenden herangezogen, um eine weitere Besonderheit der Debatte zu akzentuieren: Beide Konflikte sind, da sie innerhalb eines gesellschaftlichen Subsystems entstanden sind, als endogene Konflikte aufzufassen. Nun sind Subsysteme Teile eines größeren Systems, das wiederum über die Möglichkeiten verfügt, solche Konflikte zu begrenzen, etwa durch den Einsatz von Staatsgewalt oder durch eine institutionelle Kontrollinstanz wie die der Rechtsprechung. Für die hier behandelten Konflikte gilt jedoch die Feststellung, daß sie zunächst nicht über den gegenkulturellen Bereich hinausgehen. Der normative Konflikt verblieb zunächst im System der Gegenkultur; der institutionelle Konflikt erfuhr eine Zuspitzung in einer Redaktionsbesetzung mit Aktionen gegen Produktionsmittel der Zeitung. Die zu diesem Zeitpunkt mögliche Einbeziehung eines Dritten - etwa die Staatsgewalt - unterblieb jedoch aus der grundsätzlichen Kritik an der hegemonialkulturellen Rechtsauffassung. Aus den Deutungsschemata des Subsystems gibt es bei internen Konflikten keinen starken "Dritten", der in der Lage gewesen wäre, eine Entscheidung herbeizuführen. In diesem Sinne trägt der Konflikt auch Züge eines exogenen: Es gäbe zwar - in der Terminologie Rapaports - ein stärkeres "Supersystem", das den Konflikt hätte lösen können, dieses wird jedoch von den Konfliktparteien nicht eingeschaltet, und zwischen ihnen herrscht Konsens, daß dies nicht zu erfolgen brauche.

Die Explikation des Debattenbegriffs als eine Form der Konfliktaustragung hat die Fragestellung erheblich verschoben, da sowohl die Vorgeschichte als auch die Konsequenzen zweier auf verschiedenen Ebenen angesiedelter sozialer Konflikte in den Blick gerückt wurden. Die Bedingungen des Erscheinens der untersuchten Texte sind damit als Fragestellung analytisch eingeholt. Nun ist nach der Funktion dieser Differenzierung im Rahmen des Diskurs-Konzepts zu

1 Die anderen von Rapaport vorgeschlagenen Klassifikationskriterien wie "Konkurrenz" vs. "Kooperation", "Symmetrie" vs. "Asymmetrie" und "sachbezogen" vs. "strukturbezogen" werde ich hier nicht berücksichtigen (1974: 214-222).

fragen. Ein wesentlicher Aspekt war es ja, das Erscheinen der Texte raum-/zeitlich einzugrenzen: Mit dem Konfliktmodell wird es möglich, die Texte mit längerfristig wirksamen Tendenzen in der links-alternativen Gegenkultur in Verbindung zu setzen.

Die begriffliche Einordnung in ein Konzept des sozialen Konflikts hat neue Fragen eröffnet, die sich insbesondere auf die Vorgeschichte der beiden unterschiedenen Auseinandersetzungen beziehen. Dies wird in den folgenden Analysen zu berücksichtigen sein. Schließlich erlaubt die Auseinandersetzung mit den herangezogenen Klassifikationen auch eine Begrenzung der Konflikte auf den kommunikativen Zusammenhang der links-alternativen Gegenkultur.

4.2.5. Das weitere Vorgehen

Die sequentielle und die strukturelle Analyse haben eine erste Einordnung der Sexismus-Debatte als einem diskusiven Ereignis möglich gemacht. Vor dem theoretischen Hintergrund des Konflikt-Begriffs war es möglich geworden, die normative und die institutionelle Ebene voneinander zu unterscheiden. Die nun folgenden Detailanalysen beschäftigen sich mit folgenden Fragen:

- Kann - trotz der Schärfe der Auseinandersetzung - noch von einer Kooperation zwischen den an der Debatte Beteiligten gesprochen werden? (4.3)
- Welche Diskurspositionen bzw. -strategien werden in dem Gailer-Artikel vertreten bzw. verfolgt? Warum hat der Artikel eine so heftige Debatte nach sich gezogen? (4.4)
- Wie bearbeiten die Leserbriefschreiber und -schreiberinnen die Herausforderung des Autors Gailer im normativen Konflikt? (4.5)

Nicht oder nur am Rande werde ich Fragen nach den Qualitäten des Lorez-Artikels und den Spezifika des institutionellen Konflikts bearbeiten, da eine ausführliche Behandlung aller für diese Debatte relevanten Aspekte zu umfangreich werden würde. Zudem macht auch das methodische Interesse an der Umsetzung des Diskurs-Begriffs auf eine empirische Sprachanalyse diese Beschränkung nötig.

4.3. Die Sexismus-Debatte als Form gegenkultureller Praxis: Eine Konnotationsanalyse der Texte des Korpus II

In diesem Teil wird es darum gehen, die Frage nach den Gemeinsamkeiten der in der Sexismus-Debatte abgedruckten Leserbriefe zu beantworten. Kann, trotz divergierender Positionen, ein kooperatives Moment in den Texten rekonstruiert werden? Diese Frage verweist auf die Konnotationen der Leserbriefe, auf eben die soziale Praxis, die sie erst konstituieren und die in sie eingeschrieben ist. Es bietet sich für die folgende Analyse an, die in Kapitel 3 ausgewiesenen Zusammenhänge aufzunehmen und die Frage dahingehend zu präzisieren, inwieweit die soziale Praxis der TAZ-Leserbriefkommunikation in den Texten von 1980 mit der in den Texten 1984 vergleichbar ist. Mit der Übernahme der Heuristik aus

Kapitel 3 wird, neben der Bestimmung der sozialen Bedingung des Erscheinens ausgewählter sprachlicher Formen, auch die Möglichkeit eröffnet, Veränderungen zu notieren bzw. mit sprachlichen Wandlungsprozessen auch sozialen Entwicklungen auf die Spur zu kommen.

In diesem Teil behandle ich also strukturelle Aspekte des Korpus II, indem ich, parallel zum Vorgehen in Kapitel 3, zunächst die Präsentation (4.3.1) und die ideologischen Schreibweisen untersuchen (4.3.2). Sodann erfolgt dann die Analyse von Anrede- und Personalpronomina (1. Person) sowie der Autorinformationen und der Einleitungs- bzw. Schlußformeln (4.3.3). Im abschließenden Teil sollen dann die Ergebnisse hinsichtlich der Aspekte von Kooperation und Wandel der diskursiven Praxis zusammengefaßt werden (4.3.4).

4.3.1. Die Leserbriefpräsentation

Die Analyse der Präsentation der Sexismus-Debatte beinhaltet eine vergleichende Beschreibung des äußeren Rahmens der Leserbriefseite und der redaktionellen Eingriffe in die Texte.

Die vorliegenden Leserbriefe aus der TAZ des Jahres 1980 erschienen alle auf der dritten Seite. Diese Plazierung auf einer für Tageszeitungen außerordentlich wichtigen Seite verweist auf die im TAZ-Projekt sehr hoch bewerteten potentiellen Leserreaktionen [<83f].

Im Vergleich jedoch zu den im Korpus I vorliegenden Texten ist eine deutliche Akzentverschiebung zu beobachten: Die Briefe waren auf der letzten Seite des überregionalen Teils erschienen. Die Seite erhielt zu Beginn des Jahres 1981 einen anderen Platz, um die Seite 3 mit politischen Themen besetzen zu können. Ob diese Entscheidung eine Revision des Partizipationsmodells impliziert, kann insofern nicht entschieden werden, als auch der neue Platz, die letzte Seite, in der Zeitungsgestaltung eine hervorragende Rolle spielt. Jedoch ist diese Maßnahme zumindest als Indikator für einen längerfristigen Professionalisierungsprozeß zu werten, der in den Modifikationen des Blattes seit 1980 deutlich zum Ausdruck kommt. In diesem Zusammenhang verstehe ich unter Professionalisierung eine Entwicklung des TAZ-Projekts, in deren Mittelpunkt die Effektivierung der Zeitungsherstellung steht. Allerdings impliziert diese Entwicklung auch einen Widerspruch zu dem Anspruch, alternative Formen des Zusammenarbeitens - auch mit Lesern - zu praktizieren.

Die Seitentitel variieren. Die dem Korpus II zugrundeliegenden Seiten tragen mit drei Ausnahmen den Titel *Diskussion*, während vier Jahre später der Titel *Leserbriefe* verwendet wurde. Während die Bedeutung von *Leserbrief* als 'schriftliche Reaktion von medialen Rezipienten auf eine Veröffentlichung gegenüber einer Zeitung oder Zeitschrift' beschrieben wurde, also den institutionell gebundenen kommunikativen Prozeß erfaßt, läßt sich die Bedeutung von *Diskussion* als 'Aussprache, mündlicher oder schriftlicher, meist kontroverser Meinungsaustausch als einzelner Akt oder als Gesamtheit von Äußerungen zum gleichen Thema' (cf. Grimm/Grimm 1984: 1141) fassen, also unter Akzentuierung auch des kommunikativen Prozesses von Meinungsbildung bei Vernachlässigung des institutionellen Rahmens. Während also im Jahr 1980 durch die Wahl des Titels versucht wurde, dem Anspruch nach Partizipation der Leser gerecht zu werden, wird vier Jahre später mit der Betonung der institutionellen Distanz ein Anspruch deutlich, der die Leserzuschriften als solche kennzeichnet und somit die Unterschiede zwischen Redaktion und Lesern akzentuiert. Dieser Gedanke wird noch gestützt durch die Beobachtung, daß das Korpus II eine ganze Reihe von Texten enthält, die von TAZ-Redakteuren und -Redakteurinnen verfaßt wurden, während im Korpus II keine explizit von TAZ-Mitarbeitern unterzeichneten Texte erscheinen. Die Definition des Verhältnisses zwischen Redaktion und Lesern war 1980 vermutlich insofern eine andere, als die Grenzen nicht unbedingt beachtet wurden. Auch diese Beobachtung verweist auf Professionalisierungstendenzen.

In diesem Zusammenhang dürfte auch die Variation des Titels stehen, von der oben gesprochen wurde. Während am 24.9.1980 eine Seite 3 ohne Titel erschien - das Thema "Männerphantasien" wurde in eine Serie von Zeichnungen umgesetzt -, taucht in der Titelzeile der Ausgabe vom 5.11.1980 das Zitat eines der beiden Bezugsartikel der Sexismus-Debatte auf: "*Fantasie an die Macht?*" Mit der Wahl des Fragezeichens statt des Ausrufungszeichens wird eine ironische Distanz zum Lorez-Artikel hergestellt. Die auf dieser Seite abgedruckten Comics mit Kommentaren aus Leserbriefen der "Sexismus-Debatte" lösten den zweiten Teil der Auseinandersetzung aus. Zwei Tage später, am 7.11.1980, erschien als Überschrift dann *Das Fenster nach draussen* für zwei Beiträge von Strafgefangenen. Diese Variation der Titelwahl kann als Spiel mit den vorgegeben Formen charakterisiert werden, die so heute nicht mehr möglich wäre, obwohl auch jetzt noch spielerische Elemente in den TAZ-Ausgaben zu beobachten sind.[1]

Unter dem Gesichtspunkt der Professionalisierung der Zeitung wird noch ein anderer Aspekt wichtig: Während die graphische Gestaltung der Leserbriefseite im Sommer 1984 konstant war, konnte im Jahre 1980 eine ständige Variation beobachtet werden, die die folgenden Gestaltungsmöglichkeiten umfaßt:

- Die Überschriften wurden in unterschiedlicher Schrifttype gesetzt.
- Neben den üblichen mageren Typen erschienen bei einigen Texten auch fettgedruckte Überschriften; außerdem gab es Texte, die im Fettdruck oder in Kursivdruck erschienen.
- Die meisten Texte erschienen einspaltig, manche jedoch zweispaltig.
- Hervorhebungen im Text erfolgten, wenn auch selten, durch Fettdruck oder Großschreibung eines Worts bzw. eines Abschnitts.

---

1 Mittlerweile hat sich eine standardisierte Gestaltung der Seite durchgesetzt. Es gibt einen festen Titel (*Briefe von Leserinnen und Lesern*) und einen Satz - linksbündig, kein Blocksatz , der sich deutlich von den anderen Seiten in der TAZ abhebt.

- Teilweise wurden die Texte in die variierende graphische Gestaltung integriert.

Neben diesen im Korpus I nicht zu beobachtenden Phänomenen sind andere zu beschreiben, die kontinuierlich die Präsentation der Leserbriefseite ausmachen. Dazu zählen vor allem die Setzerkommentare, die im Korpus II nur bei acht Texten zu finden sind. Die Setzer und Setzerinnen kommentieren mit ihren Stellungnahmen in der Regel inhaltliche Punkte in den Leserbriefen, in wenigen Fällen ironisch. In einem Beleg wird eine ganz bestimmte Formulierung, eine Anspielung, erläutert, in einem anderen die Unleserlichkeit der Vorlage behauptet. Auch Auslassungen werden immerhin in acht Texten markiert, und das nicht nur am 18.11.1980: Ein TAZ-Mitarbeiter erklärt, daß alle auf der Seite erschienen Texte gekürzt seien. Lediglich an diesem Tag erscheint in der TAZ ein redaktioneller Hinweis mit einer Empfehlung für erfolgreiches Leserbriefschreiben: "Also - umso kürzer, leserlicher, origineller, desto wahrscheinlicher kommt es rein!" Der Hinweis erfolgte offenbar jedoch erst bei großem Posteingang. Daß die Anzahl eingehender Briefe sehr viel größer war als die der veröffentlichten, belegte ein durch eckige Klammern hervorgehobener redaktioneller Hinweis in einem Brief, der am 8.10.1980 veröffentlicht wurde. Die Vermutung der Autorin, das Interesse an der "Sexualitätsdebatte" sei nur durch die "Sommerflaute" so groß gewesen, veranlaßte die Redaktion zu dem Hinweis, daß dies durchaus kein Verlegenheitsthema gewesen sei und daß noch stapelweise Pornos und Leserbriefe zum Thema im Archiv lägen. Unter bestimmten Umständen werden also auch in der TAZ redaktionelle Hinweise auf der Leserbriefseite plaziert.

Schließlich sind noch einige quantitative Aspekte zu ergänzen. Die hier untersuchten 73 Leserbriefe erschienen in 18 Ausgaben; für die einzelne Ausgabe ergibt sich eine durchschnittliche Zahl von insgesamt 401 Zeilen (372);[1] durchschnittlich erschienen 4,5 Texte pro Ausgabe (ca. 6), bei Maximalwerten von 13 am 18.11. und Minimalwerten von 2 am 6.10. bzw. 14.10. Die durchschnittliche Länge der Texte im Korpus II beträgt 293 Wörter (332), die sich auf 61 Zeilen (66) verteilen; die Minimal- bzw. Maximalwerte schwanken zwischen 1806 Wörtern - 357 Zeilen (14.10.) und 6 Wörtern - 1 Zeile (18.11.). Pro Text werden 21 Sätze (17) mit einer durchschnittlichen Länge von 21 Wörtern (19) geschrieben. Im Vergleich mit den Ergebnissen aus Abschnitt 3.3.1 ergibt sich lediglich hinsichtlich der durchschnittlichen Zahl der Wörter bzw. Sätze pro Text eine geringfügige Variation, die mit extremen Unterschieden in der Länge der Texte erklärt werden kann. Insgesamt bleibt der den Lesern zugesprochene Raum gleich groß.

Die Sexismus-Debatte weist, neben der Auseinandersetzung um die Zulässigkeit von sexistischen Männerphantasien, einen weiteren Schwerpunkt auf, nämlich die besonders in der dritten Phase der Debatte veröffentlichten Stel-

1 Die Angaben in Klammern sind die Vergleichswerte für das TAZ-Teilkorpus I.

lungnahmen zum Streik der TAZ-Frauen. Vom Anspruch her gehörte der Bereich Sexualität zu den als besonders wichtig erachteten, so daß das Aufgreifen dieses Themas für die TAZ selbstverständlich war. So hieß es in einer 1978 veröffentlichten Anzeige der TAZ-Initiativgruppe:

> Nachrichten und Erzählungen, Berichte und Recherchen aus dem Kampf gegen die Vernichtung unserer Umwelt, aus dem Kampf der Geschlechter, aus Büro, Betrieb und Knast, aus der verlorenen Geschichte werden in der TAGESZEITUNG ebenso zur Sprache kommen wie die Themen Gewalt und Sexualität, Gegenkultur und Drogen. (päd. extra, 10/1978)

Die Leser der Zeitung haben, das zeigt die "Sexismus-Debatte", diesen Anspruch also beim Wort genommen.

4.3.2. Strukturierung des politischen Raums: Ideologische Schreibweisen

In diesem Abschnitt werde ich die für das Korpus II wichtigen ideologischen Schreibweisen behandeln, nämlich "Kritik der TAZ-Veröffentlichungspolitik" und "Solidarität mit Gleichgesinnten".

Eine zentrale Rolle für die Texte des Korpus II spielt die Schreibweise "Kritik der TAZ-Veröffentlichungspolitik"[< 121f]. Wesentliches Merkmal der TAZ-Leserbriefe im Korpus I war die große Zahl von Typisierungen: Der Zeitung wurden bestimmte Eigenschaften zugeschrieben, sprachlich gestaltet als Zuordnung eines Prädikats zum abgekürzten Zeitungsnamen. Solche Typisierungen erscheinen oft in Texten, in denen sich die Erwartungen der Autoren hinsichtlich der Veröffentlichungspolitik der Zeitung nicht erfüllten. In solchen Texten erfolgen negative Kommentierungen. Eine andere Funktion haben Typisierungen, die der Zeitung positive Eigenschaften zuschreiben: Hier geht es um eine Abgrenzung von zeitungskritischen Positionen, in denen die Qualitäten hervorgehoben werden.

Auch in den Texten des Korpus II ist diese Schreibweise zu finden. Zunächst ein Beispiel:

(1) Ich frage mich, ob ihr noch alle Tassen im Schrank habt. Bisher war ich der Meinung, eine linke Tageszeitung abonniert zu haben; wollt ihr im Rahmen der Abo-Aktion aus der taz ein Sexheft machen? Ich finde den Artikel eine Unverschämtheit ... (19.9.).

Zunächst drückt der Autor seinen Erwartungskonflikt aus, indem er ihn mit einem klischeehaften Emotionalität signalisierenden Ausdruck abbildet. Dann erläutert er die Lage: Die Typisierung der TAZ als linke Tageszeitung hat sich als fragwürdig erwiesen. In der folgenden rhetorischen Frage setzt er die Veröffentlichung des Bezugsartikels (*Sexheft*) implizit mit der schwierigen ökonomischen Situation in Zusammenhang und präzisiert so seinen Erwartungskonflikt. Implizit verweist dieser Ausdruck auf gängige Praktiken der hegemonialkulturellen Presse, die durch die Einbeziehung von sexuellen Elementen den Absatz der Zeitung oder Zeitschrift zu erhöhen sucht. Mit diesem Vergleich wird der Status der TAZ als alternatives Projekt in Frage gestellt. Schließlich bewertet er den

Artikel negativ, indem er seiner Empörung Ausdruck verleiht. 1 enthält also die folgenden drei Elemente:

(a) Es gibt die Erwartung, daß die TAZ eine linke Tageszeitung ist;
(b) der Gailer-Artikel ist schlecht; und
(c) die Veröffentlichung des Gailer-Artikels ist mit den Zielen der TAZ nicht vereinbar.

Im folgenden werde ich die Formulierungen in anderen Texten zu diesen Aspekten dokumentieren. Die Untersuchung von a erfaßt die der TAZ zugeschriebenen Prädikate:

(2 a) "linkem Papier" (19.9.; II:2)
b) eine einigermaßen informative Zeitung ... in eurer ach so "alternativen" (?) Zeitung (19.9.)
c) eine linke alternative Zeitung (22.9.)
d) das taz-Projekt einer alternativen Tageszeitung ... mit deutschen linken Zeitungen (8.10.; II:16).

Die Prädikate *links* und *alternativ* überwiegen; in zwei Belegen werden die Adjektive in Anführungszeichen gesetzt; Ausdruck dafür, daß die Zuordnung mit einer gewissen Distanz vorgenommen wird. In 2b wird diese Distanz zusätzlich durch das *ach so* und das eingeklammerte Fragezeichen ausgedrückt.

In welcher Weise werden nun b und c sprachlich realisiert?

(3 a) Es ist eine bodenlose Unverschämtheit, daß ich mir in der Taz solche Gewaltphantasien, die ich auch noch mit DM 1,-- täglich bezahle, gefallen lassen muß. (19.9.; II:4)
b) Ich kann nicht verstehen, warum ihr so einen frauenfeindlichen Text abdruckt. (19.9.)
c) Die Sexismuskritik wurde mit chauvinistischer Arroganz beantwortet. Die Krönung bildet der ... Pornoartikel vom 12.9.80 "Eine Traumfrau zieht sich aus" ... (19.9.)
d) Wieso veröffentlicht eine linke, alternative Zeitung solchen Dreck? (24.9.)

Die Aufstellung zeigt, daß die Aspekte b und c meist im Zusammenhang in den Texten ausgedrückt werden. *Text* und *Artikel* sind die Ausdrücke, mit denen auf den Bezugsartikel referiert wird, während die Adjektive *frauenfeindlich*, *aggressiv*, *demütigend* und *menschenverachtend* als Prädikationen erscheinen. Das Kompositum *Pornoartikel* ist eine Variation dieser Realisierungsform. Das Demonstrativum *solch* leistet in den Beispielen 3a und 3d die eindeutige Referenz. Die in diesen Beispielen erscheinenden Nomen *Gewaltphantasien* und *Dreck* leisten hier die negative Bewertung. Die so gestaltete negative Bewertung erscheint in den Beispielen zusammen mit der Thematisierung der Veröffentlichung des Artikels in der TAZ, exemplarisch in 3d ausgedrückt. Die Verben *abdrucken*, *rausbringen*, *veröffentlichen*, teilweise in nominalisierter Form, sind in der Umgebung von auf die TAZ bzw. die TAZ-Redakteure referierenden Ausdrücken charakteristisch für die in diesem Kontext erscheinenden Formulierungen. Die in 3a ausgedrückte Erlebensthematisierung unter Verwendung von *müssen* ist eine Variation dieses Formulierungsmusters. Diese knappen Bemerkungen müssen zunächst ausreichen, da ich im folgenden Abschnitt auf die Rezeption des Gailer-Artikels zurückkommen werde [4.4.1 >].

Auch in anderen Texten wird auf die Veröffentlichungspolitik der TAZ Bezug genommen. In mehreren Belegen wird die Veröffentlichung des Gailer-Artikels positiv gewürdigt:

(4 a) Aber ich war auch froh darüber, daß der Artikel veröffentlicht wird. (24.9.)

b) Warum ich dafür war, daß dieser Text in der TAZ erschien. (2.10.)

In 4a wird die positive Wertung bezüglich des im *daß*-Satz ausgedrückten Sachverhalts in Form einer Erlebensthematisierung ausgedrückt, während in 4b eine Diskussion der für die Autorin maßgeblichen Gründe eingeleitet wird, als TAZ-Redakteurin der Veröffentlichung zuzustimmen. Diese Belege zeigen, daß mit der Reaktion auf die Veröffentlichung genau dieser Aspekt zu einem wichtigen Punkt in der Diskussion wurde, d.h. der in den oben diskutierten Beispielen ausgedrückte Normenkonflikt wird auch von den Schreibern akzeptiert, die diesen Konflikt nicht thematisieren. Die in dem Formulierungsmuster: "Die Veröffentlichung des Artikels ist gut" ausgedrückte Bewertung ist anderen Ausdrücken implizit.

(5 a) Emanzipation durch Verdrängung - das ist wohl unmöglich. (22.9.; II:5)

b) Als Mann kann ich mich nur dann emanzipieren, wenn ich allen Dreck in mir zu- und aus mir rauslasse ... (2.10.; II:12)

5a und 5b liegt die Vorstellung zugrunde, daß die aufgeworfenen Probleme könnten nur durch die Herstellung von Öffentlichkeit gelöst werden. In 5a steht dafür der Ausdruck *Verdrängung*, dem Vokabular der Psychoanalyse entlehnt, während in 5b das Verb *rauslassen* erscheint, auch ein Hinweis auf eine vulgarisierte Beschreibung von psychologischen Mechanismen.

Die Beschäftigung mit der Schreibweise "Kritik der Veröffentlichungspolitik der TAZ" zielt auf einen zentralen Aspekt des institutionellen Konflikts in der Sexismusdebatte, der ja mit der Einigung über ein neues Redaktionsstatut geendet hatte. Nun sind im Vergleich zum Korpus I ähnliche Ergebnisse zu konstatieren in dem Sinne, daß die TAZ-Leserschaft das von ihr rezipierte Produkt immer wieder mit ihren Ansprüchen vergleicht. Die Unterscheidung von Redaktion und Leserschaft ermöglicht eine Aufrechterhaltung des oben skizzierten Rahmens: Während in der Redaktion offenbar ein kontinuierlicher Professionalisierungsprozeß stattfand, artikulierten die Leser immer noch ihre Kritik an der Veröffentlichungspolitik. Dies verweist auf einige Probleme der Praxis, die in dem Anspruch und der Wirklichkeit alternativer Projekte begründet ist: Die kulturrevolutionären Vorstellungen der Aufbruchsphase wurden auch noch nach Jahren der Praxis den institutionell Beteiligten als Erwartungen von der Leserschaft vorgehalten.

Nun ist die Schreibweise "Solidarität mit Gleichgesinnten" im Zusammenhang mit der damit verbundenen "Auseinandersetzung um linke Politik" zu behandeln. Damit war ein bestimmtes Verhältnis von den an der Teilöffentlichkeit Partizipierenden und den in diesem Kontext aufgeworfenen Inhalten bezeichnet worden [<4.3.1]. Wie sieht es nun mit der Solidarität aus? Im Korpus II erscheinen gehäuft Texte, in denen das solidarische Verhalten zumindest problematisiert wird. Dies geschieht insbesondere durch Drohungen gegenüber der TAZ:

(6 a) Ich finde den Artikel eine Unverschämtheit und werde die Taz fristlos kündigen, wenn das nochmal passiert. (19.9.)

b) Auf der Ebene ist es mir nicht mehr möglich, ein "linkes Projekt" zu unterstützen. Das gerade gestern von mir bestellte Jahresabo mache ich hiermit rückgängig. (19.9.; II:2)

Während in 6a eine Kündigung angedroht wird, wird diese in 6b unter Verwendung von *hiermit* explizit vollzogen. Zu den Drohungen gehören auch Boykott-Aufrufe wie in 7:

(7) Wir rufen alle Frauen auf, ihr taz-Abo zu stoppen!!!! (19.9.)

Neben solchen Drohungen stehen andere Formen der Aufkündigung von Solidarität, etwa wenn in Frage gestellt wird, ob Gailer mit seinen Thesen beanspruchen kann, links zu sein, oder wenn die Veröffentlichung als Ausdruck von Faschismus bezeichnet wird (am 19.9.1980). In der dritten Phase kulminiert dann die Kritik der TAZ in der Aufkündigung der Zusammenarbeit durch die *Courage-Frauen* und der Abbestellung der TAZ durch ein Buchladenkollektiv. Andererseits solidarisieren sich während dieser Phase auch Leser explizit mit der TAZ (z.B II:24). Diese Stellungnahmen erfassen das Verhältnis der Leser zur Zeitung; sie hängen ganz eng mit der oben behandelten Kritik der Veröffentlichungspolitik zusammen. Daß sich in Korpus I solche Formulierungen nicht nachweisen ließen, ist nur teilweise mit der Heftigkeit der Auseinandersetzung zu erklären; hinzu kommt sicher auch, daß die TAZ 1984 stabiler bei ihrer Leserschaft verankert war.

Aber kann angesichts so massiver Auseinandersetzungen noch von einem wie auch immer formulierten Konsens ausgegangen werden, gibt es noch Gemeinsamkeiten zwischen den entschiedenen TAZ-Kritikern und -Kritikerinnen und den Verteidigern der TAZ? Damit wird ein Aspekt berührt, der als eine Frage nach der Kooperation unter den Beteiligten angesehen werden kann. Sicher ist die Beteiligung an der Debatte selbst als kooperativ anzusehen, und die Analyse der Texte des Korpus I zeigte ja, daß im Rahmen der begrenzten Teilöffentlichkeit um so schärfere Formulierungen gebraucht werden. Die Sexismus-Debatte nun kann nicht unbedingt auf einen inhaltlichen Konsens gebracht werden, dazu werden die Positionen der Frauenbewegung zu akzentuiert vorgetragen. Gemeinsamkeiten ließen sich lediglich in der positiven Besetzung von Termini wie *Veränderungen* finden oder aber in dem Streit um den Begriff *Emanzipation*. Gailer hatte ironisch behauptet, die wahrhaft emanzipierten Frauen seien die in der Peepshow. In (II:4) beispielsweise wird ihm diese Begriffsverwendung kritisch vorgehalten. In (II:5) wird behauptet: *Emanzipation durch Verdrängung - unmöglich.* Hier stehen sich konträre Positionen gegenüber, die in der Opposition "Positionen der Frauenbewegung" - dazu gehören Begriffe wie Sexismus, Chauvinismus - vs. "Verteidigung der Männerphantasien" zu fassen sind. Der Konsens besteht am ehesten darin, daß die Ansprüche "links sein" und "feministisch sein" gegeneinandergehalten werden am Beispiel eines Themas, das wie kaum ein anderes geeignet ist, den Widerspruch von allgemeiner Akzeptanz des Themas und den Differenzen seiner inhaltlichen Bewältigung zu vereinigen.

4.3.3. Strukturierung des sozialen Raums: Autorinformationen, Personalpronomina, Eröffnungs- und Schlußformeln, Anredepronomina

In diesem Abschnitt wird es zunächst um die Beschreibung der im Korpus II vorfindbaren Autoreninformationen sowie die Verwendung der Personalpronomina der ersten Person behandeln. Anschließend werde ich die Verteilung von Eröffnungs- und Schlußformeln sowie die Anredepronomina im Korpus II behandeln. Die Befunde werden dann in Hinblick auf die Frage nach dem links-alternativen Konsens interpretiert.

Welche Leser nun melden sich in der Debatte zu Wort? Von den 83 im Korpus II untersuchten Leserbriefe sind 42 von Männern und 37 von Frauen (davon 4 von Gruppen von Frauen) unterzeichnet worden. Lediglich bei drei Briefen konnte eine geschlechtliche Zuordnung nicht vorgenommen werden: Einmal erscheint nur das Initial des Vornamens, in zwei Fällen wird kein Verfassername aufgeführt und in einem Beleg zeichnet ein *Buchladenkollektiv* für den Text verantwortlich. Die Autoren von vier Texten tarnen sich durch die Verwendung eines Pseudonyms. In der großen Mehrheit unterzeichnen die Autoren und Autorinnen mit ihren Vornamen (45, das sind ca. 56%), während die Angabe des ganzen Namens nur bei einer Minderheit der Texte festzustellen ist (22, das sind etwa 26%). Lediglich in zwei Fällen wird der Vorname durch das Initial des Nachnamens ergänzt. Die Angabe des Ortes ergänzt bei 44 Texten den Namen. In einem Brief wird sogar die vollständige Adresse angegeben. Im Vergleich zu den für das Korpus I erhobenen quantitativen Relationen ergeben sich die folgenden Abweichungen:

(a) Frauen unterzeichnen häufiger (I: 25% - II: 44%);
(b) es wird häufiger nur der Vorname angegeben (I: 15% - II: 54%);
(c) die Zahl der Texte, die von Gruppen unterzeichnet wurden, ist sehr viel geringer (I: 23% - II: 7%);
(d) es werden weniger Ortsangaben gemacht (I: 47% - II: 10%).

Eine Erklärung für diese Abweichungen, insbesondere für die in a und c festgehaltenen, ist in der Thematik der "Sexismus-Debatte" zu suchen: Eine Diskussion über Männerphantasien im besonderen und Sexualität im allgemeinen wirkt sich auf die Struktur der Teilnehmer aus. Da sexuelle Erfahrungen individuell gemacht werden, liegt es nahe, daß die Anzahl der sich zu dieser Problematik äußernden Gruppen relativ klein bleibt. Es ist jedoch erstaunlich, daß trotz der Themenverlagerung auf die Strukturprobleme der TAZ in der dritten Phase der Debatte keine signifikante Zunahme von Gruppeneinsendungen zu beobachten ist. Die relativ große Zahl der von Frauen unterzeichneten Texte ist im Zusammenhang mit den im Bezugsartikel vertretenen Thesen zur Funktion der Frauen in Männerphantasien zu sehen. Die in diesem Text ausgedrückten Inhalte ziehen ganz deutlich eine große Beteiligung von Frauen nach sich.

Die in b und d formulierte Tendenz hängt mit dem oben schon angesprochenen Professionalisierungsprozeß der TAZ zusammen: Die veröffentlichten Absenderangaben werden ausführlicher; dies gilt sowohl für die Nennung des Nachnamens als auch für die Ortsangaben. Die Entscheidung über den Informationsgehalt dieser Angaben dürfte bei der Redaktion liegen, so daß nur noch die von den Absendern fragmentarisierten Formen als solche erscheinen.

Die Verteilung von Personal- und Indefinitpronomina im Korpus II im Vergleich zu den für das TAZ-Teilkorpus aus I ist in Tabelle 8 dargestellt.

	Anzahl der Belegtexte (Zahl der Texte insgesamt)	ich-Vorkommen (Zahl der Belegtexte)	*wir*-Vorkommen (Zahl der Belegtexte)	*man*-Vorkommen (Zahl der Belegtexte)	Sonstige Indefinitpromina (Zahl der Belegtexte)
Korpus II	80 (83)	692 (66)	185 (43)	28 (13)	34 (20)
TAZ-Teilkorpus I	45 (51)	92 (28)	119 (31)	32 (11)	8 (7)

Tabelle 8: Verteilung der Personal- (1. Person) und Indefinitpronomina in Korpus II im Vergleich zum TAZ-Teilkorpus I

Im Vergleich mit den Daten aus dem TAZ-Teilkorpus I fällt die überproportionale Häufigkeit des *ich* auf: In immerhin fast 80% der Texte erscheint dieses Pronomen mit einer durchschnittlichen Häufigkeit von über 10 Vorkommen pro Text. Die Vergleichszahlen weichen eindrucksvoll ab: Im Korpus I war lediglich in etwas mehr als der Hälfte der Texte das *ich* zu finden, mit gut drei Vorkommen pro Text.

Für die Deutung sind zwei Aspekte relevant:

- Der thematische Schwerpunkt der Debatte evoziert persönliche Stellungnahmen, da Sexualität zur Intimsphäre der Subjekte gehört.
- Bei der Bewertung der quantitativen Verhältnisse im Korpus I hatte ich darauf hingewiesen, daß ein anderer Befund für das TAZ-Teilkorpus zu erwarten gewesen wäre wegen des Postulats der "Politik der 1. Person" als eines in der links-alternativen Gegenkultur wichtigen Grundsatzes.

Nun könnte also vier Jahre zuvor durchaus dieses Postulat noch eher Gültigkeit gehabt haben. Diese Vermutung rückt eine mögliche historische Entwicklung der Gegenkultur in den Blick: Es wird noch zu prüfen sein, ob auch in anderen Bereichen eine Modifizierung der Ziele stattgefunden hat.

Die Zahl der *wir*-Vorkommen scheint dagegen nur geringfügig zu variieren. Wenn aber die vier Texte, in denen Gruppen als Unterzeichnende ausgewiesen sind, aus der Menge herausgenommen werden, ergibt sich, daß in 39 Texten 158mal das *wir* erscheint, also etwa viermal in einem Text. Während im Korpus I etwa drei Viertel solcher Texte von Gruppen unterzeichnet wurden, sind es im Korpus II nur gut 10%, oder umgekehrt: Knapp die Hälfte der an der Sexismus-Debatte teilnehmenden einzelnen verwendet das *wir*. Nun stellt sich die Frage nach den Lesarten des inklusiven *wir*. Sehr oft wird es im Sinne von *Frauen* (in 11 Belegen) verwendet, auf das Geschlecht der Unterzeichner bezogen; die dazu reziproke *Männer*-Variante erscheint nur selten (in 3 Belegen). Dafür berufen sich Männer eher auf einen links-alternativen Konsens, wenn sie sich auf die *Linken* beziehen (9 Belege), bisweilen spezifiziert durch Hinweise auf die Alternativszene. Lediglich einmal wird auf die *linken Frauen* verwiesen, allerdings auch ironisch distanziert ("*unsere Männer*", II:6). In der dritten Phase der Debatte überwiegen dann andere Personengruppen: Die TAZ-Redakteure, -Frauen und -Leserinnen. Umfassend sind die insgesamt in der Debatte Angesprochenen im *wir* von (II:22) repräsentiert: Dort ist von *taz-Macher/innen, Leserinnen, der "Linken", beliebig aufteilbar* die Rede.

Im Vergleich mit den entsprechenden Ergebnissen des TAZ-Teilkorpus I sind die Schwerpunktverschiebungen schon deutlich: Die für politische Identität signifikante Expansion des inklusiven *wir* zeigt eine stärkere Gruppenidentität im 80er Korpus. Der Verweis auf die Linken könnte aber auch mit einem die ganze Gegenkultur betreffenden Anspruch erklärt werden: Indem die Männer eine politische Identität als Linke beanspruchen, gehen sie an den realen Problemen zwischen den Geschlechtern vorbei. Eine feministische Deutung würde diesen Anspruch auf den immer schon männlichen Universalitätsanspruch zurückführen. In diesem Sinne dürften die bei Männern und Frauen unterschiedlichen Formen zu interpretieren sein: Die Männer haben noch nicht begriffen, daß ihre geschlechtliche Identität in Frage steht. So dürfte der explizit gemachte Bezug auf die *Frauen* bzw. *Männer* in einer Wertung den Vorrang vor dem diffusen Allgemeinen erhalten. Schließlich bleibt noch ein kurzer Blick auf das *man* und seine zahlreichen Varianten. Es erscheint in wenigen Belegen, wenn es jedoch verwendet wird, dann ebenso oft wie in Korpus I. Die Erklärungsmöglichkeiten liegen in dem bereits diskutierten Rahmen.

Die im Korpus II erscheinenden Eröffnungs- und Schlußformeln sind in der Tabelle 9 zusammengefaßt [201 >]. Die Schlußformeln, mit Ausnahme von (T9: 15, 16, 17), sind durchaus mit den im TAZ-Teilkorpus I enthaltenen zu vergleichen. Sie erscheinen alle in der dritten Phase der Sexismus-Debatte und beinhalten positive Stellungnahmen zur TAZ bzw. zum Frauenstreik. (T9: 15) fällt aus dem Rahmen, weil hier die Vertrautheitsformel von einem TAZ-Redakteur gegenüber den Lesern verwendet wird, um diese über die internen Probleme des Projekts zu informieren. In (T9: 17) schließlich fällt die sehr umständliche Formulierung auf, die auf die Brisanz des Textes verweist: Der Autor des am 5.11.80 abgedruckten Comics meldet sich zu Wort und verteidigt seine Collage gegenüber seinen Kritikern. Die Eröffnungsformel dieses Textes enthält eine Selbstdarstellung des anonym bleibenden Autors.

Nr.	Sex	Eröffnungsformeln	Schlußformeln	Strukturmuster	Thematisierungsrichtung	Datum
1	w		Mit solidarischen Grüßen	Kom-	(BA)	19.9.
2	m		Mit warmen Grüßen	Kom+	BA/TAZ	22.9.
3	m		ein ärgerlicher Mensch	Kom-	BA/TAZ	24.9.
4	w		Herzlichen Glückwunsch, daß Ihr Tazen G.G. los seid, hoffentlich passiert das auch bald mit Jochen.		BA	25.9.
5	m		Grüße ausm Knast an alle	Kom+	BA	8.10.
6	w		Mit noch/wieder solidarischen Grüßen	Kom-	BA/TAZ	10.10.
7	m		Viele bunte Blätter!	Erg	TAZ	14.10.
8	m		Grüße an alle, allen Widersprüchen und Differenzen zum Trotz	Kom+	BA/TAZ	14.10.
9	m	Lieber Johannes (Setzer-Kommentar)	Macht's gut. Ich finde eureZeitung gut und lese sie gern.	Kom+	LB's	17.10.
10	m	Liebe Tazler!		Kom-	Debatte	5.11.
11	w	Liebe Leute		-	-	6.11.
12	w		Liebe und Grüße von	Kom+	Streik	12.11.
13	w	Liebe Tazlerinnen	Solidarische Grüße	Kom+	Streik	12.11.
14	w	?An die Taz-Frauen		Kom+	Streik	12.11.
15	m	?Lieber Leser		Kom-	TAZ-Krise	12.11.
16	w	Liebe Frauen aus der taz		Kom-	TAZ-Krise	14.11.
17	m	An die streikenden TAZ-Frauen der Berliner Zentralredaktion, aber auch an alle anderen, die sich betroffen fühlten oder fühlten von meiner wenig gefühlvollen Collage, ...	Der Mann, der die Frauen liebt(e)	Kom-	Comic	18.11.
18	w	Liebe TAZlerinnen und TAZler		Kom+	TAZ	18.11.
19	w		Halleluja!	Kom+	TAZ	18.11.
20	m		Solidarische Grüße	Kom+	TAZ	18.11.

Tabelle 9: Eröffnungs- und Schlußformeln im Korpus II[1]

Bei den Schlußformeln dominieren die *Grüße*, die oft *solidarisch* sind. In (T9: 2) verweist das Adjektiv *warm* auf den Autor, der sich zu seiner Homosexualität

1 Tabelle 9 enthält die folgenden Abkürzungen: *Erg*: Ergänzung, *Kom-*: negative Kommentierung, *Kom+*: positive Kommentierung, *LB*: Leserbrief, *m*: männlich, *Sex*: Geschlecht des/der Unterzeichnenden, *w*: weiblich.

verweist das Adjektiv *warm* auf den Autor, der sich zu seiner Homosexualität bekannt hatte. Eine Selbstdarstellung wird in (T9: 3) versucht (*ein ärgerlicher Mensch*) - der Autor war zuvor mit den empörten Schreiberinnen ins Gericht gegangen -, während der Gruß von (T9: 5) die Funktion hat, den Schreiber als Strafgefangenen auszuweisen. Die mit einem Schrägstrich verbundenen Adverbien *noch/wieder* in (T9: 6) verweisen auf ein im Brief ausgedrücktes schwankendes Verhältnis zur TAZ. Unklar ist die Zuordnung von (T9: 7), da der Autor lediglich in seinem Anschreiben ein Zitat annonciert; es bleibt unklar, wer Adressat für die *bunten Blätter* sein soll.

Insgesamt zeigen die nur relativ selten erscheinenden Eröffnungs- und Schlußformeln - in den Briefen des Korpus I wurde häufiger angeredet und gegrüßt -, daß in der Debatte die Differenzen überwiegen. Diese These wird durch die Beobachtung gestützt, daß von den insgesamt 21 Vorkommen nur 9 Schlußformeln in den beiden ersten Phasen der Debatte zu notieren waren. Die Ambivalenzen bringen die in (T9: 8) gewählte Schlußformel auf den Punkt, wenn explizit *alle* trotz aller *Widersprüche und Differenzen* zum Trotz gegrüßt werden. Mit dieser Formulierung scheint es dem Autor zu gelingen, die Stimmung in der TAZ-Leserschaft auszudrücken.

Die Verteilung von Anredepronomina im Korpus II in Tabelle 10 [203>]bestätigt die in Kapitel 3 herausgearbeiteten Befunde [<3.5.4]. Sie erscheinen in 55 von 83 Texten: Das sind etwa 68% im Vergleich zu 51% im TAZ-Teilkorpus I. Die Vertrautheitsform *Du* erscheint in 16 Texten mit 66 Belegen: Im Durchschnitt also mehr als dreimal in jedem Text, im Korpus I dagegen etwa neunmal, während die pluralische Form *Ihr* in einem ähnlichen quantitativen Verhältnis erscheint: Waren es in Korpus I 4,1 Vorkommen je Text, so sind es im Korpus II 3,6 Vorkommen. Der schon oben [<155f] herausgearbeitete Sonderstatus der Höflichkeitsform *Sie* in TAZ-Leserbriefen wird hier bestätigt: Nur in einem Text (II:4) erscheint - immerhin 10mal - die singularische Form *Sie*$_{sg}$, während die pluralische überhaupt nicht belegt ist. Lediglich die Abweichung in der Verteilung der singularischen Vertrautheitsform ist signifikant, während alle anderen quantitativen Befunde die Ergebnisse des Kapitels 3 bestätigen. Ein Blick jedoch auf die Verteilung des *Du* auf die jeweiligen Texte zeigt, daß im Korpus I die 55 Vorkommen sich auf 6 Texte verteilen, und für drei Texte die Anzahl der *Du*-Vorkommen größer als 10 ist, also nur in gut jedem achten Text das *Du* überhaupt erscheint, während im Korpus II in jedem fünften Brief geduzt wird, und in nur einem Fall wurde die Zahl von 10 Vorkommen überschritten, so daß diese Variation auf textuelle Besonderheiten zurückzuführen ist. Davon unbeschadet bleibt die Feststellung, daß auch schon 1980 die Vertrautheitsformen für die Leserbriefkommunikation in der TAZ charakteristisch waren.

	Textbelege (Gesamt der Texte)	*Du* Gesamt (Zahl der Belegtexte)	*Sie*$_{sg}$ Gesamt (Zahl der Belegtexte)	*Ihr* Gesamt (Zahl der Belegtexte)	*Sie*$_{pl}$ Gesamt (Zahl der Belegtexte)
Korpus II	55 (83)	66 (16)	11 (1)	136 (38)	-
TAZ-Teil-korpus I	26 (51)	55 (6)	6 (1)	74 (18)	2

Tabelle 10: Verteilung der Anredepronomina im Korpus II im Vergleich zum TAZ-Teilkorpus I

Nun stellt sich die Frage nach dem referentiellen Bereich, der durch die Verwendung von den jeweiligen Pronomina abgegrenzt wird. Zunächst jedoch ist auf den einzigen Beleg einzugehen, in dem 10mal die Höflichkeitsform *Sie* erscheint (II:4). In diesem Text setzt sich die Autorin mit einzelnen Thesen des Bezugsartikels von Gernot Gailer auseinander und verwendet das singularische *Sie*$_{sg}$, übrigens konsequent klein geschrieben, zur Herstellung einer ironisch-distanzierten Beziehung zum Autor: Mit dem *Sie*$_{sg}$ dürfte der inhaltliche Dissens zu seinen Positionen auf einen Ausdruck gebracht sein, ohne daß der links-alternative Konsens aufgekündigt wird: Die Autorin schließt *mit solidarischen Grüßen*. Andere Autoren verwenden das *Du*, um den Autor Gailer als Person anzusprechen. Dabei zeigt sich, daß das *Du* in einigen Texten der einzige Indikator für einen brüchig gewordenen Konsens steht wie in folgendem Beispiel (vom 19.9.): Zunächst verwendet die Autorin den Ausdruck *jemand wie diesen Schreiberling*, um auf Gailer zu referieren, um dann, im Wechsel von der 3. zur 2. Person, eine Drohung zu formulieren: *Ich würde dir gern mit aller Wu(ch)t in deinen geilen Schwanz treten!* In diesem Wechsel wird die distanzierte Auseinandersetzung mit einem Text gewendet in den Ausdruck eines aggressiven Wunsches. In (II:18) wendet sich der Autor am Schluß seines Beitrags persönlich an Gailer, um ihm sein Mitgefühl auszudrücken. Jedoch ist darauf hinzuweisen, daß in der Mehrzahl der Texte, die auf den Bezugsartikel verweisen, das Pseudonym des Autors bzw. dessen Initialen verwendet werden. Im Zusammenhang damit steht auch die Beobachtung, daß durch die Verwendung einer Form wie *Inhaltlich will ich mich mit dem Artikel des Herrn G. nicht auseinandersetzen* (24.9.) die Gemeinsamkeiten aufgekündigt werden: Die Höflichkeitsform markiert hier die Distanz der Autorin zum Artikelschreiber, und indem sie sich hegemonialkultureller Formen bedient, grenzt sie den Autor aus dem linksalternativen Bereich aus.

Nun zu den *ihr*-Vorkommen. In der großen Mehrzahl der Fälle wird, wie auch schon im Korpus I, die TAZ-Redaktion angesprochen, exemplarisch in folgendem Beleg:

(8) Im Speziellen ärgere ich mich meist über frauenfeindliche Artikel in *eurem* Blatt! Was ihr *euch* aber mit dem Abdruck dieses Gailer-Artikels er-

laubt habt, schlägt dem Faß den Boden aus!! (24.9.; Beleg 31 in diesem Kapitel [4.5.1 >])

In der Regel sind solche Ausdrücke in Texten zu finden, in denen die Veröffentlichungspolitik der TAZ kritisiert wird. Aber es gibt auch andere Texte, in denen auf die Vertrautheitsform verzichtet wird und die TAZ als Institution in der 3. Person erwähnt wird (*die taz* oder als Typisierung: *eine linke alternative Tageszeitung*). Diese Alternativen deuten schon an, daß der Dissens mit der TAZ-Veröffentlichungspolitik tiefergehend ist.

Aber das *Ihr* referiert noch auf andere Personengruppen, nämlich:

- Leserbriefschreiberinnen ,
- *Frau Lorez und Herrn Gailer* (II:8),
- die TAZ-Leser und -Leserinnen und
- die Frauen aus der TAZ-Redaktion - ausschließlich in der dritten Phase der Debatte.

Im wesentlichen bestätigen sich die Ergebnisse aus Abschnitt 3.5.3: Die an der Debatte Beteiligten halten sich an die gegenkulturellen Formen der Beziehungskonstitution, indem sie die Vertrautheitsform verwenden, auch wenn die Auseinandersetzung sehr heftig ist.

Die Behandlung von Anredeformen hat gezeigt, daß die Differenzen der Konfliktparteien sehr groß sind, andererseits zeigt die Analyse der Pronomina noch eine Übereinstimmung hinsichtlich der Umgangsformen. Bei dem Personalpronomen *wir* zeigt sich, daß der Gemeinsamkeitsanspruch der Männer größer als der der Frauen ist. Insgesamt jedoch zeigt diese Analyse, daß der Konsens bezüglich dieses Thema, in dieser Debatte brüchig wird. Auf den Gesichtspunkt der historischen Entwicklung verweisen die *ich*-Vorkommen, deren zahlreiches Erscheinen eine stärkere Beachtung des Postulats "Politik der ersten Person" vermuten läßt als schon vier Jahre später.

4.3.4. Zusammenfassung

Die Konnotationsanalyse hat deutlich gemacht, daß in der Sexismus-Debatte verschiedene Ebenen sozialer Praxis ineinander spielen. Neben der Thematik der Debatte und der heftigen Auseinandersetzung der Konfliktparteien rückte die Entwicklung des TAZ-Projekts im besonderen und die Entwicklung der linksalternativen Gegenkultur in den Blick. Das Thema "Sexualität" als mögliches und reales Tageszeitungsthema dürfte innerhalb der Leserschaft unstrittig sein. In einer vergleichsweise wenig spezialisierten Öffentlichkeit erfahren solche Themen eine gewisse Aufmerksamkeit. Der Konflikt wird also nicht durch die Wahl des Themas, sondern durch die Form bzw. die inhaltlichen Thesen Gailers evoziert.

Der Blickwinkel der Frauen unterscheidet sich von dem der Männer, die Perspektive der Frauenbewegung, erkennbar an Begriffen wie *Chauvinismus* und *Sexismus*, prägt die Auseinandersetzung von Frauen mit den Männerphantasien, während die Männer in der Regel den Bezugsartikel nicht unbedingt loben, nichtsdestotrotz die Veröffentlichung gutheißen. Und damit ist ein entscheidender Punkt in der Auseinandersetzung erreicht: Die Verwendung der Schreibweise "Kritik der TAZ-Veröffentlichungspolitik" wird zum Kern des institutionellen Konflikts, der die Parteien verbindet. Am Beispiel des Kampfs um Begriffe wird, bezogen auf die Geschichte der TAZ, deutlich, wie ungleichzeitig die Entwicklung des alternativen Projekts einerseits und die Erwartungen der Leserschaft andererseits verlaufen.

Der Dissens der Konfliktparteien fand auch seinen Ausdruck in Modifikationen in den Anredeformen. Auch auf die Differenz bei der Verwendung des inklusiven *wir* ist in diesem Zusammenhang hinzuweisen.

Die Analyse der Präsentationsformen war weniger für die Frage nach Kooperationsmöglichkeiten einschlägig als vielmehr für die Veränderungen des TAZ-Projekts selbst. Im Wandel der Plazierung und Gestaltung der Leserbriefseite sind deutlich Spuren des Professionalisierungsprozesses in der TAZ-Redaktion zu sehen:[1] Unter dem Titel *Diskussion* war die Seite 3 eben auch offen für die TAZ-Redaktion, während vier Jahre später die entsprechende Seite, nun an einem anderen Ort, als Raum für Leserbriefe ausgewiesen war. Auf die Ebene der Entwicklung der links-alternativen Gegenkultur verweist die Variation der *ich*-Vorkommen und eröffnet den Zugang zu längerfristigen Entwicklungstendenzen.

4.4. Das Provokationspotential des Gailer-Artikels

In diesem Teil wird es um die Frage gehen, welche Eigenschaften dem Bezugsartikel von Gernot Gailer zuzuschreiben sind, die ihn zum Auslöser der Sexismus-Debatte machten. Ich vertrete dabei die These, daß der Artikel als eine Provokation zu rekonstruieren ist. Was aber ist eine Provokation? In erster Annäherung könnte man vielleicht sagen, daß ein Sprecher mit einer provokativen Äußerung gegenüber seinen Hörern eine ganz bestimmte Reaktion evozieren will; im Unterschied jedoch zu Aufforderungen etwa, in denen die Reaktion sich auf eine zu vollziehende Handlung im weiteren bezieht, zielt die Provokation auf psychische Zustände wie Erregung etc., die wiederum sprachliche Äußerungen hervorrufen. Das setzt voraus, daß der Sprecher den Hörer recht gut kennt und weiß, auf welches Normensystem dieser sich positiv bezieht. In sprechakttheoretischer Sicht könnte die Provokation als eine Form des perlokutiven Aktes expliziert werden. Bekanntlich unterscheidet Austin (1962: 116-118)

1 Diese Deutung wird durch die empirische Untersuchung links-alternativer Projekte durch Kreutz/Fröhlich 1985 bestätigt. In dieser Langzeituntersuchung wird die Tendenz erkennbar, daß in Hinblick auf das Ziel "Aufhebung der Arbeitsteilung" in den Projekten eine Ernüchterung festzustellen sei. Sie resümieren: "Die Bewährung in der gegebenen Umwelt hat somit ihren Preis: Arbeitsteilung in den Projekten läßt sich ebensowenig umgehen wie die zunehmende Spezialisierung auf bestimmte Tätigkeitsbereiche. Beide Tendenzen sind durch stark selektive Überlebenschancen de facto mehr oder weniger erzwungen." (1985: 560)

zwischen dem Illokutions- und dem Perlokutionsakt, in dem die Illokution als eine (zweistellige) Relation zwischen Sprecher und Sprechakt erscheint, während die Perlokution durch den Einschluß des Hörers als eine dreistellige aufzufassen ist: Es geht um die Wirkung einer sprachlichen Äußerung auf den Hörer und die Art und Weise, wie die Äußerung diese Wirkung nahelegt. Daß in einem handlungstheoretischen Modell auch die Intention des Sprechers wichtig ist, sei hier nur der Vollständigkeit halber hinzugefügt. In Anlehnung an Holly (1979a: 7) kann diese Bestimmung dahingehend präzisiert werden, daß mit einer Äußerung ein Sprecher einen perlokutiven Versuch unternimmt, und erst wenn der Hörer diesem Versuch entspricht, also eine perlokutionäre Wirkung eingetreten ist, kann analytisch von einer Perlokution gesprochen werden. Nun dürfte das Ziel einer Handlung, die mit dem Verb *provozieren* bezeichnet wird, die Veränderung eines psychischen Zustands des Hörers sein bzw. die Veranlassung einer bestimmten Handlung; kurz: Der Hörer wird zu einer bestimmten verbalen oder nicht-verbalen Handlung herausgefordert. Der perlokutionäre Effekt wäre dann erreicht, wenn der Hörer entweder diese bzw. eine andere Handlung ausführt oder aber zu erkennen gibt, daß er den perlokutiven Versuch des Sprechers durchschaut hat. Eine *Provokation* umfaßt also den Versuch eines Sprechers, durch eine Äußerung eine bestimmte Wirkung beim Hörer zu erzielen, auf die dieser reagiert. Dabei steht der Inhalt der Äußerung im Gegensatz zum Normensystem des Hörers, über das der Sprecher eine Vorstellung hat, genauer: Der Gegensatz wird in der Äußerung überspitzt artikuliert, so daß der Hörer genau darauf reagieren wird, etwa indem er seine Position genauso überspitzt dagegen setzt oder aber, das wäre das andere Extrem aus einer Vielzahl von Alternativen, die Provokation als solche mit Hilfe eines metakommunikativen Ausdrucks benennt und zurückweist.

Eine Alternative zum hier verwendeten sprechakttheoretischen Ansatz zur Explikation von Provokation hätte in der Anwendung des Imagekonzepts von Goffman bestanden (cf. Goffman 1967: 10-14). Grob ausgedrückt geht es in diesem Ansatz um das in der Öffentlichkeit präsentierte Verhalten von Individuen, das durch andere kritisiert werden kann. Nun könnte man eine Provokation auch als Angriff auf das von einer Person in Anspruch genommene bzw. selbst inszenierte Image - im Sinne von Selbstbild - auffassen und relativ dazu die Möglichkeiten der Wiederherstellung des Images als Reaktion des Hörers bestimmen; der in diesem Zusammenhang entscheidende Nachteil des Imagekonzepts liegt meines Erachtens darin, daß es zwar für Prozesse direkter verbaler Interaktion ein plausibles Erklärungsmodell abgibt, daß es aber für die hier behandelten schriftlichen kommunikativen Prozesse nicht so geeignet ist, weil die handelnden Subjekte hinter ihren Texten verborgen bleiben. Die Explikation im sprechakttheoretischen Ansatz hatte den Vorteil, daß sowohl das in einer Äußerung enthaltene provokative Potential als auch die Reaktion des Hörers darauf beschreibbar waren.

Bisher habe ich den Begriff der Provokation auf einer alltagssprachlichen

Ebene entfaltet; nun muß überlegt werden, in welcher Weise Provokationen auf der diskursiven Ebene funktionieren, genauer: Wie können mittels eines Textes Reaktionen von Rezipienten hervorgerufen werden? Der Autor eines "provozierenden" Textes kennt die von seinen Gegners vertretenen Diskurspositionen, denen er die von ihm vertretenen gegenüberstellt. Eine solche Konfrontation von Positionen wird textuell überspitzt gestaltet - wobei der spezifische Charakter von *überspitzt* im Einzelfall zu zeigen wäre - in Hinblick auf eine Reaktion des jeweiligen Opponenten. Der Zweck eines solchen Textes könnte in der Offenlegung von Widersprüchen liegen. Provokationen erhalten, zumindest auf der diskursiven Ebene eine strategische Funktion durch die Art und Weise, in der in dem Text bestimmte Diskurspositionen ausgedrückt werden, die in Abgrenzung von anderen überspitzt gestaltet werden. Provokationen gehören also zu den Diskursstrategien, also zu den Mitteln, derer sich in einen Diskurs eingreifende Autoren in ihren Texten bedienen, um die von ihnen eingebrachten Standpunkte zu stützen und zu verteidigen. Die Texte selbst verweisen durch ihre sprachliche Gestaltung auf solche Strategien, obowhl die dafür Verantwortlichen nicht als Subjekte in Erscheinung treten. Auf der diskursiven Ebene erscheinende Texte stellen auch Ergebnisse von spezifischen Autorentscheidungen dar, so daß die Analyse auch die Konturen einer Schreibweise der Provokation deutlich machen wird. In diesem Sinne hat die in diesem Teil beabsichtigte Untersuchung die Aufgabe, auch die durch die Verwendung einer Provokation zum Ausdruck kommende Diskursstrategie herauszuarbeiten.

Ausgangspunkt der Analyse des hier zur Diskussion stehenden Artikels von Gernot Gailer "Eine Traumfrau zieht sich aus" sind die hauptsächlich auf diesen Artikel verweisenden Leserbriefe des Korpus II als verschriftete Reaktionen einerseits sowie der diese evozierende Bezugsartikel andererseits. Die nun folgende Auseinandersetzung mit dem Problem des Provokationspotentials des Gailer-Textes, also den textuellen Eigenschaften, die als ein perlokutiver Versuch verstanden werden können, setzt also an dessen Rezeption in den Leserbriefen an. In anderer Terminologie: Ein Text und dazu vorliegende supplementäre Texte werden bezüglich ihres Verhältnisses zu beschreiben sein. Mit diesem Vorgehen wird es möglich, zwei Ebenen der Textanalyse in eine systematische Beziehung zueinander zu setzen, nämlich die der textuellen Eigenschaften des Bezugsartikels einerseits und die seiner Deutung durch die an der Debatte Beteiligten andererseits. Der Ansatz der "objektiven Hermeneutik" [<71f] etwa erfaßt diese Ebenen durch die Unterscheidung von der "Realität objektiver Sinnstrukturen eines Textes " - die unabhängig von den Textrezipienten und -produzenten analytisch zu bestimmen sind - und der "Realität subjektiv intentional repräsentierter Bedeutungen auf seiten der handelnden Subjekte" (Oevermann et al. 1979: 367). Im Gegensatz zu der für die Deutung singulärer Interaktionen entwickelte Methodik dieses Ansatzes, die bei der Einbeziehung von Alternativen zu einem gegebenen Interaktionsschritt auf die intuitive Phantasie des Untersuchenden angewiesen ist, kann die gewählte

Untersuchungsanlage als empirisch fundiert bezeichnet werden: In den zum Bezugsartikels Gernot Gailers erschienenen Leserbriefe sind die Deutungen der an der Debatte Beteiligten breit dokumentiert. So wird ein Vorgehen möglich, das an diesen Deutungen ansetzt - und nicht an der Intuition des Analysierenden - und erst anschließend die Frage nach den Eigenschaften des Bezugstextes stellt, die zu genau diesen Deutungen geführt haben. In der folgenden Untersuchung werde ich, ausgehend von den in den supplementären Texten dokumentierten Lesarten (4.4.1) des Bezugstextes, auf dessen Eigenschaften eingehen, und zwar durch die Prüfung dreier Schwerpunkte (4.4.2 - 4.4.4). Schließlich wird zusammenfassend das Provokationspotential des Bezugstextes bestimmt (4.4.5).

4.4.1. Lesarten des Gailer-Artikels

Die folgende Übersicht dokumentiert exemplarisch die Lesarten des Gailer-Artikels, die in den Leserbriefen zum Ausdruck kommen. In der Systematik orientiere ich mich an der Klassifikation von Formen des Textverweises, der -erwähnung bzw. der -wiedergabe.[< 43ff]. Nicht berücksichtigt wurden solche Textverweise, in denen das Pseudonym verwendet bzw. auf die Form durch Ausdrücke wie *Artikel* und *Text* verwiesen wird.

Bei den Textverweisen fällt die Orientierung auf den pornografischen Bestandteil des Bezugsartikels auf.

(9 a) solche Gewalt-Phantasien (19.9.)
b) menschenverachtenden (anonymen) Porno (24.9.)
c) die Ausgabe mit Gernot Gailer's "Ergüssen" und zwanghaften Entladungen (8.10.)

Zu der Gruppe der Textverweise gehören auch Prädikatszuschreibungen in nominalisierter Form:

(10 a) chauvinistische Arroganz (19.9.)
b) Frauenfeindlichkeit (23.9.)

Die direkte Textwiedergabe als wörtliches Zitat ist selten. Bei den Zitaten fällt auf, daß sie sich ausschließlich auf Textabschnitte des 5. Teils des Gailer-Artikels[1] beziehen (die Zwischenüberschrift lautete "Peepshow") wie in folgendem Beleg vom 19.9.1980:

(11 a) "Diese Frauenbewegung ... Und: die eigentlich Unterdrückten sind doch wir. Wir Männer. Nieder mit der Frauenbewegung. Für mehr Peepshows"
b) "Du weißt ja sowieso kaum noch, wo Dir der Hammer hängt. Immer nur Druck und keine Entladung. So richtig jedenfalls in Ruhe. Und mit Genuß ..."
c) "Das sind ja die eigentlich Emanzipierten. Die sich nicht unter ihrem

1 Bei Verweisen auf eine Gliederung des Gailer-Artikels beziehe ich mich auf die in 4.2.1 vorgeschlagene Einteilung.

Wert verkaufen. Für'n Appel und'n Ei. Und irgendwelche Flausen im Kopp."

d) "Und du kriegst gute Ware für wenig Geld."

Formen der indirekten Textwiedergabe sind selten: In nur einem Beleg wurde die Form der indirekten Rede zur Textwiedergabe benutzt, auch dies mit Bezug auf den 5. Teil des Bezugsartikels.

(12) Am Ende des Artikels finde ich es sogar anmaßend, wenn Gernot Gailer schreibt, was die Frauen in den Peep-Shows wohl denken und, daß sie die wahren Emanzipierten seien. (22.9.)

Häufiger verwenden die Autoren die verschiedenen Formen von Textberichten wie etwa Zusammenfassungen:

(13 a) Ich hab den Artikel nur flüchtig überflogen, und das, was ich da für schweinische frauenfeindliche, perverse Sprüche las, reichte mir völlig aus, um den Dreck nicht weiterzulesen. Und ihr bringt so einen Scheiß-Artikel raus! "Au weh, das tut weh!" So einen aggressiven, demütigenden, extrem frauenfeindlichen Artikelin eurer ach so "alternativen" (?) Zeitung zu drucken, ist ja echt das Letzte. (19.9.)

b) Klar hat der ne unheimliche Kacke abgelassen, aber letztendlich hat er doch (endlich!) nur das gesagt, was in fast allen linken Männern drin ist, nämlich frauenverachtende Pornografie ... Als Mann kann ich mich nur dann emanzipieren, wenn ich allen Dreck in mir zu- und aus mir rauslasse - und das hat G. Gailer getan. (2.10.)

c) Über das ganze würde ich ironisch die Überschrift "Die Kirche hat ihre Schuldigkeit getan!" setzen. G.G. verfaßt einen Artikel, der der Beschreibung der (perversen) Sexualmoral eines katholischen Pfaffen ... entsprechen dürfte ... (8.10.)

Eine Variante dieser Form stellt die Modellierung der Rezeption wie im folgenden Beleg dar:

(14) Begeister(t) war ich nicht von seinem Artikel, stellenweise kam mir das Kotzen ... (2.10.; II:12))

Textparaphrasen sind selten:

(15) G.G. fühlt sich von den Frauen angemacht, überall auf der Straße, vor der Reklame usw. ... Wo bitte Herr G.G., heißt es denn noch Schwanz ab? ... Zu ihren Forderungen "Mehr Peepshows" ... Emanzipiert nennen sie die Frauen in der Peepshow? (19.9.; II:3)

Schließlich gehören auch noch solche Textabschnitte in diese Zusammenstellung, in denen die Schreiber eine Textwertung ausdrücken.

(16 a) Er kann höchstens als Provokation und niemals als ernsthafter Beitrag zum Thema Sexualität gemeint sein. (22.9.)

b) Gut finde ich jedoch, das G.G. sich - allerdings leider noch als Pseudonym - den bissigen "Hunden" stellt und seinen Koffer voll nackter Lust (?) öffnet. (6.10.)

c) ... wiewohl ich den Artikel mehr für Literatur als für eine Selbstanalyse halte - aber ich finde es sehr wichtig, daß diese Thematik mal angesprochen wird. (10.10.)

d) Er (der Text von Gailer; R.V.) ist ein Rundumschlag, ein Auskotzen seiner Verunsicherung, seiner Schwierigkeiten - aber/und nichts mehr. Auch der Verriß von "Konkret Sexualität" nicht, obwohl ein paar Worte auch diesen Aussagen zu entgegnen wären. (10.10.)

Vereinzelt finden sich auch Anspielungen:

(17) Im voraus: Ich habe keinen schwarzen Koffer, ich lese den Playboy in der Baubude, dort werden dann die besten Bilder an die Wand gepinnt. Ich gehe auch nicht in die Peepshow (bis jetzt jedenfalls war ich nicht da) sondern höchstens mal in einen Nachtclub. (25.9.)

Für die Analyse der möglichen Lesarten bündle ich die hier präsentierten Aneignungen des Bezugsartikels in drei idealisierte Behauptungen, die ich in Beziehung zu den Qualitäten des Bezugsartikels setzen werde. Dieses Vorgehen ermöglicht eine Rekonstruktion der Eigenschaften des Gailer-Artikels ausgehend von den dokumentierten Lesarten. In Hinblick auf die leitende Frage nach dem Provokationspotential dürfte der Analyseansatz angemessen sein, da er von den Deutungen der an der Debatte Beteiligten ausgeht. Sicher wäre es auch unabhängig von den Reaktionen auf den Artikel möglich, die Adressaten der Provokation zu bestimmen. Damit bliebe aber ein wesentlicher Teil des in der Debatte ausgetragenen Konflikts ausgespart. Doch nun zu den drei Behauptungen:

- "Der Artikel ist pornographisch": Diese Behauptung stützt sich auf Ausdrücke wie *Porno* (9b) oder *brutalen Porno-Quatsch*, aber auch Ausdrücke wie *Gewalt-Phantasien* (9a) und *Schweinereien* sind darauf beziehbar, da sie ähnliche Aspekte erfassen wie die gewählte Formulierung.
- "Der Artikel ist sexistisch": Diese Behauptung erfaßt im wesentlichen die von Frauen vorgebrachte Kritik, wie sie in 10a und 10b formuliert ist: Dort ist von *Frauenfeindlichkeit* und *chauvinistischer Arroganz* die Rede. Mit der Formulierung soll eine Bewertung von Frauenrollen in einer Figurenkonstellation erfaßt werden, die durch eine männliche Dominanz gekennzeichnet ist. Diese Behauptung ist auch im Zusammenhang mit der im Artikel formulierten Kritik an der Frauenbewegung zu sehen: Als Beispiel führen die Leserbriefschreiber und -schreiberinnen auf die vom Autor aufgestellte Forderung *Nieder mit der Frauenbewegung - für mehr Peepshows* an.

Beide Behauptungen gehören zu den von Kritikern vorgetragenen Aspekten; die von Zustimmung geprägten Schreiben sind durchaus nicht mit dem Artikel zufrieden [<196], heben aber den Veröffentlichungsaspekt hervor, der in der folgenden dritten Behauptung zum Ausdruck gebracht wird.

- "Der Artikel verletzt ein Tabu in der linken Gegenkultur": Diese These wird von den Befürwortern einer Diskussion über die Zulässigkeit von Männerphantasien vertreten (cf. 13b, 16b). Die Schreibweise vom *Tabu*, das verletzt werde, wird in (II:3) eingeführt.

Mit diesen Behauptungen sind durchaus noch nicht alle Lesarten erfaßt; in der Auseinandersetzung mit dem Bezugsartikel werde ich auf die eine oder andere Deutung zurückkommen.

4.4.2. Was ist am Gailer-Artikel "pornographisch"?

Das alltagssprachliche Verständnis des Begriffs *Pornographie* läßt sich, dem Eintrag im "Handwörterbuch der deutschen Gegenwartssprache" folgend, so beschreiben: 'obszöne bildliche, auch literarische Darstellung sexueller Szenen' (1984: 884). Nun könnte man sich auf eine Deutung etwa der Art einigen, daß unter *Pornographie* die 'Darstellung sexueller Szenen' gemeint sei, wäre da nicht das Wort *obszön*, das selbst wieder erläuterungsbedürftig ist: Es ist zu beschreiben als 'die sexuellen Tabus verletzend und daher als anstößig empfunden, unanständig' (1984: 837). In die Bestimmung von Pornographie geht fast zwingend die Überschreitung konventioneller Grenzen mit ein.

Wenn wir uns jetzt dem Gailer-Text nähern und nach Teilen suchen, die den Pornographie-Vorwurf stützen könnten, werden wir bereits zu Beginn des Textes fündig. Im ersten Abschnitt mit dem Titel "Variationen auf ein altes Thema 1" wird eine sexuelle Szene dargestellt, an der ein Mann und zwei Frauen beteiligt sind. Die Erzählung setzt offensichtlich nach einem gerade vollzogenen Geschlechtsverkehr des Ich-Erzählers mit einer der beiden Frauen ein: Der Erzähler "*sinkt zurück*", die Frau, eine "*geile, junge Sau*", ist "*auf dem Sofa zusammengesackt*" und "*atmet noch schwer*". Bevor sich der Erzähler der zweiten Frau zuwendet, stimuliert er mit dem Fuß die erste Frau, die in "*die typisch aufgeilend-fordernden Fickbewegungen*" verfällt. Mit dem Versprechen, auch diese Geilheit später zu befriedigen, wendet sich der Erzähler der zweiten Frau zu: "*Sie ist eine Dame*", die mit Entsetzen (*die Augen ungläubig aufgerissen, der Mund halboffen*) die Szene verfolgt hat und nun merkt, daß sie das Opfer der Begierde des Erzählers werden soll. Sie versucht dies mit dem Hinweis auf ihren Status als Ehefrau zu verhindern. Aber der Erzähler bricht diesen Widerstand: Sein - offenbar erigierter - "*Schwanz richtet sich drohend gegen sie*", seine Blicke umfassen ihre Formen "*wie Eisenklammern*". Auf seinen ersten Befehl hin ("*Mach die Beine breit*") reagiert sie noch "*zitternd*", bereits nach seinem zweiten Befehl ist der Widerstand gebrochen, sie gehorcht wie "*in Trance*" und steht seinen lüsternden Handlungen zur Verfügung: sie ist "*fickbereit*". Seine weiteren Befehle befolgt sie, nun selbstverständlich, denn: "*Sie ist lechzende Bereitschaft*".

In dieser narrativen Sequenz lassen sich einige charakteristische Merkmale pornographischer Texte erkennen. Schmidt (1986: 125 f.) charakterisiert Pornographie mit Hilfe von vier Merkmalen: Macht, Unterwerfung, Anonymität und Fetischisierung. Macht wird in der pornographischen Inszenierung durch den Mann ausgeübt, kraft seiner Potenz setzt er sich gegen alle Widerstände der Frau durch. Dem entspricht die Unterwerfung der Frauen unter das Diktat der Männer. Lustvoll geben sie sich den Männern hin, denen sie sich zuvor noch verweigern wollten. In dem Belegtext lassen sich diese Merkmale leicht nachweisen: Der Mann, der die Befehle gibt, der sich gegen Widerstände der Frauen durchsetzt, steht der Frau gegenüber, die durch die Behandlung des Mannes von einer prüden Ehefrau zum erregten Lustobjekt wird. Im Text sind die Personen gleichfalls anonym, Lust ist nur mit Fremden möglich, die keine persönliche Beziehung zueinander haben. "Sexualität (in pornographischen Texten; R.V.) ist körperliche Intimität und maximale Ferne zugleich" (Schmidt 1986: 126). In der Tat: Dem Ich-Erzähler stehen zwei Frauen gegenüber, von denen der Leser nur etwas über deren Körperlichkeit erfährt: Eine wird als *geile, junge Sau* bezeichnet, die andere, ihre Freundin, wird als *Dame* bezeichnet, die *verheiratet* ist, einen *vollen Arsch* und *schwere Brüste* hat. Das Merkmal "Ehefrau" dürfte hier nur funktional eingeführt sein, um die Differenz zwischen Widerstand und Hingabe symbolisch zu vergrößern. Über den Ich-Erzähler erfahren wir lediglich, daß er die Situation durch sein Handelns bestimmt. Mit dem Merkmal der Anonymität eng verknüpft ist das Merkmal der Fetischisierung, der Objektbeziehung zwischen den Handelnden. Auch dieses kann für den Text bestätigt werden. Die Darstellung der Personen, die auf ihre Geschlechtlichkeit reduziert werden, beschränkt sich auf den Vollzug von sexuellen Handlungen. Daß dabei, im Zusammenhang mit der Inszenierung von männlicher Machtausübung, dem Penis eine besondere Rolle zukommt, dürfte klar sein. Im vorliegenden Text wird dieser jedoch nur einmal ins Spiel gebracht: Der "*Schwanz*" des Ich-Erzählers richtet sich "*drohend*" gegen die abweisende Frau und bricht deren Widerstand.

Unter Berücksichtigung der aufgeführten Merkmale erweist sich für die diskutierte Textstelle die Bezeichnung *Pornographie* als angemessen: die Inszenierung der sexuellen Szenerie bedient sich stereotyper Muster.[1] Bei der Diskussion blieb jedoch die Funktionalität von pornographischen Texten ausgespart, genauer: In welchem Zusammenhang werden solche Texte produziert und gelesen? "Pornographie wird massenhaft produziert und konsumiert, also muß sie auch massenhaft etwas ansprechen" (Schmidt 1986: 124). Wesentliche Eigenschaft solcher Texte dürfte die Wirkungsabsicht sein, den Leser sexuell zu stimulieren. Wenn jedoch dieser Aspekt herangezogen wird, dann muß die textuelle Einbindung des Abschnitts berücksichtigt werden. Er steht am Anfang eines längeren Aufsatzes, in dem mit der Darstellung von Formen männlicher Sexualphantasien auch deren Legitimität proklamiert wird. Ein Blick auf die Überschrift "*Variationen auf ein altes Thema 1*" zeigt dann, daß hier Form und Inhalt pornographischer Texte zitiert werden, um die Argumentation aufzubau-

1 Ich habe hier auf die Behandlung von Pornographie in einem sexualwissenschaftlichen Buch zurückgegriffen; literaturwissenschaftliche Fachwörterbücher konzentrieren sich auf Abgrenzungsprobleme und rechtliche Aspekte und können keine umsetzbaren Kriterien für eine Klassifizierung vorlegen (cf. v. Wilpert 1979: 618), während Schmidt (1986) auch inhaltlich ausgewiesene Merkmale benennt. Für eine Auseinandersetzung mit einer "Sprache" der Alltags-Pornographie: cf. Böhne 1985.

en. So schreibt Gailer zu Beginn des zweiten Teils kommentierend: "*Das ist der Porno aus meinem schwarzen Koffer. Mein Porno.*" Zudem ist weder eine Tageszeitung noch eine politische Zeitschrift die Umgebung, in der ein pornographischer Text erscheinen würde. Genau an dieser Erwartung knüpft der Autor an, wenn er als Einstieg Pornographie zitiert. Indem er jedoch diese zitiert, entledigt er sich auch der Verantwortung für diese Passage: Sie wird zum bloßen Aufhänger. Und daß in einer linken Zeitung pornographische Texte erscheinen, ist in Hinblick auf die Pornographie-Kritik innerhalb der links-alternativen Gegenkultur schon eine Herausforderung des TAZ-Lesers.

Einige Leser nehmen diese Herausforderung explizit an: In den folgenden drei Belegen, Rezeptionsmodellierungen zum Zwecke der Wertung, nehmen die Schreiber auf diesen ersten Teil Bezug.

(18) Ich hab den Artikel nur flüchtig überflogen, und das, was ich da für schweinische, frauenfeindliche, perverse Sprüche las, reichte mir völlig aus, um den Dreck nicht weiterzulesen. (19.9.)

(19) Meine erste Reaktion auf den Anfang des Gailer-Papiers war Ekel, den mittleren fand ich langweilig und vom Schlußteil interessierte mich lediglich, warum ein Mann, speziell ein linker, in die Peepshow geht. (2.10.)

(20) Über die ersten Zeilen des Pornogustostückerls am Anfang war ich geschockt bis ich begriff, daß es ein Zitat war ... (10.10.)

Die drei Belege zeigen eine relativ ähnliche Beschreibung der Reaktionen von Rezipienten auf das Pornographie-Zitat. 18 bleibt hinsichtlich des die Bewertung begründenden Textausschnitts unspezifisch, es ist jedoch naheliegend anzunehmen, daß die Autorin sich im wesentlichen auf den ersten Teil bezieht. Die beiden anderen Belege sind hinsichtlich ihrer Referenz eindeutig, die Emotionsbeschreibung variiert: dem *Ekel* aus 19 steht das unspezifische *geschockt sein* gegenüber. 20 ist insofern interessant, als die vom Autor in Anspruch genommene Distanzierung in der Form eines Zitats von der Autorin akzeptiert wird. Mit diesen Verarbeitungsformen wird die These von der provokativen Verwendung des Pornographie-Zitats eindringlich gestützt.

Doch zurück zum Gailer-Text: Im folgenden möchte ich der Frage nachgehen, inwieweit das Pornographie-Zitat auch konstitutiv für die Kohärenz des gesamten Textes ist. Pornographische Texte lassen sich auch distanziert als gesellschaftliche und psychologische Dokumente lesen, die etwas über die sexuellen Verhältnisse in der Gesellschaft aussagen. Obgleich der vorliegende Textausschnitt als ein Zitat zu verstehen ist, weist er, wie oben gezeigt, ganz charakteristische Elemente auf. Auf einen Aspekt ist aber hier hinzuweisen: Auch die Form der Gestaltung ist als Ausdruck einer sexuellen Phantasie aufzufassen, die in keinem Falle der sexuellen Wirklichkeit entspricht.

> Die Welt besteht aus nichts anderem als Sexualität. Immerwährende Begierde, unstillbare Lust, verfügbare Sexualobjekte, die immer zu allem bereit sind oder bereit gemacht werden ... Es ist wie im Schlaraffenland, in dem man ißt und trinkt, trinkt und ißt, aber - und das ist das Ideal - ohne daß Hunger und Durst nachlassen. (Schmidt 1986: 124 f.)

Die Trennung von Phantasie und Wirklichkeit kann nicht genug betont werden, gibt es doch in den Leserbriefen viele Belege dafür, daß diese Trennung nicht vorgenommen wird. Mit Hilfe dieser Trennung ergibt sich jetzt eine neue Perspektive auf den pornographischen Textteil, wenn berücksichtigt wird, daß ein Artikel über Männerphantasien mit der Präsentation einer pornographischen Gestaltung sexueller Handlungen, ausgewiesen als Zitat, eingeleitet wird. Es gelingt dem Autor, gleichzeitig auch die Substanz der zur Diskussion stehenden Männerphantasien offenzulegen. Das eröffnet wiederum die Möglichkeit, auf die in der Einleitung präsentierte Geschlechterbeziehung in den folgenden Abschnitten zurückzugreifen. Im zweiten Abschnitt etwa, wenn es um die Sammlung von sexuellen Photos geht, heißt es:

> In meinem schwarzen Koffer sind meine unverpackten, nackten Wünsche - alle Frauen aus Konkret, das da, Playboy, Lui, Mayfair, Penthouse, Gallery, Man Only and National Screw. Und alle habe ich gehabt, mit den Augen gefickt.

Es geht also um die Aneignung von Frauen in der Phantasie des Mannes, im psychoanalytischen Sinne um seine Projektionen, und darum, daß in diesen Phantasien die Verfügungsgewalt über die Frau beim Mann liegt, dem es immer nur auf den Geschlechtsverkehr ankommt. Der Autor weist immer wieder auf seine "*schweinische Phantasie*" hin. Im letzten Teil, in dem es um Peepshows[1] geht, wird diese Figur wieder aufgegriffen. Der Autor begreift die Peepshow als Einrichtung, in der die Phantasien von Männern quasi räumlich auf den Punkt gebracht werden. Ihnen wird eine Projektionsvorlage geliefert, und sie haben gleichzeitig die Möglichkeit zur Masturbation. In den Worten Gailers:

> Überhaupt ist die Peepshow eine segensreiche Erfindung. Die beste seit langem. Kommt natürlich aus Amerika. Wenn ich recht überlege: sie ist geradezu sexualrevolutionär. Die Einheit von Reiz und Genuß. Du kannst wichsen. Sofort.

Ein wesentlicher Aspekt ist in diesem Zusammenhang zu beachten; der Autor beansprucht für seine Behauptungen eine gewisse Allgemeinheit, wenn er unterstellt, daß es allen Männern so gehe: "*Wo die Frauen auch sagen, was ihre Körper andeuten. Und Männer denken. Immer.*" In den Leserbriefen wird von den Männern diese Unterstellung teilweise unterstützt, jedoch auch zurückgewiesen.

4.4.3. Was ist am Bezugsartikel "sexistisch"?

Zwar ist nicht zu entscheiden, ob alle Männer solche Phantasien haben; jedoch kann festgestellt werden, daß die Rolle der Frau in den Phantasien des G. Gailer einförmig ist: Sie wird durchgängig als Objekt männlicher Lust modelliert. Mit diesem Resümee ist schon teilweise die zweite Behauptung, der Artikel sei sexistisch, mitbehandelt. Denn *Sexismus*, ein analog zum Begriff Rassismus gebil-

1 Eine Peepshow ist eine Einrichtung, in der sich Frauen (und Männer) auf eine sexuell stimulierende Weise zur Schau stellen; sie können durch das Guckfenster einer Kabine gegen Geldeinwurf betrachtet werden.

deter Terminus, bezeichnet Vorurteile und Diskriminierungen aufgrund der Geschlechtszugehörigkeit.

> Wegen der in den meisten Gesellschaften vorherrschenden patriarchalischen Strukturen wird (der Begriff *Sexismus*) fast ausschließlich zur Kennzeichnung von diskriminierenden Einstellungen und Handlungen gegenüber Frauen verwendet bzw. zur Kennzeichnung von Bevorzugung und Verherrlichung des männlichen Geschlechts. (Fuchs et al. 1978: 689)

Für die Phantasien des Gailer gelten sicher beide Aspekte der begrifflichen Bestimmung, nämlich sowohl die Diskriminierung von Frauen als auch die Verherrlichung des männlichen Geschlechts, aber wieder muß auf den Unterschied von Phantasie und Realität hingewiesen werden: Sicher steht die Phantasie in einem Verhältnis zur Realität, wenn auch in einem sehr komplexen. So wird aus psychoanalytischer Sicht Phantasie zum imaginären Szenarium, in dem ein Subjekt sich einen unbewußten Wunsch erfüllt; dies geschieht aber nicht ohne Brechungen und Abwehrvorgänge (cf. Laplanche/Pontalis 1967: 388). Nun sind verschriftete Phantasien nicht mit Tag- oder Nachtträumen gleichzusetzen, die Frage nach der subjektiven und gesellschaftlichen Basis der Phantasien, genauer: nach den Wünschen des Autors, ist jedoch in die Deutung des Textes miteinzubeziehen.

Wir müssen jetzt für kurze Zeit die Sicherheit versprechende Textgrundlage verlassen und uns nach Möglichkeiten der Beantwortung der eben gestellten Frage, die Wünsche des Autors betreffend, umsehen, denn Gailer selbst gibt keine expliziten Hinweise auf die Basis seiner Phantasien. Wie kann also das Nicht-Geschriebene in die Überlegungen miteinbezogen werden? Wenn es richtig ist, daß jede Zeichenverwendung als eine Wahl zwischen alternativen Möglichkeiten zu rekonstruieren ist, dann muß die Frage auch legitim auf die Wahl des Themas und die Organisation des Textes bezogen werden können. Während die sexuellen Phantasien und die damit zusammenhängenden autoerotischen Praktiken ausschließlich im Mittelpunkt des Textes stehen, so bleibt das Problem von interpersonaler Sexualität, von heterosexueller Praxis, ausgespart. Jedenfalls gibt es in der TAZ-Veröffentlichung keinen Hinweis darauf (das ist in der längeren Fassung, die in "Ästhetik und Kommunikation" veröffentlicht wurde, anders). Trotzdem wird Gailer in Leserbriefen der Wunsch nach interpersonaler Sexualität unterstellt. So heißt es im folgenden Beleg:

(21) a) Er (Gailer; R.V.) ist heterosexuell, d.h. er bevorzugt sexuellen Verkehr (was immer das auch ist) mit Angehörigen des anderen Geschlechts
b) Ihm macht dieser Verkehr offensichtlich Spaß
c) Diesen Spaß würde er gern öfters haben
d) Vielfältige Hinderungsgründe stehen in dieser Gesellschaft jedoch der Verwirklichung von c) entgegen
e) Er sucht und findet Ersatzbefriedigung gelegentlich in Pornos und Peep-Shows (.) (14.10.)

Diese Einschätzung Gailers ist insofern interessant, als nur der in e) ausgedrückte Sachverhalt auch textuell ausgedrückt wird. Trotzdem hat diese Lesart einigen Reiz, weil hier versucht wird, die Textoberfläche zu verlassen, genauer: ihre Voraussetzungen in den Blick zu bekommen. Dabei verwendet der Autor ein normatives Modell von Sexualität, das in dem Ausdruck *Ersatzbefriedigung* zusammengefaßt ist: Die "eigentliche" Sexualität ist interpersonal, heterosexuell, und alle Formen von Autosexualität erscheinen nur als Ersatz. Daß diese Deutung mit der des Autors übereinstimmt, zeigt ein Blick auf den letzten Abschnitt der längeren Fassung (in "Ästhetik & Kommunikation"): Dort stellt er der Möglichkeit, die Phantasie anzuregen, eine andere, besser bewertete gegenüber:

> Nicht immer nur im Kopf. Immer nur die Kopf-Schwanzeinbahnstraße. Mal mehr ausprobieren. Vielleicht mal mit der Freundin? Statt sich gleich vom Analytiker den Schwanz endgültig verbiegen zu lassen. Mal praktisch neugierig sein. Nicht nur kopfpotent. Was dann wohl passiert? (Gailer 1980: 95)

Diese textschließende Passage, in der in der TAZ veröffentlichten Fassung herausgestrichen, zeigt deutlich, daß der Autor in der längeren Version sein Thema, die Zulässigkeit von Männerphantasien in Hinblick auf die Probleme interpersonaler Sexualität, als eine freche, aggressive Umkehrung einer resignativen Interpretation der Geschlechterbeziehung gestaltet. Mit dieser Deutung wird auch die in Text (II:7) vorgetragene Lesweise plausibel. Dort erscheint ein Zitat aus Hesses "Siddhartha", in dem eine Liebesbeziehung einer erfahrenen Frau zu einem jungen Mann als ein Lernprozeß gestaltet wird. Die Autorin kommentiert das Zitat so:

(22) Ich muß Deiner Hoffnungslosigkeit (Gernot Gailer) diese Sätze aus H. Hesses Siddhartha entgegensetzen, weil ich sonst ersticke. Vielleicht verstehst Du ein bißchen.

In dieser etwas kryptischen Formulierung wird die eben entwickelte Lesart bestätigt: Der Ausdruck "Hoffnungslosigkeit" spielt auf die Haltung des Autors an, die sich in dem Text ausdrückt, die jedoch nicht sprachlich gestaltet ist. Genau darauf ist auch das *ersticken* im *weil*-Satz zu beziehen: Der Autor hat seine Kritik der Entfremdung des Geschlechterverhältnisses so pointiert auf die Forderung nach Autonomie der Männerphantasien zugespitzt, daß die Kritik nicht mehr sichtbar wird.[1] Zu dem Formulierten, so läßt sich vorläufig resümieren, tritt auch das Nicht-Formulierte; die strukturellen Eigenschaften des Formulierten verweisen auf nicht im Text Organisiertes. Wir können nun das Verhältnis von Realität und Phantasie neu bestimmen: Weil der Autor eine resignative Deutung des Geschlechterverhältnisses hat, tritt er aggressiv auf, die Männlichkeit herauskehrend. Mit diesem entschiedenen Geständnis gelingt es

---

1 Die Einschwärzung des Raums vor dem in Klammern erscheinenden Pseudonym läßt die Vermutung zu, daß hier vorher der Name des Autors stand: Daraus ergibt sich die Hypothese einer persönlichen Bekanntschaft der Schreiberin mit Gailer; diese Idee wird aber nicht weiter verfolgt.

ihm einerseits, die Frauen zur entschiedenen Formulierung von Positionen zu veranlassen, andererseits erschwert er seinen Lesern den Zugang zum Text, indem er sein Anliegen nicht in den von der Gegenkultur gewünschten Formen artikuliert. Dies nimmt auch der Autor des folgenden Textabschnitts an:

(23) Weit entfernt davon, mit soziologischem Background und gesellschaftspolitischen Analysen die Ausbeutung und Vermarktung des Menschen und seiner Bedürfnisse durch die kapitalistische Pornoindustrie aufzudecken, anzuprangern und zu brandmarken, ... bekennt der Schreiber ungeniert und öffentlich, noch dazu auf einer ganzen, kostbaren Seite der taz seinen Spaß und Lustgewinn, den er AUCH aus solchen Quellen zu schöpfen beliebt. (10.10.)

Wenn also eine andere Form gewählt worden wäre, so die Hypothese, so hätten auch die frauenbewegten Frauen diese Form der Kritik akzeptieren können.

Geschlechtsmerkmale			sexuelle	Sonstiges
primäre (äußerlich) -		sekundäre	Handlungen	
männlich	weiblich	weiblich		
1 Schwanz	Fotze 2	dunkles Schamhaar	aufgeilende	geile junge Sau
	Spalte 3	Dreieck	fordernde Fickbewegun-	fickbereite Frau
	Loch	schwarzes Dreieck	gen (machen)	fordernd und
	Pflaume 3	Brüste		geil
	Schlitz		(die Schenkel) spreizen	
2	Fotze 4	genitale Zone	jdn. haben	fickbereit
	Schamlippen	Titten	(mit den Augen) ficken	
3 Schwanz				nackte Frauen
				nacktes Fleisch
4 Schwanz				scharfe Sachen
				Schweinereien
				Blechfotze
				nackte Pärchen
				schweinischer
				Phantasieapparat
				geiler Spießbür-
5 Schwanz	Fotze		wichsen 2	ger
Hammer			Schenkel weit spreizen	
			lasziv die Spalte öffnen	
			Fotzen klaffen	
			laß Dich fallen, spritz ab	
			flirten	
			mit den Titten ziehen	

Tabelle 11: Der Wortschatz des Sexuellen im Artikel von Gernot Gailer[1]

Ich möchte mich jetzt auf einen Aspekt der sprachlichen Formen konzentrieren,

1 Die Ziffern links verweisen auf die Teile des Bezugsartikels, die Ziffern nach den Belegen geben deren Anzahl an.

der gleichfalls zu den konfliktträchtigsten gehört: nämlich auf das Vokabular des Sexuellen. In allen Teilen des Textes verwendet der Autor Vulgarismen zur Bezeichnung von primären Geschlechtsmerkmalen. Auch dieser Aspekt zeigt, ähnlich wie die Inszenierung der Geschlechterbeziehung, die Kohärenz der einzelnen Teile des Artikels. Eine Übersicht über den Wortschatz des Sexuellen im Bezugsartikel in Tabelle 11 [<217] zeigt, daß der Ausdruck *Fotze* für weibliche primäre Geschlechtsmerkmale durchgängig verwendet wird, auch bei den sexuellen Handlungen fällt die Dominanz von *ficken* auf, während fast das männliche Glied fast ausschließlich vom Ausdruck *Schwanz* denotiert wird. Zu den genannten Ausdrücken tritt noch *Titten*, während Metaphern wie *Spalte*, *Loch*, *Pflaume* oder *Schlitz* auf die dem Text eigentümliche Form der Sexualisierung verweisen. Mit der Verwendung solcher Ausdrücke greift der Autor einen Topos der Frauenbewegung auf, der behauptet, das Sexuelle sei nur auf einer niedrigen Stilebene oder aber wissenschaftlich zu bezeichnen. In der Formulierung von Verena Stefan heißt es:

> Alle gängigen ausdrücke - gesprochene wie geschriebene - die den koitus betreffen, sind brutal und frauenverachtend (bohren, reinjagen, stechen, verreissen, einen schlag hakken, mit dem dorn pieken usw.). der linke jargon drückt die machtverhältnisse unverändert aus, bezeichnet sie allenfalls eine spur unbeholfener - der linke 'Schwanz' dringt in die linke 'möse' ein, und die personen 'bumsen' (lustvoll) miteinander. die vorgänge selber bleiben unangetastet. (1975: 3)

Die Argumentation ist deutlich: Das Vokabular des Sexuellen ist "frauenverachtend", weil auch die Sexualität selbst so ist; die Ausdrücke sind "brutal", weil der Koitus brutal ist. Während Stefan also Wörter und Verhältnisse als analoge annimmt, werden die beschriebenen Vulgarismen im Gailer-Text zu Provokationen, in denen auf den Zusammenhang von Sprache, Sexualität und Gewalt, wie er in der Frauenbewegung diskutiert wurde, angespielt wird. Die heftigen Reaktionen angesichts des Umgangs mit "verbotenen Wörtern" werden auf diesem Hintergrund verständlich.

So verweisen sowohl das Vokabular als auch die Gestaltung der Geschlechterbeziehung auf die Theorie der Frauenbewegung in den späten 70er Jahren. Sexualität wurde in einen größeren gesellschaftlichen Rahmen eingeordnet; der Begriff des Patriarchats, wie er etwa bei Millett (1969: 37-84) entwickelt wird, erfaßt die Gesellschaft als durch Männer dominierte, in der die Frauen in Gewalt- und Abhängigkeitsverhältnissen lebten (cf. auch Janssen-Jurreit 1985: 505-529). Die Entfaltung sexuellen Verhaltens wird als Gewaltverhältnis charakterisiert, in dem die Frauen zu Erfüllungsgehilfinnen des männlichen Triebes werden: So weist etwa Schwarzer (1975: 180) darauf hin, daß die sexuellen Bedürfnisse der Frau ihr nicht bewußt seien, sie würden vielmehr unterdrückt und deformiert. In diesem Kontext der Kritik des Patriarchats wird auch das Gewaltproblem virulent: In dem Maße, wie Frauen sich den Formen männlicher Sexualität unterzuordnen haben, wird auch die Durchsetzung dieser Formen durch physische Gewalt zum Gegenstand. Der Extremfall der Vergewaltigung, also das gewaltsame Erzwingen des Geschlechtsverkehrs, gerät so zur Metapher für alle Formen männlicher Sexualität. In diesem Zusammenhang ist auf die Penetrationskritik Schwarzers zu verweisen (1975: 203 ff.), die die Forderung nach einer radikalen Veränderung des sexuellen Verhaltens impliziert. Jedoch wird der Vergewaltigungsbegriff noch erweitert auf die Konstitution der Mann-Frau-Beziehung im Patriarchat. Auf diesem Hintergrund erscheint die im Gailer-Artikel inszenierte Stilisierung der Frau als Objekt männlicher Lust als Ausdruck patriarchalischer Gewaltverhältnisse. Und, könnte noch hinzugesetzt werden, diese lesen sich als eine freche Antwort auf die von der Frauenbewegung aufgeworfenen Fragen. Jedoch reichen dem Autor die inhaltlichen Anspielungen nicht aus: Die Frauenbewegung wird als Gegner gestaltet. So finden sich Textbelege, in denen die Frauenbewegung explizit erwähnt wird. In Teil 2, in dem der Autor über den Inhalt seines schwarzen Koffers schreibt, heißt es in einem fiktiven Dialog:

(24) Und stell dir mal vor, da kommt dann grad die Frauenbewegung vorbei! Und da nützen dir dann auch die Spitzenpolitiker in Playboy und Lui nichts ...

Zwei Phänomene sind hier zu beachten, nämlich die textuelle Verknüpfung und die Anthropomorphisierung des Abstraktums *Frauenbewegung*. Zum letzteren: Konkrete Personen, die sich als Angehörige einer bestimmten politischen Richtung zu erkennen geben, erscheinen nicht, sie bleiben in der Verknüpfung des Abstraktums mit einem Bewegungsverb ausgespart. Auch hier ließen sich Verbindungen zu den Eigenschaften von Teil 1 ziehen, nämlich in der Anonymität potentieller Akteure, die nur mehr als Abziehbilder ihrer politischen Überzeugungen erscheinen. Im textuellen Zusammenhang ist auch eine Aussparung zu konstatieren. Der "*schwarze Koffer*" Gailers ist eben auch deswegen nötig, weil in der Frauenbewegung die hierin zum Ausdruck kommende Sexualität einer heftigen Kritik unterworfen ist: Um dies auszudrücken, reicht die Form einer kontrafaktischen Befürchtung, die nicht darauf angewiesen ist, die Folgen der befürchteten Konfrontation mitauszudrücken, weil der links-alternative Leser diese Positionen schon kennt.

An einer anderen Stelle,[1] nämlich in Teil 5, an der es um die Peepshow geht, wird noch einmal auf die Frauenbewegung Bezug genommen. Da diese Stelle auch oft in den Leserbriefen wörtlich zitiert wird, soll sie an dieser Stelle ausführlich dokumentiert werden.

(25) Du weißt ja sowieso kaum noch, wo Dir der Hammer hängt. Immer nur Druck und keine Entladung. So richtig jedenfalls. In Ruhe. Und mit Genuß. Ja mit Genuß. Sondern immer nur schnell auf der Toilette. In 'nem Kaufhaus. Oder in der Kneipe. Wo die anderen schon klopfen. Daß es schneller geht. Wo die blöden Sprüche stehen. Statt das mal einer ein

1 Auf einen weiteren Beleg in Teil 4 - es geht um die Entlarvung des Liedermachers Biermann als Chauvinisten durch die Frauenbewegung - werde ich nicht weiter eingehen.

Bild hinhängt. Und dann noch die Frauenbewegung.
Gerade die.
Diese Frauenbewegung. Als ob wir nicht schon genug zu tun hätten. Mit unserer Triebökonomie. Dann kommen die da an. Schwanz ab heißt das gleich, wenn wir mal 'ne Sekunde zu lange gelinst haben. Schwanz ab, nein danke, sage ich da. Ganz selbstbewußt. Und: die eigentlich Unterdrückten sind doch wir. Wir Männer. Nieder mit der Frauenbewegung. Für mehr Peepshows.
Das ist kein Witz. Ehrlich. Ich bin für die Peepshow. Die Frauenbewegung nützt mir überhaupt nichts. Die Frauen in der Peepshow verstehen mich viel besser. Genau wie sich. Und ihren Körper.

An dieser Stelle wird die zuvor implizit geführte Konfrontation mit Positionen der Frauenbewegung explizit gemacht. Nachdem der Autor auf die männliche Erregung stimulierenden Reize in der Werbung etc. eingegangen ist, klagt er das Recht auf Masturbation ein, indem er unter Rückgriff auf ein hydraulisches Triebmodell[1] Orte von Masturbation aufzählt. Dieser Absatz endet dann mit dem Verweis auf die Frauenbewegung. Geradezu beschwörend, in dem Text eigentümlichen Aneinanderreihungen von Ellipsen, wird der Ausdruck *Frauenbewegung* eingeführt, noch unterstützt durch die Anordnung unter Verwendung des graphemischen Mittels des Absatzes. Der erste Absatz endet mit dem referierenden Ausdruck. Die darauf folgende Ellipse mit einem anaphorischen Artikel akzentuiert dies noch. Der darauf folgende dritte Absatz schließlich leitet mit einer demonstrativen Hervorhebung die textuelle Konfrontation mit "männlichen" Positionen ein. Dieser Verallgemeinerungsanspruch läßt sich mit der Verwendung des *wir* belegen. Sodann wird eine Forderung der frühen Frauenbewegung zitiert, nämlich das "Schwanz ab" für sexistisch sich verhaltende Männer (cf. SCUM Manifesto 1968). Der Autor gestaltet dieses Zitat, indem er eine aus der Anti-Atomkraftwerksbewegung bekannte Formel, Protest auszudrücken, aufgreift (*Schwanz ab, nein danke*). Die Vertextung dieses Ausdrucks mit *sagen* als Verbum dicendi, ohne jedoch mit den an dieser Stelle obligatorischen Anführungszeichen, legt eine Deutung als Selbstzitat nahe. Die folgende Ellipse stützt die Entschiedenheit der Forderung. Das nachfolgende *Und* stellt die Verbindung zu *sagen* her, es folgt also wieder eine wörtliche Rede, die wiederum nicht als solche gekennzeichnet ist: Die Behauptung nämlich, daß die Männer die Unterdrückten seien, und schließlich die Forderung *Nieder mit der Frauenbewegung. Für mehr Peepshows*. Damit ist die Position des Autors auf den Punkt gebracht, wenngleich auch als Selbstzitat gebrochen.

Es schließt ein neuer Absatz an, der mit dem Kommentar *Das ist kein Witz. Ehrlich.* eingeleitet wird. Es folgt eine Gegenüberstellung der Frauen in der

1 Zu dieser Konzeption von Sexualität, wie sie auch in der Psychoanalyse vertreten wird, cf. Schorsch 1980.

Peepshow mit denen der Frauenbewegung, die in der Feststellung, die Frauen in der Peepshow seien die eigentlich Emanzipierten, zugespitzt wird. Für das Verständnis dieses Abschnittes entscheidend dürfte die Deutung der beiden Textebenen sein, die durch die Verba dicendi *heißen* und *sagen* markiert werden. Der imaginierte Dialog zwischen einer Frau aus der Frauenbewegung und dem Autor läßt unterschiedliche Deutungen zu, die sich auf eine "eigentliche" und eine "uneigentliche" Lesart konzentrieren lassen. Die eigentliche nimmt die Behauptung des Autors ernst und unterstellt sowohl die Opposition gegenüber der Frauenbewegung als auch die Glorifizierung der Peepshows. Exemplarisch wird dies in der folgenden Beurteilung des zentralen Zitats zum Ausdruck gebracht:

(26) In unserer Gesellschaft sind die Männer und Frauen unterdrückt. Jedoch die Frauen doppelt unterdrückt. (...) Und noch was zu deiner Verherrlichung der Peep-Shows: In einer freien und menschenwürdigen Gesellschaft, wo Männer und Frauen gleichberechtigt wären, gäbe es keine Peepshows, Prostituierte usw. (19.9.)

Jedoch lassen die aufgewiesenen Merkmale auch eine andere, "uneigentliche" Lesart zu, die für den oben behandelten Abschnitt Ironie unterstellt. Diese Lesart stützt sich auf den Kommentar *Das ist kein Witz. Ehrlich*, der sich auf die Parole *Nieder mit der Frauenbewegung! Für mehr Peep-Shows!* bezieht. Die Analyse beginnt am Ende: Mit dem *ehrlich*, ironisch gelesen, wird die zuvor behauptete Klassifizierung der Parole als Witz aufgehoben, annäherungsweise in der Lesart "Das ist doch kein Witz". Nun reicht aber die einfache Negierung des Behaupteten nicht aus; denn wer behauptet was? Der Autor zitiert sich selbst, aus einem fiktiven Gespräch mit Frauen der Frauenbewegung. Mit dem Kommentar wird ein Ebenenwechsel vollzogen. Der Distanzierung im Zitat folgt die Distanzierung durch die Ironie. Was bleibt? Sicher die Polemik gegen die Frauenbewegung - dies konnte ja auch am Text gezeigt werden, nicht hingegen die Glorifizierung der Peepshows, die als ironische Herstellung einer Oppositionsbeziehung gelesen werden kann. Eines der Probleme, die der Text aufwirft, scheint die Ironie zu sein, die die Rezipienten nicht miteinbezogen haben; die Ironieindikatoren sind, wie gezeigt, im Text nur schwer zu finden.

Wenn von den Gegnern Gailers die Rede ist, muß auch auf die Rolle von Theoretikern, Professoren eingegangen werden. In Abschnitt 4 setzt sich der Autor kritisch mit den in dem Sonderheft der Zeitschrift "Konkret" vertretenen Positionen auseinander. Der Autor wirft der Zeitschrift vor, eine theoretisierte Sexualität, keine sinnliche, zu propagieren, wenn in einem solchen Themenheft überwiegend Wissenschaftler schrieben und keine "*Schweinereien*" zu finden seien. Die Auseinandersetzung mit "konkret" in Teil 4 wird nur so kurz abgehandelt, weil sie in der Leserbriefdebatte nur in einem Beleg (vom 10.10.) kurz gestreift wird, denn die angegriffenen Theoretiker der Sexualität melden sich nicht zu Wort.

Die Diskussion des Sexismus-Vorwurfs hat deutlich gemacht, daß vom Autor zwei Schuldige für die Krise der Sexualität bei den Linken benannt werden: Die Frauenbewegung mit ihrer Kritik des Patriarchats und die Sexualwissenschaftler mit ihrer distanzierten Auseinandersetzung mit Sexualität.

4.4.4. Verletzt der Gailer-Artikel ein Tabu der links-alternativen Gegenkultur?

Nun zu der Behauptung, der Artikel verletze ein Tabu in der linken Gegenkultur. In Leserbrief (II:3) wird diese Rezeptionsweise zum ersten Mal artikuliert:

> (27) Ich vermute, daß der Artikel von Gernot Gailer mit aggressiver Kritik überschwemmt werden wird. Schon deshalb, weil er die Frechheit besitzt, ein linkes Tabu, das Offenlegen und Bejahen der sexuellen Phantasien zu ignorieren. (19.9.; II:3)

Tabuisiert seien also das "*Offenlegen und Bejahen der sexuellen Phantasien*", eine These, die insbesondere der 2. Abschnitt des Textes nahelegt. In dieser Passage entfaltet der Autor die inhaltliche Position, mit der er seine Phantasien verteidigt. Er benutzt dafür die Opposition von "gefährlich" und "ungefährlich": Ungefährlich seien die politischen Texte, aber auch die im Bücherschrank vorzeigbaren Werke der erotischen Literatur. Gefährlich dagegen seien die Abbildungen von nackten Frauen in den einschlägigen Publikationsorganen: etwa aus "konkret" oder "das da", beides linke Zeitschriften mit kritischem Anspruch, oder in den sog. "Herren"-Magazinen, in denen entweder die Nacktheit ästhetisch verbrämt werde oder die eindeutige Phantasievorlagen lieferten. Aus dem Ensemble der "gefährlichen" Photos werden die "*Produkte der skandinavischen Pornoindustrie*" ausgegrenzt, weil die hier gezeigten Menschen zu häßlich seien. Worin besteht nun die Gefahr? Der entscheidende Abschnitt in diesem Zusammenhang wird durch die graphemische Gestaltung in der Zuordnung einzelner Sätze und Absätze hervorgehoben:

> (28) Auf sowas steh ich.
> Davor haben die Linken Angst.
> Ich auch, wenn's öffentlich wird.

Wer hat wovor Angst? Die Behauptung am Ende dieses Abschnitts, daß alle Männer solche Phantasien wie der Autor haben, verweist auf die Problematik: Im gesamtgesellschaftlichen Maßstab dürften solche Bearbeitungsformen gängig sein, innerhalb der links-alternativen Gegenkultur schließt die Kritik hegemonialkultureller Umgangsformen auch die Sexualität mit ein. Diese Kritik hat durch die Entstehung und Entfaltung der Frauenbewegung in den 70er Jahren eine radikale Zuspitzung erfahren, so daß männliche Phantasien keinen Raum in der gegenkulturellen Öffentlichkeit fanden: Der normative Druck schloß selbstverständlich das Bekenntnis zu frauenfeindlichen Männerphantasien aus.

Das war aber nicht immer so, denn die Beschäftigung mit Sexualität hatte in der Geschichte der linken Gegenkultur eine gewisse Bedeutung. In historischen Perspektiven lassen sich auch Stationen der Beschäftigung mit Männerphantasien feststellen. In dem 1974 erschienenen Aufsatz von Peter Schneider mit dem Titel "Die Sache mit der 'Männlichkeit'. Gibt es eine Emanzipation der

Männer?" werden die zentralen Aspekte der Auseinandersetzung mit männlichem Verhalten in der Frauenbewegung aus einer männlichen Perspektive thematisiert. Schneider unterscheidet zwei Varianten von männlichem Verhalten in Reaktion auf die Herausforderung durch die Frauenbewegung: nämlich einmal die Möglichkeit, die traditionelle Männerrolle stark zu machen, und zum anderen die Möglichkeit, auf diese Rolle zu verzichten und sich den Frauen anzubiedern (113). Auf diese Unterscheidung wird auch in der Debatte angespielt, wenn die Gegenüberstellung von "Chauvi" und "Softie" zitiert wird, Ausdrücke, die in der Frauenbewegung benutzt werden, um Männer zu typisieren. Mit der Kritik des männlichen Sexualverhaltens geraten auch deren Phantasien in den Blick als durch die kapitalistische Ausbeutung geprägte. Schneider befürchtet, daß die Männer durch die gesellschaftliche Idealisierung daran gehindert würden, ihre Sexualität und die damit verbundenen Emotionen zu akzeptieren (117). Während Schneider noch die Entfremdung von den Frauen befürchtete, die Abwendung der Frauen von den Männern in Aussicht stellte, ist im sechs Jahre später erschienen Artikel von Gailer die durch die Frauenbewegung evozierte Dissoziation der Geschlechter - zumindest innerhalb der links-alternativen Gegenkultur - soweit fortgeschritten, daß die Frauen als konkrete in seinen Phantasien gar nicht mehr erscheinen. Insofern gibt es schon einen Bezug zwischen beiden Aufsätzen; die Behauptung, das Offenlegen der Phantasien würde ein Tabu brechen, bezieht sich dann auf die Entwicklung in diesen sechs Jahren, die durch eine Verbreiterung des Einflusses der Frauenbewegung innerhalb der Gegenkultur gekennzeichnet ist. In diesem Zusammenhang ist auch auf das 1977 erschienene Buch "Männerphantasien" von Klaus Theweleit zu verweisen, der die gesellschaftlichen Bedingungen der Faschismuskonstitution an den Äußerungen von Subjekten als kollektive Deformationen nachweist. Sein Buch wurde auch in der Linken sehr intensiv rezipiert; allerdings war das Erkenntnisinteresse auf die Rekonstruktion von individuellen Voraussetzungen des Faschismus gerichtet; ein historisches Thema also, das nicht so sehr auf die Gegenwart zu beziehen war. Jedoch hat die Rezeption dieses Buches die Möglichkeiten geschaffen, differenzierter über Phantasietätigkeit zu reden; und genau der Forderung nach einer kritischen, die gesellschaftlichen Bedingungen miteinbeziehenden Analyse entzieht sich der Autor Gailer, so daß er, auch auf methodischer Ebene, die linken Standards ignoriert.

Die historische Rekonstruktion verweist auf die Behandlung der linken Geschichte im Bezugsartikel. Im dritten Teil, "Zeitraffer" betitelt, beschreibt der Autor die Ausgrenzung von einer ganz bestimmten Art und Weise, Sexualitätsthemen zu beschreiben, indem er zunächst die These der Studentenbewegung: Lust, Sex und Politik gehörten zusammen, aufgreift, um dann die zunehmende Distanzierung zu beschreiben, die im wesentlichen als Theoretisierung von Sexualität bzw. ihrer wissenschaftlichen Aneignung gesehen wird. Die sich in den 70er Jahren entwickelnde Frauenbewegung wird durch den Verweis auf Kate Milletts "Sexus und Herrschaft" in den Text integriert. Für die Entwicklung der

Argumentation liefert dieser Absatz die Unterscheidung von Theorie und Trieb, von Kopf und Bauch, einer Theorie, die mit den eigenen Empfindungen nichts zu tun habe. Und diejenigen, die theoretisierten, wie der neue Herausgeber von "konkret", Gremliza, hätten sich durchgesetzt:

(29) Mit der endgültigen Vertreibung der nackten Frauen aus den linken Publikationsorganen steht endgültig fest: Sex und Politik ging nie, geht nicht und wird auch nie gehen.

Die Einbeziehung der historischen Perspektive hat deutlich gemacht, daß nicht, wie eingangs ein zitierter Leserbriefschreiber behauptete, das "Offenlegen der sexuellen Phantasien" das Tabu ist, sondern daß ein Linker es wagt, zu der kritisierten gesellschaftlich herrschenden Modellierung seiner Phantasien sich zu bekennen. Dieser Aspekt wird in folgendem Beleg aufgegriffen:

(30) Denn G. Gailer und seine perversen Phantasien sind Realität, auch innerhalb der Linken (außerhalb sowieso). (24.9.)

Bei dieser Problematik dürfte jedoch der Tabu-Begriff nicht angemessen sein; es handelt sich vielmehr um einen Normenkonflikt innerhalb der Linken, durch die Möglichkeit der Verknüpfung von Politik und Sexualität auch ideengeschichtlich an die Gegenkultur anzuknüpfen. Auch dies ist ein Aspekt, der das Provokationspotential des Textes positiv beeinflußt. Mit diesen Überlegungen erhalten auch die Zuammenhänge des normativen Konflikts die nötige Tiefenschärfe [<187].

Wir müssen uns jetzt mit der institutionellen Auseinandersetzung im TAZ-Projekt bzw. der -Redaktion befassen. Das Sexismus-Problem wird schon früh in der TAZ-Geschichte aufgeworfen: Im Mai 1979 löste ein Artikel über ein Jazz-Konzert am 22.5.1979 mit dem Titel "'Titten raus und Stimmung'" eine erste Kontroverse aus. Bereits einen Tag später protestierte eine TAZ-Redakteurin "im Namen vieler taz-Frauen" dagegen. In dem Artikel wird die Frage nach der Funktion der Frauenredaktion gestellt, wenn in der TAZ Abwertendes über Frauen als Aufmacher für Artikel in Bildzeitungsmanier benutzt werde. Die Vorwürfe gegen die für die Plazierung Verantwortlichen lassen sich als Beleidigung bzw. Verachtung von Frauen zusammenfassen. Und es wird eine erste Debatte um die Zulässigkeit solcher Überschriften auf der Diskussionsseite geführt. In der Folge erscheinen zahlreiche Leserbriefe zum Thema, in denen in der Regel die Frauenkritik gestützt wird. Das skizzierte Muster stimmt in der Tat auch mit der späteren Debatte überein. Aber es gibt weitere Gelegenheiten, sich an diesem Muster zu üben. So erschien am 31.7.1980 ein Aufruf des Frauenzentrums Bremen, der sich an alle Frauen richtete, die über die Frauendiskriminierung in der TAZ empört seien. Als Belege werden vier in der TAZ abgedruckte Witze gebracht. Diesem Aufruf schlossen sich in der Folge weitere Leserinnen an. Gedichte, in denen Sexualität thematisiert wird, wurden am 14.8.1980 auf der Inlandseite veröffentlicht und zogen weitere Leserreaktionen nach sich, alles schon unter dem Kennwort "Sexismus-Diskussion". Am 22.8.1980 erscheint zweiseitig ein Artikel über Prostitution, am 28.8.1980 fordert ein Leser auf Seite 3 "Mehr Sexualität in der taz" und noch am 10.9. schreibt, auch auf dieser Seite, ein anderer über "linke Sexualität".

Diese Rekonstruktion der Vorgeschichte zeigt, daß auf der inhaltlichen Ebene bei den Lesern bereits eine Polarisierung stattgefunden hatte, die Sexismus-Debatte schon sehr früh beginnt und das Erscheinen des Gailer-Artikels nur auf diesem Hintergrund plausibel wird. An dieser Stelle ist noch auf die TAZ-internen Entwicklungen einzugehen. In der Redaktion hatten sich zwei Fraktionen herauskristallisiert, die unterschiedliche Konzeptionen einer links-alternativen Tageszeitung vertraten. Die Gruppe der "Graumäuse" vertrat die Ansicht, die TAZ solle als Sprachrohr der Basisbewegungen dienen, während die "Paradiesvögel" eine kritische und aggressive Berichterstattung forderten.[1]

> Die "Graumäuse" ... versteifen sich auf die äußeren Zensuren wie Berufsverbot, Klassenjustiz, Diskriminierung von Minderheiten und Underdogs. Ihr Gegenüber sind die traditionellen linken Organisationen. Die "Paradiesvögel" ... versuchen hingegen, alle Kulturen, gerade auch die linken, bei ihrer inneren Zensur zu ertappen. Sie reißen Tabus auf und Prinzipien nieder ... (Frey 1980)

Auf diese Fronten wird insbesondere in den Texten von TAZ-Redakteuren verwiesen. Kein Zweifel, daß die "Paradiesvögel" den Gailer-Artikel in die TAZ bringen wollten, um die Sexismus-Diskussion anzuheizen.

Bei der Behandlung dieser Fragen kommt ein wichtiger Aspekt zur Geltung, der für die Einschätzung der Veröffentlichungspolitik der TAZ sehr wichtig ist und auf die Ebene des institutionellen Konflikts verweist [<187ff]: Die Provokation, also die Veröffentlichung des Artikels war eine doppelte: Sie war sowohl an die konkurrierende Fraktion als auch an die Leserschaft adressiert, die in der Behandlung des Sexismus-Problems bereits über eine gewisse Erfahrung verfügte.

Nun folgt eine Untersuchung der redaktionellen Behandlung des Bezugsartikels. Der Gailer-Artikel ist - wie schon erwähnt - die gekürzte Fassung eines Aufsatzes, der im gleichen Monat im Heft 40 der Zeitschrift "Ästhetik und Kommunikation" erschien. Eine Untersuchung der Kürzung kann zur Klärung der Frage beitragen, ob die vielfach in Leserbriefen unterstellte provokative Absicht einzelner Redakteure auch vorhanden war. Ich verfolge die These, daß einerseits durch den Abdruck in einem anderen Medium und andererseits durch die Kürzungen das Provokationspotential des Artikels gesteigert wurde.

Das Heft 40/41 von "Ästhetik und Kommunikation" hat das Schwerpunktthema "Sexualität", d.h. von den 36 im Inhaltsverzeichnis aufgeführten Beiträgen behandeln 28 dieses Thema, die auf den Seiten 5 bis 198 (von insgesamt 240) abgedruckt sind. Intern ist dieser Block noch weiter gegliedert: Die Zwischenüberschriften tragen die Titel "Schwule", "Frauen", "Wunsch & Praxis", "Liebe",

---

1 Diese Bezeichnungen gehen zurück auf einen am 28.7.1980 in der TAZ veröffentlichten Artikel mit dem Titel "Das Märchen von den Graumäusen & den Paradiesvögeln. Eine wahre Begebenheit aus dem Norden Berlins", in dem die Spannungen innerhalb der TAZ allegorisch beschrieben werden.

"Wißbegier" und "Rezensionen" (von Büchern, in denen Sexualität behandelt wird). Der Gailer-Artikel ist im Abschnitt "Wunsch & Praxis" auf 15 Seiten abgedruckt und gehört damit zu den längeren Beiträgen des Heftes. Eine inhaltliche Einordnung würde den Rahmen dieser Arbeit sprengen; allein die genannten quantitativen Informationen zeigen, daß im Rahmen eines Themenheftes einer Zeitschrift das Provokationspotential dieses Artikels sehr viel kleiner ist, da noch viele andere auch die Position Gailers relativierende Artikel (so etwa ein Beitrag zur Sexualitätsdebatte in der Frauenbewegung) abgedruckt waren. Der Rahmenwechsel, ein Abdruck in einer Tageszeitung, erhöht das Provokationspotential des Textes erheblich, da dieser nun als isolierter erscheint, von allen anderen unterschieden durch Thema und Stil.

In der *TAZ* abgedruckte Version		In *Ästhetik und Kommunikation* abgedruckte Version
1. Variationen auf ein altes Thema 1		Variationen auf ein altes Thema 1
(um den Schluß gekürzt)	*1*	
2. Mein schwarzer Koffer		2. Mein schwarzer Koffer
	2	Filmarbeit: Über das Verhältnis von Vorlage und Phantasietätigkeit
		Sexualität »konkret«: Die Angst der linken vor der Pornografie (Un-zucht)
3. Zeitraffer		Zeitraffer
4. Die Krönung der Auslese		Die Krönung der Auslese
(um ein Zitat gekürzt)	*3*	
	4	Der Erzeuger: Weitere Auseinandersetzung mit Sexualität »konkret«
		Nachschlag: Die Sexualfeindlichkeit der taz
		Sexualität konkret: Die Welt des Durchschnittswichsers
		Die Anfängerschulung: Material beschaffen
		Nackte Prominente
		Ein Mädchen wie du und ich
5. Peepshow	*5*	Peepshow
		Die Freundin von B.
		Traum: Die H.
		Variation auf ein altes Thema 2. Möglichkeit

Tabelle 12: "Eine Traumfrau zieht sich aus": Vergleich der beiden Fassungen (TAZ, 12.9.1980; Ästhetik und Kommunikation 40)[1]

Eine Analyse der Streichungen in Tabelle 12 zeigt, daß wesentliche Teile des Artikels also ausgelassen wurden. Die Kürzung des ersten Teils etwa führt zu einer Aussparung des Abschnitts in der sexuellen Szenerie, in der der Mann sich der Lust der Frau unterwerfen muß. Die Auslassung des Abschnitts mit dem Titel "Filmarbeit" ist folgenreicher insofern, als hier eine Differenzierung der Phantasietätigkeit vorgenommen wird, in der der Phantasierer über seine Vorlagen ver-

1 Die Ziffern links beziehen sich auf die Einteilung des Bezugsartikels (cf. 4.2.1), während die kursiv gedruckten Ziffern eine Numerierung der Kürzungen darstellen.

fügen kann. Dagegen ist die dritte Kürzung relativ unproblematisch: Lediglich ein Zitat aus der in diesem Abschnitt behandelten "Sexualität konkret", das der Einführung des später als Gegner behandelten Sexualforschers Sigusch gilt. Gravierender sind die beiden letzten Kürzungen. Der Abschnitt über die Peepshow ist einem ganz anderen Textabschnitt entnommen, in dem die Möglichkeiten des Masturbierens aufgewiesen werden. Es drängt sich hier die Vermutung auf, daß dieser Teil wegen der darin enthaltenen Polemik gegen die Frauenbewegung aufgenommen wurde. Auch der letzte Teil, in der als Perspektive eine heterosexuelle Praxis angedeutet wird [<215f], bleibt ausgespart.

Durch die Kürzungen wurden die auch in dem längeren Text schon enthaltenen Thesen noch radikalisiert. Wesentlich für die Analyse des Provokationspotentials dürfte jedoch die Veränderung des Rahmens von einer wissenschaftlichen Zeitschrift zu einer Tageszeitung sein.[1]

4.4.5. Zusammenfassung

Die Analyse der Lesarten , die in den Leserbriefen in Hinblick auf den Gailer-Artikel entwickelt wurden, hat deutlich gemacht, daß zwischen der Substanz der eingebrachten Diskurspositionen und ihrer sprachlichen Gestaltung große Diskrepanzen bestehen. In dem Artikel werden die die folgenden Positionen ausgedrückt:

(a) Männer und Frauen in der linken Gegenkultur bewegen sich voneinander weg.
(b) a, und das ist schlecht.
(c) a, und dafür ist der zunehmende ideologische Einfluß der Frauenbewegung und der Theoretiker der Sexualität in der links-alternativen Gegenkultur verantwortlich.
(d) Es gibt einen Zusammenhang von Sexualität und Politik.
(e) Sexuelle Phantasien sind individuelle Leistungen und stehen in einem komplexen Verhältnis zur Realität.

Diesen Positionen, die erst durch eine genaue Textinterpretation rekonstruiert werden konnten, stehen zahlreiche Verletzungen links-alternativer Normen gegenüber, jenen Eigenschaften, die das Provokationspotential des Textes ausmachen und auf die gewählte Diskursstrategie verweisen:

(f) Das Mann-Frau-Verhältnis wird als ein männerdominiertes entfaltet.
(g) Das Pornographie-Zitat mißachtet die Pornographiekritik.
(h) Die Peepshow wird (ironisch) der Frauenbewegung gegenübergestellt.
(i) Für die Bezeichnung des Sexuellen werden durchgängig Vulgarismen verwendet.
(k) Die Ebene real gelebter Sexualität bleibt ausgespart.
(l) Es wird keine gesellschaftliche Analyse der Bedürfnisse des Autors geliefert.

1 Zum Begriff des Rahmens cf. Goffman 1974.

Die für den als Provokation analysierten Beispieltext zu bestimmende Strategie gehört zu denen, die Link (1982: 15) als "ironisch auf die eigene Kappe nehmen" beschreibt: Der Autor stellt sich selbst als sexistischen Chauvinisten dar und ironisiert so die feministische Kritik am männlichen Verhalten. Insofern kann die von ihm gewählte Schreibweise als eine der Provokation charakterisiert werden. Auch der institutionelle Zusammenhang spielte eine wichtige Rolle für das Provokationspotential des Textes: Die auch das Thema Sexismus behandelnden Debatten in der TAZ im Sommer 1980 riefen redaktionsinterne Auseinandersetzungen hervor, sowie die Tatsache, daß ein für das Themenheft einer Zeitschrift geschriebener Artikel gekürzt in einer anderen Umgebung, einer Tageszeitung, erschien.

Dem gegenüber stehen die Briefe, die die Provokationen auf unterschiedlicher Ebene bearbeiten: Die einen bleiben auf einer formalen Ebene stehen, indem sie Gailer die Produktion eines pornographischen Textes oder Sexismus vorwerfen, während die anderen, die formalen Brüche übersehend, den Charakter der Öffentlichkeit herausarbeiten und die von Gailer vernachlässigten Deutungsschemata nachreichen.

Wenn nun die Vorstellung des Provokationspotentials des Artikels systematisiert wird, dann zeigt sich insbesondere in den Aspekten f bis i, daß hier Anspielungen auf Positionen der Frauenbewegung zu konstatieren sind, die auch einen inhaltlichen Bezug - zu c - haben, während k und l gegen links-alternativen Werte insgesamt gerichtet sind. D.h.: Zu dieser Schreibweise der Provokation gehört ganz sicher die Kenntnis der Normensysteme des Gegenübers, auf die hin die eigene Position überspitzt formuliert wird. Damit, und das zeigt das Gailer-Beispiel, begeben sich die Initiatoren auf diese Ebene der Möglichkeit, ihre Position noch akzeptierbar zu machen. Insofern enthält die Form schon eine Aufkündigung der Bereitschaft zur Kooperation; dieses wird von der Gegenseite auch so aufgefaßt. Warum dann das Ganze? Ich denke, in diesem Fall einer kollektiven Provokation geht es auch um die Hegemonie der Diskurspositionen und den Versuch, der Frauenbewegung inhaltlich und formal etwas entgegenzustellen.

4.5. Diskurspositionen und -strategien im normativen Konflikt: "Frauenpower" gegen "Männersolidarität"

In diesem Abschnitt geht es um die Frage, wie in den Leserbriefen, die zum Artikel Gernot Gailers erschienen sind, das dem Text eigentümliche Provokationspotential bearbeitet wird. Die Leserbriefe sind auch als dokumentierter perlokutiver Effekt zu deuten; gleichzeitig stellen sie selbst wiederum perlokutive Versuche dar. Es geht also um den Zusammenhang von Diskurspositionen und -strategien in den Leserbriefen, die zu einem der beiden Bezugsartikel Stellung nehmen. Ich konzentriere mich auf die Untersuchung des normativen Konflikts, da die Auseinandersetzungen des institutionellen Konflikts nur ansatzweise auf der Leserbriefseite der TAZ geführt wurden und insofern nur bedingt zugänglich sind. Das schließt jedoch nicht die Notwendigkeit mit ein, die untersuchten Texte auch in Hinblick auf ihre Funktion im institutionellen Konflikt zu deuten. Es wird im folgenden um den Status von Textgruppen in der Debatte gehen: Die Texte des Korpus II sollen in bezug auf ihre Funktion im Gesamtzusammenhang des normativen und des institutionellen Konflikts bestimmt werden. Im Anschluß an die theoretische Überlegungen in Teil 4.2.4 gehe ich von der Existenz von jeweils zwei sich gegenüberstehenden Konfliktparteien einschließlich ihrer Koalitionspartner aus. Die institutionellen Konfliktparteien nenne ich - eine TAZ-interne Unterscheidung aufgreifend - die "Paradiesvögel" und die "Graumäuse" [<225], die normativen Konfliktparteien die "Frauenpower" und die "Männersolidarität". Die Konfliktparteien sind aufs vielfältigste miteinander verbunden: Die "Paradiesvögel" konnten sich mit der Veröffentlichung des Gailer-Artikels über die Einwände der "Graumäuse" hinwegsetzen; sie werden in der Debatte von allen unterstützt, die für den Abdruck eintraten - eben von der "Männersolidarität" -, während die "Frauenpower" eher die Bedenken der "Graumäuse" unterstützte bzw. in der Forderung radikalisierte, der Artikel hätte in der TAZ nicht veröffentlicht werden dürfen. Die institutionellen Konfliktparteien melden sich direkt nur selten zu Wort, indirekt greifen sie aber mit ihrer Leserbriefauswahl auch in die Debatte ein. Und daß die schreibenden Leser mehr als nur Leser zu sein beanspruchten, nämlich auch die Mitarbeit an der Gestaltung der Zeitung für sich reklamieren konnten, war oben schon erwähnt worden: Die Konflikte können nicht eindeutig voneinander abgegrenzt werden.

Ich werde im folgenden insbesondere die Leserbriefe der ersten und zweiten Phase der Debatte untersuchen und greife dabei auf die in Teil 4.2.3 vorgeschlagene Klassifikation zurück. Für die Zuordnung von Texten zur "Frauenpower" sind folgende Aspekte wichtig: Zunächst sind alle Texte von Frauen "Kandidaten" für diese Partei, die sich kritisch mit der TAZ-Praxis auseinandersetzt oder sie gänzlich ablehnt und die Männerphantasien Gailers für frauenfeindlich hält. Bei der Zuordniúng von Texten zur "Männersolidarität" stehen von Männern geschriebene Texte im Mittelpunkt, in denen die Veröffentlichung des Artikels gutgeheißen und der Gailer-Artikel zum Anlaß genommen wird, über Männerphantasien zu schreiben.

Die Analyse der eben beschriebenen Teilkorpora wird folgende Schritte enthalten: Zunächst werden die für jeweiligen Konfliktparteien einschlägigen Texte untersucht, von denen einer einer exemplarischen Analyse unterzogen wird: Ausgehend von den strukturellen bzw. den konnotativen Eigenschaften sollen die diskursiven entfaltet werden. Im Vergleich mit anderen Texten ergeben sich dann für die Besetzung der einzelnen Textsegmente *Formulierungsmuster*, also standardisierte Formen des Ausdrucks eines Inhalts, einer Position etc., die ich als Schreibweisen von Diskurspositionen oder -strategien deute: Die für die jeweilige Konfliktpartei charakteristischen Formulierungsmuster werden zusammengefaßt und auf die jeweils verfolgten Strategien bezogen. Dann werden

Texte von den jeweiligen Bündnispartnern untersucht, und schließlich erfolgt eine Bestimmung des funktionalen Werts der Texte erstens für die Debatte und zweitens für die beiden Konfliktebenen.

Mit diesem Vorgehen sollen einerseits mikroanalytische Gesichtspunkte zugänglich werden, andererseits soll eine allzu schematische Analyse[1] aller Texte - nicht nur aus Raum- und Zeitgründen - vermieden werden. Das gewählte Vorgehen verbindet beide Gesichtspunkte und eröffnet auch einen Ausblick auf den Gesamtzusammenhang der Debatte. Im folgenden werde ich zunächst die Diskurspositionen der "Frauenpower" untersuchen (4.5.1), um anschließend die der "Männersolidarität" davon abzugrenzen (4.5.2). Eine Zusammenfassung wird sowohl strukturelle als auch dynamische Aspekte des Analysierten resümieren (4.5.3).

4.5.1. "Schluß mit dem Sexismus in der TAZ": Positionen und Strategien der "Frauenpower"

Die der "Frauenpower" zuzuordnenden Texte weisen die folgende Gemeinsamkeiten auf: Sie sind von Frauen geschrieben, in ihnen wird die TAZ-Veröffentlichungspolitik kritisiert und sie kommentieren den Gailer-Artikel negativ. Aus diesem Korpus habe ich einen am 24.9.1980 erschienenen Text für eine exemplarische Analyse ausgewählt, weil dieser Text alle für die Schreibweise dieser Gruppe relevanten Eigenschaften aufweist. Er ist im 3. Schritt der Debatte erschienen, zusammen mit acht anderen, von denen die meisten der "Frauenpower" zuzurechnen sind.

Der Text umfaßt drei Textsegmente: Der Anfang besteht aus der sprachlichen Gestaltung einer Erwartungsenttäuschung, also einer Kritik der TAZ-Veröffentlichungspolitik, die auf die zentrale These hin orientiert. Im Hauptteil erfährt die These, die TAZ übertreffe die BILD-Zeitung an Frauenfeindlichkeit, eine Stützung, während das Resümee eine Warnung enhält, die direkt an den Autor gerichtet ist.

Die Überschrift stellt den Anfang des Textes dar, deshalb ist sie hier mitzuberücksichtigen:

(31 a) Es vergeht kaum ein Tag, an dem ich mich nicht über irgendeinen Artikel in der Taz aufrege. Na ja, das ist aber auch oft ganz fruchtbar: es führt zu Diskussionen, Überlegungen und so profitiere ich dann letzten Endes doch davon. Im Speziellen ärgere ich mich meist

1 Ein vorgerastertes Herangehen an Texte, etwa im Sinne des Expansionsmodells von Labov/Fanshel 1977, soll vermieden werden, da ein schematisches Vorgehen viele Wiederholungen auch in der Darstellung enthalten würde. Ich erhoffe mir von dem hier vorgeschlagenen Vorgehen auch eine bessere Lesbarkeit.

> über frauenfeindliche Artikel in eurem Blatt. Was ihr euch aber mit dem Abdruck dieses Gailer-Artikels erlaubt habt, schlägt dem Faß den Boden aus!!
> Ich habe nicht den Nerv dazu und bin auch nicht gewillt, im Einzelnen darauf einzugehen (dazu ist mir meine Energie viel zu schade), aber sowas von Frauenfeindlichkeit, -verachtung schlägt mir nichtmal aus "BILD" entgegen!

In der Gestaltung des Erwartungskonflikts bedient sich die Autorin einer Erlebensthematisierung, in der sie die Situation der TAZ-Rezeption modelliert (Z: 1-12). Ausgangspunkt ist die Beschreibung einer Emotion (*aufregen*), die dann weiter entwickelt wird: von *ärgern* zum Phraseologismus *das schlägt dem Faß den Boden aus*. Die Form der Steigerung wird gleichzeitig benutzt, um von einem relativ allgemeinen Bericht über den Umgang mit der TAZ (*irgendeinen Artikel*) über eine Konkretisierung (*frauenfeindlicher Artikel*) auf den Bezugsartikel zu verweisen (*dieses Gailer-Artikels*). Die emotionale Reaktion bei der Rezeption einzelner Artikel, die in dem als Überschrift fungierenden Satz enthalten ist, wird dann relativiert: Das *Na ja* leitet einen adversativen Teilsatz ein. Der Autorin fällt es schwer, den Nutzen der TAZ-Lektüre zuzugestehen, denn das *fruchtbar* als Prädikativum wird von einschränkenden Ausdrücken begleitet: das Modalwort *auch* hinsichtlich der Quantität der rezipierten Artikel, *oft* hinsichtlich der Temporalität und *ganz* bezüglich der Qualität von *fruchtbar*. Das *Na ja* deutet diese Einschränkungen an. Die Form spielt an auf Redensarten wie "so schlimm ist es auch wieder nicht" in einem beruhigenden Sinne. Nach dem Doppelpunkt in Zeile 4 wird der vorhergehende Satzausdruck erläutert: *Diskussionen* und *Überlegungen* schließen sich an, also positiv besetzte Auseinandersetzungsformen, die hier als rationale Formen in Opposition zu emotionalen stehen, verstärkt noch durch das Erscheinen des Verbs *profitieren*, das auf den möglichen individuellen Nutzen anspielt.

Die Autorin präsentiert sich in diesem Textanfang als eine emotionale Frau, die auch rationale Formen der Auseinandersetzung richtig einzuschätzen weiß. So kann sie auch auf das emotionale Register zurückgreifen: Dazu gehört *ärgern*, aber auch der Phraseologismus *das schlägt dem Faß den Boden aus*, mit dem zwar keine Emotion bezeichnet wird, aber eine gewisse Erregung zum Ausdruck kommt. Die beiden Ausrufezeichen stützen diese Deutung. Wesentlich scheinen an dieser Gestaltung des Segments der Erwartungsenttäuschung zum einen die verwendeten Steigerungsformen und zum anderen die Thematisierung von Emotionen zu sein.

Nach dem Absatz formuliert die Autorin eine These und stützt diese durch eine sekundäre Argumentation. Die These, ein solches Maß an Frauenverachtung würde sie nicht mal in der BILD-Zeitung vorfinden (Z: 17-19), wird durch die Ankündigung, auf den Bezugsartikel einzugehen, gestützt (Z: 13-19). Die These nun wird eingeleitet durch eine Aufnahme des Gegensatzes von Emotionalität und rationaler Auseinandersetzung, wenn sie erklärt, daß sie weder *den Nerv* habe bzw. *nicht gewillt* sei, auf den Gailer-Text einzugehen. Daß sie es dann doch tut, hängt auch mit diesem Formulierungsmuster zusammen, das - durch die Verwendung des adversativen *aber* - gut geeignet ist, eine Auseinandersetzung zu eröffnen. Es folgt die zentrale These des Textes, die durch die dann folgende Argumentation gestützt wird:

(31 b) Denn dieser "linke" Wichser reitet auf der gleichen Welle wie alle Macker in "unserer Gesellschaft": angefangen bei den Politikerärschen über die Justiz (z.B. Verhalten der Staatsanwälte, Richter und Bullen gegenüber vergewaltigten Frauen) bis hin zu den kleinen Mackerschweinen wie du und andere, die ihr frauenfeindliches Verhalten immer nur als Reaktion auf das provozierende Verhalten der Frauen darstellen. Schlimmer noch: verteidigt dieses brutale und unterdrückerische Männerverhalten (Frau als Lustobjekt) und stellt es als gut dar. So nach dem Motto: ach was bin ich doch so frei und mutig!!! Los Männer, macht's wie ich! Nach 2/3 Lesen des Textes wundern mich dann auch nicht mehr seine diffamierenden Äußerungen über die Frauenbewegung.

In der Stützung der These von der Frauenfeindlichkeit in der TAZ geraten nun die Männer in den Mittelpunkt des Interesses, genauer: Männer, die sich frauenfeindlich verhalten (Z: 19-32). Es ergibt sich die folgende Aneinanderreihung: Dem *"linken" Wichser* Gailer folgen alle *Macker* dieser Gesellschaft, angefangen bei den *Politikerärschen* über die die Justiz repräsentierenden *Staatsanwälte, Richter und Bullen* bis hin zu den *kleinen Mackerschweinen*. Die Terminologie verweist, wie auch die Hauptthese der Autorin, auf die Frauenbewegung, deren Gewalt-Sexualität-Argumentation [<218] hier reproduziert wird. Durch die Wahl von Anführungszeichen spricht die Autorin Gailer die Eigenschaft ab, links zu sein. Das gleiche Mittel verwendet die Autorin, wenn es um ihre eigene Beziehung zur Gesellschaft geht. Die Aufzählung der Männer ist jedoch disparat: Während sich *Wichser* auf den seine Männerphantasien pflegenden Gailer bezieht, wird mit *Macker* ein in der Frauenbewegung üblicher Ausdruck benutzt; schließlich verweist der Ausdruck *Politikerärsche* auf eine eher in der links-alternativen Gegenkultur gebräuchliche aggressive Bezeichnung; auf dieser Ebene ist auch der Ausdruck *Bullen* für Polizisten anzusiedeln, während die Berufsbezeichnungen *Richter* und *Staatsanwalt* sich eher neutral ausnehmen.[1] Die *Mackerschweine wie du und andere* stellen, indem auf den Satzanfang Bezug genommen wird, eine gewisse Kohärenz her, zudem wird der Autor Gailer mit *du* angeredet. Der Wechsel von der dritten zur zweiten Person stellt einen Versuch dar, ein distanziertes Verhältnis in ein direkteres umzuwandeln. Der abschließende Relativsatz zitiert einen an solche Männer gerichteten Vorwurf, das Opfer als mitschuldig anzusehen. Die folgenden Sequenzen (Z: 32-39) verstärken diesen Vorwurf durch den Komparativ *schlimmer* und durch einen abermaligen Perspektivenwechsel, in dem eine imaginierte wörtliche Rede des Autors Gailer zitiert wird. Wieder erscheint die Perspektive der Frauenbewegung, wenn in Klammern das Kennwort für eine frauenfeindliche Position erscheint (*Frau als Lustobjekt*). Schließlich kommt noch die Frauenbewegung als Ergänzung des vorgetragenen Arguments ins Spiel.

Abschließend zum Resümee, das als Absatz hervorgehoben ist:

(31 c) Wenn ich bis jetzt auch nicht so
gedacht habe, aber bei Dir, Typ,
kann ich echt nur noch sagen:
Schwanz ab!!

Das letzte Textsegment enthält wiederum einen Perspektivenwechsel. Die Autorin spricht Gailer direkt an. Um keine Mißverständnisse aufkommen zu lassen, wird das - nunmehr groß geschriebene - *Du* präzisiert durch *Typ*, und die Schreiberin fordert *Schwanz ab*, intensiviert durch *echt*. Dieses Resümee läßt zwei Deutungen zu: Einer Lesart, die auf der Annahme beruht, die Autorin meine es so, wie sie es sage, eben *echt*, steht eine andere entgegen, in der die Forderung als Zitat des Zitats im Bezugsartikel zu lesen ist. Das hieße, daß hier auf die prekäre Textstelle im Bezugsartikel angespielt wird, die im Zentrum der Kritik stand. Aber da es sonst keine Ironieindikatoren gibt, erübrigt sich die Annahme einer solchen Lesart, die auch mit der intensivierenden Verdopplung der Ausrufezeichen nicht in Übereinstimmung zu bringen ist.

Die Perspektive, so hatte die Analyse gezeigt, ist auf Diskurspositionen der Frauenbewegung beziehbar. In dieser Perspektive ist der Bezugsartikel weder

1 Zum Terminus : Cf. Behrend et al. 1982 und Kiderlen 1983. *Macker* bezeichnet zwar umgangssprachlich 'Kumpel, Kamerad', wird aber in der Frauenbewegung pejorativ gebraucht im Sinne von 'Mann, der ausgeprägte männliche und damit frauenfeindliche Verhaltensweisen zeigt'.

formal noch inhaltlich akzeptabel, und deshalb ist auch seine Veröffentlichung in der TAZ als einer linken Tageszeitung zu kritisieren. Diese Hierarchie hatte sich auch im vorliegenden Text gezeigt, in dem diese These auf die Veröffentlichungspolitik zielte, während die sekundäre Argumentation den Vorwurf der Frauenfeindlichkeit behandelte. Auch der Schluß, eine Drohung gegenüber dem Autor, verwies auf frauenbewegte Positionen. Gleichzeitig ist dieser Schluß auch als Hinweis auf die von der Autorin verfolgte Diskursstrategie zu lesen. Zwar verwendet sie sprachliche Formen, die das Resümee ihres Textes als eine Drohung erscheinen lassen, jedoch ist für die diskursive Ebene eine andere Lesart zu entwickeln, da in diesem Segment vielmehr eine Strategie des Abbruchs der Auseinandersetzung verfolgt wird. Auch die analysierten Emotionsausdrücke stützen diese Lesart. So weist dieser Text charakteristische Erscheinungsformen der von den Autorinnen der "Frauenpower" gewählten Schreibweise auf.

Im folgenden werde ich die weitere Texte der "Frauenpower" untersuchen, in die die Perspektive der Frauenbewegung eingeschrieben ist. Dabei geht es zunächst um die textuelle Gestaltung der im Beispieltext herausgearbeiteten Textsegmente sowie um die Gestaltung von Emotionalität.

Das Segment der Erwartungsenttäuschung wird in anderen Texten dieser Gruppe unterschiedlich gestaltet:

(32) Wieso veröffentlicht eine linke, alternative Zeitung solchen Dreck? Vielleicht gibt die Redaktion mal die Gründe bekannt. Pluralismus? Weil nächstes Mal was von Gudula kommt, ist es ja auch nicht so schlimm! Oder Provokation? Wieviel blöde Frauen wohl was sagen bzw. schreiben!? ... (23.9.)

Die Typisierung wird hier als Frage gestaltet. Die darauf folgenden Satzausdrücke enthalten Vorschläge für Antworten mit entsprechenden Erläuterungen. Mit einer solchen normativen Konfrontation arbeiten eine Reihe von Texten. Im folgenden Beleg wird die Typisierung vorausgesetzt:

(33) Menschenverachtenden (anonymen) Porno will ich in der Taz nicht überraschend begegnen müssen. (24.9.)

Auch Überlegungen zur Frage, warum es zur Veröffentlichung kommen konnte, werden häufiger angestellt. So nimmt beispielsweise die Autorin von (II:2) angenommen, daß *Macker* für die redaktionelle Endabstimmung verantwortlich seien. Solche Überlegungen verstärken die Gestaltung der Erwartungsenttäuschung. Eine andere Form der Intensivierung stellt die Zuordnung politischer Etiketten in bezug auf die TAZ dar, die den Ansprüchen der TAZ grundsätzlich entgegenstehen. So wird in einem Brief bereits am 19.9. ein *Faschismus*-Vorwurf artikuliert, während in einem Beleg vom 24.9. von *faschistoidem Rassismus* die Rede ist.

Deutlicher wird die Perspektive der Frauenbewegung, wenn die zentralen Thesen der Texte zum Untersuchungsgegenstand werden. Ich werde i.f. einige dieser musterkonstitutiven Segmente analysieren. In 34 wird direkt der Bezug zur Frauenbewegung hergestellt:

(34) Erst hatte ich vor, zu schreiben, warum die Frauenbewegung gerade nicht für jemanden wie diesen Schreiberling, sondern gegen ihn arbeitet. (19.9.)

Diese Formulierung gestaltet die Beziehung der Schreiberin zum Bezugsartikel, in dem sie namens der *Frauenbewegung* eine Opposition zum Autor Gailer herstellt, die aber nicht ausgeführt wird: Es bleibt bei Andeutungen, besser: Anspielungen. Ausgeführter findet sich das damit ausgedrückte Potential in 35:

(35) Wie Männer Frauen von sich aus sehen, wie sie sie gerne hätten (auch linke Männer), ist des längerem bekannt. Frauen selbst kommen eben nicht vor als selbständige Person. Auch die Tarnweisen dieser Frauenfeindlichkeit (ich bin zwar Chauvi, aber ich steh wenigstens dazu) sind bekannt. Also nichts neues inhaltlich. (23.9.)

Hier wird die These, der Artikel bringe inhaltlich nichts Neues, durch das Zitieren der als bekannt ausgewiesenen Positionen gestützt. Hinzuweisen ist auf die Differenzierung zwischen "*linken*" und anderen Männern, deren Auffassungen in diesem Punkt durchaus identisch sind.

Eine ausführlichere Diskussion der Positionen Gailers aus feministischer Perspektive erfolgt beispielsweise in Text (II:4). Im Zentrum der Auseinandersetzung steht die Behandlung der Peepshow-These Gailers. Seine Behauptung, die Frauen in der Peep-Show seien die einzig emanzipierten, problematisiert die Autorin in Hinblick auf den Emanzipationsbegriff, indem sie dem die These entgegen stellt, die Frauen dort seien unterdrückt und würden am liebsten ausbrechen. Diese Figur findet sich auch in einem ebenfalls am 19.9. 1980 veröffentlichtem Brief: *In einer freien und menschenwürdigen Gesellschaft, wo Männer und Frauen gleichberechtigt wären, gäbe es keine Peepshows, Prostituierte usw.* Die Peep-Show-Frauen würden ausgebeutet: mithin sei der Emanzipationsbegriff in diesem Zusammenhang nicht akzeptabel: *Und das nennst du Emanzipation???* Auch die These Gailers, die Männer seien die eigentlich Unterdrückten, wird hier in diesem Zusammenhang diskutiert: *In unserer Gesellschaft sind die Männer und Frauen unterdrückt. Jedoch die Frauen doppelt unterdrückt. Aber du meinst ganz bestimmt nicht die Unterdrückung, die ich meine.* Auch der Unterdrückungstopos ist auf den Emanzipationsbegriff beziehbar.

Ob der folgende, von einer Frau geschriebene Textauszug, auch die schon bekannten Diskurspositionen der Frauenbewegung aufweist, soll geprüft werden; auch eine Gelegenheit, noch einmal die Indikatoren dieser Perspektive zu systematisieren. Zunächst jedoch der Textabschnitt:

(36) Bei mir zieht die Argumentation (einiger Leserbriefschreiber) nicht, die Sexualität solle <u>auf diese Weise</u> enttabuisiert werden. Ich ärgere mich darüber und kritisiere einerseits den Offenbarungszwang "linker Intellektueller aus kleinbürgerlichem Hause" (vereinfachend gesagt), ande-

rerseits den Sarkasmus und die Brutalität (nicht nur dem jeweiligen Objekt "Frau" oder "eigener Körper" gegenüber), die sich äußern, wenn um jeden Preis Öffentlichkeit hergestellt werden soll bei Dingen, die zwischenmenschlich bearbeitet werden müssen. (Ich sage nicht, sie sollten allein bearbeitet werden oder gar nicht!) (8.10.)

Die These, Sexualität solle nicht öffentlich, sondern zwischenmenschlich behandelt werden, findet ihre Stützung in der Unterstellung, daß das Herstellen von Öffentlicheit *Sarkasmus* und *Brutalität* evoziere. Das Einnehmen einer Perspektive, in der der Rahmen der Diskussion problematisiert wird, überwindet die oben beschriebene Thematisierungsrichtung, die als Gestaltung des Gegensatzes von Männern und Frauen charakterisiert wurde: Die Brutalität ist nicht eine Eigenschaft der Männer, sondern erst durch die öffentliche Präsentation hervorgerufen. Das zieht auch eine andere Definition des Geschlechterverhältnisses nach sich: Nicht nur das *Objekt "Frau"* erscheint, sondern auch das Objekt des Männerkörpers (*"eigener Körper"*). So deformiert die Öffentlichkeit auch die Bedürfnisse des Mannes. Lediglich in dem oben diskutierten Ausdruck *Objekt "Frau"* klingt der Topos "Frau als Lustobjekt" an, der Schwerpunkt liegt jedoch auf dem Objektbegriff, der differenziert bestimmt ist. Also weder auf der Ebene der Perspektive noch auf der Ebene des Wortschatzes entspricht dieser Text den Beiträgen von frauenbewegten Frauen; in der Kritik der Veröffentlichungspolitik hingegen und in einer distanzierten Beziehung zur TAZ ist die Zugehörigkeit dieser Schreiberin zur "Frauenpower" zu begründen, allerdings als Koalitionspartnerin.

Doch zurück zu den frauenbewegten Texten und der Frage, wie sie beendet werden: Es geht um die Gestaltung des finalen Textsegments Resümee. Zunächst einige Beispiele:

(37) Ich würde dir gern mit aller Wu(ch)t in deinen geilen Schwanz treten! (19.9.)

(38) Hört auf mit der Frauenverachtung! Schluß mit dem Sexismus in der Taz! (24.9.)

(39) Das gerade gestern von mir bestellte Jahresabo mache ich hiermit rückgängig. (19.9.; II:1)

In 37 wird, wie im Beispieltext, der Wunsch nach aggressiven Handlungen gegenüber dem Autor Gailer ausgedrückt; die Emotionalität der Rezeption und die inhaltliche Distanz zum Autor werden darin zusammengefaßt. Auf das Medium gerichtet ist 38: Hier wird in Form von politischen Parolen ein Appell an die TAZ gerichtet, frauenfeindliche Artikel nicht weiter zu drucken, während 39 unter Verwendung einer explizit performativen Formel (*mache ich hiermit rückgängig*) die Kündigung des TAZ-Abonnements ausdrückt. Zwischen den Appellen an die TAZ und den Kündigungen gibt es noch Zwischenformen wie etwa die Androhung von Kündigungen, in denen das Verhältnis der Leserbriefschreiberinnen zur TAZ symbolisch formuliert wird. Dazu gehören auch Boykottaufforderungen:

(40) Wir rufen alle Frauen auf, ihr taz-Abo zu stoppen!!!! (19.9.)
Wahlweise richten sich diese Drohungen und Aufforderungen an die TAZ oder den Autor Gailer. Gemeinsam ist ihnen jedoch, daß sie Indikatoren für eine spezifische Diskursstrategie sind, mit der der Ausschluß der Thesen Gailers aus dem Ensemble der innerhalb der links-alternativen Gegenkultur diskutierbaren Diskurspositionen gefordert wird. Das wird besonders deutlich in dem in 38 formulierten Appell *Schluß mit dem Sexismus in der TAZ*. Auch die Kündigungsdrohungen sind dieser Strategie zuzuordnen.

Nun ist das Resümee zwar ein Textsegment, das sich gut zur Gestaltung von Diskursstrategien eignet, jedoch müssen im Text noch andere Indikatoren enthalten sein, die auf diese Strategie verweisen. Im Beispieltext waren noch Emotionalität ausdrückende Elemente enthalten, die auf den strategischen Aspekt der Textgestaltung hinwiesen. Ich werde mich im folgenden mit der Frage beschäftigen, wie in den Texten Emotionalität ausgedrückt wird. Zunächst ist nach einer Vorstellung von Emotionalität zu fragen, um dann das Problem ihrer Manifestation in den Texten zu untersuchen. Nach Fiehler (1985: 202) sind Emotionen als Prozesse aufzufassen, in denen Personen Situationen bewerten, physiologisch aktiviert werden, Gefühle haben und diese ausdrücken. Bezogen auf die Rezeption des Gailer-Artikels und der verschrifteten Reaktionen heißt dies, daß uns die Emotionen, die der Gailer-Artikel hervorgerufen hat, als in den Texten ausgedrückte gegenübertreten, als Ergebnis einer Handlung, die auch durch die Reaktion auf den Artikel in der Rezeption evoziert wurde. Von den von Fiehler (1985: 203f.) beschriebenen drei Zusammenhängen von Kommunikation und Emotion sind hier die folgenden beiden wichtig: (a) Eine Emotion beeinflußt die Schreibtätigkeit der Person, die diese Emotion hat; und (b) ein Text löst bei einer anderen Person Emotionen aus.

Im Sinne von b wären die in den Leserbriefen verschrifteten Reaktionen auf den Bezugsartikel als Modellierungen solcher Emotionen zu lesen unter der Voraussetzung, daß die verwendeten Ausdrücke sozial auch als solche gedeutet und wahrgenommen werden; damit wäre also auch a gültig.

Die Emotionsanalyse umfaßt nun mehrere Schritte (formuliert in Anlehnung an Fiehler 1985: 206f.): Im ersten Schritt werden die expliziten Thematisierungen von Emotionen untersucht: Im Beispiel 38 waren das Ausdrücke wie *aufregen* und *ärgern*. Dieser Befund hatte die Annahme gestützt, daß der Text noch andere Merkmale aufweist, die als Ausdruck von Emotionalität aufzufassen sind. Im zweiten Schritt erfolgt eine Überprüfung des Textmaterials auf der Grundlage von Überlegungen, welche Art von Emotionen eine Rolle bei der Textproduktion gespielt haben könnte. Beim vorliegenden Text sind das Ärger und Empörung. Im dritten Schritt schließlich werden textuelle Merkmale gesucht, die als Emotionsindikatoren anzusehen sind. In der Analyse wurden neben graphemischen Elementen (Vervielfachung von Satzendzeichen) auch intensivierende Phraseologismen (*das schlägt dem Faß den Boden aus*) und negativ-wertende Vulgarismen (*Politikerärsche*) als Zeichen für Emotionalität ausgemacht.[1]

Die folgende Zusammenstellung von sprachlichen Formen aus den der "Frauenpower" zugeordneten Texten bezieht die eben skizzierten Analyseschritte auf die im gerade zur Diskussion stehenden Teilkorpus auffindbaren Ausdrücke; die Texte, in denen sie erscheinen, werden nicht genauer analysiert. Im ersten Schritt geht es um die explizit Emotionen bezeichnenden Ausdrücke. Folgende Formen finden sich im Teilkorpus:

(41 a) mit aller *Wu(ch)t* (19.9.)
b) Wir Frauen sind *wütend* (19.9.)
c) (das) finde ich eine *Zumutung* (24.9.)
d) ich war *fürchterlich verärgert* (8.10.)

Substantive und Adjektive sind hier aufgelistet. Lediglich der Status von 41c ist unklar: Die Bedeutung von *Zumutung* wird lediglich als 'ein unangemessenes Verlangen' (cf. Handwörterbuch der deutschen Gegenwartssprache 1985: 1383) beschrieben. Aber der Bezug zu negativen Emotionen wie Wut, Empörung und Ärger, die in diesen Texten dominieren, ist leicht herstellbar. So ist auch die Frage des zweiten Schritts der Emotionsanalyse geklärt, so daß der dritte folgen kann, in dem die einzelnen Formen nacheinander beschrieben werden.

Phraseologismen erscheinen häufiger:

(42 a) es ist eine bodenlose Unverschämtheit (19.9.; II:1)
b) ich falle echt vom Hocker (19.9.)
c) das ist ja echt das Letzte (19.9.)
d) etw. in vollem Wichs vorführen (24.9.)

Mit Ausnahme von 42d handelt es sich um Ausdrücke, in denen eine Erwartungsenttäuschung ausgedrückt wird. In 42b und 42c werden die Ausdrücke durch ein *echt* noch intensiviert; auch das *ja* in 42c, eine Abtönungspartikel, dient der Intensivierung, und es wäre zu überlegen, die Abtönungspartikel gesondert zu erfassen. Interessant ist 42d, weil hier eine Redewendung benutzt wird, dessen Element *Wichs* zwar einerseits als 'Festkleidung von Korpsstudenten' zu beschreiben ist, es andererseits aber sexualisiert ist: *wichsen* kann auch als 'masturbieren' beschrieben werden. Mit diesem Wortspiel erfaßt dieser Ausdruck die Kritik am Gailer-Text sehr präzise. Auch negativ-wertende Ausdrücke finden sich oft:

(43 a) Scheiße (19.9.)
b) ich finde die Seite ... bescheuert und übel (23.9.)
c) mir ist kotzübel (19.9.)
d) männlichkeitsbesessene Idioten (8.10.; II:14)

1 Der 4. und 5. Schritt der Analyse Fiehlers (1985: 211) findet im Zusammenhang verschrifteter Emotion keine Beachtung, da es hierbei nur um die Bestimmung des Stellenwertes von Emotionen in der Interaktion geht.

Prädikate für den Bezugsartikel wie 43a und 43b wurden bereits in 4.4.1 diskutiert. Die Beschreibung einer negativen Bewertung durch eine Krankheitsmetapher wird in 43c vorgenommen, während 43d zu den pejorativen auf Männer referierenden Ausdrücken gehört.

Auch eine Vervielfachung von Satzendzeichen ist in mehreren Texten zu beobachten. Oft werden drei Ausrufezeichen aneinandergereiht, in einem Extremfall sogar sechs (am 10.9.). Zweimal konnten Interjektionen als Emotionsindikatoren ausgemacht werden (*Au weh* (am 19.9.) und *nein sowas* (am 24.9.). Ein weiterer Aspekt ist an dieser Stelle noch zu ergänzen: In zwei Briefen wenden sich die Autorinnen an den Pseudonymus Gernot Gailer. In einem am 19.9. veröffentlichten Brief wird er mit *du* angeredet - eine vertraute Person, die auch beschimpft werden kann -, während er in 44 als *Herr G.G.* bezeichnet wird:

(44) Wo bitte Herr G.G., heißt es denn noch Schwanz ab? (19.9.; II:4)

Nachdem im ersten Teil des Textes der Pseudonymus als *er* in der dritten Person in Erscheinung tritt, erfolgt nun eine Anrede mit der Distanz ausdrückenden formellen Höflichkeitsform *Herr*, diese aber verbunden mit den Initialen des Pseudonymus. Diese Form ironischer Distanz verweist, im Zusammenspiel mit anderen textuellen Eigenschaften (etwa Interjektionen und Vervielfachung der Satzendzeichen) auch auf eine emotionale Haltung der Empörung, die so die Fiktion der Distanzierung deutlich macht. Das Beispiel weist auch auf Probleme der Emotionsanalyse hin: Erst im textuellen Gesamtzusammenhang bewährt sich die Zuweisung solcher Eigenschaften an isolierte sprachliche Formen.

Als Ergebnis bleibt festzuhalten, daß alle bisher untersuchten Texte sprachliche Formen enthalten, die konventionell als Emotionsindikatoren in schriftlichen Texten gelten können. Der eben skizzierte Zugriff erweist sich auch als legitim vor dem Hintergrund von Urteilen über die "Frauenpower" in Texten der "Männersolidarität". Dort ist beispielsweise von "*emanzipierten, entrüsteten Schreiber(innen)*" die Rede (am 24.9.; Beleg 48 in diesem Kapitel). Wenn diese Formulierung als eine mögliche Lesart der Debatte aufgefaßt wird, so kann die Emotionsanalyse zeigen, daß eine solche Deutung der Beiträge der "Frauensolidarität" durchaus eine Basis hat. In Hinblick auf die in den bisher behandelten Texten verfolgte Diskursstrategie zeigen die Emotionalität indizierenden Ausdrücke, daß den vertretenen Positionen besonderer Nachdruck verliehen werden soll, indem die Schreiberinnen auch ihre Gefühle textuell gestalten und damit als Subjekte in den Texten auch in Erscheinung treten. Sie werden dabei durch die allgemeine Gültigkeit des Betroffenheitstopos in der links-alternativen Gegenkultur unterstützt, der besagt, daß die individuelle Betroffenheit Ausgangspunkt für politisches Handeln sein sollte.

Abschließend seien noch einmal die Diskurspositionen ausdrückenden Formulierungsmuster in den von Frauen verfaßten Texten resümiert:

- "Die TAZ soll Artikel wie den Gailers nicht veröffentlichen": Sie enthalten ein Segment, im dem Erwartungsenttäuschung ausgedrückt wird; und oft bezieht sich darauf auch die zentrale These des Textes.

- "Der Text ist Ausdruck des patriarchalischen Systems": Sie sind aus der Perspektive der Frauenbewegung formuliert, d.h. in ihnen wird das Mann-Frau-Verhältnis als ein Unterdrückungsverhältnis modelliert, aus dem sich die Frauen zu befreien haben; die auf Männer referierenden Ausdrücke sind oft pejorativ.

Auf Diskursstrategien verweisen die folgenden beiden Formulierungsmuster:
- "Kampf dem Autor, Kampf der TAZ": Sie enthalten oft Drohungen gegen den Autor bzw. Kündigungsandrohungen gegenüber der TAZ oder Aufrufe an die TAZ unter Verweis auf feministische Ziele.
- "Wir sind betroffen": Sie enthalten Indikatoren für Emotionalität und demonstrieren darin ihren subjektiven Bezug zu den formulierten Positionen.

Mit diesen Formulierungsmustern sind die charakteristischen Bestandteile der in den zentralen Texten der "Frauenpower" erscheinenden Schreibweise zusammengefaßt. Nun ist die Frage nach Verbündeten zu stellen. Es handelt sich dabei vorwiegend um von Männern geschriebenen Texte, während nur einer von einer Frau stammt (II:7): Bereits in 4.4.3 hatte ich diesen Text untersucht und eine bestimmte Deutung vorgeschlagen, die deutlich von der feministischen Kritik abweicht: Ich vermutete, daß die Autorin unter der aggressiven, provokanten Oberfläche den an der Möglichkeit von Beziehungen mit Frauen zweifelnden Mann sah, also ohne Bezug auf ein Unterdrückungsverhältnis.

Doch nun zu den Männern: Ich beschäftige mich exemplarisch nur mit drei Texten, von denen zwei bereits im ersten Schritt erschienen (cf. II:1) und einer im achten Schritt (II:12). Sehr nahe an der für die Texte frauenbewegter Frauen charakteristischen Schreibweise von Briefen liegen zwei Briefe: Während ein Beleg vom 19.9. sowohl eine Erwartungsenttäuschung, eine Kündigungsdrohung als auch Emotionsindikatoren enthält (cf. Beleg 1 in diesem Kapitel), also für den ersten Schritt ein fast schon charakteristischer Text ist, erscheinen die Formulierungsmuster "Appell an die Taz" und "Kritik des Gailer-Artikels" (*Porno-Quatsch*)-in (II:14) nur am Rande, denn es geht in diesem Text um eine Männer-interne Auseinandersetzung, auf die im folgenden Abschnitt über die "Männersolidarität" noch einzugehen sein wird. (II:1) dagegen ist als ironische Anmerkung zu den Thesen Gailers zu lesen: Zunächst schlägt der Autor eine Veränderung des Pseudonyms von *Gailer* in *Gailster* vor, um anschließend die als puritanisch verschrieene These vom "Rückenmarkschwund durch Selbstbefriedigung" zu vertreten. Mit der ironischen, distanzierten Auseinandersetzung bezieht sich dieser Autor auch auf ein Kommunikationsangebot Gailers.

Im folgenden ist nun zu prüfen, ob zu den Bündnispartnern der "Frauenpower" auch eine Gruppe von TAZ-Redakteurinnen gehörte, die ja im institutionellen Konflikt in der dritten Phase der Debatte eine entscheidende Rolle spielen sollte. Diese Gruppe meldete sich am 2.10.1980 zu Wort. Drei Texte von TAZ-Frauen waren veröffentlicht worden, weil sich auf der in derselben Woche stattfindenden Frauen-Sommeruniversiät viele Frauen mit dem Thema "Sexismus in der TAZ" beschäftigt und anschließend eine Resolution verabschiedet hatten. In der Resolution wurde der Abdruck in der TAZ am 2.10.1980 auf der ersten Seite gefordert: "Ein Großteil der Redaktion" gab dazu sein Einverständnis, die Seite erschien am 2.10. unter dem Titel "Kampf dem Chauvinismus in der TAZ" (II:9). In der Resolution werden im wesentlichen die schon behandelten Positionen der "Frauenpower" bezüglich der Veröffentlichung und des Inhalts des Gailer-Artikels wiederholt, allerdings mit einigen Differenzierungen: So wird der Vorwurf der Frauenverachtung hervorgehoben und die Bereitschaft bekundet, sich mit Sexualität auseinanderzusetzen, wenn dies nur ernsthaft geschehe; an die TAZ richtet sich die Drohung, daß die Frauen nicht mehr bereit seien, in linken Zeitungen eine Kampfansage an die Frauen hinzunehmen. Auf der dritten Seite derselben Ausgabe erschienen drei bzw. vier Texte von TAZ-Frauen. In dem die Seite einleitenden redaktionellen Hinweis kommen die Widersprüche zu der Meinung der Teilnehmerinnen der Berliner Sommeruniversität zum Ausdruck: Die Autorinnen betonen, daß der "Porno" nicht über die Köpfe der TAZ-Frauen hinweg erschienen sei, daß sie vielmehr der Veröffentlichung zugestimmt hatten. Es sei versäumt worden, diese Position publik zu machen. Die drei Texte lassen sich gut in Hinblick auf die Beziehung zu feministischen Positionen analysieren: Während in einem Beitrag ein explizites Bekenntnis zur Frauenbewegung formuliert wird - durch den Pronominawechsel von *ich* auf *wir*, wobei das *wir* auf die Frauenbewegung referiert -, läßt sich ein zweiter als ambivalent beschreiben, da hier zwar einerseits feministische Positionen zu finden sind, andererseits aber auch offensichtliche Distanzierungen; in (II:11) schließlich dominieren die Distanzierungen. Im folgenden ist zu prüfen, ob die Texte der "Frauenpower" zuzuordnen sind. Diese Frage kann für den zuerst genannten positiv beantwortet werden: Hier ist von einem "*frauenfeindlichen*" Text die Rede, die Autorin stellt sich als Frau in Opposition zu den Männern, den *Mackern, Chauvis und Softis*, denen sie ihre unaufgearbeitete Sexualität, ihre "*ganze, schwanzfixierte Jämmerlichkeit*" vorwirft, während die Frauen als die weiter Entwickelten erscheinen, die Forderungen an die Männer stellen können. Diese Inszenierung des Mann-Frau-Verhältnisses wird geschickt vorbereitet: Im ersten Teil werden Gründe gesucht, die gegen den Abdruck des Textes sprechen, während im zweiten dieser als eine Antwort auf die ideologische Überlegenheit der Frauen interpretiert wird. Der Text schließt mit dem Ausdruck der Hoffnung darauf, daß der Gailer-Artikel die Männer zur Auseinandersetzung provozieren könnte. Lediglich in bezug auf die Reaktionen der Frauen auf den Artikel distanziert sich die Autorin, wenn sie befürchtet, daß "*platte Konfrontationen*" die Männer nur in ihrer "*Chauvi-Haltung*" bestärke.

Von diesem Aspekt kann nun auf die anderen beiden Texte übergangen werden: Dort heißt es:

(45) Die Schwanz-ab-Parolen an TAZ-Wänden und in Leserinnenbriefen bringen mich kein bißchen weiter, auch wenn ich die dahinterstehende Empörung verstehe. (2.10.)

(46) Schade finde ich auch, daß einige Frauen, indem sie affektartig aggres-

siv reagierten, eben nicht aus diesem Bedrohungszirkel heraustreten. (2.10.; II:11)

Während in 45 die Nutzlosigkeit der artikulierten Empörung behauptet wird, die die Autorin nicht weiter brächten, konstatiert die Autorin von 46, daß die Bedrohung durch Männergewalt durch aggressive Reaktionen eben aufrechterhalten werde. Beide Belege könnte ein Formulierungsmuster wie "Die heftigen Reaktionen bringen die Diskussion nicht voran" zusammenfassen. Dann erscheinen die Unterschiede: Die Autorin von 45 äußert Verständnis für die Briefe der Leserinnen, entsprechendes ist in 46 nicht zu finden. Die ambivalente Haltung der Autorin von 45 wird auch in der folgenden Textpassage deutlich:

(47) Mein Verhältnis zum Artikel war und ist eher distanziert: Ich fühle mich nicht angegriffen, beleidigt, verachtet. Ich finde ihn z.T. schlecht, langweilig und völlig unkritisch.

Deutlich grenzt sich die Autorin von den emotionalen Reaktionen auf den Gailer-Artikel ab und postuliert ein distanziertes Verhältnis, das auch in der Wahl der dem Artikel zugeschriebenen Prädikate zum Ausdruck kommt. Dennoch: Auch dieser Beitrag enthält sowohl in der Frauenbewegung verwendeten Ausdrücke (*frauenfeindlich*, *Chauvinismus*) als auch einer entsprechenden Perspektive. Und daß die Männerrede "*'Seht her, ich bin Chauvi und dazu steh ich!'*" die Autorin inzwischen "*ankotzt*", verweist auf eine stärkere emotionale Beteiligung. Während also zwei Beiträge doch insgesamt die "Frauenpower" unterstützen, dürfte (II:11) eher die "Männersolidarität" stärken: In diesem Text geht es zunächst um Frauenverhalten, das Anteile am Männerverhalten hat in dem Sinne, daß auch Frauen an dem Aufbau der männlichen Identität mitbeteiligt sind. Schließlich, und das rechtfertigt die Zuordnung, wird die Veröffentlichung eines "*chauvinistischen Offenbarungseides*" als ein "*Sich-selbst-Bloßstellen*" interpretiert, eben als einen Versuch, die Geschlechterbeziehung weiterzuentwikkeln. Indem die Autorin die Veröffentlichung des Artikels gutheißt, wird sie zur Opponentin der "Frauenpower", da sie eine die "Männersolidarität" ins Feld geführte Position aufgreift. Insgesamt bieten die Texte der TAZ-Autorinnen einen zwiespältigen Eindruck: Einerseits müssen sie die Veröffentlichung rechtfertigen, andererseits sollen sie auch auf die Forderungen der Frauenbewegung eingehen.

Der nächste Eingriff von TAZ-Frauen, ein Hinweis auf der Skandalseite vom 5.11.1980, eröffnet dann die dritte Phase der Debatte. Nach einer spontanen Redaktionsbesetzung werden die TAZ-Frauen zur Partei im institutionellen Konflikt; in einigen Belegen aus dieser Zeit werden die Unterschiede zu Positionen der Frauenbewegung deutlich. Andererseits gelang es ihnen mit der Aktion, die heftigsten Kritiker der Zeitung wieder an diese zu binden.

An welchen Stellen im Verlauf der Debatte greift die "Frauenpower" ein? Von den vierzehn Texten erschienen elf in der ersten Phase der Debatte, sechs davon im ersten und vier im dritten Schritt. D.h. das Teilkorpus umfaßt fast die Hälfte der in der ersten Phase erschienenen Texte. Der Einfluß dieser Texte ist daran zu erkennen, daß die erste Zuspitzung zu Beginn der 2. Phase - die Resolution gegen den Sexismus in der TAZ von den Frauen der Berliner Sommeruniversität - die hier skizzierten Positionen reformuliert. In der zweiten Phase ist diese Position der Verweigerung nicht gut repräsentiert; nur zwei Texte erscheinen im achten Schritt. Mit einem Text eines für die "Frauenpower" eintretenden Mannes (am 10.10.) werden die Positionen dieser Partei zusammen- fassend präsentiert. Zusammen mit zwei anderen erfüllt dieser Brief die Funktion, die normative Debatte zu einem Abschluß zu bringen. Ein Ansatz zur Weiterführung der Diskussion auf einem anderen, sachlicheren Niveau, wie er mit dem am 7.11.1980 veröffentlichten Beitrag eines Strafgefangenen vorliegt, konnte angesichts der Entwicklung des institutionellen Konflikts nicht weitergeführt werden. Das Ende der normativen Debatte schuf die Voraussetzungen für die Zuspitzung des institutionellen Konflikts. In der dann folgenden Comic-Veröffentlichung vom 5.11. werden nur Textteile aus diesem Teilkorpus zitiert. In der dritten Phase schließlich werden diese Positionen wieder aufgenommen, etwa in der Erklärung der Zeitschrift "Courage", die Zusammenarbeit mit der TAZ einzustellen (am 14.11.) oder mit der Abbestellung der TAZ durch ein Buchladenkollektiv in Delmenhorst (18.11.).

Die von der "Frauenpower" in den normativen Konflikt eingebrachten Diskurspositionen der Kritik der Thesen Gailers als Ausdruck einer patriarchalischen Ideologie haben sich, insbesondere durch die Verbindung mit der Kritik an der TAZ-Veröffentlichungspolitik, auf die Regelung des institutionellen Konflikts ausgewirkt. In dem Beschluß vom 17.11.1980 heißt es:

> bei Texten oder Bildern, die Sexualität von oder mit Frauen, den weiblichen Körper, die Frauenbewegung, Fantasien, die Frauen betreffen oder ein Frauenbild als Klischee zum Inhalt haben, muß die Frauenredaktion und/oder die Frau in der Gesamtleitung informiert werden - und zwar so rechtzeitig, daß Zeit zur Diskussion bleibt. Im Zweifelsfall oder wenn die Frauen ihr(e) Zustimmung verweigern, kommen Bild oder Text nicht in die Zeitung. (TAZ, 20.11.1980)

Der Beschluß enthält also einen expliziten Verweis auf den normativen Konflikt und schafft somit Bedingungen, die eine Wiederholung der Veröffentlichung eines Artikels mit "frauenfeindlichen Inhalten" erschweren. Damit haben sich die diskursiven Verhältnisse insofern geändert, als eine Modifikation des Rederechts beschlossen wurde. Dieser Aspekt zeigt, daß die Strategien der "Frauenpower", insbesondere die Warnung an die TAZ-Redaktion, in dem Sinne erfolgreich waren, daß sie bei der Lösung des institutionellen Konflikts miteinbezogen wurden.

4.5.2. "Emanzipation durch Verdrängung - das ist wohl unmöglich!" Positionen und Strategien der "Männersolidarität"

Der "Männersolidarität" habe ich solche Texte zugeordnet, die folgende Gemeinsamkeiten aufweisen: Sie sind von Männern geschrieben, in ihnen wird die TAZ-Veröffentlichungspolitik und damit eine öffentliche Auseinandersetzung mit dem Thema gutgeheißen. Aus diesem Teilkorpus habe ich einen gleichfalls am 24.9.1980 erschienenen Text für eine exemplarische Analyse ausgewählt, weil er charakteristische Eigenschaften der Schreibweise dieser Gruppe aufweist. Er ist in der ersten Phase, genauer: im dritten Schritt der Debatte erschienen, zusammen mit acht anderen, von denen die meisten die Positionen der "Frauenpower" stützten.

Der Text besteht aus fünf Textsegmenten: Die einleitende Erlebensthematisierung leitet über zur Formulierung der zentralen These, daß die Veröffentlichung des Gailer-Artikels gutgeheißen wird. In der darauf folgenden Stützung werden die Gründe dafür benannt. Schließlich folgt das Zitat der Position eines Vertreters der Männersolidarität. Diese sekundäre Argumentation wird abgeschlossen mit einer Wiederholung der zentralen Thesen. Im Resümee werden die eigene Position und die der gegnerischen Partei dann zusammengefaßt. Soweit die erste Orientierung, nun zur Detailanalyse.

(48 a) Als ich den Artikel von G. Gailer
gelesen habe, war ich zuerst
erschrocken darüber, wie jemand,
der sich anscheinend zur linken
Scene zählt, seinen Schwanz dem
Gehirn vorzieht und Frauen nur als
Sexualobjekte betrachtet. Aber ich
war auch froh darüber, daß der
Artikel veröffentlicht wird.

Das initiale Textsegment, eine Erlebensthematisierung, enthält den Textverweis und hat die Funktion, die Formulierung der zentralen These vorzubereiten (Z: 1-7). Der Autor bezeichnet seine Reaktion auf die Rezeption des Gailer-Artikels mit dem Emotionen ausdrückenden Verb erschrecken. Dieses Gefühl hat der schon bei der "Frauenpower" beschriebene Normenkonflikt ausgelöst: Links-sein ist nicht mit solchen Phantasien zu vereinbaren. Die Verortung in der Gegenkultur leistet nicht nur durch den Ausdruck *linke Scene*, auch die Gegenüberstellung von *Schwanz* und *Gehirn* (Z: 4-6), mit der andere Dichotomien zitiert werden, wie etwa "Kopf" vs. "Bauch" oder "Trieb" vs. "Verstand", weist den Autor als Kundigen aus, der auch die Argumente der anderen Partei kennt (*Frauen nur als Sexualobjekt betrachten*, Z:6-7). Mit dieser Eröffnung verweist der Autor auf den Text und bereitet seine zentrale These vor. Zusätzlich gelingt es ihm, durch die Aufnahme gegnerischer Positionen bis hin zum Sprachduktus - die Verwendung des Emotionsausdrucks *ich war erschrocken -* , die Ebene der Frauenbewegungspartei zwar zu zitieren, sie gleichsam damit aber auch hinter sich zu lassen. Auch das nun folgende adversative *aber* stützt diese Vermutung. Mit der Verwendung von *froh* wird der Bezug zur ersten Emotionsthematisierung hergestellt, das *auch* verweist auf zwei widerstreitende Gefühle (*erschrocken* vs. *froh*), möglicherweise ein Indikator für die Vorbereitung einer dialektischen Argumentation. Die These "die Veröffentlichung des Gailer-Artikels durch die TAZ ist gut" bezieht sich auf die Kritik der Gegenpartei.

(48 b) Denn G. Gailer und seine perversen Phantasien sind Realität, auch innerhalb der Linken (außerhalb sowieso). Eine Realität, die wir meistens nicht wahrhaben wollen, weil sie nicht in unser linkes Konzept paßt. Aber wir müssen sie wahrnehmen, wenn wir sie verändern wollen.

Die Stützung der These konzentriert sich auf das Schlüsselwort *Realität*: Zunächst wird behauptet, in der Gestaltung der Männerphantasien unterscheide sich die Linke nicht von anderen gesellschaftlichen Kulturen, dies stehe jedoch im Gegensatz zum *linken Konzept*. Das Schlüsselwort wird in der Wiederholung durch eine Satzspitzenstellung hervorgehoben (Z: 13). Der Wechsel des Personalpronomens von *ich* zu *wir* betont den nun vorgetragenen kollektiven Anspruch. Mit dem *wir* wird auch die Gegenpartei miteingeschlossen, auf die hin der Vorwurf, die Realität nicht wahrhaben zu wollen, konzipiert ist. Wieder leistet eine adversative Verknüpfung die Erhebung über die falschen Positionen, die in dem Topos der *Veränderung* Ausdruck findet. Im Konditionalsatz werden die Bedingungen der Gegenkultur zitiert, der sich vermutlich alle Debattenteilnehmer anschließen könnten (Z: 16-18).

(48 c) Deshalb haben mich auch die Leserbriefe viel wütender gemacht als der Artikel selber. Ihr ach so emanzipierten, entrüsteten Schreiber(innen) zieht da nämlich alle Register reaktionärer Spießermoral: Vom Nicht-wahrhaben-wollen (raus mit solchen Artikeln aus der Taz), über Gewaltandrohung (mit aller Wucht in den geilen Schwanz treten) bis hin zu den Spießersprüchen aus dem letzten Jahrhundert (Gehirnschaden durch Wichsen). Ach, wie emanzipiert. Statt zu der herrschenden perversen (und verklemmten) Sexualität, die aus G. Gailers Artikel spricht, Alternativen zu entwickeln, reagiert ihr mit Verdrängungsme-

> chanismen, die im Endeffekt gegen sexuelle Lust überhaupt gerichtet sind. Dietrich aus Berlin hat ganz recht, wenn er schreibt, daß Frauen, die zu freier Sexualität fähig sind, fast nur noch außerhalb der Linken Szene zu finden sind.

Nun wird die Gegenpartei direkt angesprochen, wieder mit einem Emotionsausdruck (*wütend*). Damit wird wiederum die gegnerische Partei zitiert, die ja auf den Gailer-Artikel emotional reagiert hatte, und die Texte der Frauenbewegung geraten in die Kritik. Die Gegner werden direkt mit einem *ihr* angesprochen. Die dann folgende Nominalgruppe *ihr ach so emanzipierten, entrüsteten Schreiber(innen)* erfordert eine genauere Überprüfung. Mit dem Ironiesignal *ach so* wird der Gegenseite der Anspruch, emanzipiert zu sein, abgesprochen. Auch hier bedient sich der Autor einer Gegenüberstellung, wenn er den Vorwurf der *reaktionären Spießermoral* artikuliert (Z: 23-24), die dann in Form kommentierter Zitate belegt wird. Die Aufzählung endet dann, die Kohärenz dieses Teils belegend, mit einem Ironie und Emotion gleichzeitig indizierenden Ausdruck *ach, wie emanzipiert* (Z: 31-32). Die Einschätzung wird noch einmal erläutert: Der Autor fordert die Gegenpartei auf, ganz im Sinne gegenkultureller Normen, Alternativen zur herrschenden Sexualität zu entwickeln, statt mit Verdrängungsmechanismen zu reagieren, die im Endeffekt gegen sexuelle Lust gerichtet seien. Als Kronzeugen für diese Behauptung führt er ein anderes Mitglied seiner Männersolidaritätspartei an.

> (48 d) Wenn wir unsere Sexualität befreien wollen, müssen wir erstmal erkennen, was an ihr kaputt ist und nicht die Augen davor verschließen. Die Veröffentlichung solcher Artikel wie dem von G.G. kann für uns nützlich sein, gerade weil sie uns provoziert, uns mit unserer (noch verklemmten) Sexualität auseinanderzusetzen. Das Ziel heißt freie, nicht unterdrückte Lust und Zärtlichkeit und nicht Feindbilddenken und bigotte Prüderie.

Die Zusammenfassung wird mit einem inklusiven *wir* eingeleitet: die Gegnerinnen der "Frauenpower" werden in die gemeinsame Vision von einer besseren Zukunft miteingeschlossen. Charakteristisch an dieser Stelle ist wieder die antithetische Gegenüberstellung der Argumente. Der Topos von der Nützlichkeit der Veröffentlichung als Anlaß für eine Auseinandersetzung mit der eigenen verklemmten Sexualität leitet über zur Formulierung des Resümees, in dem eine Zielvorstellung formuliert wird. Gerade die Anspielung auf den Veränderungstopos bleibt bei Konflikten innerhalb der Gegenkultur am ehesten konsensfähig: Wenn es schon gemeinsame Ziele gibt, unterscheiden sich die Konfliktparteien nur in der Wahl des richtigen Weges.

Strukturelles Element in diesem Text ist die Auseinandersetzung mit der "Frauenpower"und das daraus resultierende Gegenüberstellen von Oppositionspaaren. Dies zeigt sich auch auf syntaktischer Ebene, auf der eine ganze Reihe von Koordinationsphänomenen zu beobachten ist: Ich hatte oben bereits auf die *aber*-Verwendung hingewiesen, im zweiten Teil des Textes verwendet der Autor zweimal eine *und nicht*-Verknüpfung; in diesem Zusammenhang ist auch auf den Komparativ *wütender* beim Vergleich Artikel - Leserbriefe (Z: 19-20) hinzuweisen. Interessant ist dabei die Beobachtung, daß die Kritik am Gailer-Artikel auch durchgehalten wird: Schon zu Beginn wird die Gegenposition zitiert (Z: 6-7), und auch im weiteren Text unterscheidet sich die Bewertung des Gailer-Artikels - *perverse Phantasien* (Z: 10-11), *perverse (und verklemmte) Sexualität* (Z: 33-34) - nicht von der der Gegenseite. Im Zentrum der Kritik stehen die Reaktionen der Gegenpartei und implizit ist dieser Text eher als Verteidigung der TAZ denn als die des Gernot Gailer zu lesen. Außer einer Affirmation erfolgt keine Auseinandersetzung mit den Thesen Gailers: In Hinblick auf die beschworene *Realität* bleibt der Text erstaunlich ungenau.

Die in diesem Text zum Ausdruck kommende Schreibweise läßt sich nun zusammenfassen: Zwar ist der Gailer-Artikel schlecht, seine Veröffentlichung ist jedoch notwendig, da die Sexualität in der links-alternativen Gegenkultur noch nicht befreit ist. Am Ende werden, das ist für die Strategie des Textes kennzeichnend, die Ziele des Diskussionsprozesses über Sexualität benannt: Es geht dem Autor um "*freie, nicht unterdrückte Lust und Zärtlichkeit*" (Z: 53-55). Mit diesem Hinweis auf allgemeine Ziele gelingt es dem Autor, eine - auch für die "Frauenpower" - konsensfähige Formulierung zu finden, die begrifflich in den Ausdrücken wie *Emanzipation* und *Befreiung* gefaßt ist. Allerdings bilden diese positiven Werte einen Gegensatz zu den Reaktionen der "Frauenpower", der vorgeworfen wird, diesen nicht zu entsprechen. Ein Indikator für den Allgemeinheitsanspruch ist das Erscheinen des inklusiven *wir*, das in Richtung auf 'diejenigen, die sich der links-alternativen Gegenkultur zugehörig fühlen' zu expandieren ist. Die Diskursstrategie kann in dem Formulierungsmuster "Nur durch Offenheit können wir die sexuelle Befreiung erreichen" zusammengefaßt werden.

Wie erscheinen die herausgearbeiteten Segmente und die in ihnen ausgedrückten Formulierungsmuster nun in den anderen Texten des Teilkorpus? Kritik am Gailer-Artikel wird häufiger geübt. Zwei Beispiele:

(49) ZUM ARTIKEL: Er kann höchstens als Provokation und niemals als ernsthafter Beitrag zum Thema Sexualität gemeint sein. Mehr Peep-

shows, nieder mit der Frauenbewegung - Disqualifikation für Gernot Gailer. (22.9.)

(50) Begeister(t) war ich nicht von seinem Artikel, stellenweise kam mir das Kotzen, aber nicht wegen G. Gailer, sondern wegen meiner eigenen geilen und verkommenen Porno-Vergangenheit. (2.10.; II:12)

50 enthält, wie das entsprechende Segment des Beispieltextes, eine Erlebensthematisierung, die auch Emotionen ausdrückt. Der Autor von 50 verwendet den eine negative Bewertung ausdrückenden Phraseologismus *mir kam das Kotzen*. 49 schließlich akzentuiert den provokativen Charakter des Bezugsartikels. Dagegen erfolgt häufig ein Lob der Veröffentlichung, das in dem Formulierungsmuster "Die Veröffentlichung des Artikels in der TAZ ist gut" zusammengefaßt werden kann. Varianten dieses Musters sind die folgenden Belege:

(51) Der Beitrag Gudulas (und in Ansätzen der von Gailer) hat für mich Fragen aufgeworfen. Sie waren zwar schon vorher da, aber jetzt sind sie "auf den Begriff gebracht". Für mich war es also gut, daß die Artikel erschienen sind. (22.9.)

(52) Klar hat der ne unheimliche Kacke abgelassen, aber letztendlich hat er doch (endlich!) nur das gesagt, was in fast allen linken Männern drin ist, nämlich frauenverachtende Pornografie! (2.10.; II:12)

Während in 51 eine individuelle Perspektive gewählt wird, erscheint in 52 eine verallgemeinernde. Mit der Behauptung, daß fast alle linken Männer solche Phantasien haben, wird auf eine Behauptung des Gailer-Artikels angespielt. Diese Figur könnte auch gelesen werden als Konkretisierung des Terminus *Realität* im eben analysierten Abschnitt. Wenn in Texten darauf zurückgegriffen wird, dann meistens affirmativ:

(53) Ich glaube, daß jeder Mann Frauen und auch Männer zu Objekten in seinen Sexualphantasien macht. Ich stelle mir beim Wichsen auch nicht immer Wesen mit Kopf und Herz vor. Manchmal genügt mir ein wesenloses Geschlechtsorgan. (22.9.; II:5)

In 53 ergibt sich eine Pars-pro-toto-Argumentation: Allgemeinheit wird beansprucht, sie läßt sich jedoch nicht belegen; statt dessen kann die eigene Erfahrung herangezogen werden. Solche Bekenntnisse - Textsegmente, in denen Autoren etwas über sich selbst preisgeben - weisen deutlich über die Textmuster des Leserbriefs hinaus, da Subjekte öffentlich über ihre intimsten Erfahrungen und Erlebnisse berichten. Andererseits gehört das Offenlegen von subjektiver Befindlichkeit durchaus zu den Postulaten der links-alternativen Gegenkultur (cf. Bättig et al. 1980: 66), so daß diese Formen hier erwartbar sind. Jedoch geht es auch nicht immer so offen zu wie in 53: Bisweilen tarnen sich solche Bekenntnisse im allgemeinen Gewande; etwa wenn die Frage, welcher Mann beim Anblick von Pornographie "*einen Ständer*" bekommen habe, mit "*Alle*!" beantwortet wird (II:12). Lediglich in einem Männerbrief, der aber der gegnerischen Gruppe zugeordnet war, wird dieser Allgemeinheitsanspruch zurückgewiesen:

(54) Ich bin schließlich auch ein Mann, und ich kann nur sagen, ich habe solche Phantasien nicht. Ich finde, man sollte nicht so schnell von sich auf andere schließen! (8.10.; II:13)

In dieser Auseinandersetzung geht es um den Allgemeinheitsgrad der Behauptung, und den devoten Bekenntnissen der "verkommenen Männer" wird in 54 diese Form gleichsam zitierend, triumphierend das Bild des nicht-sexistischen Mannes gegenübergestellt, des männlichen Feministen, der als Modell für alle Verändungswünsche fungieren kann.

Wichtig ist auch der folgende Beleg:

(55) Ich vermute, daß der Artikel von Gernot Gailer mit aggressiver Kritik überschwemmt werden wird. Schon deshalb, weil er die Frechheit besitzt, ein linkes Tabu, das Offenlegen und Bejahen der sexuellen Phantasien zu ignorieren. Das kann die linke Szene, und hier reagiert sie wie jede andere Gruppe der kapitalistischen Gesellschaft, natürlich nicht zulassen: Wo die Kritik auch vor den eigenen schwachen, mühsam verdrängten Stellen nicht Halt macht, wo sie also grundsätzlich zu werden droht - wobei der Artikel das inhaltlich allerdings teilweise ist - da also erfolgt die verbissene wütende Abwehr. (19.9.; II:3)

55 faßt die Vorwürfe gegen die Frauen in exemplarischer Weise: Die entschiedenen und heftigen Reaktionen der Frauen werden mit Hilfe eines psychoanalytischen Verdrängungsbegriffs erklärt, der auch impliziert, daß die Reaktionen dann am heftigsten sind, wenn die eigene Psyche vor Gefahren geschützt wird. In anderen Texten, so auch im Beispieltext wird, diese Argumentationsfigur variiert und in einem Resümee in (II:5) aufs prägnanteste gefaßt: "*Emanzipation durch Verdrängung - das ist wohl unmöglich.*" An 55 ist interessant, daß der Text bereits im ersten Schritt der Debatte veröffentlicht wurde. In diesem Zusammenhang ist er praktisch der einzige, der nicht der "Frauenpower" zuzuordnen ist. Entweder besaß der Schreiber prognostische Fähigkeiten, oder aber er wurde von der TAZ-Redaktion zu diesem Text angestiftet. Auf diese Weise gelang es, eine bestimmte Argumentationsfigur in der Debatte zu verankern, die in den der "Männersolidarität" zugeordneten Texten immer wieder erscheinen.

In einigen Texten machen sich die Männer Gedanken auch darüber, was denn da abgewehrt werden soll, wie in der folgenden rhetorischen Frage:

(56) Sind die bitterbösen, perversen Chauvis nicht die Söhne der gleichen Mütter, die euch Frauen zu braven Hausmütterchen und lustfeindlichen verklemmten Ehefrauen unter dem Einfluß der herrschenden - kirchlichen - Moral erzogen haben? (8.10.)

Dieses Erklärungsmodell, die unterstellte Abwehr aus der weiblichen Beteiligung an der Herausbildung des Macho-Typus abzuleiten, wird, wenn überhaupt erklärt wird, bevorzugt. Das Prinzip, die Vorwürfe gegen die eigene Männeridentität umzukehren und gegen die Frauen zu richten, wird in 56 paradigmatisch verfolgt. Den "*bitterbösen, perversen Chauvis*" werden "*die braven Hausmütterchen und lustfeindlichen, verklemmten Ehefrauen*" entgegengestellt. Nun könnten die negativen Bewertungen als auf beide Geschlechter gleichmäßig verteilt angesehen werden, darin wäre aber nicht berücksichtigt, daß es sich bei den *Chauvis* um eine Anspielung auf die Briefe der Frauen handelt, hier eine Taktik des "Ironisch-auf-die-eigene-Kappe-Nehmens" angewandt wird, also eine Lesart zu bevorzugen ist, die in der Paraphrase Ausdruck findet:

(56a) Wenn wir (Männer) schon bitterböse, perverse Chauvis sind, dann seid ihr Frauen brave Hausmütterchen und lustfeindliche, verklemmte Ehefrauen.

Der Status der Prädikate für die Frauen bleibt unklar: Wird da auch zitiert, oder handelt es sich um eine explizite, sozusagen ernst gemeinte Formulierung? Die Frage kann nicht überzeugend beantwortet werden; mir scheint die Finesse dieser Formulierung darin zu liegen, daß beide Ebenen spielerisch miteinander verbunden sind, oszillieren.[1]

Nun aber zu Textsegmenten, in denen die Argumente der "Frauenpower" behandelt werden. Zunächst drei Belege:

(57) Mit der Kritik der Rolle der Frau als Sexualobjekt hat die Frauenbewegung die sexuelle Lust weitgehend mit ausgelöscht. (19.9.; II:3)

(58) Welcher Mann hat noch nie gesagt "nieder mit der Frauenbewegung"? Bestimmt schon alle, denn ohne Frauenbewegung hätten sie es als Männer leichter. (2.10.; II:12)

(59) Die Frauen aus der Frauenbewegung haben mich verunsichert, gründlich. Jeden Tag spüre ich das. Und das ist gut so. Notwendig. Ich denke nach über Chauvinismus bei mir, ihn zu mildern. (22.9.)

57 enthält eine sehr starke These, in der das Provokationspotential des Gailer-Artikels noch verstärkt wird. Auf Gailers Forderungen bezieht sich 58: Es wird die Vermutung artikuliert, daß sie allgemeinere Gültigkeit beanspruchen können. In diesem Ausdruck wird zwar Verständnis mit den kritisierenden Männern deutlich, aber auch ein Verständnis für die Ziele der Frauenbewegung, die im Text positiv behandelt wird. Auch in 59 schreibt ein Chauvinist, der sich verändern will. Die Frage, ob diese Belege eine Zuordnung etwa von Text (II:12) zu denen der "Frauenpower" rechtfertigen könnten, muß negativ beantwortet werden, grenzt sich doch der Autor explizit von der gegnerischen Partei ab und befürwortet die Veröffentlichung des Gailer-Artikels.

Eine erste Bilanz zeigt, welche Formulierungsmuster die charakteristisch für die Texte der "Männersoldarität" sind - die ersten beiden verweisen auf Diskurspositionen, die letzten beiden auf -strategien:

- "Der Gailer-Artikel ist schlecht": In der Regel wird der Gailer-Artikel nicht ver-

1 Eine Variante dieses Formulierungsmusters liegt in der Unterstellung, daß auch Frauen Gewaltphantasien hätten. In (II:48) wird dieser Aspekt ausführlich behandelt.

teidigt, vielmehr konzedieren die Schreiber, daß sie ihn nicht für gelungen halten.

- "Die Veröffentlichung des Artikels ist gut": Statt dessen, und da ist der Dissens tiefgehend, befürworten sie die Veröffentlichung, weil damit notwendige Diskussionen eröffnet würden. Im wesentlichen geht es bei solchen Textsegmenten um die Verteidigung der TAZ-Veröffentlichungspolitik gegen die Vorwürfe der anderen Seite.
- "Die Reaktionen (der "Frauenpower") zeigen, wie verdrängt dieses Thema ist": Die Empörung der gegnerischen Partei über den Artikel wird aufgegriffen und gewendet, indem die Abwehr von gefährlichen Ideen unterstellt wird.
- "Alle Männer haben solche Phantasien wie Gailer": Das verallgemeinernde Schreiben über den Mann im Sinne von "Alle Männer haben solche Phantasien", an die sich zur Stützung Bekenntnisse anschließen können.

Bevor die Bündnispartner der Männer in den Blick kommen, noch ein paar Hinweise zur textuellen Gestaltung von Emotionen. Im Beispieltext 48 waren Emotionen bezeichnende Ausdrücke zu finden, so daß die Vermutung nahe liegt, daß auch in den Texten der "Männersolidarität" aus strategischen Gründen die Gefühle der schreibenden Subjekte in den Text eingebracht werden. Jedoch nicht alle hier untersuchten Texte enthalten Emotionsindikatoren. Nur in wenigen tauchen explizite Formulierungen wie in der Unterzeichnung von *ein ärgerlicher Mensch* auf (am 24.9.). In (II:12) findet sich eine ganze Reihe von pejorativen Ausdrücken (*Kotzen, Kacke, Dreck*), mit denen exakt die emotionale Kritik der Gegner aufgenommen wird, die hier aber dazu dient, die "Verkommenheit" des Schreibers zu illustrieren. Ein besonderes Phänomen läßt sich in zwei Texten festellen: Diese zeichnen sich durch einen besonders einfühlsamen Umgang mit dem Pseudonymus Gernot Gailer aus. In (II:16) wird er mit *Lieber Gernot* angeredet, der dem Schreiber *leid tut* und dem Wünsche übermittelt werden. Solche Ausdrücke, in denen ein Autor die Perspektive eines anderen einnimmt, sich in dessen Handeln und Fühlen hineinversetzt, fasse ich als Empathie indizierende sprachliche Mittel auf. Dazu gehören Verben wie *leid tun, wünschen, verstehen* und *annehmen* etc. In (II:5) erscheint *Gernot* auch als eine Person, die zu unterstützen ist. Neben maßvoller Kritik (*finde ich ... etwas überzogen*) wird die Position Gailers in indirekter Rede wiedergegeben. In diesem Text wird eine Personalisierung sprachlich inszeniert: *Mir gefällt, daß Gernot diese neue noch zusätzliche Moral endlich einmal angreift.* Insgesamt läßt sich jedoch feststellen, daß weniger Emotionen indizierende Ausdrücke zu finden sind. Einerseits mag das auf den immer schon eher rational orientierten männlichen Zugriff auf die Welt zurückzuführen sein, andererseits könnte aber auch die explizite Besetzung der emotionalen Position durch die Frauen den Männern die Möglichkeit entzogen haben, sich ihrerseits auf diese Weise zu artikulieren. Für diese Deutung sprechen die Analyseergebnisse des oben diskutierten Textes.

Zu den Bündnispartnern der "Männersolidarität" gehören zwei Gruppen von

Briefen, nämlich die Texte von den drei Frauen, die sich positiv zur Veröffentlichung des Bezugsartikels geäußert haben, und solche Beiträge von Autoren, die ohne eindeutigen Verweis auf die Bezugsartikel erscheinen.

Drei Frauen schließen sich den Veröffentlichungsbefürwortern an und verwenden dafür die Mittel, die auch schon bei der Analyse der Schreibweise in den Männerbriefen gezeigt wurden. Der Gailer-Artikel wird negativ bewertet, die Veröffentlichung aber gutgeheißen, damit eine Auseinandersetzung möglich wird, denn Verdrängung sei schlecht; die empörten Reaktionen zeigten deutlich, daß dieses Thema verdrängt sei. Es finden sich auch Stützungen dieser These, in denen sich die Autorinnen zu eben solchen sexistischen Phantasien bekennen. Hier ein Beispiel:

(60) Entsetzt bin ich über die haßerfüllten Leserbriefe. Wüßte ich nicht von meinem gütigen Meister Bhagwan, daß ich alles tun darf, solange ich bewußt bin (und daß der Heilige nicht besser ist als ein Sünder, sondern eher schlechter, wenn er sich auf das Bravsein etwas einbildet, wo er doch eigentlich das Leben gar nicht an sich heranläßt) wüßte ich das nicht, würde ich jetzt Angst und Schuldgefühle kriegen: Ich, eine Frau, ich habe manchmal Phantasien, in denen der Schwanz wichtiger ist als sein Träger! (8.10.).

In 60 werden schon bekannte Formulierungsmuster verwendet, wenn etwa die Leserbriefe mit einem Prädikat versehen werden - die Schreiberin reagiert mit Emotionen darauf (*entsetzt*) - oder die Behauptung aufgestellt wird, daß die Heiligen möglicherweise nicht das Leben an sich heranließen. Darüber hinaus leistet 60 die Thematisierung eines Kulturkonflikts; die Schreiberin, eine Sanyassin, Mitglied einer quasi-religiösen Sekte, die für ihre permissive, libertäre Sexualmoral bekannt war, muß sich gegen die Vorwürfe linker Moral wappnen und tut dies, indem sie sich auf den Sektenführer Bhagwan beruft und den Moralisten eine Variante des Verdrängungsvorwurfs entgegenhält. Der Text schließt mit dem Bekenntnis zu sexistischen Phantasien.

Nun zu den Texten ohne expliziten Textverweis: In einem lyrische Formen zitierenden Text, erschienen am 8.10., baut ein Mann seine Gegner auf: *Wer die Veröffentlichung von männlichem Gedankenwirrwarr tabuisiert ...* Das Gedicht umfaßt eine Reihe solcher Relativsätze, die dann durch einen das Bezugselement enthaltenden Teilsatz - in Majuskeln gesetzt -, abgeschlossen wird: *Gegen die wehr ich mich.* Während hier die Zuordnung zur "Männersolidarität" möglich ist, ist das bei zwei anderen Texten nicht möglich. In (II:8), auch einem lyrisch Formen verwendenden Text, werden die Vorteile der Masturbation gegenüber dem Schreiben von Artikeln herausgestellt; der Beitrag richtet sich gegen beide Bezugsartikel.

Die "Männersolidarität" hat zweifellos ihre große Zeit während der zweiten Phase der Debatte. In der ersten Phase sind, vor allem im ersten und vierten Schritt, nur einzelne Stellungnahmen dieser Konfliktpartei zu finden, während im zweiten und - wenn auch in anderer Form - im dritten Schritt ihre Positionen vertreten sind. In quantitativer Hinsicht blieb die Partei jedoch deutlich in der Minderzahl. Das ändert sich in der zweiten Phase, in der die Positionen dieser Gruppe deutlich an Gewicht zunehmen: Eine ausgewogene Publizität erfahren beide Gruppen nur im 8. und 9. Schritt, alle anderen weisen zumindest ein quantitatives Übergewicht der Männersolidarität auf. Im 12. Schritt greifen dann die Bündnispartner innerhalb der TAZ-Redaktion mit dem Comic vom 5.11.80 in die Debatte ein: Die Veröffentlichung von Comiczeichnungen und diese kommentierenden Auszügen aus Leserbriefen der gegnerischen Partei dokumentierten noch einmal die Ziele und Mittel der "Paradiesvögel"-Gruppe innerhalb der TAZ. Dieser Beitrag, der dem institutionellen Konflikt zuzurechnen ist, bedient sich jedoch der Versatzstücke aus dem normativen Konflikt. Wie dem Brief des Urhebers der Collage zu entnehmen ist, ging es im wesentlichen auch darum, die Positionen aus der normativen Debatte zu ironisieren. Durch einen einsamen Entschluß des für die Diskussionsseite Zuständigen wird die Vereinnahmung der Männersolidarität durch die "Paradiesvögel"-Fraktion deutlich. Der Konsens dieser beiden Gruppen, manifestiert in den Verteidigungsanstrengungen in Hinblick auf die Veröffentlichung des Gailer-Artikels, erscheint hier auf den Punkt gebracht. Der große Abstand zwischen dem 11. und 12. Schritt bestätigt diese Vermutung: Als Thema für die TAZ-Diskussionsseite war die Auseinandersetzung zwischen den Konfliktparteien abgeschlossen worden. Die "Männersolidarität" ist nicht der eigentliche Verlierer in der Auseinandersetzung - das sind die "Paradiesvögel" im institutionellen Konflikt -, aber es ist ihr nicht gelungen, die eigenen Positionen der gegnerischen "Frauenpower" bzw. den "Graumäusen" akzeptierbar zu machen. Das liegt vielleicht in der diskursstrategisch sicher notwendigen Kritik am Gailer-Artikel, den - es mag paradox klingen - (fast) alle Debattenteilnehmer nicht akzeptieren konnten, denn die für die Schreibweise der "Männersolidarität" charakteristische Kombination der Positionen "der Artikel ist schlecht" und "es ist gut, daß der Artikel veröffentlicht wurde" ist durchaus nicht erfolgversprechend: Warum sollen schlechte Artikel veröffentlicht werden? Mit dieser Strategie gelang es der "Männersolidarität" zwar, als Diskussionspartner akzeptiert zu werden, sie konnten jedoch den "Paradiesvögeln" keine entsprechende Stützung im normativen Konflikt geben. Dem entspricht auch die Beobachtung, daß die unterlegene Konfliktpartei in der dritten Phase der Debatte nur auf wenige Leserbriefautoren als Bündnispartner zählen konnte. Ich möchte abschließend darauf hinweisen, daß gerade in den untersuchten Texten der "Männersolidarität" solche enthalten sind, die eigentlich nicht mehr als Ausdrucksform des Textmusters Leserbrief anzusehen sind, die über die "Schreibweise eines Leserbriefs" deutlich hinausweisen: Mit Formen intimer Bekenntnisse und der Präsentation von sexuellen Biographemen wird die Distanz des Diskurses durch die Präsenz der Subjekte gestört, die eben nicht nur Positionen, sondern darüber hinaus ihre Erfahrungen und Biographien einbringen. Es gibt sicher Textmuster, in denen dies konventionell möglich ist; in Leserbriefen werden damit Grenzen überschritten. Daß diese Wahl einer

Schreibweise auch manifest wird, ist sicher auch dem alternativen Anspruch der TAZ-Redaktion und einer daraus abgeleiteten redaktionellen Praxis, die eben dies möglich macht, zu verdanken.

4.5.3. Zur Dynamik der Debatte

So standen sie sich gegenüber, die "Frauenpower" und die "Männersolidarität" als Konfliktparteien in der Sexismus-Debatte. Die Analyse, die die Differenzen der Positionen akzentuierte, hat gezeigt, wie tief die Gräben zwischen beiden Fraktionen bei der Frage nach der Zulässigkeit der Diskussion auch um sexistische Männerphantasien waren. Dennoch: Gerade in der Schärfe der Auseinandersetzung findet sich auch die Integrationsmöglichkeit, die darin begründet liegt, daß so heftig gestritten wurde. Zudem zeigte sich ja in der Zuspitzung des institutionellen Konflikts eine Verschiebung der Parteien in der Form, daß nun eine völlig neue Konstellation, nämlich TAZ-Frauen gegen TAZ-Männer, sich entfaltete, eine Polarisierung, die im normativen Konflikt bereits vorgezeichnet worden war.

Wenn Konflikte analysiert werden, ist es unumgänglich, auch nach den Gratifikationen für die Sieger zu fragen bzw. die Nachteile der Verlierer zu spezifizieren. Für den institutionellen Konflikt sind die Gewinner und Verlierer leicht auszumachen. Die "Paradiesvögel" verloren die Kraftprobe in der TAZ zwar nicht gegen die "Graumäuse", wohl aber gegen die TAZ-Frauen, eine Auseinandersetzung, die - indem die Frage der TAZ-Gestaltung nach der normativen Debatte zu einer innerhalb eines geschlechtlichen Paradigmas behandelten Frage wurde - erst auf dieser Grundlage entscheidbar wurde. Der Paritätsbeschluß vom 17.11.80 wirkt wie eine formale Lösung des Problems angesichts des quantitativ definierten Repräsentanzmodells. Damit erhalten wir auch Hinweise auf den Ausgang der normativen Debatte. Indem sich die Frauen ein Einspruchsrecht bei sie betreffenden Artikeln sicherten, sicherten sie sich einen größeren Einfluß auf die Gestaltung der diskursiven Praxis.

Die Charakterisierung des Erfolgs der TAZ-Frauen eröffnet die Möglichkeit, die Gratifikationen auch im normativen Konflikt zu bestimmen: In dieser Auseinandersetzung ging es auch um Definitionsmacht, genauer: um das Einbringen von Diskurspositionen im Kampf um die ideologische Dominanz innerhalb der links-alternativen Gegenkultur. Dort hatte in den Jahren vor 1980 der Einfluß der Frauenbewegung zugenommen, und gegen die Hegemonie von frauenbewegten Ideologiefragmenten richteten sich die von der "Männersolidarität" vertretenen Positionen, die sich aber in der Sexismus-Debatte nicht durchsetzen konnten. Auch in historischer Perspektive haben sich die Positionen der "Frauenpower" eher durchgesetzt; sie haben den begrenzten Rahmen der links-alternativen Gegenkultur überschritten, seit sie im Bundestag von der Partei der Grünen vertreten werden. Das Thema "Männergewalt gegen Frauen" ist zu einem auch hegemonialkulturell akzeptierten geworden, während das Phänomen von sexistischen Männerphantasien - nach einer längeren Pause - im

Herbst 1987 wieder breit diskutiert wird, hegemonialkulturell.[1] Die Sexismus-Debatte, genauer: ihre normative Dimension, ist ein Teil der gegenkulturellen Festigung von Ideologiefragmenten der Frauenbewegung. Während die vehementen Reaktionen der "Frauenpower" auf die Überlegenheit der nur zitierten Positionen der Frauenbewegung zurückzuführen sind, zeigt die Vielfalt der von der "Männersolidarität" bezogenen Positionen den Versuch, die Definitionsmacht der Frauen zu schwächen. Daß sie dabei auf auch für die Gegenseite akzeptable Formen wie Geständnisse oder Präsentation von Biographemen zurückgreifen, verweist auf die von den Männern freigesetzte Energie. Dennoch erreichten sie ihr Ziel nicht, vielmehr schufen sie die Voraussetzungen für die Bestätigung der Frauen-Definitionsmacht.

Noch ein weiterer Aspekt ist in die Überlegung miteinzubeziehen: Es ist nur in wenigen Texten, insbesondere aber von der "Männersolidarität", der Argumentationsrahmen der Zulässigkeit der Veröffentlichung überschritten worden. Diese Beobachtung stützt die oben artikulierte These, daß insbesondere der Rahmenwechsel, also der Abdruck eines für die Zeitschrift "Ästhetik und Kommunikation" geschriebenen Artikels in der TAZ, die Debatte evozierte [<226f] und zum Kristallisationspunkt der Argumentation wurde. In diesem Sinne ist die Zuspitzung des institutionellen Konflikts auf das Engagement der Debattenteilnehmer zurückzuführen, also ein Stück realer Partizipation an der Gestaltung der Zeitung. Es darf bezweifelt werden, ob der Einfluß der Leser heute noch so weitreichend ist.

Nun zum Aspekt der Dynamik dieser Debatte: Vor uns liegt das verwirrende Phänomen, daß keiner der an den Handlungen Beteiligten diesen Verlauf vorausgesehen hat, daß vielmehr Prozesse innerhalb der TAZ und außerhalb, vermittelt über die TAZ-Diskussionsseite, parallel verliefen und aufeinander einwirkten. Dies macht insbesondere die Veröffentlichung der skandalösen Comic-Seite vom 5.11. 1980 deutlich, in der Versatzstücke der schon beendeten normativen Debatte dafür herhalten mußten, den institutionellen Konflikt zuzuspitzen. Diese Konfrontation zeigte, wie groß das Konfliktpotential zu diesem Zeitpunkt gewesen sein muß: Und dies ist auch auf die Schärfe der normativen Debatte zurückzuführen.

Um es zuzuspitzen: Eine Veränderung des TAZ-Projektstatuts beabsichtigten weder die Redakteure, die den umstrittenen Gailer-Artikel in die Zeitung lancierten, noch die Debattenteilnehmer, die um die Zulässigkeit von Männerphantasien und um die Legitimität der Veröffentlichung eines solchen Artikels stritten. Mit dem den institutionellen Konflikt abschließenden Paritätsbeschluß wurden die Bedingungen der diskursiven Praxis umformuliert, auch um eine Wiederholung dieses Ereignisses zu verhindern. Es handelt sich hier also um einen sozialen Prozeß, der in Anlehnung an R.Keller (1982: 6f.) als ein "Phä-

1 Im Herbst 1987 forderte die feministische Zeitschrift "Emma" , auch zivilrechtlich die Möglichkeiten der Produktion und Verbreitung von Pornographie zu beschränken (cf. Greiner 1987).

nomen der dritten Art" bezeichnet werden kann. "Phänomene der ersten Art" sind für Keller kausal erklärbare Naturereignissse, "Phänomene der zweiten Art" dagegen final erklärbare Konsequenzen menschlichen Handelns (cf. Keller 1982: 6). Zwar ist das veränderte Projektstatut der TAZ ein Ergebnis kollektiver menschlicher Handlungen, es war aber nicht Ziel der Intentionen der an diesem Prozeß beteiligten Subjekte, es handelt sich, in den Worten Kellers, um eine "kollektive Konsequenz intentionalen individuellen Handelns" (1982: 25). Soziale Prozesse sind häufig als "Phänomene der dritten Art" interpretiert worden: Bereits in der klassischen politischen Ökonomie - Keller bezieht sich auch explizit auf Adam Smith - taucht dieser Erklärungsansatz zur Deutung von Marktmechanismen auf. Keller nun hat vorgeschlagen, mit Hilfe von sogenannten "Invisible-Hand-Erklärungen" die genannten "Phänomene der dritten Art" zu deuten. Mit diesem Erklärungstyp werden soziale Phänomene als Folgen individueller Handlungen erklärt, die partiell ähnliche Intentionen verwirklichen (cf. Keller 1982: 19), er verbindet also finale und kausale Erklärungen. Es geht um den Zusammenhang von intentionalem Handeln und den dadurch erzeugten Strukturen. Keller arbeitet zur Erklärung intentionalen Handelns mit dem Begriff der Maxime, also den Handlungen zugrunde liegenden Normen, die er auf die durch Handeln erzeugten Strukturen bezieht. Er unterscheidet stabile und dynamische Maximen: Während die ersteren die bestehenden sozialen Strukturen unterstützten, seien die letzteren geeignet, einen sozialen Wandel zu evozieren. Auf diese Weise gelingt es Keller, so unterschiedliche Phänomene wie den schon fast sprichwörtlichen Trampelpfad auf dem Universitätsgelände, den Stau auf der Autobahn oder eben den sprachlichen Wandel auf "einen Nenner zu bringen". Auf den ersten Blick scheint die skizzierte Invisible-Hand-Erklärung für das hier diskutierte Ereignis zweier sozialer Konflikte angemessen zu sein: Ausgehend vom Ansatzpunkt, von den Motiven und Intentionen der Beteiligten, über den Prozeß, den Verlauf der Austragung des normativen und des institutionellen Konflikts, bis hin zur Darstellung der kollektiven Konsequenz, dem Paritätsbeschluß vom 17.11.1980, kann dieses Modell inhaltlich gefüllt werden. Nur wird nichts erklärt, es wird höchstens eine plausible Beschreibung geliefert. Für die Untersuchung diskursiver Prozesse sind zwei schwerwiegende Einwände geltend zu machen. Der erste Einwand betrifft die Modellierung von Handelnden als Maximen verfolgende; das Subjekt wird also als autonom handelndes, auf individuellen Vorteil bedachtes soziales Wesen betrachtet, das scheinbar frei über seine Handlungsziele verfügen kann.[1] Geier weist zu Recht darauf hin, daß

> Texte in der Regel nicht entstehen, wie es sich die linguistische Vernunft vorstellt, als wähle nämlich ein Sprecher aus einem abstrakten, intersubjektiv verfügbaren Lexikon, um sie dann, entsprechend bestimmten syntaktischen oder textlogischen Regeln, zu sprachlichen Syntagmen zu verketten. (1983: 97)

1 Diesen Aspekt hat auch Maas 1976: 141 in seiner Auseinandersetzung mit den Griceschen Kooperationsmaximen behandelt.

Auf der diskursiven Ebene ist das Subjekt jedoch als solches nicht mehr erkennbar, es erscheint lediglich als abstrakte Größe, der Diskurspositionen und -strategien zugeordnet werden können, die sich im Rahmen bestimmter diskursiver Verhältnisse relativ eigenständig bewegen. Daran schließt auch ein zweiter Einwand gegen Kellers Modell an: Die sozialen Prozesse erscheinen voraussetzungslos, abgeschnitten von den Bedingungen ihrer Entstehung. Die Formen der Vergesellschaftung des Subjekts bleiben unangetastet. Keller überträgt offenbar nur die Vorstellung vom idealtypischen Funktionieren des kapitalistischen Marktes auf Sprachwandlungsprozesse. Wenn aber schon diese Modellierung nicht angemessen ist - das hat die Marxsche Kritik der Politischen Ökonomie gezeigt -, kann auch ihre Übertragung auf andere Erscheinungen nicht akzeptiert werden.

Zur Erklärung der Dynamik der Debatte hat sich das Kellersche Modell nur als bedingt tauglich erwiesen, auch weil es die Machtverhältnisse in sozialen Prozessen schlicht ignorierte. Ich hatte oben in einem noch nicht weiter spezifizierten Sinn von Definitionsmacht gesprochen und meinte damit die Möglichkeit, den Bereich diskutierbarer Diskurspositionen zu bestimmen. Mit dem Terminus Macht kann ich mich wieder auf Foucault beziehen, der die hier diskutierte Frage auch aufwirft:

> Die Leute wissen(,) was sie tun; häufig wissen sie, warum sie das tun, was sie tun; was sie aber nicht wissen, ist, was ihr Tun tut. (zitiert nach Dreyfus/Rabinow 1982: 219)

Für Foucault ist diese Frage über eine Konzeption von Macht beantwortbar. Er geht von der Annahme aus, daß Machtbeziehungen nicht einfach von oben nach unten verlaufen, daß sie vielmehr, dezentralisiert, an der Basis zu finden seien. Die dort wirksamen Kräfteverhältnisse, die in ungleichen und beweglichen Beziehungen zum Ausdruck kommen, konstituieren die Spaltungen, die die Gesellschaft durchziehen.

> Die Macht ist nicht eine Institution, ist nicht eine Struktur, ist nicht eine Mächtigkeit einiger Mächtiger. Die Macht ist der Name, den man einer komplexen strategischen Situation in einer Gesellschaft gibt ... Die Macht ist nicht etwas, was man erwirbt, wegnimmt, teilt, was man bewahrt oder verliert; die Macht ist etwas, was sich von unzähligen Punkten aus und im Spiel ungleicher und beweglicher Beziehungen vollzieht. (Foucault 1976: 114f.)

Das Subjekt erscheint als ein gespaltenes, in Machtverhältnissen befangenes. Macht ist nicht an eine Institution geknüpft, sie ist vielmehr in die Subjekte verlagert. Daran knüpft auch Foucaults These, daß Widerstand nicht außerhalb der Macht liege, an.

> Der Diskurs befördert und produziert Macht; er verstärkt sie, aber er unterminiert sie auch, er setzt sie aufs Spiel, macht sie zerbrechlich und aufhaltsam. (Foucault 1976: 122)

Diese Konzeption von Macht bzw. der diskursiv organisierten Macht ermöglicht eine genauere Bestimmung des diskursiven Prozesses, in dem es um die Durchsetzung von Positionen geht, eben um die Festlegung dessen, was in der links-alternativen Gegenkultur in Hinblick auf Werte und Normen vertretbar war.

Die Zuspitzung der Auseinandersetzung, der Streik der TAZ-Frauen, verlief auf der Ebene des institutionellen Konflikts. Der Streik war erfolgreich, weil das Projekt insgesamt in Frage stand: Die Machtfrage, die in der Sexismus-Debatte diskursiv formuliert wurde, fand ihre Antwort im Paritätsbeschluß vom 17.11. 1980.

4.6. Das Ende des Diskurses?

In diesem Kapitel habe ich einen sozialen Konflikt rekonstruiert, der z.T. in Form von Leserbriefen ausgetragen wurde. Dabei ging es mir einmal um die Rekonstruktion der Dynamik der sich in den Texten manifestierenden sozialen Auseinandersetzung, die mit der Beschreibung des Provokationspotentials eines der Bezugsartikel (in 4.4) und der in den Texten geleisteten Bearbeitung dieser Provokation (in 4.5) analytisch eingeholt wurde. Es ist deutlich geworden, daß es sich dabei um ausgewählte Aspekte handelte und mithin nicht der Anspruch erhoben wurde, eine vollständige Analyse aller Aspekte der Debatte präsentiert zu haben: Insbesondere eine stärkere Akzentuierung des institutionellen Konflikts könnte, im Zusammenhang mit Untersuchungen zur Kommunikation in Institutionen, fruchtbare Ergebnisse bringen. Für das in diesem Kapitel verfolgte Ziel, eine explorative Studie zur Entfaltung komplexer kommunikativer Prozesse im Rahmen des Textmusters Leserbrief vorzulegen, ist dieser Zusammenhang nicht einschlägig. Daneben zeigte sich, in der Prüfung der gegenkulturellen Eigenschaften der Texte des Korpus II mittels einer Konnotationsanalyse (4.3), daß die in Kapitel 3 herausgearbeiteten Kriterien gut geeignet sind, auch anderes Material systematisch zu erfassen.

Der eingangs formulierte Anspruch, eine Reduktion der Abstraktion zu erreichen, konnte insofern eingelöst werden, als die gesellschaftliche Praxis, auf die die untersuchten Texte verweisen, immer deutlicher in den Blick rückte. Nun stellt sich hier das Problem, das Verhältnis von Text und diskursiver sprachlicher Praxis zu bestimmen. Eine Sprachanalyse ist, anders als eine historische oder soziologische Untersuchung, im besonderen Maße an den Formen interessiert, in denen sich die gesellschaftliche Praxis der schreibenden Subjekte ausdrückt. In den Detailanalysen (4.4 und 4.5) zeigte sich, daß die Ebene der Analyse nicht schematisch zu bestimmen ist, sondern daß vielmehr relativ zu den entwickelten Fragestellungen unterschiedliche Aspekte von formaler Analyse erforderlich werden: Von der graphischen Gestaltung über die Orthographie, die Semantik bis hin zur Syntax reichte das Spektrum der Untersuchung. Die Frage nach einer sozialen Praxis ist eben eine andere als etwa die nach syntagmatischen Zeichenrelationen, die zwar den Vorteil hat, ihren Gegenstand relativ genau zu erfassen, diesen Vorteil aber mit einem hohen Idealisierungsgrad erkauft. Umgekehrt können jedoch syntagmatische Relationen für die Textanalyse durchaus wichtig werden, immer aber auch unter Beachtung anderer, für die Untersuchung konkreter Texte wichtiger Aspekte. Um auf die Ausgangsfrage zurückzukommen: In den Mittelpunkt der hier entfalteten historischen Diskursanalyse rücken die sprachlichen Formen, die in Beziehung zu dem jeweils verfügbaren Wissen um eine Praxis stehen; eine solche Analyse muß auf Ergebnisse anderer Gesellschaftswissenschaften zurückgreifen können und diese systematisch mit ihren Befunden in Beziehung setzen.

Das Konzept von Diskurs als öffentlichem gesellschaftlichem Reden und Schreiben hat sich als ein geeigneter Rahmen für die in den einzelnen Teilen mit unterschiedlichen Methoden herausgearbeiteten Ergebnisse erwiesen. In der Fortschreibung eines solchen theoretischen Konzepts wird es darauf ankommen, die an den konkreten sprachlichen Formen ansetzende Methodik systematisch auf das Konzept zu beziehen, ohne aber die Offenheit gegenüber konkreten Texten aufzugeben.

In diskursanalytischer Sicht ist besonders die Aneignung der Sexismus-Debatte in der hegemonialkulturellen Öffentlichkeit interessant, da hier die Bedeutung des Konzepts von in verschiedenen Bereichen erscheinenden Diskurspositionen deutlich wird. In der ZEIT, der in Hamburg erscheinenden - hegemonialkulturellen - Wochenzeitung, wurde im Herbst 1980 über beide in der TAZ ausgetragenen Konflikte berichtet: Am 17.10.1980 erschien ein Beitrag mit dem Titel "Graumäuse und Paradiesvögel", in dem der institutionelle Konflikt dargestellt wurde (cf. Frey 1980), während am 5.12.1980 dann im Feuilleton ein Artikel von Ulrich Greiner mit dem Titel "Immer nur das Eine" die durch den Artikel von Gernot Gailer evozierte Sexismus-Debatte behandelte (1980). Der Artikel wird zusätzlich dadurch interessant, daß er einen Monat später durch zwölf Leserbriefe kommentiert wurde.

Im Bezugsartikel von Greiner wird die zentrale These vertreten, sowohl von Rechten als auch von Linken würde eine konservative Sexualmoral propagiert: "Die Linke bläst ins rechte Horn." Als Beleg dient ihm die Gailer-Debatte, in der sich eine puritanische Wut innerhalb der Emanzipationsbewegung zeige. Er schlägt sich also auf die Seite Gailers, dem er zubilligt, daß er auch die Einsamkeit der Männer zum Thema mache. Kronzeugen für die neue Sexualmoral sind für ihn die Positionen der "Frauenpower", die er denunziatorisch zitiert: "... während Katja nur noch stammelte: 'Schwanz ab!'". Die Debatte wird zum Beleg für seine These der zunehmenden Männerfeindlichkeit in der Frauenbewegung im besonderen und der Entfremdung zwischen den Geschlechtern im allgemeinen. Er wehrt sich gegen die Einschränkungen der Lust und findet dafür auch Kronzeuginnen. Sein Resümee: "Mag sein. Dies ist die Welt des Patriarchats. Aber aus ihr kommen wir doch nicht heraus, indem wir die mühsam herabgestürzten Götzen der Lustfeindlichkeit wieder auf ihre Podeste stellen."

Insbesondere die Leserinnen artikulieren Kritik an den Thesen Greiners, wenn auch eine Autorin behauptet, er spreche ihr aus "Hirn und Herz". Im wesentlichen wird kritisiert, daß Greiner die Thesen Gailers positiv rezipiert habe, sie sozusagen fortgeschrieben habe, zudem verwahren sich die Autorinnen gegen die Gleichsetzung von Frauenbewegung und Katholischer Kirche.

Von den drei schreibenden Männern solidarisiert sich nur einer mit den Positionen Greiners, während die beiden anderen eine kritische Distanz einnehmen.

Diese fortgesetzte Debatte zeigt auch, daß 1980 die Positionen in der Gegenkultur bis hinein in das hegemoniale Feuilleton eingedrungen waren. Die Auseinandersetzung verweist noch auf einen anderen Aspekt, der mit der Bewegung von Diskurspositionen zu tun hat: Sie wiederholen sich, sie finden sich als Supplemente immer wieder neu formuliert in Texten eines normativen Sexualitäts-Diskurses. Dieser Beleg zeigt auch, daß schon 1980 Ideen aus der Gegenkultur hegmonial rezipiert wurden, daß also die Integration der Gegenkultur bereits begonnen hat - wohl "hinter dem Rücken" der Beteiligten.

5. Schluß

In der Einleitung hatte ich als erkenntnisleitendes Interesse an der Beschäftigung mit der Sexismus-Debatte in der TAZ die exemplarische Erforschung der sprachlichen Verhältnisse in der links-alternativen Gegenkultur benannt. Darüber hinaus hatte ich als methodische Zielsetzung formuliert, die Verbindung unterschiedlicher Textdimensionen analytisch einzuholen.

In Kapitel 2 beschäftigte ich mich mit den intra-textuellen Eigenschaften von Leserbriefen. Die Musteranalyse ermöglichte es, die unter funktionalen Gesichtspunkten charakteristischen Merkmale von Leserbriefen herauszuarbeiten. Dabei zeigte sich, daß vier Strukturmuster für diese Textform typisch sind, nämlich positive und negative Kommentierung sowie Ergänzung und Korrektur, die auf die drei Funktionen Lob, Kritik und Zusatz bezogen wurden. Darüber hinaus beschäftigte ich mich mit den textspezifischen Formen der Themenkonstitution, nämlich der Einführung des Themas, des Textverweises und der Texterwähnung. Aber schon in diesem ersten Analysedurchgang stieß ich auf eine nicht erwartete Textstruktur, nämlich eines, in dem ein Autor sich eines poetischen Strukturmusters bediente. Die erwähnte Erwartung gründete auf der Überzeugung, daß Leserbriefschreiber beabsichtigen, eine Position ins Feld der Meinungsbildung einzubringen, und daß sie sich dabei konventioneller Mittel bedienen. Nun waren die aus dem Rahmen fallenden Texte in der TAZ erschienen, und dieser erste über die allgemeine in Kapitel 2 verfolgte Fragestellung hinausgehende Befund deutete schon eine gewisse Sonderstellung der TAZ im Verhältnis zu den anderen Zeitungen an.

Im dritten Kapitel untersuchte ich Formvariationen auf unterschiedlichen Ebenen, um die extra-textuellen Eigenschaften von Leserbriefen zu bestimmen. Die Konnotationsanalyse umfaßte zwei größere Abschnitte. Die Praxis von Leserbriefredaktionen waren Gegenstand der Analyse der Präsentation Leserbriefrubrik und der Analyse der in Leserbriefen aufgeworfenen Themen, während in der Analyse der ideologischen Schreibweisen und der Interaktionsindikatoren die sprachliche Praxis von Autoren untersucht wurde. Für die einzelnen Textkorpora ließen sich durchaus charakteristische Eigenschaften auf allen Analyseebenen feststellen. Diese sprachlichen Formen erwiesen sich als Distinkton ausdrückende Merkmale in Hinblick auf eine bestimmte Zeitung, bzw. anders herum, sie konnotierten eine bestimmte soziale Praxis, eine bestimmte, von den Redaktionen und Autoren vorgenommene Verortung im sozialen und politischen Raum. So unterschied sich die Gestaltung der TAZ-Leserbriefseite und die in den Texten behandelten Themen von den in den anderen drei Zeitungen beschriebenen Verhältnissen. Auch die TAZ-Leserbriefe wiesen charakteristische Eigenschaften auf, die in erster Linie an den ideologischen Schreibweisen

"Solidarität mit Gleichgesinnten", und "Auseinandersetzung um linke Politik" und an der, im Vergleich zu den anderen untersuchten Zeitungen, deutlich anderen sprachlichen Gestaltung von sozialen Verhältnissen beschrieben wurden. Die in der links-alternativen Gegenkultur üblichen Verkehrs- und Umgangsformen, die Organisationsformen und die politische Orientierung evozieren eine spezifische Form der Textgestaltung, die sich deutlich von der in den anderen Zeitungen beobachtbaren abhebt. Die besonderen sprachlichen Verhältnisse sind auf eine bestimmte soziale Praxis zurückführbar. Diese Befunde entsprechen auch der Alltagserfahrung; hätte man sich nicht die analytischen Anstrengungen ersparen können? Ich glaube nicht, da das dritte Kapitel drei wichtige Funktionen inne hat. Erstens war es notwendig, um die sprachlichen Verhältnisse in der links-alternativen Gegenkultur nicht zirkulär zu behandeln, zweitens lieferte es ein Exempel für die Verfolgung des in der Einleitung formulierten methodischen Prinzips, die Variation von sprachlichen Formen zum Ausgangspunkt der Analyse zu machen, und drittens erwies sich die Konnotationsanalyse als geeignetes methodisches Instrumentarium zur Rekonstruktion der Beziehung von sprachlichen Formen in Texten und dem jeweiligen Praxiszusammenhang. Dabei hatte die in Kapitel 2 vorgelegte Musteranalyse eine wichtige Voraussetzung geschaffen, ermöglichte sie doch die Bestimmung des Verhältnisses kleinerer sprachlicher Einheiten und dem Text als ganzem. Es dürfte auf der Grundlage dieser Untersuchungen leichter werden, historisches Material zu analysieren, das der Untersuchende ja ohne den Hintergrund seines Wissens als Zeitgenosse bearbeiten muß. Damit ist ein Vorgehen vorgeschlagen, das für die Weiterentwicklung einer historischen Diskursanalyse von größter Wichtigkeit ist.

Im vierten Kapitel schließlich beschäftigte ich mich mit den inter-textuellen Eigenschaften von Leserbriefen. Die Diskursanalyse hatte die Sexismus-Debatte in der TAZ aus dem Jahre 1980 zum Gegenstand. Die Vorarbeiten der vorangegengenen Kapitel konnten sowohl für die Klassifikation der Texte als auch für die Korpus-Analyse genutzt werden. Schließlich analysierte ich das Provokationspotential eines der beiden Bezugsartikel und die Form der Austragung inhaltlicher Gegensätze in einem normativen Konflikt. Die diskursiven Verhältnisse in der Debatte waren geprägt von den Versuchen linker undogmatischer Männer, die Definitionsmacht der Frauenbewegung in Hinblick auf die Formulierung der das Verhältnis der Geschlechter betreffenden Normen in Frage zu stellen. Dies ist nicht gelungen, vielmehr sind Positionen der Frauenbewegung auch in Teilen der hegemonialen Kultur übernommen worden. Aber auch die TAZ war 1980 eine andere als 1984 oder 1988: Im Vergleich zeigten sich gravierende Differenzen, die auf Professionalisierungstendenzen innerhalb des TAZ-Projekts zurückführbar waren, vom alternativen zum selbstverwalteten Betrieb. Inwiefern damit eine Reintegration zumindest dieses Bereichs der Alternativbewegung in ihre Stammkultur vollzogen wird, darf vermutet werden, stellt sich doch schon seit einiger Zeit die Frage, ob es diese Bewegung überhaupt noch gibt (cf. Horx 1985). 1980 jedenfalls gab es sie, und man stritt sich mit frau über die in der TAZ zu veröffentlichenden Texte und über Männerphantasien auf der Leserbriefseite dieser Zeitung. Das in diesem Kapitel entwickelte diskursanalytische Konzept erwies sich durchaus als geeignet, die Beziehungen eines Textes zu anderen zu erfassen, ohne dabei den Bezug zur sozialen Praxis auszublenden. Vielmehr war es möglich, die diskursive Ebene trotz ihrer relativen Eigenständigkeit systematisch auf die Ebene der sozialen Praxis zu beziehen. Auch hat das Problem, wie diskursive Eigenschaften eines Leserbriefs analytisch rekonstruiert werden können, eine - zumindest im Zusammenhang dieser Arbeit - angemessene Lösung gefunden, die ich im folgenden kurz skizzieren möchte. Die Berücksichtigung von Erscheinungszeitpunkt und -modalitäten eines Leserbriefs ermöglicht eine erste Zuordnung zu einem Praxisbereich. Diese Zuordnung kann durch die Untersuchung von Interaktionsindikatoren präzisiert werden. Die Beschreibung des Textmusters gestattet eine Bestimmung von Grenzen und Möglichkeiten der von den Autoren gewählten Textform, während die Analyse des Themas und der ideologischen Schreibweise Aufschluß über die jeweils vertretene Diskursposition und die verfolgte Diskursstrategie geben kann. Damit wird es aber auch nötig, andere Positionen und Strategien in Texten vergleichend zu untersuchen. Ein Leserbrief erscheint so als ein Ensemble von sprachlichen Formen, das sowohl auf andere Texte als auch auf die soziale Praxis verweist. Mit dieser Bestimmung wird auch der Zusammenhang von Muster-, Konnotations- und Diskursanalyse als unterschiedliche Aspekte des Verhältnisses von Text und sozialer Praxis erfassende Konzepte deutlich. Ich denke, daß dieses Konzept sich für die Untersuchung von Leserbriefen als fruchtbar erwiesen hat und einen Ausgangspunkt für weitere empirische Arbeiten sein kann mit dem Ziel, allgemeinere diskursanalytische Beschreibungskategorien zu gewinnen, die sich auch für die Auseinandersetzung mit historischem Material eignen. Diese Kategorien können nicht deduktiv, sondern nur aus empirischen Analysen selbst entwickelt werden. Der Zusammenhang von sprachlichen Formen und sozialer Praxis ist offensichtlich; um ihn aber genauer zu erforschen, bedarf es weiterer Untersuchungen alltagssprachlicher Texte.

Literaturverzeichnis

Alles über die Zeitung. [18]1985. Frankfurter Allgemeine. Zeitung für Deutschland. Frankfurt: Frankfurter Allgemeine Zeitung. ([1]1974)

Arbeitsgemeinschaft Media-Analyse e.V. *Media-Analyse 1983. In 6 Teilen. Berichtsband: Pressemedien*. Frankfurt: Media-Micro-Census.

Austin, John. 1962. *How to do things with words*. Oxford: The Clarendon Press. - *Zur Theorie der Sprechakte*. Stuttgart: Reclam. (1972)

Bättig, Michael / Hots, J. / Jürges, S. / Reineke, J. / Rhode, M. / Wilkens, H. 1980. "Der Zusammenhang von Sprache und Erfahrung am Beispiel der Sprache in der Alternativ-Scene". *Osnabrücker Beiträge zur Sprachtheorie 16*. 45-70.

Barthes, Roland. 1953. *Le degrè zero de l'écriture*. Paris: Editions du Seuil. -*Am Nullpunkt der Literatur*. Frankfurt: Suhrkamp. (1982)

--- 1964. "Eléments de sémiologie". *Communications 4*. 91ff. - *Elemente der Semiologie*. Frankfurt: Syndikat. 1979. ([2]1981)

--- 1975. *Roland Barthes par Roland Barthes*. Paris: Edition du Seuil. - *Über mich selbst*. München: Matthes & Seitz.

Bausinger, Hermann. 1979. "*Sie* oder *Du*? Zum Wandel der pronominalen Anrede im Deutschen". Ezawa, Kennosake / Reusch, Karl H. eds. *Sprache und Sprechen. Festschrift für Eberhard Zwirner zum 80. Geburtstag*. Tübingen: Niemeyer. 3-11.

Bayer, Klaus. 1979. "Die Anredepronomina *Du* und *Sie*. Thesen zu einem semantischen Konflikt im Hochschulbereich". *Deutsche Sprache 7*. 212-219.

--- 1982a. "Jugendsprache und Sprachnorm - Plädoyer für eine linguistisch begründete Sprachkritik". *Zeitschrift für Germanistische Linguistik 10*. 139-155.

--- 1982b. "Noch einmal: Jugendsprache und Sprachnorm". *Zeitschrift für Germanistische Linguistik 10*. 341-347.

de Beaugrande, Robert-Alain / Dressler, Wolfgang Ulrich. 1981. *Einführung in die Textlinguistik*. Tübingen: Niemeyer.

Behrend, Walter / Golonske, Elmar / Heidemann, Kira / Walter, Bernhard. 1982. "Zur Sprache der Spontis". *Muttersprache 92*. 146-162.

Bellert, Irene. 1970. "On a condition of the coherence of texts". *Semiotica 2*. 335-363. - "Über eine Bedingung für die Kohärenz von Texten". Kallmeyer, Werner et al. eds. *Lektürekolleg zur Textlinguistik. II: Reader*. Frankfurt: Athenäum. 213-245.

Berger, Peter / Luckmann, Thomas. 1966. *The social construction of reality*. Garden City etc.: Doubleday. - *Die gesellschaftliche Konstruktion der Wirklichkeit*. Frankfurt: Fischer. 1969. ([5]1977)

Bernsdorf, Wilhelm. 1972. "Sexualsoziologie". Bernsdorf. ed. III. 684-690.

--- ed. 1972. *Wörterbuch der Soziologie*. I-III. Frankfurt: Fischer Taschenbuch.

Beywl, Wolfgang / Brombach, Hartmut. 1982. "Kritische Anmerkungen zur Theorie der Alternativpresse". *Publizistik 27*. 551-569.

Boehncke, Heiner / Stubenrauch, Herbert. eds. 1983. *Klasse, Körper, Kopfarbeit. Lexikon linker Gemeinplätze*. Reinbek: Rowohlt.

Böhne, Regina. 1985. *Kontakt gesucht. Untersuchungen zur Sprache der Alltags-Pornographie*. Göttingen: Herodot.

Böttcher, Johannes. 1961. *Der Leserbrief in der Presse der Bundesrepublik Deutschland*. Erlangen - Nürnberg. (Diss.)

Bourdieu, Pierre. 1979. *La distinction. Critique sociale du jugement*. Paris: Les éditions de minuit. - *Die feinen Unterschiede. Kritik der gesellschaftlichen Urteilskraft*. Frankfurt: Suhrkamp. 1982. ([3]1984)

Bosshart, Louis. 1974. "Die Leserbriefe - ein ungelöstes Feedback-Problem". *Publizistik 19*. 45-52.

Brandt, Margareta / Koch, Wolfgang / Motsch, Wolfgang / Rosengren, Inger / Viehweger, Dieter. 1983. "Der Einfluß der kommunikativen Strategie auf die Textstruktur - dargestellt am Beispiel des Geschäftsbriefes". Rosengren. ed. 105-136.

Braun, Hanns. 1960. "Der Leserbrief im Lichte zeitungswissenschaftlicher Theorie". *Publizistik 5*. 330-340.

Bremerich-Vos, Albrecht. 1985. "Wolfgang Kleins Argumentationstheorie und Habermas' Kritik". Kopperschmidt / Schanze. eds. 110-120.

Brinker, Klaus. 1983. "Textfunktionen. Ansätze zu ihrer Beschreibung". *Zeitschrift für germanistische Linguistik 11*. 127-148.

--- 1985. *Linguistische Textanalyse. Eine Einführung in Grundbegriffe und Methoden*. Berlin: Schmidt.

Bucher, Hans-Jürgen. 1986. *Pressekommunikation. Untersuchungen einer öffentlichen Form der Kommunikation aus linguistischer Sicht*. Tübingen: Niemeyer.

Bühl, Walter L. 1976. *Theorien sozialer Konflikte*. Darmstadt: Wissenschaftliche Buchgesellschaft.

Burger, Harald. 1984. *Sprache der Massenmedien*. Berlin etc.: de Gruyter.

Bußmann, Hadumod. 1983. *Lexikon der Sprachwissenschaft*. Stuttgart: Kröner.

Clarke, John / Hall, S. / Jefferson, T. / Roberts, B. 1979. "Subkulturen, Kulturen und Klasse". Clarke John et. al. eds. *Jugendkultur als Widerstand. Milieus, Rituale, Provokationen*. Frankfurt: Syndikat. ([2]1981)

Coseriu, Eugenio. 1980. *Textlinguistik. Eine Einführung*. Herausgegeben und bearbeitet von J. Albrecht. Tübingen: Narr.

Dahrendorf, Ralf. 1957. *Soziale Klassen und Klassenkonflikt in der industriellen Gesellschaft*. Stuttgart: Enke.

--- 1972a. "Elemente einer Theorie des sozialen Konflikts". Dahrendorf, Ralf. *Konflikt und Freiheit. Auf dem Weg zur Dienstklassengesellschaft*. München: Piper. 20-47.

--- 1972b. "Sozialer Konflikt". Bernsdorf. ed. III. 748-751.

Derrida, Jacques. 1967. *De la grammatologie*. Paris: Minuit. - *Grammatologie*. Frankfurt: Suhrkamp. (1974)

Dieckmann, Walther. [2]1975. *Sprache in der Politik. Einführung in die Pragmatik und Semantik der politischen Sprache*. Heidelberg: Winter. ([1]1969)

--- 1979. "K.O. Erdmann und die Gebrauchsweisen des Ausdrucks Konnotation in der linguistischen Literatur". Dieckmann 1981. 78-136.

--- 1981. *Politische Sprache - Politische Kommunikation. Vorträge, Aufsätze, Entwürfe*. Heidelberg: Winter.

--- 1985. "Konkurrierender Sprachgebrauch in Redeerwähnungen der Presseberichterstattung". *Wirkendes Wort 35*. 309-328.

Dierse, U. 1976. "Ideologie". Ritter, Joachim / Gründer, Karlfried. eds. *Historisches Wörterbuch der Philosophie. IV: I-K*. Basel etc.: Schwabe & Co. 158-185.

van Dijk, Teun A. 1978. *Tektswetenschap. Een Interdisciplinaire Inleiding*. Utrecht / Antwerpen: Het Spectrum. B.V. - *Textwissenschaft. Eine interdisziplinäre Einführung*. München: Deutscher Taschenbuch Verlag.

Dimter, Matthias. 1981. *Textklassenkonzepte heutiger Alltagssprache. Kommunikationssituation, Textfunktion und Textinhalt als Kategorien alltagssprachlicher Textklassifikation*. Tübingen: Niemeyer.

Dreyfus, Hubert L. / Rabinow, Paul. 1982. *Michel Foucault. Beyond structuralism and hermeneutics.* Chicago: University of Chicago Press. - *Michel Foucault. Jenseits von Strukturalismus und Hermeneutik.* Frankfurt: Athenäum. (1987)

Ehlich, Konrad. 1982. *Die Wissenschaft vom Text. Konturen einer neuen Disziplin.* Tilburg. (mimeo)

--- 1985. *Die Entwicklung von Kommunikationstypologien und die Formbestimmtheit des sprachlichen Handelns.* Dortmund. (mimeo)

--- 1986. "Funktional-pragmatische Kommunikationsanalyse - Ziele und Verfahren". Hartung, Wolfdietrich. ed. *Untersuchungen zur Kommunikation - Ergebnisse und Perspektiven.* Internationale Arbeitstagung in Bad Stuer. Dezember 1985. Berlin: Akademie der Wissenschaften der DDR; Zentralinstitut für Sprachwissenschaft.

Ehlich, Konrad / Rehbein, Jochen. 1972. "Zur Konstitution pragmatischer Einheiten in einer Institution: Das Speiserestaurant". Wunderlich, Dieter. ed. *Linguistische Pragmatik.* Frankfurt: Athenäum. 209-254.

--- 1979. "Sprachliche Handlungsmuster". Soeffner. ed. 243-274.

--- 1986. *Muster und Institution. Untersuchungen zur schulischen Kommunikation.* Tübingen: Narr.

Enzensberger, Hans Magnus. 1970. "Baukasten zu einer Theorie der Medien". *Kursbuch 20.* 159-186.

Ermert, Karl. 1979. *Briefsorten. Untersuchungen zu Theorie und Empirie der Textklassifikation.* Tübingen: Niemeyer.

Fiehler, Reinhard. 1985. "Kommunikation und Emotion". Kürschner / Vogt. eds. 201-212.

Fietz, Lothar. 1982. *Strukturalismus. Eine Einführung.* Tübingen: Narr.

Flottau, Heiko. 1980. "Liberal auf schwankendem Boden: Die 'Frankfurter Rundschau'". Thomas, Michael Wolf. ed. 97-126.

Foucault, Michel. 1966. *Les mots et les choses.* Paris: Gallimard. - *Die Ordnung der Dinge.* Eine Archäologie der Humanwissenschaften. Frankfurt: Suhrkamp. (1974)

--- 1969. *L'archéologie du savoir.* Paris: Gallimard. - *Archäologie des Wissens.* Frankfurt: Suhrkamp. (1981)

--- 1976. *Histoire de la sexualité, I: La volonté de savoir.* Paris: Gallimard. - *Sexualität und Wahrheit I. Der Wille zum Wissen.* Frankfurt: Suhrkamp. (1977)

Frey, Cornelia. 1980. "Graumäuse und Paradiesvögel. Bei der TAZ steht ständig alles auf der Kippe: Intention, Moral, Existenz". *DIE ZEIT 43.*

Fuchs, Werner. et. al. eds. [2]1978. *Lexikon zur Soziologie.* Opladen: Westdeutscher Verlag.

Gailer, Gernot. 1980. "Eine Traumfrau zieht sich aus". *Ästhetik und Kommunikation 40.* 81-95.

Garfinkel, Harold / Sacks, Harvey. 1970. "On formal structures of practical actions". McKinney, J.C. / Tiryakin, E.A. eds. *Theoretical sociology.* New York. 337-366. - "Über formale Strukturen praktischer Handlungen". Weingarten, Elmar / Sack, Fritz / Schenkein, Jim. eds. *Ethnomethodologie. Beiträge zu einer Soziologie des Alltagshandelns.* Farnkfurt: Suhrkamp. 130-178.

Gdaniec, Claudia. 1987. "Politische Diskurse von Frauen". Vogt, Rüdiger. ed. 202-224.

Geier, Manfred. 1983. *Methoden der Sprach- und Literaturwissenschaft.* München: Fink.

--- 1985. *Die Schrift und die Tradition. Studien zur Intertextualität.* München: Fink.

--- / Woetzel, Harold. eds. 1983. *Das Subjekt des Diskurses. Beiträge zur sprachlichen Bildung von Subjektivität und Intersubjektivität.* Berlin: Argument.

Goffman, Erving. 1967. *Interaction rituals. Essays on face-to-face behavior.* New York etc.: Doubleday & Co. - *Interaktionrituale. Über Verhalten in direkter Kommunikation.* Frankfurt: Suhrkamp. (1986)

--- 1974. *Frame analysis. An essay on the organization of experience*. New York etc.: Harper & Row. - *Rahmen-Analyse. Ein Versuch über die Organisation von Alltagserfahrungen*. Frankfurt: Suhrkamp.

Good, Colin H. 1985. *Presse und soziale Wirklichkeit. Ein Beitrag zur "kritischen Sprachwissenschaft"*. Düsseldorf: Schwann.

Greimas, Algirdas J. 1966. *Sémantique structurale. Recherche de la méthode*. Paris. - *Strukturale Semantik. Methodologische Untersuchungen*. Braunschweig. 1971

Greiner, Ulrich. 1980. "Immer nur das Eine. Über die Sexismus-Debatte und andere neue Prüderien". *DIE ZEIT 50*. 43-44.

--- 1987. "Das Fleisch ist nicht willig. Der Vorstoß von 'Emma' zwingt uns, eine neue Pornographie-Diskussion zu führen". *DIE ZEIT 51*. 49-50.

Grimm, Jacob / Grimm, Wilhelm. 1983. *Deutsches Wörterbuch*. Herausgegeben von der Akademie der Wissenschaften der DDR in Zusammenarbeit mit der Akademie der Wissenschaften zu Göttingen. VI. Leipzig: Hirzel.

Große, Ernst Ulrich. 1976. *Text und Kommunikation. Eine linguistische Einführung in die Funktionen der Texte*. Stuttgart. etc.: Kohlhammer.

Gülich, Elisabeth. 1978. "Die Redewiedergabe im Französischen. Beschreibungsmöglichkeiten im Rahmen einer Sprechakttheorie". Meyer-Hermann, Reinhard. ed. *Sprechen - Handeln - Interaktion. Ergebnisse aus Bielefelder Forschungsprojekten zu Texttheorie, Sprechakttheorie und Konversationsanalyse*. Tübingen: Niemeyer. 49-101.

--- / Raible, Wolfgang. 1977. *Linguistische Textmodelle. Grundlagen und Möglichkeiten*. München: Uni-Taschenbücher.

Habermas, Jürgen. 1962. *Strukturwandel der Öffentlichkeit. Untersuchungen zu einer Kategorie der bürgerlichen Gesellschaft*. Neuwied etc.: Luchterhand. (^{5}1971)

--- 1971. "Vorbereitende Bemerkungen zu einer Theorie der kommunikativen Kompetenz". Habermas, Jürgen / Luhmann, Niklas. *Theorie der Gesellschaft oder Sozialtechnologie - was leistet System-Forschung*? Frankfurt: Suhrkamp. 101-141.

--- 1981. *Theorie des kommunikativen Handelns*. I: *Handlungsrationalität und gesellschaftliche Rationalisierung*. II: *Zur Kritik der funktionalistischen Vernunft*. Frankfurt: Suhrkamp. (^{3}1985)

--- 1985. *Der philosophische Diskurs der Moderne. Zwölf Vorlesungen*. Frankfurt: Suhrkamp. (^{3}1986)

Handwörterbuch der deutschen Gegenwartssprache. 2 Bd. Herausgegeben von einem Autorenkollektiv unter der Leitung von Günter Kempke. Berlin: Akademie Verlag. 1984.

Harris, Zellig M. 1952. "Discourse analysis". *Language 28*. 1-30. - "Textanalyse". Bense, Elisabeth / Eisenberg, Peter / Haberland, Hartmut. eds. 1976. *Beschreibungsmethoden des amerikanischen Strukturalismus*. München: Hueber.

Hartung, Wolfdietrich et al. 1974. *Sprachliche Kommunikation und Gesellschaft*. Herausgegeben von einem Autorenkollektiv unter der Leitung von W. Hartung. Berlin: Akademie-Verlag.

--- / Schwarz, Christiane. 1976. "Sprache, Gesellschaft und Kommunikation". Autorenkollektiv unter der Leitung von Werner Neumann. *Theoretische Probleme der Sprachwissenschaft*. I. Berlin: Akademie. 126-261.

Helbig, Gerhard. 1986. *Entwicklung der Sprachwissenschaft seit 1970*. Leipzig: Bibliographisches Institut.

Hellinger, Marlis / Kremer, Marion / Schräpel, Beate. 1985. *Empfehlungen zur Vermeidung von sexistischem Sprachgebrauch in öffentlicher Sprache*. Hannover.

Heringer, Hans Jürgen / Öhlschläger, Günther / Strecker, Bruno / Wimmer, Rainer. 1977. *Einführung in die Praktische Semantik*. Heidelberg: Quelle & Meyer.

Hjelmslev, Louis. 1943. *Omkring sprogteoriens grundlareggelse*. Kopenhagen: Munksgaard. - *Prolegomena zu einer Sprachtheorie*. München: Hueber. (1974)

Holly, Werner. 1979a. "Zum Begriff der Perlokution. Diskussion, Vorschläge und ein Textbeispiel". *Deutsche Sprache 7*. 1-27.

--- 1979b. *Imagearbeit in Gesprächen. Zur linguistischen Beschreibung des Beziehungsaspekts*. Tübingen: Niemeyer.

Horx, Matthias. 1985. *Das Ende der Alternativen oder Die verlorene Unschuld der Radikalität*. Ein Rechenschaftsbericht. München: Hanser.

Huber, Joseph. 1980. *Wer soll das alles ändern? Die Alternativen der Alternativbewegung*. Berlin: Rotbuch.

Huth, Lutz. 1981. "Das Bild vom Adressaten in der Zuschauerpost. Methodische Probleme einer linguistisch genannten Pragmatik." Klein, Josef / Presch, Gunter. eds. *Institutionen - Konflikte - Sprache. Arbeiten zur linguistischen Pragmatik*. Tübingen: Niemeyer. 153-182.

--- / Krzeminski, Michael. 1981. *Zuschauerpost - ein Folgeproblem massenmedialer Kommunikation*. Tübingen: Niemeyer.

Institut für Demoskopie Allensbach. 1977. *Abonnenten-Portrait der Frankfurter Rundschau*. Frankfurt: Verlag der Frankfurter Rundschau.

Janssen-Jurreit, Marielouise. [3]1985. *Sexismus. Über die Abtreibung der Frauenfrage*. Frankfurt: Fischer Taschenbuch. ([1]1976)

Januschek, Franz. 1985. "Zum Selbstverständnis politischer Sprachwissenschaft". Januschek. ed. 1-20.

--- 1986. *Arbeit an Sprache. Konzept für die Empirie einer politischen Sprachwissenschaft*. Opladen: Westdeutscher Verlag.

--- / Vogt, Rüdiger. 1986. "Sexualität und Sprache: Editorial". *Osnabrücker Beiträge zur Sprachtheorie 35*. 4-12.

--- ed. 1985. *Politische Sprachwissenschaft. Zur Analyse von Sprache als kultureller Praxis*. Opladen: Westdeutscher Verlag.

Jung, Ingrid / Lange, Barbara / Walther, Horst. 1985. "Zur Sprachpolitik der 'Wende'. Analyse einer Kohl-Rede". Januschek, Franz. ed. 235-270.

Jurkovics, Ute. 1985. "Die Krise der taz ist die Schwäche der Linken". *Hamburger Rundschau*, 7.11.1985.

Kallmeyer, Werner. 1985. "Handlungskonstitution im Gespräch. Dupont und sein Experte führen ein Beratungsgespräch". Gülich, Elisabeth / Kotschi, Thomas. eds. *Grammatik, Konversation und Interaktion. Beiträge zum Romanistentag 1983*. Tübingen: Niemeyer.

Keller, Rudi. 1982. "Zur Theorie sprachlichen Wandels". *Zeitschrift für Germanistische Linguistik 10*. 1-27.

--- 1984. "Bemerkungen zur Theorie sprachlichen Wandels". *Zeitschrift für Germanistische Linguistik 12*. 63-81.

Kiderlen, Elisabeth. 1983. "Typ". Boehncke / Stubenrauch. eds. 141f.

Klaus, Georg / Buhr, Manfred. eds. 1972. *Marxistisch-leninistisches Wörterbuch der Philosophie*. I-III. Reinbek: Rowohlt. (Nachdruck der 7. Auflage des *Philosophisches Wörterbuchs*, Leipzig: Bibliographisches Institut. [1]1962)

Klein, Wolfgang. 1980. "Argumentation und Argument". *Zeitschrift für Literaturwissenschaft und Linguistik 38/39*. 9-57.

--- 1981. "Logik der Argumentation" .Schröder, Peter / Steger, Hugo. eds. *Dialogforschung. Jahrbuch 1980 des Instituts für deutsche Sprache*. Düsseldorf: Schwann. 226-264.

--- 1985. "Argumentationsanalyse. Ein Begriffsrahmen und ein Beispiel". Kopperschmidt / Schanze. eds. 208-260.

Koch, Wolfgang / Roesengren, Inger / Schonebohm, Manfred. "Ein pragmatisch orientiertes Textanalyseprogramm". Rosengren. ed. 155-219.

Kohz, Armin. 1982. *Linguistische Aspekte des Anredeverhaltens. Untersuchungen am Deutschen und Schwedischen*. Tübingen: Narr.

Kopperschmidt, Josef / Schanze, Helmut. eds. 1985. *Argumente - Argumentation. Interdisziplinäre Problemzugänge*. München: Fink.

Korda, Rolf Martin. 1980. "Für Bürgertum und Business. Die Frankfurter Allgemeine Zeitung". Thomas, Michael Wolf. ed. 81-94.

Kress, Gunther. 1985. "Ideological structure in discourse". van Dijk, Teun A. ed. *Handbook of discourse analysis. IV: Discourse analysis in society.* London etc.: Academic Press. 27-42.

Kreutz, Henrik / Fröhlich, Gerhard. 1986. "Von der alternativen Bewegung zum selbstverwalteten Projekt. Ergebnisse einer empirischen Längsschnittuntersuchung über die Entwicklung 'alternativer Projekte' im Zeitraum von drei Jahren". *Mitteilungen aus der Arbeitsmarkt- und Berufsforschung 10.* 553 564.

Kroner, Ingrid. 1974. *Genitale Lust im Kulturkonflikt. Eine Untersuchung am Beispiel der St. Pauli Nachrichten.* Tübingen: Untersuchungen des Ludwig-Uhland Instituts der Universität Tübingen.

Kürschner, Wilfried / Vogt, Rüdiger. eds. 1985. *Sprachtheorie, Pragmatik, Interdisziplinäres. Akten des 19. Linguistischen Kolloquiums Vechta 1984*, II. Tübingen: Niemeyer.

Kuhn, Fritz. 1983. "Überlegungen zur Sprache der Alternativbewegung". *Sprache und Literatur in Wissenschaft und Unterricht 51.* 61-79.

kulturRRevolution. 1986. "Kleines begriffslexikon". *kultuRRevolution 11.* 71-72.

Labov, William / Fanshel, David. 1977. *Therapeutic discourse. Psychotherapie as conversation.* New York ets.: Academic Press.

Lachmann, Renate. 1984. "Ebenen des Intertextualitätsbegriffs". Stierle, Karlheinz / Warning, Rainer. eds. *Das Gespräch.* München: Fink. 133-138.

Lang, Ewald. 1981. "Was heißt 'eine Einstellung ausdrücken'"? Rosengren 1981. ed. 155-203.

Lang, Martin. 1983. *die sprache der vernunft. versuch über die erfahrung des bürgers im wandel seiner begriffe in form einer kommentierten zusammenfassung der hauptwerke von Foucault, Sartre, Stirner, Kierkegaard, Nietzsche, Kant. I: das archiv der vernunft (Foucault).* Osnabrück.

Langeheine, Volker. 1981. "Bemerkungen zur Briefforschung". Rosengren. ed. 299-316.

Laplanche, Jean / Pontalis, J.-B. 1967. *Vocabulaire de la psychoanalyse.* Paris: Presses Universitaires de France. - *Das Vokabular der Psychoanalyse.* Frankfurt: Suhrkamp. ([7]1986)

Lévi-Strauss, Claude. 1962. *La pensée sauvage.* Paris: Libraire Plon. - *Das wilde Denken.* Frankfurt: Suhrkamp.

Lewandowski, Theodor. [4]1984. *Linguistisches Wörterbuch I.* Heidelberg: Quelle & Meyer. ([1]1973)

Link, Jürgen. 1982. "Kollektivsymbolik und mediendiskurse. Zur aktuellen frage, wie subjektive aufrüstung funktioniert". *kultuRRevolution 1.* 6-21.

--- 1986. *Diskurstheorie.* Bochum. (mimeo)

zur Lippe, Rudolf. 1974. "Objektiver Faktor Subjektivität". *Kursbuch 35.* 1-36.

Lisch, Ralf / Kriz, Jürgen. 1978. *Grundlagen und Modelle der Inhaltsanalyse. Bestandsaufnahme.* Reinbek: Rowohlt.

Löffler, Martin / Ricker, Reinhart. [2]1986. *Handbuch des Presserechts.* München: Beck'sche Verlagsbuchhandlung.

Loreck, Sabine. 1982. *Leserbriefe als Nische öffentlicher Kommunikation. Eine Untersuchung in lerntheoretischer Perspektive.* Münster: Lit (Hochschulschriften: Abt. Erziehungswiss.).

Lüger, Hans H. 1983. *Pressesprache.* Tübingen: Niemeyer.

Maas, Utz. 1976. *Kann man Sprache lehren? Für einen anderen Sprachunterricht.* Frankfurt: Syndikat.

--- 1980. "Sprachpolitik. Grundbegriffe der politischen Sprachwissenschaft". *Sprache und Herrschaft 6/7.* 18-77.

--- 1984. *"Als der Geist der Gemeinschaft eine Sprache fand" Sprache im Nationalsozialismus. Versuch einer historischen Argumentationsanalyse.* Opladen: Westdeutscher Verlag.

--- 1985. "Konnotation". Januschek, Franz. ed. 71-96.

--- 1986. "Volkskundliches (Kultur) in der Sprachwissenschaft". Brekle, Herbert E. / Maas, Utz. eds. *Sprachwissenschaft und Volkskunde. Perspektiven einer kulturanalytischen Sprachbetrachtung*. Opladen: Westdeutscher Verlag. 33-69.

Millet, Kate. 1969. *Sexual politics*. - *Sexus und Herrschaft. Die Tyrannei des Mannes in unserer Gesellschaft*. Reinbek: Rowohlt. (1985).

Naess, Arne. [11]1975. *En Del Elementaere Logiske Emner*. Oslo etc.: Universitetsforlaget. - *Kommunikation und Argumentation. Eine Einführung in die angewandte Semantik*. Kronberg: Scriptor.

Negt, Oskar / Kluge, Alexander. 1972. *Öffentlichkeit und Erfahrung. Zur Organisationsanalyse von bürgerlicher und proletarischer Öffentlichkeit*. Frankfurt: Suhrkamp.

Oevermann, Ulrich / Albert, Tilman / Konau, Elisabeth / Krambeck, Jürgen. 1979. "Die Methodologie einer objektiven Hermeneutik und ihre allgemeine forschungslogische Bedeutung in den Sozialwissenschaften". Soeffner. ed. 352-434.

Pander Maat, Henk. 1985. "Argumentation: Zur Charakterisierung und Abgrenzung eines Forschungsgegenstandes". *Studium Linguistik 16*. 1-20.

Pike, Kenneth L. [2]1967. *Language in relation to a unified theory of the structure of human behavior*. The Hague und Paris: Mouton. ([1]1959).

Posner, Roland. 1972. *Theorie des Kommentierens. Eine Grundlagenstudie zur Semantik und Pragmatik*. Frankfurt: Athenäum.

Prokop, Dieter. 1981. *Medien-Wirkungen*. Frankfurt: Suhrkamp.

Pusch, Luise F. 1984. *Das Deutsch als Männersprache. Aufsätze und Glossen zur feministischen Linguistik*. Frankfurt: Suhrkamp.

--- 1985." Weibliche Personenbezeichnungen als Mittel weiblicher Realitätsdefinition". Kürschner / Vogt. eds. 257-273.

Radtke, Edgar. 1974. "Die sprachliche Verarbeitung des Sexuell-Erotischen in der deutschen Wochenpresse am Beispiel von 'Der Spiegel'". *Annali dell Istituto Universitario Orientale - Studie Tedeschi 19,3*. 99-127.

--- 1980. *Typologie des sexuell-erotischen Vokabulars des heutigen Italienisch. Studien zur Bestimmung der Wortfelder prostituta und membro virile unter besonderer Berücksichtigung der übrigen romanischen Sprachen*. Tübingen: Narr.

Rapaport, Anatol. 1974. *Conflict in man-made environment*. Harmondsworth: Penguin. - *Konflikt in der vom Menschen gemachten Umwelt*. Darmstadt: Darmstädter Blätter. (1976)

Reucher, Theo. 1986. "Standort". Reucher. ed. *Grammatik des Sozialen. Eine Theorie des gesellschaftlichen Codes und des gesellschaftlichen Diskurses*. Tübingen: Narr. 9-29.

Ritsert, Jürgen. 1972. *Inhaltsanalyse und Ideologiekritik. Ein Versuch über kritische Sozialforschung*. Frankfurt: Fischer Athenäum Taschenbuch.

Rössler, Gerda. 1979. *Konnotationen. Untersuchungen zum Problem der Mit- und Nebenbedeutung*. Wiesbaden: Steiner.

Rosengren, Inger. 1983. "Die Textstruktur als Ergebnis strategischer Überlegungen des Senders". Rosengren, I. ed. 157-192.

--- ed. 1981. *Sprache und Pragmatik. Lunder Symposium 1980*. Lund: CWK Gleerup.

--- ed. 1983. *Sprache und Pragmatik. Lunder Symposium 1982*. Stockholm: Almqvist & Wiksell.

Sandig, Barbara. 1978. *Stilistik. Sprachpragmatische Grundlegung der Stilbeschreibung*. Berlin etc.: de Gruyter.

Sauder, Gerhard. 1980. "Moralische Wochenschriften". Grimminger, Rolf. ed. *Deutsche Aufklärung bis zur Französischen Revolution 1680-1789*. München: Deutscher Taschenbuch Verlag.

Schank, Gerd. 1981. *Untersuchungen zum Ablauf natürlicher Dialoge*. München: Hueber.

--- / Schwitalla, Johannes. eds. 1987. *Konflikte in Gesprächen*. Tübingen: Narr.

Schellenberg, James A. 1982. *The science of conflict*. New York / Oxford: Oxford University Press.

Schleuning, Peter. 1980. "Scene-Sprache". *Osnabrücker Beiträge zur Sprachtheorie 16*. 9-44.

Schmidt, Günter. 1986. *Das große DER DIE DAS. Über das Sexuelle*. Herbstein: März.

Schneider, Peter. 1974. "Die Sache mit der 'Männlichkeit'. Gibt es eine Emanzipation der Männer?" *Kursbuch 35*. 103-134.

Schorsch, Eberhard. 1980. "Sexualität als Dampfkessel?" *Sexualität konkret 2*. 11-17.

Schubert, Klaus. 1985. "Ist Höflichkeit ungrammatisch? Über formale und begriffliche Einheiten im Bereich der Personendeixis". Kürschner / Vogt. eds. 151-162.

Schütz, Alfred / Luckmann, Thomas. 1975. *Strukturen der Lebenswelt*. Neuwied/Darmstadt: Luchterhand.

Schütz, Walter J. 1984. "Zeitungen in der Bundesrepublik Deutschland". *Das Parlament 37*.

Schwarzer, Alice. 1975. *Der 'kleine Unterschied' und seine großen Folgen. Frauen über sich. Beginn einer Befreiung*. Frankfurt: S. Fischer.

SCUM Manifesto. 1968. *Society for Cutting up Men. - Manifest der Gesellschaft zur Vernichtung der Männer*. Darmstadt: März. 1969.

Silbermann, Alphons. [2]1977. "Massenkommunikation". König, René. ed. *Handbuch der empirischen Sozialforschung*. X: Großstadt - Massenkommunkation - Stadt-Land-Beziehungen. Stuttgart: Enke. ([1]1969)

--- 1982. *Handwörterbuch der Massenkommunikation und Medienforschung*. I: A-K, II: L-Z. Berlin: Volker Spiess.

Simmler, Franz. 1984. "Zur Fundierung des Text- und Textsortenbegriffs". Eroms, Hans-W. / Gajek, Bernhard / Kolb, Herbert. eds. *Studia Linguistica et Philologica. Festschrift für Klaus Matzel zum sechzigsten Geburtstag überreicht von Schülern, Freunden und Kollegen*. Heidelberg: Winter. 25-50.

Singer, Benjamin D. 1973. *Feedback and society. A study of the use of mass chanels for coping*. Lexington etc.: D.C. Heath.

Soeffner, Hans-Georg. ed. 1979. *Interpretative Verfahren in den Sozial- und Textwissenschaften*. Stuttgart: Metzler.

Statistik von Niedersachsen. 1975. Bd. 259. *Gemeindestatistik 1970 - Gebietsstand 30.6.1974, H. 8: Verwaltungsbezirk Oldenburg*. Hannover: Niedersächsisches Landesverwaltungsamt - Statistik.

Statistik Niedersachsen. 1983. Bd. 383. *Wahl zum 10. Deutschen Bundestag am 6. März 1983 in Niedersachsen*. Hannover: Niedersächsisches Landesverwaltungsamt - Statistik.

Straßner, Erich. 1987. *Ideologie - SPRACHE - Politik. Grundfragen ihres Zusammenhangs*. Tübingen: Niemeyer.

Strauß, Gerhard / Zifonun, Gisela. 1985. *Die Semantik der schweren Wörter*. I: *Lexikologie schwerer Wörter*, II: *Typologie und Lexikographie schwerer Wörter*. Tübingen: Narr.

Stromberger, Peter. 1976. "Leserbriefe als Feedback". *Rundfunk und Fernsehen 24*. 1976. 385-389.

Stefan, Verena. [7]1976. *Häutungen. Autobiographische Aufzeichnungen, Gedichte, Träume, Analysen*. München: Frauenoffensive. ([1]1975)

Stubenrauch, Herbert. 1978. "Scheiße, irgendwie blick ich da halt nicht mehr so durch ... Eine philologische Miniatur über die Sprache der Sponti-Linken". *Päd. extra 3*. 44-47.

Techtmeier, Bärbel. 1984. *Das Gespräch. Funktionen, Normen und Strukturen*. Berlin: Akademie-Verlag.

Theweleit, Klaus. 1980. *Männerphantasien*. I: *Frauen, Fluten, Körper, Geschichte*. II: *Männerkörper - zur Psychoanalyse des weißen Terrors*. Reinbek: Rowohlt. (Zuerst erschienen: 1977)

Thomas, Michael Wolf. ed. 1980. *Porträts der deutschen Presse*. Berlin: Volker Spiess.

Toulmin, Stephen. 1958. *The uses of argument*. Cambridge: Cambridge University Press. [4]1974). - *Der Gebrauch von Argumenten*. Kronberg: Scriptor. (1975)

Vogt, Rüdiger. 1984a. "Probleme der Analyse subkultureller Sprachpraxis - am Beispiel eines Leserbriefs aus der "Tageszeitung". Krenn, Herwig / Niemeyer, Jürgen / Eberhard, Ulrich. eds. *Sprache und Gesellschaft. Akten des 18. Linguistischen Kolloquiums, Linz 1983*. II. Tübingen: Niemeyer. 105-117.

--- 1984b. "Demonstranten und Chaoten. Zum Zusammenhang von Bezeichnungskonventionen und ideologischen Einstellungen in Presseberichten". *Osnabrücker Beiträge zur Sprachtheorie 29*. 118-144.

--- 1985. "Peepshows nein danke! Subkulturelle Schreibweisen über Sexualität". Januschek, Franz. ed. 207-232.

--- 1987a. "Zwei Modelle zur Analyse von Diskursen". Vogt. ed. 15-44.

--- ed. 1987. *Über die Schwierigkeiten der Verständigung beim Reden. Beiträge zur Linguistik des Diskurses*. Opladen: Westdeutscher Verlag.

Völzing, Paul-Ludwig. 1979. *Begründen, Erklären, Argumentieren. Modelle und Materialien zu einer Theorie der Metakommunikation*. Heidelberg: Quelle & Meyer.

Vorstand der SPD. 1984. *Planungsdaten für die Mehrheitsfähigkeit der SPD. Ein Forschungsprojekt*. Zusammenfassender Bericht. [Bonn]

Weber, Klaus. 1980. *Die Sprache der Sexualität in der BILD-Zeitung. Ein interdisziplinärer Versuch über formal-synthetische Literatur*. Berlin: Klaus Guhl.

Wegmann, Hermann. 1984. *150 Jahre Oldenburgische Volkszeitung. Festschrift zu ihrem Jubiläum 1834-1984*. Vechta: Vechtaer Druckerei und Verlag.

Weichler, Kurt. 1983. *Gegendruck. Lust und Frust der alternativen Presse*. Reinbek: Rowohlt.

Weinrich, Harald. 1976. "Die Textpartitur als heuristische Methode". Weinrich, Harald. *Sprache in Texten*. Stuttgart: Klett. 145-162.

Weis, Otto Jörg. 1984. "Die Kasse stimmt, allein es fehlt die Konzeption. Von den alternativen Sorgen einer alternativen Tageszeitung und dem jährlichen Sommerloch". *Frankfurter Rundschau*, 17.4.1984.

Werlich, Egon. 1975. *Typologie der Texte*. Heidelberg: Quelle & Meyer.

Wiegand, Herbert Ernst. 1983. "Resümee der Tagung [des Instituts für deutsche Sprache 1982]". Henne, Helmut / Mentrup, Wolfgang. eds. *Wortschatz und Verständigungsprobleme. Was sind 'schwere Wörter' im Deutschen?* Düsseldorf: Schwann. 260-279.

v. Wilpert, Gero. ^{6}1979. *Sachwörterbuch der Literatur*. Stuttgart: Kröner.

Wimmer, Rainer. 1982. "Sind Sprachkritiker nur Speckläufer des sprachkulturellen Wandels? (Bemerkungen zu Bayer 1982a)". *Zeitschrift für Germanistische Linguistik 19*. 335-340.

Wunderlich, Dieter. 1976. "Sprachakttheorie und Diskursanalyse". Apel, Karl-Otto. ed. *Sprachpragmatik und Philosophie*. Frankfurt: Suhrkamp. 463-488.

Zillig, Werner. 1982. Bewerten. Sprechakttypen der bewertenden Rede. Tübingen: Niemeyer.

Register

Anhang

Inhalt des Anhangs

1 Korea — und Pößneck

Zwei geographische Lapsi, auf die ich dieser Tage in der F.A.Z. stieß. In der Karte zum Artikel über die Verteidigung der japanischen Seewege (F.A.Z. vom 6. Juli) ist Korea als Einheitsstaat verzeichnet, während die Halbinsel ja zwischen Südkorea und dem kommunistischen Nordkorea aufgespalten ist. Im „Reiseblatt" (F.A.Z. vom 4. Juli) ist im Artikel über Höhenwege in den Alpen von der „oberfränkischen Sektion Pößneck" die Rede, die vor mehr als 70 Jahren in den zerrissenen Wänden der Sella den legendär gewordenen Pößnecker Steig anlegen ließ. Pößneck liegt nicht in Oberfranken, es ist eine Kreisstadt in Thüringen, also heute in der DDR. Man sollte den Pößneckern, denen heute als Insassen des SED-Staates die Alpen verschlossen sind, gerade als Thüringern den Ruhm nicht nehmen, einen der kühnsten Klettersteige der Dolomiten geschaffen zu haben.

2 Was tun mit den neuen „Altehen"?

Kaum hat der kreißende Koalitionsberg nach schier endlosen Wehen das Mäuslein eines Konzeptentwurfs für eine Reform des nachehelichen Unterhaltsrechts geboren (F.A.Z. vom 3. Juli), da verzagt man bei dem Problem, wo die Grenze für Änderungsklagen in den nach bisherigem Recht abgeschlossenen Fällen liegen solle. Natürlich wäre es die sauberste und konsequenteste Lösung, die Abänderungsklage nach Paragraph 323 der Zivilprozeßordnung in allen Fällen zu eröffnen, zumal Absatz 1 dieser Bestimmung ohnehin eine „wesentliche Änderung" der Verhältnisse voraussetzt (ebenso wie nach Absatz 3 die Änderung des in der Sache ergangenen rechtskräftigen Urteils nur für die Zeit nach Klageerhebung möglich ist). Der Versuch, die Zulässigkeit der Abänderungsklage für den nachehelichen Unterhalt durch Verwendung normativer Rechtsbegriffe weiter einzuengen, wird mit Wahrscheinlichkeit nicht zu einer Entlastung der Familiengerichte führen, weil auch die insoweit zu erlassenden gerichtlichen Entscheidungen zu begründen wären. Der Arbeitsaufwand der Gerichte bliebe im wesentlichen gleich; er würde nur aus der Ebene der Begründetheit in die der Zulässigkeit verlagert.

Für die nach wie vor dem sozialliberalen Eherecht anhängenden Kreise bietet natürlich das heftig beschworene Gespenst einer zeitweisen Paralysierung der Familiengerichte die politisch höchst willkommene Handhabe, unter zusätzlichem Hinweis auf die inzwischen vorliegende Rechtsprechung, die durchaus mit dem 1. Ehe-Reformgesetz von 1977 leben lasse, jeglicher Nachbesserung des geltenden Rechts zu widerraten. Dies mag verständlich sein. Erstaunen kann dagegen, daß der Deutsche Richterbund in diesem Zusammenhang sogar den Gedanken der Rechtssicherheit bemüht, obwohl er zweifellos weiß, daß bei einer Konkurrenz beider rechtsstaatlichen Prinzipien die Rechtskraft hinter dem aus der Rechtsstaatsklausel des Artikels 20 Absatz 3 des Grundgesetzes abgeleiteten Gerechtigkeitsgebot zurücksteht. Leider hat der Deutsche Richterbund Rechtssicherheit und Vertrauen in die Rechtsordnung nicht in gleicher Weise beschworen, als das 1. Ehe-Reformgesetz mit einer in der neueren Rechtsgeschichte „beispiellosen Rigidität und Rigorosität auch die „Altehen" ausweglos mit dem neuen „Recht" überzogen hat — mit verfassungsgerichtlicher Billigung übrigens, worauf Friedrich Karl Fromme (F.A.Z. vom 5. Juni) zu Recht hingewiesen hat. (...)

3 Nur eine Neuverteilung des Ehe-Risikos

Vor allem die inbrünstige Überzeugung der Verfasser, Recht zu haben und für Gerechtigkeit zu kämpfen, zeichnet häufig die Diskussionsbeiträge zur geplanten Änderung des Scheidungsfolgenrechts aus. Dies ist auch in dem Artikel von Friedrich Karl Fromme „Gerechter nach einer Scheidung" (F.A.Z. vom 3. Juli) zu spüren. Ausgewogene Lösungen für diese schwerwiegenden Probleme werden jedoch so nicht gefunden. Bei nüchterner Betrachtungsweise muß festgestellt werden: Die versprochene neue Gerechtigkeit gibt es nicht und kann es so auch nicht geben. Das Zerrüttungsprinzip bei Ehescheidung — die Scheidung ohne Schuldausspruch — ist 1977 eingeführt worden, weil ein allgemeiner Konsens darüber bestand und offenbar noch besteht, daß jedenfalls der „irdische Richter" nicht erkennen und bewerten kann, welcher Partner das Scheitern der Ehe verschuldet oder — wie jetzt neutralisierend gesagt wird — verursacht hat.

Da auch nach einer Scheidung, zum Beispiel von Eltern, die sozialen Beziehungen der Familie — wenn auch in anderer Form — bestehen bleiben und gemeistert werden müssen, sollte den betroffenen Menschen das erniedrigende und zerstörerische „Waschen schmutziger Wäsche" vor Gericht erspart bleiben. Natürlich nicht den Richtern, wie Fromme glauben machen will. Trotzdem soll jetzt das Schuldprinzip im Scheidungsfolgenrecht durch den „Herrschafts-Eingang des Gesetzgebers" wieder eingeführt werden.

Aber wo ist das Waschmittel, das nach ausführlicher Wäsche den „Bösen" schwarz und den „Guten" weiß erscheinen läßt? Nach meiner Erfahrung bleiben fast immer lediglich zwei graue ausgelaugte Teile zurück. In Wirklichkeit geht es auch gar nicht um „mehr Einzelfallgerechtigkeit", wie es verheißungsvoll klingt. Worüber so heftig gestritten wird, ist nichts anderes als eine neue Verteilung des Risikos der wirtschaftlichen Folgenlast einer gescheiterten Ehe. Es soll jetzt erheblich stärker auf den wirtschaftlich schwächeren Partner, also auf den abgewälzt werden, der nicht die außerhäusliche Erwerbstätigkeit, sondern die Versorgung des Innenraumes der Familie übernommen hatte. (...)

4

Tatsachen in Oberschlesien

Diffamierende Aussagen des kommunistischen Regimes in Polen verwirren einige richtige Angaben in dem Bericht „Deutsche, Eingedeutschte und andere" (F.A.Z. vom 3. Juli). Insbesondere gilt das für Oberschlesien, wo vor allem noch Deutsche verblieben sind. Wenn das Auswärtige Amt 1,1 Millionen Deutsche nennt, so schreibt es polnische Volkszählungsergebnisse nach 1945 fort. Wieviel Deutsche und deren Nachkommen tatsächlich und endgültig der gnadenlosen Zwangspolonisierung dabei zum Opfer gefallen sind, ist nicht erfaßbar. Weder werden deutscherseits bewußte Polen noch Renegaten als Deutsche in Anspruch genommen. Solchen Entstellungen müssen Zahlen über das nationale Bekenntnis in Oberschlesien in den letzten 60 Jahren und die Rechtslage entgegengestellt werden.

Von 1924 an gab es in der Provinz Oberschlesien (in dem beim Deutschen Reich verbliebenen West-Oberschlesien) bei geheimen Wahlen niemals mehr als 5 bis 7 Prozent der Stimmen für polnische Listen, 1932 sogar nur 2 Prozent. Bei den deutschen Parteien hatten die Nationalsozialisten lange mit die schlechtesten Ergebnisse im Reich. In diesem Gebiet lebten 1933 1,5 Millionen Personen, 1939 im Regierungsbezirk Oppeln allein 1.58 Millionen. In diesen Gebieten gab es nach 1939 überhaupt keine „Volkslisten", von denen in der F.A.Z. vom 3. Juli breit berichtet wird. (...)

5

Vorbild Rommel

Zu dem Leserbrief von Dr. Gerd Elvers „Warum die Invasion nicht zu stoppen war" (F.A.Z. vom 9. Juli): Dr. Elvers ist der Meinung, daß Generalfeldmarschall Erwin Rommel für uns heute kein Vorbild sein könne, weil er im Zeitpunkt der Invasion nichts gegen den Verursacher des Krieges getan habe. Ich bin jedoch überzeugt, daß wir Erwin Rommel auch heute noch als Vorbild betrachten können. Sein Mut, seine Menschlichkeit und seine Klugheit sind auch von den Gegnern Hitlers bewundert worden. Übrigens ist es unrichtig, daß Rommel nichts gegen Hitler unternommen hat. Vielmehr hat sich Rommel bereits im Frühjahr 1944, also schon vor der Invasion, der Widerstandsbewegung angeschlossen. Deshalb hat ihn Hitler im Oktober 1944 durch die Drohung mit einem Verfahren vor dem Volksgerichtshof zum Selbstmord gezwungen.

6

Gurtzwang mittels Bußgeld

In den USA legen etwa 15 Prozent der Kraftfahrer den Sicherheitsgurt an, in der BRD sind es nahezu 50 Prozent.

In den USA denkt niemand daran, die Benutzer von Kfz mittels Strafvorschriften zum Anlegen des Gurtes zu zwingen. In der BRD wird es vom 1. August an mit einem Bußgeld geahndet werden, wenn der Gurt nicht angelegt wird.

In der BRD wird dauernd vom „mündigen Bürger" gesprochen, in den USA nicht. Warum sollte auch, da dort der Bürger tatsächlich wie ein Mündiger behandelt wird, während in der BRD die „Obrigkeit" es nicht lassen kann, den Bürger ständig zu maßregeln, wenn er nicht tut, was sie will, ihn also wie einen Unmündigen zu behandeln.

7

Linksgestrickter „Katastrophismus"

Michael Schneiders in einigem Grundsätzlichen vielleicht zu bejahende Thesen („Die Intellektuellen und der Katastrophismus", FR 14. 7.) verlieren an Gewicht durch die deutlich einseitige Sicht bei vielen Fakten und die dadurch verbundene Zielrichtung der Kritik. Woher, z. B., weiß der Verf., daß die NATO-Nachrüstung eine Vorrüstung war? Anstatt von „fortschreitender Militarisierung . . . in der BRD zu sprechen, sollte er sich mit der Politisierung und Militarisierung des gesamten Lebens in der DDR (s. z. B. die Erziehung zum Haß!) befassen. Verhält er sich hier nicht wie die von ihm kritisierten Intellektuellen, die in „stilvollen Altbauwohnungen und Bel-Etagen . . . etc. wohnen und schreiben?

Natürlich hat die SU „ungleich mehr Grund ... sich bedroht zu fühlen" als die USA! Wer hat eigentlich nach dem Weltkrieg Litauen, Lettland und Estland besetzt, die Ostpolen vertrieben, ein Viertel Deutschlands geraubt und ein weiteres Viertel als DDR dem eigenen Imperium einverleibt — die USA etwa? Geradezu dümmlich sind Behauptungen wie diese, „daß die USA eine klassische Vorrüstungsnation... die SU eine klassische Nachrüstungsnation" seien. Warum eigentlich lebt ein großer Teil der russischen Bevölkerung 65 Jahre nach der glorreichen Revolution auf dem Niveau einer Entwicklungsnation (Wohnraum, Versorgungsgüter etc.)? Doch wohl in erster Linie, weil die Rüstungsausgaben in der UdSSR immens hoch sind und unbedingt Vorrang haben. Schließlich wird die (gewollte?) Harmlosigkeit oder der sozialistische Zynismus der Ausführungen auch in dem Vorschlag „der Blockfreiheit und der Neutralität, d. h. in einer entmilitarisierten und atomwaffenfreien Zone Westeuropas" deutlich. Warum eigentlich nur „West"? Damit die SU noch ein bißchen weiter nach dieser Richtung marschieren kann?

(...)

8 Rechtsgestricktes Feindbild

Im Leserbrief vom 21. 7. wird bedauert, daß Michael Schneider eine ganze Seite eingeräumt wurde. Ich bin dafür dankbar. Auf einige, scheinbar sachliche Ausführungen G[redacted] sei eingegangen.

Die fortschreitende Militarisierung in der Bundesrepublik ist offensichtlich: Nicht nur in der Aufstellung der Pershing II, sondern auch in dem Ausbau von Truppenübungs- und Schießplätzen, der Verminung ganzer Landschaftsteile, der Abhaltung großer Manöver, der Anhäufung von ABC-Waffen. Gruhn sollte eine der Besichtigungsfahrten ins „Fulda-gap" mitmachen, um sich an Ort und Stelle davon zu überzeugen, daß in der BRD die größte Waffenkonzentration der westlichen Welt ist. Bevor wir uns mit der DDR befassen können, deren Militarisierung genauso abzulehnen ist, müssen wir vor der eigenen Türe kehren. Daß die USA eine Vorrüstungs- und die UdSSR eine Nachrüstungsmacht sind, ergibt sich aus den Jahreszahlen. Sie zeigen, daß immer die USA zuerst die „fortgeschrittenen" Waffen hatten und die UdSSR nur bemüht war, nachzuziehen. Wer übrigens fängt jetzt mit dem „Sternenkrieg" an?!

Wirklich dümmlich ist die Frage, warum die UdSSR noch einen niedrigen Lebensstandard hat. Die UdSSR hat sich in nicht ganz 7 Jahrzehnten nach der Oktoberrevolution trotz des 2. Weltkriegs aus einem primitiven, rückständigen Feudalstaat, dessen Bevölkerung zum größten Teil aus Analphabeten, in ärmlichsten Verhältnissen lebend, bestand, zu einem Industriestaat entwickelt, der zur Weltspitze gehört. Der Lebensstandard ist zwar niedrig, gemessen an dem westlichen, der aus der Ausbeutung der Dritten Welt stammt, aber immer noch weit über dem vor der Oktoberrevolution. Sicher wäre der Standard höher, müßten die UdSSR nicht wegen der Herausforderung durch die USA ihre Rüstungen immer wieder verstärken.

(...)

9

‚Nachrüstung' für deutschen Michel

J. G[redacted] Leserbrief-Kritik an Michael Schneider „Die Intellektuellen und der Katastrophismus" stößt sich an dem Begriff „Vorrüstung" an Stelle von „Nachrüstung". Der Duden kennt den Begriff Nachrüstung nicht, allerdings auch nicht den Begriff Vorrüstung, der aus ersterem zwangsläufig hervorgegangen ist. Eine Nachrüstung kennt auch das angelsächsische militärische Schrifttum nicht.

Wenn man aber chronologisch der Entwicklung der modernen Mittelstreckenraketen der USA, deren Hauptlast zu tragen die Bundesrepublik ausersehen ist, nachgeht, kommt man zu dem Eindruck, daß der Begriff der „Nachrüstung" eigens zur Übertölpelung des deutschen Michel erfunden worden ist, und genau genommen der Begriff „Vorrüstung" der Sache noch am nächsten kommt; denn diese Mittelstreckenraketen hochqualifizierten neuesten Typs sind seit 1969 / 70 in der Vorplanung des Pentagon. Die Finanzierung der Entwicklungsarbeit durch die USA wurde 1972 für die Cruise Missiles und schon 1974 für die Pershing II beschlossen. Sie waren also schon lange in der Entwicklung begriffen, als die Sowjets 1976 mit der Stationierung der SS 20 begannen. Es kann somit gar keine Rede davon sein, daß diese Raketen eine Antwort auf die SS 20 seien. Diese SS-20-Raketen füllten nur in willkommener Weise eine Argumentationslücke gegenüber den westeuropäischen NATO-Ländern, in die nun der Begriff der sogenannten „Nachrüstung" glänzend hineinpaßte. Dabei hat von General Rogers bis Präsidentenberater Colin S. Gray nie einer der maßgebenden Männer der Reagan-Administration einen Zweifel daran gelassen, daß mindestens ein Teil dieser Mittelstreckenraketen in jedem Fall stationiert werden müsse, was immer auch bei den Verhandlungen mit den Sowjets herauskommen würde. (...)

10

Gurtzwang mittels Bußgeld

Den in der Zuschrift vom 19. Juli aufgezeigten Unterschieden kann man noch hinzufügen, daß es auf Autobahnen in der USA Geschwindigkeitsbegrenzungen gibt in der BRD aber nicht. Vielleicht sol durch die nun gekommene Bußgeldeinführung da ein wenig kompensiert werden. „Freiheit" bei den Geschwindigkeiten weiterhin, aber dafür Unfreiheit beim Gurtanlegen. Damit jedoch hat der Verkehrsminister seiner CDU ein böses Foul bereitet.

11

Hessische Ausländerpolitik

Bemerkenswerte Ansätze zur Neuorientierung in der Ausländerpolitik zeigen sich in dem Erlaß „Aufenthaltserlaubnis bei Familiennachzug" des hessischen Innenministers (FR-Bericht v. 24. 7.). Leider wird mit dem Argument zunehmender „Überfremdung", mit dem diese neuen Bestrebungen politisch abgelehnt werden, wieder einmal wenig differenzierenden Ausländerantipathien Nahrung gegeben und die zahlreichen integrationsfähigen und -willigen Ausländer in unserem Land verunglimpft.

Auf den angekündigten Erlaß zum Aufenthalts- und Arbeitsrecht darf man gespannt sein, vor allem darauf, ob der weitgehende Ausschluß außereuropäischer Bürger von Aufenthaltsgenehmigungen aufrechterhalten wird. Für mich ist nicht einsehbar, warum dieser Kreis grundsätzlich keine Möglichkeit zu Aufenthalt und Arbeit in unserem Land haben sollte. Z. B. im wissenschaftlichen wie im künstlerischen Bereich könnte dieses vielmehr zu einer wichtigen Bereicherung führen.

Vielleicht könnte der Erlaß darüber hinaus dazu beitragen, daß vielen Betroffenen und auch uns Deutschen künftig Peinlichkeiten erspart bleiben, die gelegentlich durch Maßnahmen der — zumeist unteren — Ausländerbehörden hervorgerufen wurden. (...)

12

Villenschreck

Herzlichen Glückwunsch
Mit o.g. Artikel ist es euch endlich gelungen, Springer und Co. sowohl zeitlich als auch stilistisch zu schlagen.
Es ist an sich schon fragwürdig genug (und m.E. nicht zu rechtfertigen), daß ihr keine Hemmungen habt, die durch Dritte beurteilten persönlichen Eigenschaften und die politische Arbeit eines verhafteten Menschen ans Licht der Öffentlichkeit zu zerren, bevor die lokale Presse oder Springer Wind davon hatten, daß der mutmaßliche Täter einer „von uns" ist und des Volkes Empörung entfachen konnten.
Aber der Stil, in dem das Ganze geschieht, ist endgültig zum Kotzen. Der Autor hat anscheinend keine Kosten und Mühen gescheut, um im Leben des Verhafteten zu wühlen und von jedem/jeder, der/die ihn auch nur flüchtig kannte, ein Urteil eingeholt. Ergebnis ist dann die Aneinanderreihung zahlreicher Eigenschaften, die den Typ als „stets fleißigen, bei Kollegen und Vorgesetzten gleichermaßen beliebten Menschen" erscheinen lassen. Ganz nebenbei ein Anflug von Mitleid, wenn frau liest, daß Fleiß und Zuverlässigkeit dennoch nicht zu viel mehr als der unbeliebten Drecksarbeit reichten, denn das „ge-

wisse Etwas" - die ideologische Routine, wie der Autor zu berichten weiß - fehlt dem ehrlich Bemühten.
Emsig - aber ein bißchen unbedarft! Wie konnte er nur...
Ich kenne den Typen zwar nicht, aber das Ganze ist eine bodenlose Frechheit-!! (...)

13

Verbandsdemokratie à la Kelly/Hartung
Abs. 1: Demokratisch gefaßte Beschlüsse sind einzuhalten.
Abs. 2: Abs. 1 gilt nicht, wenn sie einem nicht in den Kram passen oder formalistisch oder rechthaberisch oder geschwätzig oder stumpfsinnig oder eine Schimäre oder ähnliches oder sonst mit dem Grundgesetz unvereinbar sind.
Herzliche Grüße

14

„Sektiererisches Unternehmen"

Betr.: Koordinationsausschuß gegen Ausländergesetze bröckelt ab - taz vom 10.7.84
Wir finden es mehr als bedauerlich, daß sich jetzt auch die taz zum Sprachrohr einiger weniger Gruppen macht, die den für Herbst '84 geplanten „Marsch gegen Rassismus und ausländerfeindliche Politik" ablehnen. Natürlich ist nichts dagegen einzuwenden, wenn die Kritiker des Marsches in sachlicher Form in Eurer Zeitung zu Wort kommen. Wohl aber, daß sich Euer Frankfurter Redakteur in einem von Sachkenntnis kaum getrübten Artikel die Position von Leuten zu eigen macht, die diesen Marsch nicht einfach nur ablehnen, sondern darüber hinaus in destruktivster Weise dafür tätig sind, diese Aktion durch Diffamierungen und Falschinformationen zu behindern.

Daher erlauben wir uns hierzu einige Klar- und Richtigstellungen:

1. Der bundesweite Koordinationsausschuß „Frankfurter Appell" existiert seit über einem Jahr. In ihm arbeiten zahlreiche lokale oder regionale deutsch-ausländische Initiativen und Bündnisse mit, sowie eine Reihe politischer Organisationen. Dieser Koordinationsausschuß ist derzeit das einzige gegen ausländerfeindliche Politik tätige Aktionsbündnis auf Bundesebene, dem übrigens nach wie vor auch die „Interessensgemeinschaft der mit Ausländern verheirateten Frauen" (IAF) angehört. K.P.K.'s diesbezügliche gegenteilige Information entbehrt jeglicher Grundlage. (...)

15

Zensur

Liebe taz-Leute,
Monatelang habe ich die taz unzensiert am selben Tag bekommen. Seit neuestem wird die taz durch den Anstaltsleiter persönlich zensiert! Aus diesem Grund möchte ich die taz abbestellen, da ich keine Böcke habe, drei bis vier Tage alte Zeitungen zu bekommen oder gar zu lesen!
Zudem werde ich hoffentlich in absehbarer Zeit von hier entlassen, da kauf ich mir meine Zeitungen wieder selbst!
Bis auf weiteres, vielen Dank bisher

16

Betr.: Hannover-Artikel vom 24.7.84
Es ist sehr traurig, daß ihr erst jetzt über die Zustände im UJZ Kornstraße berichtet. Schon seit Monaten gibt es Auseinandersetzungen zwischen Punx und Nazi-Skins. Die Zustände erinnern mich schon fast an Hamburg, denn auch in Hannover wird schon Jagd auf Punx und Freaks gemacht. So wurden z.B. nach einem Konzert die Leute am Bahnhof abgefangen. In Wunstorf schmissen Nazi-Skins Steine und Flaschen auf das Provisorium (linkes Veranstaltungszentrum). Es wäre doch ganz gut, wenn ihr sowas in Zukunft öfter bringen würdet.

17

Die alte Märchentante ...

... Lindern erzählt heute von zwei Königskindern
Betr.: Gedicht für ein anderes Märchenbuch
Es war einmal in der guten alten Zeit, lange vor der Erfindung der bösen Mehrwertsteuer, der Stereoanlage und der Geschirrspülmaschine, da lebte im Reich Nostalgika ein gar wunderschönes Mägdelein, Hostaflena mit Namen.

Diese Hostaflena war so schön wie Senta Berger, die Lollobrigida und Elisabeth Taylor in Personalunion, und besonders, wenn sie nackt vor ihrem Spiegel stand, war dies überdeutlich zu erkennen.
Eines Tages nun rankte sich ein blühender Jüngling wie Efeu am Verputz von Burg Nostalgikfels empor und drang in Hostlaflenas Kemenate.
Bevor Hostaflena auch nur angedeutet um Hilfe rufen konnte, lag er ihr zu Füßen: „Ich liebe euch", hauchte er.
„Wer seid ihr?" fragte Hostaflena, die sich seltsam zu dem Jüngling hingezogen fühlte.
„Prinz Meisenherz!" flüsterte der Jüngling schamhaft.
„Mein Vater ist der König von Rheumanien."
Hostaflena erschrak, denn Nostalgika und Rheumanien waren so verfeindet wie das ARD und das ZDF.
Aber die Leidenschaft, die sie sofort für den jungen Prinzen empfand, ließ sie alle politischen Sperrgürtel vergessen.
Gerade wollte Prinz Meisenherz sie küssen, als von draußen die Wächter herbeieilten.
„Fort mit euch!" hauchte Hostaflena errötend.
„Trefft mich verkleidet auf unserem Maskenball am nächsten Samstag."
Beim Maskenball, auf dem ausgesprochen rheinische Stimmung herrschte, obwohl Nostalgika an der Elbe lag, gelang es der als Odaliska verkleideten Hostaflena, sich mit dem ebenfalls verkleideten Prinzen Meisenherz in eine stille Kammer zurückzuziehen.
Der Prinz wollte spontan ihren milchweißen Leib in seine Arme ziehen und sie küssen.
Aber plötzlich fuhr er zurück.
„Verzeiht mir", murmelte er.
„Aber ..."
„Wollt ihr mich nicht küssen?" fragte Hostaflena enttäuscht.
Der Prinz betrachtete sie mit eigenartigem Blick.
„Ich möchte es wie nie in meinen Leben. Aber — ich kann nicht. Verzeiht mir!"
„Ist es ein Gelübde?" bohrte Hostaflena zart.
„Ja" seufzte der Prinz auf. „Ich liebe euch mehr als mein Leben. Aber küssen kann ich euch nicht."
Hostaflena, deren Hormonhaushalt immer heftiger von Prinz Meisenherz aufgeräumt werden wollte, hielt es einfach nicht mehr aus.
Sie ging zu einer Hexe, die im Schwarzwald gleich links wohnte, und fragte sie, was es denn mit dem Gelübde des Prinzen auf sich hätte.
Die Hexe machte kurz Augendiagnose und kicherte. „Er hat gar kein Gelübde abgelegt", sagte sie dann schonunglos.
„Aber warum küßt er mich dann nicht?" wollte Hostaflena wissen.
Nach einer kurzen Denkpause antwortete die Hexe: „Jetzt muß ich euch einen tiefen Schmerz antun, schöne Königstochter. Es liegt am ..."
Hostaflena weinte viele, viele Zähren, als ihr die Hexe erklärt hatte, daß es am Mundgeruch lag.
Aber die Hexe hatte Hostaflena eine gar aromatisch duftende weißliche Zauberpaste hergestellt, Zahncreme genannt, und auch geraten, was Hostaflena mit dieser Zauberpaste machen sollte.
Und als Prinz Meisenherz das nächstemal wieder in Hostaflenas herrlich geformten üppigen Arm lag, küßte er sie zum erstenmal mit allen Schikanen. Und — Junge, Junge — es war garantiert nicht das letztemal.
Bald darauf starb Hostaflenas Vater, und Hostaflena wurde Alleinerbin von Nostalgika.
Sie heiratete ihren Prinzen Meisenherz und verwandelte ihr schönes Märchenland in einen Industriestaat.
Und dreimal dürft ihr raten, was dieser Industriestaat herstellte: ZAHNCREME! Damit alle liebenden Königskinder in Zukunft zusammen kommen konnten.

18

Das Gesetz der Totenehrung sollte auch die Opfer des 20. Juli ruhen lassen. Allein die aufgewühlte Medienstimmung läßt sie nicht zur Ruhe kommen.

Pietätlosigkeit verdrängt die Toten des Regimes – die Toten der Verschwörer aber werden glorifiziert. Auf Distanz zur „öffentlichen Meinung" wissen jene Zeitzeugen, daß der „Kern der kämpfenden Truppe" nicht auf seiten der Verschwörer stand – in der Tat nicht ein einziger Frontsoldat.

Die Chronik zeigt das menschliche Tun, die sichtbare Niederlage zu bewältigen – den „Tag danach" zu überleben. Oberst Stauffenberg stellte, gleich nachdem ihm von Hitler die Hand gereicht war, die verpackte Bombe unter den Kartentisch. 25 Köpfe des Oberkommandos waren in der „Wolfsschanze", als Stauffenberg sich „herausholen" ließ – dann explodierte die Bombe. Fast ein Wunder, es starben nur die Generale Schmundt und Kort, Oberst Brandt und Dr. Berger. Alle anderen kamen mit blutenden Wunden oder kaputtem Trommelfell davon. Stauffenberg aber flog von Rastenburg nach Berlin und löste den Putsch „Walküre" aus. Max Domarus schreibt: „Der Graf war eine tragische Gestalt... Auch er hielt es für vertretbar, Unschuldige mit Hitler auszulöschen. Er wollte am Leben bleiben, da er bei Goerdeler Staatssekretär werden sollte."

(...)

„Walküre" aber brach zusammen, als in Berlin durchsikkerte, daß Hitler am Leben war.

Die Tragik der Propaganda vom Sender Calais, ein Generalsputsch müsse Hitler stürzen, um Separatfrieden zu bekommen, war seit Casablanca unerfüllbar – Sefton Delmer aber zeigte keine Reue zufolge seiner Lügenpsychologie. Das Schlimmste aber wäre, die „operative Rückzugsdefensive" würde zusammenbrechen und fast 9 Millionen deutsche Soldaten eine Beute der Russen sein.

19

Nur die eine Seite

Und schon wieder ein Brief von Herrn Kruse! Mit schöner Regelmäßigkeit erscheinen diese auf den ersten Blick wissenschaftlich fundierten Leserbriefe in der OV. Wenn man nur etwas genauer hinsieht, dann erkennt man sofort, was zwischen den Zeilen steht. So auch beim Leserbrief, der das Attentat auf Hitler zum Inhalt hatte.

Herr Kruse stellt z. B. fest (kritisiert?), daß nicht ein einziger Frontsoldat unter den Verschwörern war, und daß außerdem „der Kern der kämpfenden Truppe" nicht auf der Seite der Attentäter stand. Ich frage mich nun, ob Herrn Kruse nicht bekannt ist, wie perfekt die Kriegspropaganda dieses Regimes war, so daß viele Soldaten bis zum Schluß ihre wirklichen Feinde nicht erkannten – die Drahtzieher dieses schrecklichen Krieges nämlich, die mit Hitler im Führerhauptquartier sterben sollten.

Herr Kruse aber stellt sich auf die Seite des „Historikers" M. Domarus, der die Behauptung aufstellt, eben diese Menschen seien unschuldig gewesen. Unschuldig woran, frage ich mich? Am Tod der Soldaten etwa, die genau durch dieses Oberkommando in den Tod geschickt wurden? Können Menschen als unschuldig bezeichnet werden, die unter dem Diktator Adolf Hitler die Schachzüge eines provozierten, ungerechten Krieges planten und dirigierten?

Herr Kruse schreibt weiterhin, daß unsere Pietätlosigkeit den Tod dieser Generale verdrängen würde. Pietät bedeutet Ehrfurcht. Ich glaube, daß an dieser Stelle weder Ehrfurcht noch Verachtung angebracht sind. (...)

20

Einseitiger Teicheinblick!

Die Berichterstattung über unsere dritte diesjährige Ratssitzung, vor fast genau einem Monat in der OV erwähnt, läßt nach meiner Ansicht zu wünschen übrig, da solch wichtige Themen, wie in dieser Sitzung besprochen, sonst noch nach Wochen kommentiert wurden.

Die Tagesordnung behandelte einen Punkt über das „Pro und Contra" Füchteler See, welches Stunden in Anspruch nahm und schließlich mit einem Stimmenverhätnis von 17 pro, einer Enthaltung und 14 contra endete.

Der Kommentator wurde diesem Ereignis nicht gerecht, weil unser Rat – einer von zehn des Landkreises Vechta – ja immerhin fast ein Viertel der Einwohner des Kreises Vechta vertritt, die entsprechend informiert werden wollen. Warum nur werden die Contra-Sachargumente den Lesern vorenthalten?

Ratsabgeordneter

Anmerkung der Redaktion: Die Lokalredaktion der OV hat das Thema Füchteler See nicht nur anläßlich der letzten Ratssitzung ausführlich behandelt und kommentiert. Die Pro- und Contrameinungen sind oft genug abgedruckt worden. -es-

21

Tollhaus unterschlagen!

In der OV vom 28. Juli bringen Sie auf S. 34 eine Ansicht der Justizvollzugsanstalt Celle I von der Trift aus aufgenommen. „Das Schloß der Strafgefangenen"! Die JVA wurde nicht von 1710 bis 1712 sondern von 1710 bis 1729 erbaut. Von der 250 Jahrfeier hat keiner Kenntnis genommen.

Die Anstalt wurde nicht als „Werk- und Zuchthaus", sondern als Werk-, Zucht- und Tollhaus erbaut. Noch vor 250 Jahren wurden die Irren den Verbrechern gleichgestellt! – Auf der Steintafel am Turm befindet sich unter einer steinernen Maske folgende Inschrift: „Puniendis facinorosis custodiendis furiosis et mente captis publico sumptu dicata domus" (Zur Bestrafung der Übeltäter, zur Bewachung der Tobsüchtigen und Geisteskranken aus öffentlichen Mitteln errichtetes Haus).

Und wie man die Tatsache der Anstalt aus dem Bewußtsein der Öffentlichkeit verdrängt? – Wenn Sie einen Celler nach der Strafanstalt oder dem Zuchthaus fragen, sehen Sie nur erstaunte Gesichter, fragen Sie aber nach dem „Schlößchen" oder nach dem „kleinen Schloß", dann kommen Sie sicher bei der Strafanstalt in der Trift an.

Bei einem Besuch in Celle sollten Sie es nicht versäumen, das sich einmalige Museum der Strafanstalt zu besuchen. Bei rechtzeitiger Anmeldung wird es der Leiter der Strafanstalt ganz sicher möglich machen.

22

Liebe OV,

zu Beginn meines Briefes eine bestimmt nur als Flax gedachte und des Wortspiels wegen überhaupt geschriebene „Frechheit“:

Bisher war Ihre Zeitung ein Käseblatt, jetzt ist sie ein Käsekästchen.

Der ernste Hintergrund: Mir fällt auf, daß sich das Gesicht Ihrer Zeitung gewandelt hat. Die vielen gerahmten Meldungen, sicher bedingt durch die neuen elektronischen Satztechniken, geben ein unruhiges, hektisches und leicht unseriöses Gesicht.

Wenn das so weiter geht, ist bald der Zustand erreicht, wie man ihn von der Bildzeitung her gewohnt ist. Daß der Weg nicht mehr weit ist, zeigt zum Beispiel die 1. Seite vom 25. August, wo Sie es für richtig hielten, über Reagans Haarfarbe im Kästchen auf der ersten Seite zu berichten. (...)

23

Hab' mein' Wagen voll geladen

Grüß Gott, liebe Eltern, die Ihr im Besitz eines Kinderwagens mit „Einlage“ seid. Für Euch brechen neue Zeiten an, wenn es nach dem Willen der Herren in Bonn und Hannover oder einiger in Vechta geht. Als öffentliches Beförderungsmittel steht Euch dann nur noch der Bus zur Verfügung.

Bei aller Freundschaft, in einem Bus kann nur ein Kinderwagen untergebracht werden. Mehr Platz ist da nicht. Ihr müßt Euch demnächst so absprechen, daß auf die 100 000 Einwohner des Kreises Vechta pro Fahrt und Bus nur ein Kinderwagen kommt. Dafür schlage ich einen Kinderwagentelefonsonderdienst vor, der dies regelt. Sollte aber tatsächlich es nicht zu vermeiden sein, daß mehr als ein Kinderwagen befördert werden muß, ja dann empfehle ich Euch, es mit der Partei zu versuchen, die ein Herz für die Familie hat. Vielleicht läßt sich ähnlich wie an den Wahltagen für diese Fälle ein Kinderwagentransportnotdienst einrichten. Man will sich hier doch bestimmt nicht nachsagen lassen, daß einige Eltern und Kinder im Kreis Vechta zurückgeblieben sind. Übrigens bietet die Busfahrt für Euch auch interessante Aspekte. Wenn der Bus unterwegs hält und beide Türen offen sind, was üblich und normal ist, ja dann, liebe Eltern, steht Ihr mit dem Kinderwagen im Zug, obwohl Ihr mit dem Bus fahrt. Und noch eines. Die Verrichtung bestimmter Bedürfnisse ist im Bahnbus nicht vorgesehen. Die Bundesbahn will Geschäfte machen. Macht Ihr also Eure Geschäfte vorher.

Wer dazu noch etwas sagen möchte, der sage es bitte dem Landkreis, den Herren der Bundesbahndirektion oder den Politikern, die einem sonst auch die Tür einlaufen, wenn es um die Wählerstimme geht.

In diesem Sinne wünscht Euch, liebe Eltern, eine gute Reise

24

Es fehlen die Anschlüsse

„Die Bürger haben bewiesen, daß sie nicht mehr mit der Bahn fahren wollen“?

Diese Äußerung des Vechtaer Landrats in der OV vom 13. September können die Bürger nicht unwidersprochen hinnehmen. Sie würden durchaus gern mit der Bahn fahren, wenn es pünktliche und häufigere Anschlüsse an die IC-Züge in Bremen und Osnabrück gäbe. Da dies nicht der Fall ist, sind sie gezwungen, sich hilfsbereiten Pkw-Fahrern anzuvertrauen, die sie nach Diepholz oder ga zu den o. g. Großstadtbahnhöfen bringen. Und die vieler Menschen, die diese Möglichkeit nicht haben?! Eine Taxi fahrt hin und zurück würde de Reiseetat mit runden 50 DM belasten, beschränkt sich deshal nur auf Notfälle.

2. Ausgewählte Texte des Korpus II

BA

Der Autor, ein ehemaliger taz-ler, bittet um einen spritzigen (sic!) Vorspann, um mitzuteilen, daß folgender Text, über den in der taz ein heftiger Streit entbrannt, bald in vollem Umfang in der Zeitschrift „Ästhetik & Kommunikation“ erscheinen wird. Bei uns erscheinen am kommenden Freitag Auszüge aus „Männerphantasien“ von Gudula Lorez.

Gernot Gailer

„Das obligate Sein des Wunsches ist das Reale an sich. Eine besondere Existenzform, die psychologische Realität genannt werden könnte, existiert nicht. Wie Marx sagt, es gibt kein Mangel, sondern nur die Leidenschaft als naturliches und sinnliches, gegenständliches Wesen.“

Deleuze / Guattari, Anti-Ödipus

Eine Traumfrau zieht sich aus

Variationen auf ein altes Thema 1

Ich sinke in den Sessel zurück, die geile junge Sau ist auf dem Sofa zusammengesackt, atmet noch schwer. Mit dem Fuß dränge ich ihre Schenkel auseinander. „So eine Sau wie Du muß immer ihre Fotze zeigen.“ Gehorsam spreizt sie ihre Schenkel, der Saft läuft ihr aus der Spalte, mit den Zehen weite ich spielerisch ihr Loch, fast automatisch erwidert sie den Druck, spreizt sich noch weiter und verfällt in die typisch aufgeilend-fordernden Fickbewegungen. Lässig ziehe ich den Fuß zurück.

„Keine Angst Du Sau. Ich nehme Dich noch mal ran, dol Dir einen runter, wenn Du schon wieder scharf bist." Damit wende ich mich ihrer Freundin zu. Sie ist eine Dame. Noch immer wie erstarrt sitzt sie im Sessel, die Hand umkrampft das Weinglas, die Augen ungläubig aufgerissen, der Mund halboffen.

Jetzt spürt sie, daß ich sie taxiere, zuckt zusammen, springt auf. Entsetzen spiegeln ihre Augen.

„Nein, nein, ich bin verheiratet!"

Wie beschwörend hält sie mir ihren Ring entgegen. Langsam stehe ich auf, mein Schwanz richtet sich drohend gegen sie, wie Eisenklammern umfassen meine Blicke ihre vollen Formen. Sie weicht zurück. Auf Tuchfühlung stehen wir uns gegenüber, mit ängstlich erhobenen Händen lehnt sie gegen die Wand. Begierde glimmt in meinen Augen, wieder gleiten meine Blicke über ihren Körper.

„Mach die Beine breit."

Zitternd weichen ihre Schenkel auseinander, langsam gleiten meine Hände die Innenseite ihrer Schenkel hoch, unter dem Rock spüre ich das nackte Fleisch. Kurz bevor ich den Schnittpunkt erreicht habe, weiche ich über die Hüften zur Seite. Ich trete zurück.

„Den Rock hoch."

Wie in Trance gehorcht sie, ich habe sie völlig in meiner Gewalt. Der knappe Slip zeichnet deutlich ihre Pflaume, das dunkle Schamhaar schimmert wie ein gewölbtes Dreieck durch den dünnen Stoff. Wieder gleiten meine Hände die Innenseite ihrer gespreizten Schenkel hoch, jetzt spüre ich die beginnende Spannung ihres Körpers; je weiter ich mich ihrem Dreieck nähere, desto weiter spreizt sie die Schenkel, stützt sich jetzt nur noch mit den Schultern gegen die Wand, preßt mir ihre Pflaume entgegen.

Und wieder weiche ich aus, bevor ich den Punkt treffe, meine Hände greifen in ihren vollen Arsch, gleiten unter den Slip, erneut steigt ihre Spannung, denn langsam ziehe ich ihr das Höschen von den Hüften und lege das schwarze Dreieck frei. Gebannt starre ich zwischen ihre Schenkel, jetzt habe ich ihre Fotze nackt und griffbereit vor mir. Als ich mit einem Finger leicht die Spalte nachziehe, stöhnt sie das erste mal, beißt sich die Lippen, ihre Hände verkrampfen sich.

Ich trete zurück, weiter als das erste Mal, lasse mich in den Sessel fallen, ohne meine Blicke von der fickbereiten Frau zu lösen, die in ihrer Stellung verharrt.

„Zieh dich ganz aus".

Rock und Slip fallen, sie öffnet Bluse und BH, wie aus einem Gefängnis befreit, springen ihre schweren Brüste ins Freie, wippen nach.

„Dreh Dich um und spreitz Dich".

Vorn aufgestützt bietet sie ihren Arsch, ihre Fotze. Nahe trete ich hinter sie, ihre Pflaume füllt meine Hand, wieder diese stiegende Spannung. Ihre Glieder verhärten sich, immer noch verhalten stöhnt sie, als ich mit zwei Fingern leicht ihren Schlitz öffne; weit klafft jetzt ihre saftige Spalte.

Sie ist lechzende Bereitschaft.

Mein schwarzer Koffer

Das ist der Porno aus meinem schwarzen Koffer. Mein Porno. Teil von zwölf Jahren Geschichte, zwölf Jahren Pornografie, zwölf Jahre, die nicht in meinem Bucherschrank stehen. Da findet sich, neben den blauen und braunen Bänden, Kursbuch, Prokla und Argument, weniger Verfängliches: der linke Vorzeigepornograf Zwerenz und alles von Henry Miller, „Das obszöne Werk" von Bataille und „de Sade" in der Fischerausgabe, „Laß jucken Kumpel" aus dem verblichenen

Märzverlag und „Schweine mit Flügeln", Sex und Politik aus Italien. Nicht ganz so auffällig noch „Emanuelle", inzwischen mit Fortsetzung und „Geschichte der O".

Diese Bücher sind wie die „Stellen" in der Weltliteratur: gut eingepackt, legitimiert, akzeptiert — ungefährlich.

Gefährliche Dinge muß man unter Verschluß halten. In meinem schwarzen Koffer sind meine unverpackten, nackten Wünsche — alle Frauen aus Konkret, das da, Playboy, Lui, Mayfair, Penthouse, Gallery, Man Only und National Screw. Und alle habe ich gehabt, mit den Augen gefickt.

„Was, du hast noch alte 'Konkrets' und 'das da', das ist ja linke Geschichte, zeig mal, sind da noch die alten Sachen drin von der Meinhof und vom Wallraff? Und der Dutschke hat doch in 'das da' immer über die Studentenbewegung und ein Bein in Moskau und das andere in Peking stehen lassen geschrieben! Das brauchste doch nicht zu verstecken!"

„Eben deshalb! Ich hab doch nur noch die Bilder! Sonst hätten die doch gar nicht mehr alle in meinen Koffer gepaßt. Und stell dir mal vor, da kommt dann 'grad die Frauenbewegung vorbei!"

Und da nützen dir dann auch die Spitzenpolitiker in Playboy und Lui nichts, auch nicht die Nobelpreisträger, Filmemacher und Schriftsteller, nicht Graß, Peymann und Beckenbauer. Und bei Penthouse, Gallery und den anderen schärferen Sachen glaubt dir sowieso keiner mehr, daß dich da auch die Artikel interessieren, weil da gibt es, wenigstens in den englischsprachigen Ausgaben, was sich Playboy immer noch nicht traut: Fotze pur. Kein plötzliches Verschwimmen der sonst so scharf eingestellten Kamera mehr in der genitalen Zone, kein Schattenspiel oder geschicktes, wie zufälliges Abdecken durch die Körperhaltung, kein Notanker mehr für die „nur" ästhetische Wirkung.

Auf sowas steh ich.

Davor haben die Linken Angst.

Ich auch, wenn's zu öffentlich wird.

Man mißverstehe mich nicht. Wenig interessieren mich diese Titten- und Fotzengroßaufnahmen in den falschen Fleischfarben der skandinavischen Pronoindustrie, wo die meist häßlichen Frauen vollständig hinter ihren Geschlechtsteilen verschwinden. Die will eigentlich auch keiner. Das hat inzwischen auch Beate Uhse begriffen, Im Blue Movie gibt es wieder mehr sinnlose Handlung, die äußerst sinnvoll die visuellen Reize der Filme steigert.

Mir gehts da noch besser. Meine Frauen sind immer Traumfrauen, mit makellosen, ganzen Körpern, das Teil und das Ganze muß schon stimmen, ganz nach den Prinzipien der alten Winckelmann'schen Harmonie.

Körper, die raffiniert verarbeitet werden. Versteckte und offene Obszönität.

Verbotenes. Verbotenes offen: Eine klaffende Fotze, die Schamlippen weit auseinander, fordernd und geil, unter einem gerafften Rock hervorscheinend, während die Dame dem Herrn Botschafter huldvoll die Hand reicht. Wie auf einem Presseempfang. Verbotenes versteckt: Eine vollständig nackte Frau bewegt sich zwischen elegant gekleideten Herren, als sei sie vollständig angezogen, die ihrerseits mit keiner Reaktion ihre Nacktheit zur Kenntnis nehmen. Oder täusche ich mich. Ist es nicht doch so, daß sie recht provozierend ihre Titten anbietet, die Schenkel ein wenig zu weit auseinandernimmt, sich die gezügelte Lüsternheit verrät? Oder hat schon die Fantasieproduktion eingesetzt, der Film schon begonnen. Reingreifen wollen in die Fotze, gieren nach den Titten, das „harmonische" Bild zerstören, brutal oder dezent, je nach Stimmung. Ich lasse mich nicht durch allerlei ästhetischen Firlefanz täuschen: die Modelle sind unmißverständlich fickbereit, was immer für ein lügnerischer Text darunter steht.

Manchmal ja auch ein Richtiger. Der die gewollte und erreichte Absicht nicht leugnet. Wo die Frauen auch sagen, was ihre Körper andeuten. Und Männer denken. Immer. Und sagen. Manchmal. Deshalb wird „Frivol" in der Plastikfolie verkauft. Luftdicht verpackt. Keimfrei sozusagen. Und kommt nach Gebrauch auch gleich wieder in meinen Koffer.

Besser ist besser.

Zeitraffer

In der Szene munkelt man, Peter Schneider und Thomas Brasch gehen zusammen in den Puff. Bravo. Hoffentlich geh'n auch'n paar mit von denen, die das erzählen.

Ob Röhl und Rühmkorf das auch gemacht haben, als sie mit anderen vor bald 25 Jahren „Konkret" gegründet haben, weiß ich nicht. Wie und wann eigentlich die nackten Frauen in die Zeitschrift kamen, auch nicht. 1968 jedenfalls waren sie da, manchmal noch ziemlich verschwommen, oft nur oben ohne, aber der „Playboy" hatte da ja auch lange Schwierigkeiten. Ob wir damals weniger angstvoll auf das nackte Fleisch gestarrt haben, weiß ich auch nicht mehr, nur noch, daß damals die St.Pauli Nachrichten als progressiv galten. Und klar war: Nacktes Frauenfleisch trifft auch ein Bedürfnis. Und befriedigt es. Wie auch immer. Lust, Sex und Politik gehören zusammen. Aber nicht lange. Mit zunehmender sexueller Eindeutigkeit, Pornogeschichten und Kontaktadressen in „Konkret" mehren sich der Protest. Moralisiernd. Von Links. Als der Reiz des Neuen, die Lust an der vermeintlichen Zerschlagung eines Tabus nachließen.

„Das sind nicht unsere Bedrüfnisse!" In Wirklichkeit: Wir wollen uns nicht auf eine Stufe stellen mit den geilen Spießbürgern. Lust, vor allem linke Lust, muß rein sein. Und was verhilft einem Linken, zur höchsten Reinheit? Die Theorie. Sexualökonomie, Sexualwissenschaft, Sexualforschung, mit der Verpackung der eigenen Triebe läßt es sich noch viel besser leben. „Sexfront"-Anhänger und Reichisten wurden bald von ihrem *auch* wissenschaftlichen Anspruch eingeholt. Uschi Obermeier war längst schon wieder ein entrücktes Traummodell. Von der Würde der Frau sprach man damals noch wenig.

Für mich ging es dann weiter mit Kate Millet. In „Sexus und Herrschaft" standen die „Stellen" der Weltliteratur vor Gericht. D.H.Lawrence, Henry Miller, Norman Mailer, Jean Genet. Die Tyrannei des Mannes in unserer Gesellschaft. Daß die inzwischen etablierten, anerkannten Libertinären angegriffen wurden, gefiel mir. Die „Stellen" las ich noch immer mit Genuß. Die Theorie fand ich interessant, aber die betraf mich nicht. Jedenfalls nicht meinen Schwanz. Blieb Theorie.

Der Niedergang von „Konkret" war vorauszusehen. Die politischen Differenzen habe ich vergessen. Blieben genauso Theorie der eigenen Profilneurose — und vergessen: Was blieb und bleibt, auch heute, nach dem Tod von „das da", Röhls verzweifeltem Nachfolgeversuch der verlorenen „Konkret" ist der Eindruck: Gremliza als Doppelsieger, damals wie heute. Die linken Puritaner, die Schwanzamputierten, Theoretiker allemal, sind die Stärkeren im linken Lager. Mit der endgültigen Vertreibung der nackten Frauen aus den linken Publikationsorganen steht endgültig fest: Sex und Politik ging nie, geht nicht und wird auch nie gehen. Und den irrenden Realpolitkern („so erreichen wir eine größere Leserschaft") Steffen, Wallraff und Zwerenz, Mitherausgeber der liquidierten „das da" und von Pornobrüderchen Röhl ja nur verführt, öffnet man großzügig der gereinigten Spalten. Zwerenz allerdings veröffentlicht wohl lieber im Playboy.

Die Krönung der Auslese

Bei den neuen „Konkret"-Machern war dann lange Jahre Ruhe. Was den Sex anging. Den öffentlichen. Und um sie herum auch. Der Märzverlag, die heimliche Pornohoffnung der Linken, war ja auch schon lange eingegangen. Beziehungsweise aufgegangen in einen Größeren. Nur der brüderliche Buchbetrieb begann zu florieren. Die bürgerlichen Verlage rückten ein in das verlassene Feld der Linken. Nüchtern. Kühl kalkulierend. Wie so oft. Da konnte der anständige Bürger seine Bedürfnisse befriedigen. Weniger problematisch. Zum Beispiel bei Rowohlt Taschenbuch. Mit „Emanuelle". Und Ähnlichem. Und der Linke mit „Schweine mit Flügeln". Und „Emanuelle". Dann war plötzlich angekündigt: Sexualität konkret. Von „Konkret". Ich war elektrisiert. Wurde etwa die Käseglocke gelüftet. Der Verschluß geöffnet? In Bayern soll der Vertrieb des Sonderheftes behindert worden sein. Da müssen ja scharfe Sachen drinstehen. Gab es am Ende gar die konkrete Sexualität, nicht die aus Glanzpapier und Illusionen? Und ganz nebenbei vielleicht noch die endgültige Begründung der mannesmutigen Tat?

Und ich muß sagen, ich bin zufrieden. Natürlich nicht mit allem, aber immerhin, jetzt weiß ich doch mehr über konkrete Sexualität. Das, was ich bisher nie so recht glauben wollte: Theoriegewichse ist mindestens so befriedigend wie Handbetrieb.

Das beweisen die nackten Fakten. Schon ein erstes Durchblättern des Heftes zeigt: Schweinereien stehen da nicht drin. Außer bei Biermann. Mit der Blechfotze. Aber das ist ja nur, weil die Frauenbewegung ihn entlarvt hat. Als Frauenfeind. Weil er 'n zu kleinen Schwanz hat. Und außerdem ist das Kunst. Bei einem Dichter.

Und im Sexualkundeunterrichtsbericht. Wo Fotze ein geiler Ausdruck ist. Und die Fernsehsprecherin vom NDR auch. Aber das sind ja nur Kinder. Aus der Unterschicht. Berufsschule. Die auf den rechten Weg geführt werden müssen.

Die Rettung ist nah. 10 von 23 der per Bild auf Seite 2 vorgestellten Autoren sind Sexualwissenschaftler, Professoren oder Doktoren. Huldvoll lächeln sie und an. Nur Mut. Schlagt das Heft auf. Rettung vor der absoluten Verschweinung der Menschheit bietet die Wissenschaft. Die Labsal für die in ihrem Geschlechtsleben so hilflosen Menschen. Die kritische deutsche Sexualforschung, die im Kampf gegen dänische Pornos und US-amerikanische Reports, internationale Maßstäbe setzte, ist nur noch nicht genug im Bewußtsein derer, die es angeht. Und das haben wir nötig. Wie das Lächeln. Denn schon im ersten Artikel donnert es uns entgegen. „Das gemeinsame Lied der Liebe. Freie Liebe, Ehe auf Zeit, Partnertausch, Gruppensex und Singles-Bewegungen — die Sumpfblüten zerstörter Sinnlichkeit." Direktor Sigusch Himself, ein Fortschrittsmann ohne Zweifel, nimmt Maß. Und ich fühle mich gleich ertappt. Doppelt. Wollte mich, von der Überschrift verschreckt, zu dem nackten Pärchen auf der Nebenseite retten und schon rattert wieder mein schweinischer Fantasieapparat. Und gleich steigt meine Achtung vor der Wissenschaft. Wie die einen durchschauen. Da bleibt mir nichts anderes. Ich muß wieder unter die Geisel der Professors.

Und die funktioniert teuflisch gut. Denn will man seinen ersten Aufsatz, den richtungsweisenden Einstieg in das ganze Heft noch als unqualifizierten Anwurf eines Neiders verwerfen, eines Selbsthassers, der seine eigenen Projektionen nicht anders aushalten kann, so muß man sich korrigieren. Das ist keine haltlose Anmache. Das ist nicht haltlos, sondern wissenschaftlich. Und da ist das egal, was danach kommt. Denn Sigusch hat Beweise. Etwa in der Mitte des Heftes. Die in solchen Fällen immer obligatorischen 10 Thesen.

Mit der reinen Humanität, AKW-Gegnerschaft und radikaler Gesellschaftskritik im Rücken, bekommen wir in appetitlichen Häppchen von Hegel über Feuermarx zu Bach die Metaphysizierung der „reinen Natur" abgeleitet, zu deutsch, wer wir wirklich sind: „Ausfluß hingerichteter Begierde", „Sumpfblüten zerstörter Sinnlichkeit", „Menetekel im Sitten- und Kulturzerfall".

Laß die Bourgeosie man ruhig sich selber hinrichten, aber für dich, Linker, habe ich den eigentlichen Knüppel noch im Sack. „Partnertausch und Gruppensexualität — ich sage es noch einmal — sind an kleinbürgerlicher Stupidität kaum noch zu überbieten."

Das hat gesessen. Ich bin zerschmettert. In der Hölle. Der Hölle der Linken.

Peepshow

Da geh ich lieber in die Peepshow. Wenn ich hier so angemacht werde. Da habe ich wenigstens meine Ruhe.

Für mich. Und meinen Schwanz. Überhaupt ist die Peepshow eine segensreiche Erfindung. Die beste seit langem. Kommt natürlich aus Amerika. Wenn ich recht überlege: sie ist geradezu sexualrevolutionär.

Die Einheit von Reiz und Genuß. Du kannst wichsen. Sofort. Mußt nicht sublimieren wie beim Striptease oder im Pornofim. Wo sich die Hose nur spannt, nicht entspannt. Und es dir schon wieder vergeht. Beim allgemeinen Run auf die Toiletten.

Wenn man bedenkt: überall wirst du angemacht von diesen mehr oder weniger verhüllten Frauenkörpern. Deine Wünsche und Lüste springen dich aus jeder Reklame an, aus dem Gang deiner Vorderfrau, den Windungen der Pop- und Rockstars und überhaupt.

Du weißt ja sowieso kaum noch, wo dir der Hammer hängt. Immer nur Druck und keine Entladung. So richtig jedenfalls. In Ruhe. Und mit Genuß. Ja mit Genuß. Sondern immer nur schnell, auf der Toilette. In 'nem Kaufhaus. Oder in der Kneipe. Wo die anderen schon klopfen. Daß es schneller geht. Wo die blöden Sprüche stehen. Statt das mal einer ein Bild hinhängt. Und dann noch die Frauenbewegung.

Gerade die.

Diese Frauenbewegung. Als ob wir nicht schon genug zu tun hätten. Mit unserer Triebökonomie. Dann kommen die da an. Schwanz ab heißt das gleich, wenn wir mal 'ne Sekunde zu lange gelinst haben. Schwanz ab, nein danke, sage ich da. Ganz selbstbewußt. Und: die eigentlich Unterdrückten sind doch wir. Wir Männer. Nieder mit der Frauenbewegung. Für mehr Peepshows.

Das ist kein Witz. Ehrlich. Ich bin für die Peepshow. Die Frauenbewegung nützt mir überhaupt nichts. Die Frauen in der Peepshow verstehen mich viel besser. Genau wie sich. Und ihren Körper. Die können was damit anfangen. Sind selbstbewußt. Gehen nicht in Sack und Asche oder so modisch eingeschnurt. Die müssen was bringen. Nur mit ihrem Körper. Das sind die eigentlich Emanzipierten. Die sich nicht nur unter ihrem Wert verkaufen. Für'n Appel und n'Ei. Und irgendwelche Flausen im Kopp. Vor denen kann ich auch Hochachtung haben. Selbst beim Peepen.

Die Peepshow ist für Fortgeschrittene. Nicht so einfach rein und raus wie bei Montanus. Als wär nix. Und ein Porno hat keinen interessiert. Da reingehen und wieder rauskommen ist eindeutig. Da gucken die Leute schon. Da mußt du schon selber bißchen mit von der Branche sein. Selber 'n bißchen strippen. Aber so schlimm ist das nun auch wieder nicht. Drinnen sind die selben Leute wie auf der Straße. Und du kriegst gute Ware für wenig Geld.

Im Schnitt für fünf Mark 1 - 2 Modelle, die Minute eine Mark, sie wechseln alle fünf Minuten. Wenn du nicht immer nachwerfen willst, ist da der Schlitz für fünf Mark, aber das ist Geschmackssache, beim Einzelnachwerfen kannst du die Zeit besser dehnen und die Überraschung erhöhen, wenn sich das Fensterchen wieder öffnet, ist plötzlich die Neue da. Nackt, hautnah (die Scheibe vergißt du), Bewegung, aufreizender als jedes Glanzpapier, die Fotzen klaffen. Kein uneingelöstes Versprechen. Beim Wichsen stört dich keiner. Höchstens der Geruch, wenn Reinigung und Klimaanlage nicht funktionieren. Hier löst sich die ganze Spannung des Tages, laß dich fallen, spritz ab, die schützenden vier Wände sind auf ihre optische Funktion gebracht.

Und mit der Routine steigerst du deine Lust. Zeigst mehr von dir. An der Kasse beim Wechseln bist du ruhiger, riskierst schon mal einen Blick ins Album der Solotänzerinnen.

Neulich hab ich rausgekriegt: Wenn du ganz nahe mit dem Gesicht an die Scheibe gehst, sehen dich die Mädchen. Deinen Kopf natürlich nur. Wenn du Glück hast, kannst du flirten. Wenn eine sich für dich entschieden hat, verliert sie oft die gelangweilte Routine. Jedenfalls die jungen Modelle. Und die schon ein bißchen länger dabei sind. Sie spielen dann mit dir, wollen deine Reaktion sehen, wenn sie mit ihren Titten grad auf dich zielen, die Schenkel weit spreitzen, lasziv die Spalte öffnen und sich dann blitzschnell umdrehen. Zeigst du keine Reaktion, verlieren sie schnell das Interesse.

1

Zur Seite 9 vom Freitag (12.9.):

1. Gernot Gailer sollte sich nicht mit der ersten Steigerungsform in seinem Namen begnügen und sich in Zukunft Gernot Gailster nennen. Dann weiß jede(r) gleich, wo's langgeht.
2. Im Konfirmandenunterricht, lang ist's her, hat uns der Pfarrer erzählt, daß wir durch häufiges Wixen unsere Gehirnzellen und unser Rückenmark schädigen. Ob der Recht gehabt hat?

2

Es ist eine bodenlose Unverschämtheit,

daß ich mir in der taz solche Gewalt-Phantasien, die ich auch noch mit DM 1,- täglich bezahlte, gefallen lassen muß.
Ich bin als Frau nicht mehr bereit, widerspruchslos und konsequenzlos solches auf "linkem Papier" zu lesen und schon gar nicht mit der Legitimation, damit zur Diskussion auffordern zu wollen. Offensichtlich sind in der taz Macker für die redaktionelle Endabstimmung zuständig.

Ich verschwende keine Zeit, mich mit dem Inhalt des Artikels von G. Gailer auseinanderzusetzen. Mir reichts.
Auf der Ebene ist es mir nicht mehr möglich, ein "linkes Projekt" zu unterstützen. Das gerade gestern von mir bestellte Jahresabo mache ich hiermit rückgängig.

3

Ich vermute, daß der Artikel von Gernot Gailer mit aggressiver Kritik überschwemmt werden wird.
Schon deshalb, weil er die Frechheit besitzt, ein linkes Tabu, das Offenlegen und vorläufige Bejahen der sexuellen Phantasien zu ignorieren. Das kann die linke Szene, und hier reagiert sie wie jede andere Gruppe der kapitalistischen Gesellschaft, natürlich nicht zulassen: Wo die Kritik auch vor den eigenen schwachen, mühsam verdrängten Stellen nicht Halt macht, wo sie also grundsätzlich zu werden droht - wobei der Artikel das inhaltlich allerdings teilweise ist - da also erfolgt die verbissene, wütende Abwehr.
Es wird offenbar, daß die Toleranz gegenüber der Kritik auch bei uns nur bis zu dem Punkt gepflegt wird, wo diese noch nicht gefährlich ist. Es darf über alles geredet werden, es sei denn, du verläßt den Rahmen der FDGO, pardon: den zwar dieffusen, aber doch existierenden Konsens der linken Scene in Sachen Sexualität. Nur daß unsere Strafen für Übertretungen weniger machtvoll, aber nicht unbedingt milder ausfallen.

2. Mit der Kritik der Rolle der Frau als Sexualobjekt hat die Frauenbewegung die sexuelle Lust weitgehend mit ausgelöscht. Wie selten wird in unseren vielen Beziehungsgesprächen über Geilheit, rasende Lust aufeinander [aufeinander ist ja auch o.k. d. S.] und den Spaß, den Sexualität machen kann geredet. Noch einen Schritt weiter: Die Frauen, die ich erotisch ausdrucksstark finde, die sexuell faszinieren, die sich noch versenken und verströmen können (ohne sich zu verlieren) - diese Frauen also, die ich mag, lassen sich größtenteils nur noch außerhalb der Linken finden.

4

"Machen sie doch selbst eine Peep-Show!"

Hab ich den ganzen Artikel nicht verstanden oder gibt es wirklich Männer, die so denken?
Was ist das für eine Forderung: nieder mit der Frauenbewegung, für mehr Peepshows. Ich kann ja verstehen, daß manche Männer sauer auf die Frauenbewegung sind, nämlich die, die am meisten betroffen sind, gegen die die ganze Bewegung geht. Wenn ein Mann gegen die Frauenbewegung ist, dann nur weil er ein Chauvinist ist. G.G. fühlt sich von den Frauen angemacht, überall auf der Straße, vor der Reklame usw. Erstens haben wir uns nicht dazu gemacht und zweitens, woher will er denn wissen, daß dên Frauen nicht auch mal sehr lüstern zumute ist, wenn sie da vor sich so einen Typ in enger Lederhose spazieren sehen.
Wo bitte He.r G.G., heißt es denn noch Schwanz ab? Das wären vielleicht mal Forderungen der Schwarzen Botin, doch die gibt es schon lange nicht mehr. Zu ihren Forderungen "Mehr Peepshows": ja, sagen sie mal, glauben sie ehrlich, daß die Frauen dort sie viel besser verstehen??? Sie meinen wohl, die wissen was sie sehen wollen. Aber es gibt noch etwas anderes außer Sexualität. Emanzipiert nennen sie die Frauen in der Peepshow? Unterdrückt sind sie von der Gesellschaft und würden lieber heute als morgen ausbrechen, sich emanzipieren. Doch sie können nicht, wohin sollen sie gehen, wo sollen sie wohnen, wer gibt ihnen Arbeit? Ich bewundere diese Frauen, aber aus anderen Gründen als sie, Herr G. Wenn sie so für Peepshows sind, machen sie doch selbst eine - für uns gibt es so etwas nämlich, so weit ich weiß, noch nicht. Vielleicht denken sie dann endlich mal anders. Vielleicht könnté ich dann sogar Hochachtung vor Ihnen haben.

5

Ich habe den Artikel von G. Galler "Eine Traumfrau zieht sich aus" gelesen, zuerst habe ich gestutzt und dann habe ich mich gefreut, daß er sich getraute, dieses Thema einmal anzugehen.

Zwar finde ich Sätze wie "Nieder mit der Frauenbewegung! Für mehr Peepshows" etwas überzogen und am Ende des Artikels finde ich es sogar anmaßend, wenn Gernot schreibt, was die Frauen in den Peep-Shows wohl denken und, daß sie die wahren Emanzipierten seien. Jedoch, die Aussage des Artikels habe ich so verstanden, daß Gernot es endlich leid ist, seine Phantasien, in denen Frauen nur Objekte sind, in denen er sie sogar erniedrigt, zu verheimlichen. Er hat es leid, seine Pornos zu verstecken. Ich kann ihn sehr gut verstehen. Ich glaube, daß jeder Mann Frauen oder auch Männer zu Objekten in seinen Sexualphantasien macht. Ich stelle mir beim Wichsen auch nicht immer Wesen mit Kopf und Herz vor. Manchmal genügt mir ein wesenloses Geschlechtsorgan. Es gibt auch ne Menge Menschen, die ich einfach geil finde, mit denen ich aber nie irgendeine Beziehung anfangen möchte.

Jedoch kommen wir bestimmt nicht davon weg, Frauen zu Objekten zu machen, indem wir unsere Phantasien verdrängen oder unsere Pornos verstecken. Und genau das scheint doch in den letzten Jahren bei den Linken passiert zu sein. Mir gefällt, daß Gernot diese neue noch zusätzliche Moral endlich einmal angreift.

Emanzipation durch Verdrängung - das ist wohl unmöglich.

Zu mir will ich noch sagen, daß ich zum Glück schwul bin. Die Heteros sind arm dran, weil sie Frauen zu Objekten machen, die anscheinend ganz anders empfinden. Ich als Schwuler brauch kein schlechtes Gewissen zu haben, mir beim Wichsen nur einen Schwanz vorzustellen. Denn der gehört zu einem Mann und Mann bin ich auch selbst. Und da dies, wie ich erfahren habe, mehr oder weniger bei allen Männern ähnlich läuft, kann ich sagen, es bleibt unter uns.

Deswegen bedaure ich euch armen Heteromänner und dann glaube ich, daß Gernot noch mißverstanden wird, indem er nur in eine geile Ecke gedrängt wird. Ich nehme an, daß es für ihn wie auch für mich den Wunsch nach ehrlichen Beziehungen gibt, aber dazu gehört auch, daß wir zu unseren Phantasien stehen dürfen und können.

6

Das Ganze kommt mir vor wie eine riesige offen provokativ aufgestellte Falle, in die alle taz-Leser kopfüber hineinrasen.

Natürlich war auch ich zuerst empört über den G.G.-Artikel. Aber ich dachte mir dann weiter - scheinbar als einzige -, daß er wohl mehr darstellen soll als eine Wichsvorlage für männliche taz-Leser. Es gibt doch nur zwei Möglichkeiten: Entweder "unsere" Männer sind nicht so, G.G. eine lächerliche Ausnahme, wozu dann das ganze Geschrei. Oder aber G.G.s Phantasien treffen den Kern der Sache. Dann aber ist es wirklich an der Zeit, daß das offen ausgesprochen wird. Was nützt uns ein gebremster Softi, der, um irgendeinem Anspruch zu genügen, sich und anderen eins in die Tasche lügen muß. Per intellektueller Einsicht ist - soweit ich weiß - noch keine Neurose beseitigt worden.

Ich rufe deshalb alle Männer auf, offen und persönlich zu dem Artikel Stellung zu nehmen, d.h. sich offen zu ähnlichen Gedanken zu bekennen, wenn sie vorhanden sind (ohne Rücksicht!). Solange im sexuellen Bereich Selbstzensur und Verdrängung vorherrschen, kann niemals eine ehrliche Auseinandersetzung geschweige denn echte Verdrängung stattfinden! Noch schöner wäre es natürlich, wenn es anderen Männern nicht so ginge. Aber bei diesem G.G. sind doch diese Gedanken nun einmal da! Mit Anklagen und Beschuldigungen kommt man hier wirklich keinen Schritt weiter!

7

...Vieles lehrte ihn ihre zarte, geschmeidige Hand. Ihn, der in der Liebe noch ein Knabe war und dazu neigte, sich blindlings und unersättlich in die Lust zu stürzen wie ins Bodenlose, lehrte sie von Grund auf die Lehre, daß man Lust nicht nehmen kann, ohne Lust zu geben, und daß jede Gebärde, jedes Streicheln, jede Berührung, jeder Anblick, jede kleinste Stelle des Körpers ihr Geheimnis hat, das zu wecken dem Wissenden Glück bereitet. Sie lehrte ihn, daß Liebende nach einer Liebesfeier nicht voneinandergehen dürfen, ohne eins das andere zu bewundern, ohne ebenso besiegt zu sein, wie gesiegt zu haben, so daß bei keinem von beiden Übersättigung und Öde entstehe und das böse Gefühl, mißbraucht zu haben oder mißbraucht worden zu sein...

Ich muß Deiner Hoffnungslosigkeit, [redacted] (Gernot Gailer) diese Sätze aus H. Hesses Siddhartha entgegensetzen, weil ich sonst ersticke. Vielleicht verstehst Du ein bißchen.

8

Kleine Liebegabe für die Sexküche

Herr Gailer und Frau Lorez
schreiben über Sex
die Welt soll sein eine Show
peept Herr Gailer aber
er meint nur den Fick mit der Fre/und/in
Handbetrieb ist dem Herrn nicht gail genug

Frau Lorez hat Recht wenn sie Herrn Gailer sagt
fuck yourself and
save your money aber
die Fanta/sie deren macht sie
ohnmächtig beschwört ist leer denn
Selbstbefriedigung ist der Frau nicht
fanta/sie/voll genug

Hand an die Latte Herr Gailer
Hand an das wofür es
keine Sprache gibt Frau Lorez
reicht euch nicht länger die Hände wenn es
besseres für sie zu tun gibt oder
wollt ihr wirklich behaupten daß
eure Hände dazu da sind
auf den Tasten eurer Schreibmaschinen
lustfeindliche Texte zu hacken

aufm Klo geschrieben stand
sieh nicht nach Sprüchen an der Wand
alles liegt in deiner Hand

9

Am Montag wurde an der Berliner Sommeruni für Frauen die ausgefallene Veranstaltung zum Thema "Menschenrechte und Pornographie" spontan für eine Diskussion über "Sexismus in der taz" genutzt; am Dienstag wurde ausgehend von dieser Diskussion eine Resolution der Frauen der Sommeruni verabschiedet (siehe Seite 1). Leider waren nur zwei taz-Frauen anwesend und mußten alleine eine Position verteidigen, die wir bisher in der taz zu veröffentlichen versäumten. Diesen Kritikpunkt müssen wir annehmen. Am Samstag um 10.00 Uhr (Raum K 2511) wollen wir uns mit den Frauen, die erbost und enttäuscht sind, auseinandersetzen und über unsere zukünftige Zusammenarbeit mit ihnen reden. Unser spontaner Versuch, von allen an der internen Diskussion über den Galler-Text beteiligten taz-Frauen kurze Statements abzudrucken, konnte in der Eile nicht gelingen, deshalb also nur einige Beiträge. Eins muß aber unbedingt noch gesagt werden: Der "Porno" ist nicht über unsere Köpfe hinweg in der taz erschienen! Wir taz-Frauen haben lange und ausführlich über ihn diskutiert, haben dabei gemerkt, wie brisant das Thema ist und waren deshalb alle dafür, daß er veröffentlicht werden sollte. Wir wollen die Diskussion!

(die taz-Frauen)

10

Frauen-Sommeruni:

Kampf dem Chauvinismus in der TAZ

Die Frauen von der Sommeruni in Westberlin verabschiedeten am 30.9.80 folgende Resolution und fordern den Abdruck in der taz auf der ersten Seite der Donnerstagsausgabe. Wir sind empört über den Chauvinismus in der taz speziell über den kommentarlosen Abdruck des Pornoartikels von G. Galler in der taz vom 12.9.80, denn:

— Der Artikel strotzt vor Frauenverachtung

— er propagiert das alte Märchen der Frau, die nein sagt und ja meint

— er verHERRlicht männliche Erektion basierend auf Frauenverachtung

— er propagiert Gewaltphantasien, d.h. hier Aufgeilen am Brechen des Widerstands der Frau

— der Artikel ist reaktionär und eine Kampfansage an die Frauenbewegung, verbunden mit der Propagierung von Peep-Shows.

Wir fordern nicht die Tabuisierung sexueller Probleme, wir wollen nicht verhindern, über Phantasien, sexuelle und emotionale Widerspruche zu diskutieren, sondern wir sind gegen offensichtliche Frauenfeindlichkeit unter dem Deckmäntelchen eines „neuen männlichen Selbstbewußtseins" nach dem Motto „ich steh zu meiner Scheiße".
Wir begrüßen jede ernsthafte Auseinandersetzung mit sexueller Unterdrückung mit dem Versuch, ein neues menschliches Miteinander zu erträumen und zu entwickeln. Dies allerdings nur dann, wenn es auf dem Akzeptieren von Frau und Mann und nicht auf Frauenverachtung basiert.

Schon seit ca. 2 Jahren rollt eine neue chauvinistische Welle auf uns zu: Vielleicht haben wir Frauen vorübergehend in unserer Wachsamkeit nachgelassen? Aber eins sagen wir Euch jetzt: Wir sind nicht bereit, besonders nicht in Zeitungen, die sich „links" und „radikal" nennen, Frauenverachtung und eine Kampfansage an die Frauenbewegung hinzunehmen.
Von Zeitungen, die sich per Anspruch als Sprachrohr der Basisbewegung bezeichnen, fordern wir eine solidarische Auseinandersetzung mit der Frauenbewegung, was jedoch durch den kommentarlosen Abdruck eines solchen Artikels verhindert wird. Kurzfristig fordern wir eine taz-Frauennummer, in der die bisherige Frauenberichterstattung zur Kritik steht. Wenn sich in der taz die Einstellung zur Frauenbewegung nicht ändert, werden wir über weitere Schritte gegen die taz, wie z.B. einen Boykott, diskutieren.
Wir werden nicht schweigen.
Wir werden nicht tatenlos zusehen.
Wir haben Macht und wir sind viele.
Auf den Aufruf von G. Gailer „Nieder mit der Frauenbewegung" antworten wir: „Nieder mit dem Chauvinismus - auch in der taz."

Der Abdruck dieser Frauen-Resolution auf der 1. Seite der Tageszeitung hatte zur Voraussetzung, daß ein Großteil der Redaktion dazu ihr Einverständnis gab

11

Je größer die Angst des Mannes, von der unersättlichen Möse Frau absorbiert zu werden, sich und seine, auf diese baumelnde Zipfelchen verdichtete Sexualität darin zu verlieren, desto größer sein Bestreben, den bedrohenden "Gegenstand" seines Begehrens mit den phantastischsten Mitteln verfügbar/gefügig/fügig zu machen. Ich finde, daß wir Frauen viel zu oft vergessen, wie Männer 'funktionieren', daß wir viel zu leichtfertig unsere Körperlichkeit als Maßstab setzen, daß wir damit auch diese verklemmten, schuldkomplex-beladenen Softis produzieren und uns deshalb viel zu oft verblüffen lassen — von Gewalt, Machtkämpfen, Untedrückungsversuchen, Tölpelhaftigkeit, Dummdreistigkeit... und und und... das Spektrum an Verhaltensweisen, mit denen Männer Frauen (= Mütter, Töchter, Sexualobjekte, Geliebte, Gesprächspartnerinnen, Traumfrau) zwingen, ihre männliche Identität aufzubauen, zu stabilisieren und immer wieder zu bestätigen, ob bewußt oder unbewußt, ist schier unerschöpflich, reicht von aufopfernder Anpassung bis zu brutaler Vergewaltigung. Da ist Peep-Show-Wichserei nur ein Stilmittel, wenn auch nicht unüblich und sehr simpel.
Schade finde ich, daß der hoffnungsvolle Autor Galler gerade jene Stellen des Textes kürzte, in denen er selbst Indizien seiner Ängste benannte. Schade finde ich auch, daß einige Frauen, indem sie affektartig aggressiv reagierten, eben nicht aus diesem Bedronungszirkel heraustreten. Ein chauvinistischer Offenbarungseid ist nämlich gleichzeitig ein Sich-selbst-Bloßstellen, vielleicht ein Ansatz, mal mit Männern leben zu können, ohne sich zu bedrohen und zu bekämpfen.

12

Begeister war ich nicht von seinem Artikel, stellenweise kam mir das Kotzen, aber nicht wegen G. Gailer, sondern wegen meiner eignen geilen und verkommenen Porno-Vergangenheit.
Klar hat der ne unheimliche Kacke abgelassen, aber letztendlich hat er doch (endlich!) nur das gesagt, was in fast allen linken Männern drin ist, nämlich frauenverachtende Pornografie! Statt seinen Artikel als Diskussionsgrundlage zu nehmen (genauer: Männer sollten sich untereinander über seinen Artikel auseinandersetzen), wird er in bausch und bogen verdammt. (Ist ja einfacher, wenn mann seine eigenen Verkommenheit auf einen sich öffentlich Bekennenden abschieben kann.)
Welcher Mann hat noch nie gesagt "nieder mit der Frauenbewegung"? Bestimmt schon alle, denn ohne Frauenbewegung hätten sie es als Männer wesentlich leichter! Und welcher Mann hat aufgrund seiner Verkommenheit noch nie einen Ständer bekommen beim Anblick von Pronografie? Alle! Da sagt endlich mal jemand (die Art finde ich auch nicht gut, ist aber egal), wie es in ihm als linken Mann aussieht-schon reagieren linke Männer und Frauen wie die CDU reagieren würde, wenn ihr ein Mitglied gestehen würde, er sei "Sympathisant".
Ich verstehe den G. Gailer, ich verstehe die wütenden Frauen, aber solange so reagiert wird, werden wir uns nicht einen Schritt naherkommen. Als Mann kann ich mich nur dann emanzipieren, wenn ich aller Dreck in mir zu- und aus mir rauslasse — und das hat G. Gailer getan. Und zwar stellvertretend für fast alle linken Manner.
Wichtig ist doch was wir aus diesem Bekenntnis machen! Und so wie ich die Reaktion sehe, wird in Zukunft kaum noch ein Mann den Mut haben, sich öffentlich zu seiner Scheiße zu bekennen. Soll es dabei bleiben: Nach außen dicke emanzipierte Männersprüche, nach innen aber ne dreckige Porno-Phantasie?
Die Frauenbewegung erarbeitet sich ne positive Geschichte, d.h. umgekehrt für mich: Wir Männer müssen unsere negative Geschichte verarbeiten — und dazu gehört nun mal unser verkommenes Porno-Frauenbild. Grüße ausm Knast an alle

13

Klarheit über das Einsichtbare

Soweit ich mich an sexuelle Regungen erinnern kann, finden sich darunter großenteils sadistische Phantasien und seitdem plagt mich ein schlechtes Gewissen. Aber dadurch bin ich noch nicht weitergekommen.
Als ich — viel zu jung — Alice Schwarzer's "Kleinen Unterschied" gelesen habe, fing ich an zu glauben, daß meine bloße Männlichkeit schon Gewalt bedeutet und mein schlechtes Gewissen verstärkte sich noch mehr.
Zum Glück hab ich es geschafft, seit einiger Zeit darüber mit Mann und Frau zu reden. Immerhin weiß ich jetzt, daß ich kein Einzelfall bin und leite die sadistischen Träume der Männer sowie die masoschistischen der Frauen von den sexualökonomischen Verhältnissen ab.

(...)

Nur, wenn ich mir mich selbst bewußt mache, komme ich weiter, nicht, wenn es mich ängstlich verstecke und ich lasse mich nicht (mehr) von euch in die Ecke drängen. Trotzdem tut es weh, und es erstaunt mich, daß gerade die ach so friedvollen durchblickenden Frauen so voll Abwehr stecken gegen das aufrichtig Erforschen der Realität, die überwunden werden will! Ist eure Angst und eure rachedurstige Schreiberei nicht ein Zeichen von Stillstand?
Wir wollen alle dasselbe. Im Grunde unseres Herzens sind wir alle

Paradiesvögel und so möchten wir leben. Wenn ich über Gewalt in mir spreche, ist das ein Versuch, mich davon zu befreien. Wenn ich deswegen von Wegbegleitern als Gewalttäter abgestempelt werde, empfinde ich diese Reaktion als psychische Gewalt, die das bestehende Feindbild von Teilen der Frauenbewegung aufrecht halten will, um nicht die Anstrengung neuer Lernprozesse auf sich nehmen zu müssen.
Laßt uns doch gemeinsam den Weg zu produktivem, liebevollem und fröhlichem Leben suchen!

14

Schon des öfteren las ich in der Diskussion um Gallers Artikel in der Taz von (anderen) Männern die Behauptung, "alle" Männer hätten solche Porno-Phantasien. Zuletzt hat "Johnny" das besonders nachdrücklich erklärt. Ich empfinde das als ein starkes Stück [und keiner redet von der Länge. Olaf der Phallokrat] und als eine Beleidigung! Ich bin schließlich auch ein Mann, und ich kann nur sagen, ich habe solche Phantasien nicht. Ich finde, man sollte nicht so schnell von sich auf andere schließen! Ich halte mich infolgedessen auch keineswegs für "verkommen" — Johnny unterstellt ja allen Männern, die wären innerlich verkommen — und brauche deshalb auch nicht ständig klein und verschämt und mit einem schlechten Gewissen herumzulaufen. Und andererseits habe ich solchen brutalen Porno-Quatsch auch nicht etwa verdrängt. Ich habe ihn nur schlicht und einfach nicht in mich hineindrängen lassen. Und ich möchte ihn auch absolut nicht in der Taz vorgesetzt bekommen. Dann könnte man ja alle möglichen brutalen Perversitäten abdrucken. Daß es die gibt, weiß ich ohnedies.

15

Die Antwort von Christraut Gernots Artikel, nämlich die Sätze aus H. Hesse's Siddharta, fand ich sehr schön. Jedermann/frau sollte sie sich's über's Bett hängen, zur Überprüfung der eigenen Situation.
Die wütenden Aufschreie der meisten Zuschriften zeigen, wie verdrängt dieses Thema noch ist.
Ich verleugne meine Geilheit nicht, könnte aber jeden Tag aufschreien, wenn ich sehe, welchen Stellenwert frau ganz allgemein hat. Und stehe nicht darüber, wenn Zeitschriften wie "konkret" intellektuell verbrämt einen Frauenpo besonders scharf auf's Titelbild bringen und Typen wie Broder und Piwitt die Objektfunktion der Frau selbstgefällig manifestieren dürfen.
Oder wenn Frauen wie die Alice Schwarzer schlicht und einfach lächerlich gemacht werden. Sie hat mit ihrem Buch "Der kleine Unterschied" vielen Frauen mehr geholfen (und Männern geschadet-??) als der ganze Krampf mit der soganannten freien Sexualität. Die stellt sich nämlich nicht auf Parole ein, sondern muß erarbeitet werden. Genau so, wie wir all unserer anderen ureigensten Bedürfnisse erst wieder bewußt werden müssen.

16

Nach mehrjährigem Aufenthalt in den USA habe ich mit großem Interesse das taz-Projekt einer alternativen Tageszeitung verfolgt. Ich war bereit, meine üblichen Kompromisse mit deutschen linken Zeitschriften zu schließen, die, gemessen an amerikanischen Verhältnissen, die Frauenbewegung und frauenspezifischen Themen grob vernachlässigen, und ein Abonnement zu bestellen. Da kam mir die Ausgabe mit Gernot Galler's "Ergüssen" und zwanghaften "Entladungen" in die Hände.
Es wäre Zeitverschwendung, auf den Inhalt einzugehen, wir haben ja derartige männliche Produktionen in der Frauenbewegung seit mehr als einem Jahrzehnt zu Genüge analysiert und ihre Nähe zu Vergewaltigung und Mord von Frauen bis zum - sprichwörtlichen und direktem - Erbrechen festgestellt. Es fällt mir nicht leicht, meine kostbare Zeit - nochmal - mit Re aktionen auf männlichkeitsbes-

sene Idioten zu verschwenden, frau hat ja wirklich besseres zu tun. Trotzdem will ich euch wissen lassen, daß ich eine Zeitung mit einer derart prinzipienlosen und frauenfeindlichen Redationspolitik nicht unterstützen kann.
Das Linkssein hört bei euch offenbar unterhalb der bewußten Gürtellinie auf, bzw. kann man mit dem Etikett links versehen immer noch unbekümmert Frauen beleidigen. Jetzt habe ich doch endgültig gelernt: Keine Kompromisse mehr! Auf mein Abo könnt ihr verzichten.

17

Erstaunlich, wie intensiv und scharf die Gailer-Diskussion geführt wird! Dabei hatten wir die doch schon vor Jahren, jedenfalls in unserer WG samt Anhängern. Damals legte jemand die "Geschichte der O" auf den Tisch, und jeder las sie. Alle waren betroffen davon, wie sehr solche Texte sie berührten, jede einzelne und jeden einzelnen. Alle, männliche und weibliche Leser, mußten feststellen, daß sie davon sexuell erregt wurden, und gaben das auch zu. Und? Trotzdem waren alle sicher, daß sie solche Abläufe als eigene erotische Praxis ablehnten. Wir hatten eben nur alle entdeckt, daß in uins unbewußte Anteile stecken, die nicht mit dem Oberstübchen übereinstimmen.
Und das gehört als psychoanalytischer Gemeinplatz doch seit Jahrzehnten zum Allgemeinwissen. Wenn weibliche Diskussionsteilnehmerinnnen jetzt einseitig über die unterbewußten Anteile der "männlichen" Schreiber lamentieren, ohne sich des eigenen Ballasts bewußt zu sein, dann ist das einfach Partnerschaftsfeindlichkeit, hochgezüchtete Abwehrsysteme gegen ein gleichrangiges "Du", vielleicht manchmal nur wegen einer Mutter, die über die Schulter schaut und mit dem Zeigefinder darauf weist, daß alle Männer Schweine seien (...)

18

Ich bin über den Artikel weder erschüttert noch begeistert. Das Irritierende an dem gailschen Artikel ist nicht der Artikel, auch nicht, daß er veröffentlicht worden ist und eigentlich nicht hätte sollen, sondern was durch die Reaktionen über den Zustand "linker" Beziehungen ausgesagt ist: WELCHE TABUS GIBTS IN LIEBESBEZIEHUNGEN?
Falls viele der Frauen, die geschrieben haben, Beziehungen zu Männern haben, frag ich mich, ob in diesen Beziehungen überhaupt kein Austausch von Vorstellungen und Phantasien abläuft. Was ist warum tabuisiert, wer hat was vor wem zu verstecken? Anscheinend **wird auch in "ehrlichen"** Beziehungen *Geheimes* geheim gehalten.
(...)

Noch was zu Phantasien: es ist doch nicht jeder Mann, den Pornos aufgeilen, ein Vergewaltiger und Frauenverächter, noch ne Frau mit Vergewaltigungsphantasien hilfloses Objekt in Männerhand, die sich gegen keine Anmache mehr wehrt. Ich finde solche Eindimensionalität (als Suche nach der griffigen widerspruchsfreien Sexualität) langweilig, öde und unehrlich. Grad die unter Verschluß gehaltenen Anteile der eigenen Sexualität sind es, die spannend sind und die Verhältnisse zum Tanzen bringen und die sind äußerst vielfältig und widersprüchlich.
Versucht doch mal, auch aus euren soften Freunden Gernot Gailer herauszukitzeln!

Zum Schluß: Lieber Gernot,
du tust mir langsam leid, wie du inzwischen zum Markenzeichen von Verruchtheit geworden bist ("da hinten steht der Gernot, der den Chauviartikel in der Taz geschrieben hat"). Ich wünsch dir, daß du trotzdem noch einigermaßen schlafen kannst. Ich bin froh, daß ich den Artikel nicht geschrieben hab.

19

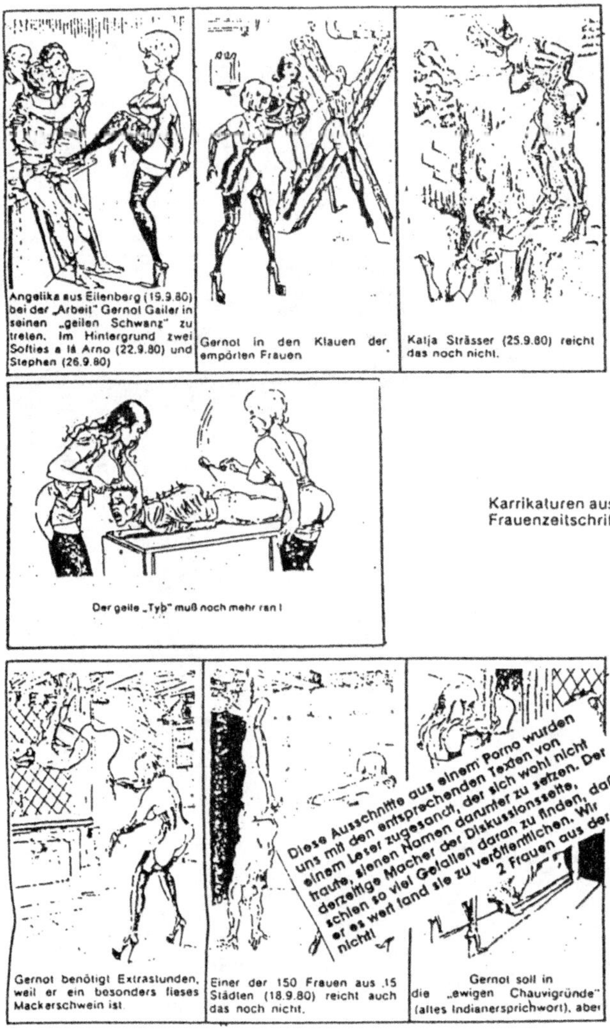

Karrikaturen aus der amerikanischen Frauenzeitschrift » PASCALINE «

er fällt nur ein paar alternativen feministischen Sennerinnen in die Hände, die ihn weiter kurieren.
Hier ist er auf dem Weg zu einer freien, unverklemmten frauenfreundlichen
Das chauvinistische Chauvi Schwein
NOSTALGA '80
Espianade
Antwort
an
Gernot Gail
von
Beate Uhse
Wattstr.
Berlin
»Hmhmm!«
erfüllt Ihnen alle Wünsche!
Eine Sex-Puppe, die verwegene Männerträume erfüllt!
Linda ist 140 cm groß, aufblasbar und wird komplett mit dem Vibrationsgerät für wildes Vagina-Zucken und einer Schallplatte mit Lindas süßer Original-Stimme geliefert. Saugpumpe ist bereits befestigt.
NUR DM 119,–
Ramona
Lolita ist immer ... Sie da
Lebensecht und streichelzart!
Diese Seite wurde ausschließlich aus anonymen Leser/Innen chriften zusammen setzt.
AHA

20

Die gestrige Comic-Seite drückt genau das gleiche (unbewußt?) frauenfeindliche Vorgehen von Teilen der taz-Redaktion aus. Wieder allein die Frauen werden für ihre Reaktion auf eine männliche Gewalt-Provokation verantwortlich gemacht. Was dabei nicht zur Diskussion gestellt wird, sind sowohl die Ursprünge der männlichen Gewaltphantasien gegen Frauen, als auch die weiblichen Ängste vor Vergewaltigung durch Männer. Diese beiden Themen sind für mich in diesem Zusammenhang die einzigen, über die es sich wirklich lohnt, eine Debatte zu provozieren... Es ist sicher schwierig, Vorschläge zu unterbreiten, in welcher Form so heiße Themen von einer Tageszeitung wirklich produktiv und mit einem Gewinn für die davon Betroffenen zur Diskussion gestellt werden können.

Wie gesagt, ich fand schon den von der taz unternommenen Ansatz vollkommen mißglückt. Die meisten darauf gefolgten Reaktionen waren zwar verständlich, aber auch voraussehbar (und vom Autor bewußt provoziert?) - einfach, weil der Affront gegen die gesamte(!) Frauenbewegung (und nicht einmal begrenzt auf ihren radikal-feministischen Teil) plumper nicht hätte formuliert werden können.

Sexualität = Macht, eine männliche Gleichung

Was mich an Gernot Gailer so auf die Palme bringt, sind garnicht mal seine Gewaltphantasien - die haben Männer in dieser oder jener Verpackung fast alle -, mich stört primär seine totale Selbstgerechtigkeit dabei, die diesen Phantasien einen mehr als legitimen Schleier geben und an deren praktischer(!) Umsetzung er vielleicht noch jahrelang versuchen wird, weiterzuarbeiten.. Diese Richtung paßt mir nicht, dahin möchte ich mich nicht entwickeln. (...)

21

Rom im November

Liebe Tazler!

Die locker hingetuschte Phantasie-Seite von gestern, die wohl mehr zufällig in Scene ging, läßt sicherlich bald wieder ein Zittern durch die Grundfesten der feministischen Weltrevolution gehen. Meuchellinks hat die chauvinistische Internationale die ganze traurige Lieblichkeit einer Epoche parfümierter Asexualität angerissen; da bietet sich erneut die Gelegenheit, die in ihrer unfreiwilligen Komik agierenden Gralshüterinnen zu karrikieren. Jene ausgesuchten Leserbriefzitate sind in der Tat in der Lage, mir die Schamhaare zu sträuben, dokumentieren sie doch in freilich dummer Würde aufs vortrefflichste die sich durch Haßtiraden verzehrende Anti-Mannbewegung. Böswillige Zungenbehaupten, jene voreilig verschossenen Kreativenergien fehlen den Exponentinnen dann bei der Einschätzung der Realität. Den zu Marmor gepuderten und leicht unterkühlten Wegbereiterinnen einer geschlechtlichen Monokultur sei noch eins hinter den Spiegel gesteckt:

derweil sie an einer, jeder Geilheit entbehrenden Wirklichkeit basteln, sonnen sich die Schwänze der taz am Gardasee oder studieren in der Staatsbibliothek den neuen Negativismus.

Biermann sagt: ABGANG IST UBERALL.

Enrico Morricone, z.Zt. Rom

22

to whom it may concern

Ich weiß nicht, was soll es bedeuten,

hätte eine/r das gesagt, als es um die Debatte um den "Porno" auf der gestrigen Diskussionsseite ging, hätte sich mein Zutrauen in eure geistigen Fähigkeiten wohl ein Stück gehoben. Aber mittlerweile bin ich zu dem Schluß gekommen, ihr habt nichts kapiert. Absolut nichts. Und jetzt kann es nur noch darum gehen, ob ihr nichts kapieren könnt - oder wollt.

1. Der "Porno" (ein sehr beliebtes Wort bei einigen) sollte in einer Reihe von Diskussionsseiten stehen, auf denen ich versuchen wollte aufzuzeigen, daß uns (die taz - Macher/innen, Leser/innen, der "Linken", beliebig aufteilbar) auf eine Menge elementaren Fragen die Antworten fehlen. Ich erinnere an die Diskussionen: Weltenergiesituation, Nullwachstum (lest dazu mal in der neuen Transatlantik den Artikel »die schwarze Flüssigkeit, das gelbe Metall, das grüne Papier - dann versteht ihr genauer, waß ich meine) oder Sachen, die uns scheinbar näherstehen: Knast (siehe Diskussionsseite vom Montag) und die heilige Kuh "Sexualität". Wir haben dazu nichts zu sagen, außer hohle Phrasen dreschen (Fantasie an die Macht, Freiheit für alle Gefangenen, etc. pp.) und dabei ganz bewußt (?) zu lügen. Oder Mensch überbietet sich gegenseitig im Ausdeuten von "Feinden" die die "saubere" Bewegung beflecken. Da wird mit Dreck geworfen, laut drauflosgebrüllt, hingedeutet um von den Flecken auf der eigenen Weste abzulenken. Gleichzeitig wird auf eine verlogenen Art & Weise versucht, sich gegenseitig als der ideale andere (alternative) Mensch darzustellen. Aber da die Flecken auf der eigenen Weste sehr groß sind, muß sehr laut gebrüllt werden. Methode: Mit Kanonen auf Spatzen schießen und gleichzeitig aus dem Spatzen eine Intercontinentalrakete machen: „Du Faschist, Sexist, etc. pp." Im Notfall wird das 2000 Jahre alte Patriarchat aus der Mottenkiste geholt. Und wehe, diese Disziplinierungsmaßnahme zieht nicht, dann werden die Sanmthandschuhe ausgezogen, diffamiert, polarisiert, formaldemokratische Spiele gespielt, Machtpoker getrieben. Weil - sonst müßte ja darüber nachgedacht werden, ob etwas wahres daran ist, daß das Brett vorm eigenen Kopf größer ist, als der Splitter im Auge des anderen. So verstehe ich auch den "Empörungspepper" auf der gestrigen Seite 3 der „2 Frauen" aus der taz" die sich anonym über anonyme Zuschriften ereifern, das "Böse" entlarven " der »Macher« Alexander", die gleiche Gecshichte aber still und heimlich unter "was fehlt heute" nochmal reinzuschreiben, um der ganzen Geschichte den gewünschten Dreh zu geben.

Oh ihr Kinder ihr tut mir so leid !

Für die, die nicht so bescheuert sind:

Da hat sich jemand erlaubt, aus dummen (und es waren fast nur dumme) Leserbriefen dumme Zitate herauszugreifen, sie in Verbindung zu setzen mit mindestens ebenfalls so dummen Zeichnungen ..... und heraus kommt ?

- Eine treffende Zustandsbeschreibung (und ob sich

tatsächlich jemand bei diesen Bildern einen abgewichst hat, ist mir in diesem Zusammenhang scheißegal, liebe Vera). Vielleicht hätte irgendeines das begriffen (wenn dieser bnlödsinne Pepper nicht mittendrauf geklebt hätte). Vieleicht hätte dieser eine Mensch es geschaft, zu dieser, unser aller (?) Problematik - auf die wir keine Antwort haben - eine Antwort zu finden. So wie ich immer noch hoffe (umsonst?), auf den - für mich jedenfalls - offenen Widerspruch "guten" und "schlechten" Knast sprich »Freiheit für alle Gefangenen« und »Rudolf Hess aus dem Knast = offener Faschismus« (taz, Seite 3, 3.11.) eine Antwort zu erhalten.
Wer mich immer noch nicht verstehen will, der kann moch

23

Lieber Leser,
kommst Du in die Wattstraße, sage, Du habest sie liegen sehen, die nie gedruckten Beiträge in den Ablagen und ungeleerten Papierkörben, die Riesenstapel alter Zeitungen und Zigarettenkippen auf dem Flur, die gebrauchten Kaffeefilter und umgeworfenen Tassen auf den Tischen.
Die nicht getanen Nebenarbeiten, bekanntes Symtom zerfallender Wohngemeinschaften, sind auch in der TAZ ein Indiz für das Zusammenbrechen zwischenmenschlicher Beziehungen unter den Mitarbeitern, die möglichst schnell die Räume verlassen, sobald ihre Seite steht. Es ist in der Wattstraße nie richtig herangewachsen und schon ist es tot: Das Kollektiv.

Ein freundliches Schulterklopfen läßt mich hier zusammenfahren. Was steckt da hinter? Will mich jemand in seine Fraktion hinüberziehen, ist es das anerkennende Schulterklopfen des Chefs oder wirklich alte Freundschaft aus der Zeit unserer gemeinsamen O-Nummerproduktion?
Durch die Wattstraße läuft jeder mit dem Finger am Abzug, denn nie weiß er, wer aus der Hüfte auf den schießt, der nicht wachsam ist.

Die Taz ist verwahrlost. Die Produktion wird aufrechterhalten, zu Diskussionen ist die Redaktion außerstande. Das Donnerstagsplenum, in dem die verschiedenen - über die tägliche Produktion hinausgehenden - Probleme besprochen werden sollen, ist gestrichen, das Treffen am Samstag fällt oft aus, mangels Anwesenheit.
Einzelne übernahmen undiskutiert Seitenverantwortlichkeit. Fatales Beispiel dafür ist die Diskussionsseite, immer Stiefkind der Taz, weil nebenbei mal von dem und mal von der zusammengestellt, aus einem alten Anspruch heraus immer losgelöst von der Redaktion, deren Pflege der Wisent Alexander übernahm und mit den Provo-Comix versah. Alexander - der Spaßvogel, der nicht begreift, wo die Grenzen des Spaßes liegen - wirbelte auf, worüber alle Beteiligten froh waren, daß es sich zu setzen begann. Dabei waren die Comix nicht auf eine weitere Diskussion angelegt, dazu waren sie zu dumm.
Die Verantwortlichkeit deckt sich mit der der Redaktion für ihre gemeinsamen Räume: den Dreck hinschmeißen und nach Hause gehen. (...)

24

Ihr seid erschrocken über Reaktionen, deren Form jegliche Diskussion unmöglich machen, die Souveränität und Toleranz vermissen lassen. Ja, was glaubt Ihr eigentlich, wie lange Frauen tolerieren, daß sie in den Dreck gezogen werden, wenn sie sich auf eine Diskussion einlassen, die natürlich emotional sein muß, denn über Sexualität, insbesondere wenn sie pornografisch, kalt und verachtend dargestellt wird, ist es nicht möglich, intellektuell rumzulabern. (Was wir Frauen wollen, ist eine schöne, warme, zärtliche, aber auch leidenschaftliche Sexualität und darüber hinaus Beziehungen zu Menschen, die von gegenseitiger Achtung geprägt ist.) Und Souveränität - die habt Ihr ja wohl vermissen lassen, als Ihr es nicht verhindert habt, daß so eine Seite in die taz kommt. Ihr wart lediglich in der Lage, einen Zettel mit Protest über zwei Comic-Zeichnungen zu kleben. Ihr hab

zwar protestiert, aber Ihr habt trotzdem zugelassen, daß Frauen, die mit Euch in einen Dialog getreten sind, in weit schlimmerer Weise, als es die BILD-Zeitung mit ihren Leserzuschriften tut, auf das Übelste verheizt und diffamiert wurden.
Auf der Sommer-Uni haben Frauen mit Euch diskutiert. Emotionsgeladen, wütend, aber sie haben mit Euch diskutiert. Euch aber auch klargemacht, daß sie weiteren Sexismus in der taz nicht mehr akzeptieren werden. Damals haben wir Euch unser Vertrauen noch nicht ganz entzogen. Wir wollten trotz aller Vorbehalte mit Euch weiter zusammenarbeiten. Der Boykott war Euch angedroht.

Ich habe nicht mitdiskutiert, sondern habe bei der taz angefangen, mitzuarbeiten. Dachte, der Dialog (dieser muß nicht immer über das Reden laufen) wäre möglich. Einmal war ich bei Euch bei einem Frauentreffen. Dort habe ich allerdings gespürt, wie uninformiert, mit wie vielen Vorurteilen der Frauenbewegung gegenüber gestanden wurde. Einige von Euch haben das Vorurteil von den frustrierten, lesbischen, kalten, egoistischen und männerfressende Emanzen im Kopf. Frauen aus der Frauenbewegung, ach das sind die, die nicht politisch arbeiten. Wir, ja wir arbeiten ja mit Männern zusammen und verändern mit den Männern die Welt. Diese arrogante Haltung kotzt mich an. Das alte Lied. Ich bin besser als Du, weil ich das und das mache. Scheiß drauf.

Ich will mich mit Frauen weiterentwickeln. Das geht nur, wenn wir uns gegenseitig achten. Es geht nicht so leicht. Es ist ein langsamer Prozeß. Es tut mir weh (ob ihr es nun glaubt oder nicht), wenn ich bei Frauen solche Vorurteile merke, die sie teilweise von Männern übernehmen und durch partielle Berührung mit Frauen aus der Frauenbewegung bestätigt sehen wollen. Das ist der Grund, warum ich mich nicht in die Frauengruppe eingebracht habe. Als ich aufgrund dieser Seite gekündigt hatte, sagte mir eine Frau von Euch, wegen dieser Seite würde sie nicht gehen. Habt Ihr denn nicht gesehen, daß dieser Porno-Comic nicht nur frauenverachtend, ja Sexismus in der widerlichsten Weise ist, sondern, daß hier Frauen verheizt, verbraten werden, mit denen Ihr einen Dialog führen wollt? (...)

25

An die streikenden TAZ-Frauen der Berliner Zentralredaktion, aber auch an alle anderen, die sich betroffen fühlten oder fühlen von meiner wenig gefühlvollen Collage, die am 5.11.80 zwar entstellt durch das wenig sinnvolle Vertauschen von Texten und durch diesen Zensur-Sticker - aber eben leider oder immerhin abgedruckt wurde.
Alleine durch meinen Begleitbrief wird ja wohl auch klar, daß ich nicht im Ernst an einen Abdruck gedacht habe.
[Was meint Ihr:„Wenn ihr euch nicht traut wenigstens eine zur Erbauung der Frauen abzudrucken, dann zeigt sie wenigstens mal euren lieben taz-Frauen zur Freude!"? Zitat aus dem ersten Begleitbrief. dww]. Alles eben aus einer zu guten Laune und einer Kreativitätsphase und einer gewissen Wut über gewisse Leser/innenzuschriften.
Ich stehe zu meiner Ferkelei, die ich allerdings nicht so empfinde. Was mir nur nach mehreren Diskussionen im Freundeskreis echt übel aufgestoßen ist, ist der Schaden, den ich damit möglicherweise ungewollt der TAZ, meinem ehrlich geliebten Frühstücksgenuß angetan habe. Als kleines Bonbon habe ich gestern eine emanzipierte Frau zum Abo bewegen können. Sie hat mir zwar offen ihre Mißbilligung für diese Collage ausgesprochen, das Ganze aber nicht so tierisch ernst genommen. Vielleicht muß man mich dazu kennen und an meinen üblen, provozierenden Stil gewöhnt sein.
Ich würde mich auch gerne einer Diskussion mit Euch stellen, habe aber keine Böcke mich mit Buttersäure oder ähnlichem Scheiß besprühen zu lassen.
[Ja,ja - der Mut, deinen Scheiß zu unterschreiben fehlt dir. Und wir müssen in diesem nicht abklingenden Gestank' arbeiten!]

... Die Frauenfeindlichkeit dieser Zeichnungen kann ich eh nicht entdecken!! Es werden ausschließlich mies aussehende Männer auf entwürdigendste und lachhafteste Weise von Frauen gefoltert und sexuell mißbraucht. Die Frauen sehen für einen (zum Glück gibt es noch Männer mit anderem Geschmack!!! also schreib gefälligst: »meinen«) Männergeschmack großteils Spitze aus (man fragt sich, was die mit den miesen Macker wollen), aber gehören teilweise eh nicht mehr der menschlichen Gattung sondern eher der Species „Busenmensch" an. Also alles reichlicher und klar ersichtlicher unrealistischer Scheiß! Und da macht Ihr einen Trabbel drum.

...Und nun schocke ich Euch noch Mal: Ich empfinde mich oft als Feminist! Ich bin nämlich in Gesprächen mit stinknormalen Frauen oft wesentlich feministischer als diese Frauen. Ich koche auch und putze und räume meiner Freundin nach, bediene sie und verwöhne sie. Schlagen tue ich sie komischerweise auch nicht. Höchstens mal ganz erotisch und in geilen Spielchen, da macht sie es mit mir genauso - und meistens härter. Ich tue also ganz konkret wesentlich mehr für das Glück einer Frau als so mancher linke Softie, der mit dem Mund den Frauen speziell Feministinnen bis in den Arsch kriecht, aber kaum das er die Möglichkeit hat, die alte dumme Macho-Scheisse voll abfährt.

...Ich gestatte Euch ausdrücklich, diesen Brief abzudrucken, zu kürzen zu würzen (gemacht! d.Sätzerin) etc pp.

Der Mann, der die Frauen liebt(e)
Poststempel Berlin

(Der Brief spricht wohl ziemlich für sich, oder? Zum kotzen! Debbie)

26

Ich hoffe, daß ihr bei eurer Auseinandersetzung Erfolg habt, daß die Arbeit in der taz solidarischer wird. Doch hoffe ich auch, daß ihr die Auseinandersetzung mit Artikeln wie vom Gailer oder mit anonymen und beschissenen Leserzuschriften, in Zukunft nicht unterbinden werdet. Die Frauenbewegung mag harten Druck auf euch ausüben und ihr müßt dem natürlich irgendwie Rechnung tragen, wenn ihr nicht eh denn diese Positionen vertretet.
Versteht mich nicht falsch: Dies ist kein Appell an eure Vernunft.
Ich wäre auch dagegen, aus der taz einen Pornoshop zu machen, also weder aufgeilende Frauenbilder noch permanent lüsterne Storys. Doch beides ist bislang nicht geschehen, warum also die Aufregung darüber?

Solidarische Grüße,

Was meint Ihr, wieviele solcher Briefe im Kasten stecken jeden Tag? Und wieviele Redaktöre hier vor mir schlange stehen, um noch einen Erklärung/Bittbrief/Anpißschreiben unterzukriegen. Zu viele! Daher sind alle Briefe auf dieser Seite mit viel Liebe und Mühe gekürzt. Also: umso kürzer, leserlicher, origineller, umso wahrscheinlicher kommt es rein!

dww

GPSR Compliance

The European Union's (EU) General Product Safety Regulation (GPSR) is a set of rules that requires consumer products to be safe and our obligations to ensure this.

If you have any concerns about our products, you can contact us on ProductSafety@springernature.com

In case Publisher is established outside the EU, the EU authorized representative is:

Springer Nature Customer Service Center GmbH
Europaplatz 3
69115 Heidelberg, Germany

Batch number: 10815974

Printed by Printforce, the Netherlands